BLACKIE BOOKS

UNA CIUDAD EN MARTE

KELLY WEINERSMITH es profesora adjunta en el departamento de biociencia de la Universidad Rice, en Houston (Texas), donde estudia los parásitos que manipulan el comportamiento de los pacientes. También presenta *Sience... sort of*, uno de los 20 podcast científicos más seguidos en EE. UU. Sus textos de investigación y divulgativos han sido publicados en *The Atlantic*, *National Geographic*, *BBC World*, *Science* y *Nature*, entre otros. Ha trabajado con su marido Zach Weinersmith en diversos proyectos.

ZACH WEINERSMITH es conocido por su exitosísimo *webcomic Saturday Morning Breakfast Cereal,* donde explora temas como dios, los superhéroes, el romance, la ciencia, la investigación, la paternidad o el sentido de la vida. Su rasgo más peculiar es el modo en que hermana el lenguaje de la viñeta con sus conocimientos científicos (estudió física en la Universidad de San José). Además de firmar otros tebeos, como *Captain Stupendous* o *Snowflakes,* fundó en 2009 el grupo cómico SMBC Theater con James Ashby y Marty Weiner. Además, presentó con su mujer el podcast científico *The Weekly Weinersmith.* Con ella reside en Texas, donde cuidan juntos a sus dos hijos y unen fuerzas bajo el nombre The Weinersmiths para firmar obras como la que el lector tiene ahora en sus manos.

Kelly y Zach Weinersmith

UNA CIUDAD EN MARTE

Traducido por Pablo Álvarez Ellacuria

Título original: *A City on Mars*

Edición original publicada por Penguin Press,
un sello de Penguin Random House LLC

Calle Església, 4-10
08024 Barcelona
www.blackiebooks.org
info@blackiebooks.org

Diseño de cubierta: Sergi Puyol
Maquetación: David Anglès
Impresión: Liberdúplex
Impreso en España

Primera edición: abril de 2026
ISBN: 979-13-87748-89-0
Depósito legal: B 21760-2025

Para la comunidad de interesados en los asentamientos espaciales. Nos acogisteis con los brazos abiertos y compartisteis con nosotros vuestros conocimientos. Y también vuestros datos. Nos preocupa que a muchos os defrauden algunas de nuestras conclusiones, pero incluso si nuestras opiniones divergen a veces de las vuestras, seguimos compartiendo una misma ilusión por un glorioso futuro para la humanidad.

Índice

Tercera parte. Paraísos de bolsillo: cómo crear un terrario humano más o menos aceptable

Cuarta parte. La ley del espacio aplicada a los asentamientos espaciales: rara, imprecisa y difícil de cambiar

Quinta parte. ¿De camino a una Caroluna del Norte?

Sexta parte. Plan B o no plan B: la sociedad espacial, la expansión y el riesgo existencial

Introducción

¿Una guía para los colonos del planeta rojo?

La cuestión ya no es *si* colonizaremos
la Luna y Marte, sino *cuándo*.

TIM PEAKE, astronauta

Dondequiera que os encontréis en el planeta, seguro que en estos últimos tiempos os habéis planteado, en algún momento u otro, la posibilidad de abandonarlo. El espacio parece un lugar más prometedor con cada día que pasa. En Marte no hay políticos corruptos; en la Luna no hay guerras ni chistecitos facilones en P(l)utón. Y qué duda cabe de que, con los asentamientos espaciales, se abre ante nosotros una excelente oportunidad, la mejor de los últimos cincuenta mil años, para dejar atrás todo lo malo e intentar algo completamente nuevo. La exploración del espacio lleva cinco decenios estancada, pero ahora disponemos de la tecnología, el capital y el deseo necesarios para superar la era de las excursiones fugaces a la Luna y asumir nuestro destino como especie multiplanetaria.

Bueno... o quizá no. Si os parecéis a la mayoría de los legos con quienes hablamos al documentarnos para este libro, puede que tengáis una idea no del todo correcta sobre los asentamientos humanos en el espacio. No es culpa vuestra. El discurso público en torno a los asentamientos espaciales está plagado de mitos, fantasías y percepciones muy erróneos de los datos más básicos.

En 2020, por ejemplo, Starlink, el proveedor de servicios de internet de SpaceX, publicó unas condiciones de servicio en las que afirmaba que «ningún Gobierno terráqueo tiene soberanía o autoridad sobre las actividades desarrolladas en Marte». Con esta cláusula pasa lo que con muchas otras aseveraciones sobre los asentamientos en el espacio exterior: la ha formulado alguien muy poderoso, se le ha dado mucho pábulo y resulta profundamente engañosa. La autoridad de los Gobiernos terráqueos sí se extiende a Marte: desde hace mucho tiempo existen varios tratados que regulan lo que sucede en el espacio, que es un patrimonio común. Bien es cierto que los tratados son algo raros y difusos, pero existen, y no pueden anularse con unas simples condiciones de servicio.

Pero los millonetis espaciales no son los únicos que difunden información errónea sobre la conquista del espacio. Pongamos por caso el artículo que la revista *Newsweek* publicó en 2015, titulado «'Star Wars' Class Wars: Is Mars the Escape Hatch for the 1 Percent» ('Guerra de clases en "La guerra de las galaxias": ¿es Marte la escotilla de salvamento de las élites?'), en el que se afirmaba que «muy probablemente, el planeta rojo será solo para los ricos, mientras los pobres sufren, abandonados a su suerte, el colapso medioambiental y los crecientes conflictos en la Tierra». Para que alguien llegue a creérselo hace falta que no tenga ni la menor idea de lo total, increíble e imposiblemente horroroso que es Marte. La temperatura en la superficie ronda los -60 °C. No hay aire que respirar, pero sí tormentas de arena que barren el planeta y un suelo recubierto de una capa de polvo tóxico. Abandonar una Tierra 2 °C más calurosa para instalarse en Marte sería como renunciar a una habitación desordenada para irse a vivir a un vertedero contaminado.

Lo cierto es que los asentamientos humanos en otros mundos (entendidos como la creación de sociedades autosuficientes en algún lugar fuera del planeta Tierra) muy difícilmente serán realidad a corto plazo; pero es que además no traerán consigo los beneficios que defienden sus partidarios. Ni inmensas riquezas, ni nuevas naciones independientes ni un segundo hogar para la humanidad; ni siquiera un búnker para las élites más selectas.

Y, aun así, vivimos en un mundo en el que agencias espaciales, empresas multinacionales y milmillonarios duchos en redes sociales prometen algo muy distinto. Según ellos, los asentamientos están al caer, quizás hacia 2050, si no antes. Y, una vez construidos, serán la panacea. Salvarán la biosfera terráquea, abrirán las puertas a una civilización fronteriza de enorme creatividad o generarán inmensas ventajas económicas para Estados Unidos, China, la India o quienquiera que dé el primer gran paso.

Nosotros opinamos que ninguna de esas aseveraciones es cierta; ahora bien, todas se sustentan en avances tecnológicos verdaderamente revolucionarios que han abaratado muchísimo el acceso al espacio. Durante el próximo decenio construir bases en el espacio será más fácil que nunca, eso nadie lo duda. El problema para todo posible colono estará en que casi todos los problemas, especialmente los de cariz biológico o económico, son mucho más complejos que los que plantean fabricar cohetes de mayor tamaño o naves más baratas. Más adelante veremos que obviar esos problemas mientras se aboga por la construcción de asentamientos a corto plazo conllevará calamidades sociales y posibles peligros para el planeta de origen (el nuestro).

A todo esto, las estructuras legales internacionales que rigen el espacio apenas se han actualizado desde la década de 1970. Las leyes ultraterrestres son a menudo difusas, ambiguas y, si uno acepta la interpretación que de ellas hace Estados Unidos, muy laxas. En este mundo moderno en el que vivimos, en el que el capitalismo espacial va en auge y cada vez son más los países capaces de lanzar objetos al espacio, lo tenemos todo para una nueva carrera espacial. Pero la carrera de la década de 2020 o de 2030 será muy diferente a la de la década de 1960. ¿En qué? En que seguramente se centrará en acceder antes que nadie a las escasísimas zonas de valor de la Luna. En términos de riesgo de que estalle un conflicto, la situación ya no es la de dos niños retándose a ver quién corre más rápido, sino la de un grupo creciente de niños peleándose por unos pocos caramelos.

Y eso es peligroso. Si además os convencemos de que no está claro que vaya a haber beneficios, entonces es innecesariamente peligroso. Ah, y ya que estamos, vamos a cargarnos la metáfora de antes y puntualizar que los niños de antes tienen todos armas nucleares.

A lo que íbamos. Asentamientos espaciales. ¿Nos lo hemos pensado bien?

Si la humanidad sobrevive a los próximos siglos, es probable que afiancemos una presencia en el espacio. Ante las personas, las naciones y la comunidad internacional se abren distintas opciones sobre cómo proceder. Las decisiones que tomemos ahora (sobre el ritmo al que nos expandamos y las reglas que sustenten ese avance) van a determinar el futuro en formas que no podemos imaginar siquiera todavía. Las malas decisiones no solo entorpecerán nuestro progreso, sino que pondrán en peligro la existencia misma de la humanidad.

No podemos tomar decisiones de ese calibre a menos que conozcamos a fondo la verdad sobre los asentamientos en el espacio. Toda la verdad. No solo las dimensiones de un cohete, las necesidades energéticas de un asentamiento o los minerales disponibles en los asteroides, sino también cuestiones de peso todavía por resolver en los ámbitos médico, reproductivo, legal, ecológico, económico, sociológico y bélico. Casi sin excepción, todos los estudios detallados que tratan de forma honesta la enorme dificultad que entrañan esas cuestiones se omiten sistemáticamente de los libros y los documentales sobre asentamientos en el espacio.

¿Por qué ese debate es, a menudo, tan malo? Las principales razones, creemos nosotros, son dos. Para empezar, la gente sabe muy poco sobre el espacio. La mayoría sería capaz, como mucho, de mencionar el nombre de un astronauta y, con la ayuda de algún truco de memorización, quizá consigan recitar en orden la lista de los planetas. Excepción hecha de algún que otro flipado, casi ninguno de nosotros sabe de qué esta hecho el suelo lunar, ni lo que establece el Tratado sobre el Espacio Ultraterrestre ni cuál es la historia de las detonaciones nucleares en el espacio.

Dadas las escasas nociones de ciencia espacial que tiene a grandes rasgos la gente, los conocimientos que puedan tener de otro ámbito afín y mucho más marginal (la ciencia de los asentamientos espaciales) son casi inexistentes. Y ahí es donde topamos con el segundo problema. Si uno no sabe nada sobre asentamientos en el espacio y quiere informarse al respecto, se encontrará con que muchos de los artículos que leerá, muchos de los documentales que podrá ver y casi todos los libros que encontrará sobre el tema los han escrito *partidarios de la colonización del espacio.*

No nos malinterpretéis: no hay nada de malo en ser partidario de algo. Los entusiastas de los asentamientos espaciales con los que hemos tratado son gente juiciosa e inteligente. La mayoría, por lo menos. Pero ahora mismo, leer sobre los asentamientos en el espacio no deja de ser como documentarse sobre la cantidad de cerveza que puede beberse sin peligro en un mundo en el que todos los libros pertinentes sobre el tema los han escrito las cerveceras. Incluso cuando intentan ser ecuánimes omiten detalles. Una de las obras más destacadas sobre los asentamientos en el espacio, *Alegato a Marte*, tiene más de cuatrocientas páginas e incluye anécdotas poco conocidas sobre conferencias celebradas en la década de 1980 a propósito de Marte, así como ecuaciones químicas muy detalladas para la producción de plásticos en la superficie marciana, pero en ella no se menciona ni una sola vez la existencia de leyes internacionales sobre el espacio. Y tampoco se dice ni pío sobre el medio siglo de precedentes legales que determinarán la naturaleza política y las consecuencias geopolíticas de todo futuro en Marte.

El librito que tenéis entre manos, y que, reconozcámoslo, empieza con un chiste sobre p(l)utones e incluye un apartado explicativo sobre canibalismo espacial (esperad y veréis) es, pese a todo, el único libro de divulgación científica, que sepamos, que ofrece una visión de conjunto sin querer convencer al lector de que la expansión espacial está a la vuelta de la esquina.* En lugar de ello, vamos a intentar aclarar muchos de

* Dicho esto, es cierto que existe desde hace tiempo bibliografía muy crítica con el tema, y que en fecha reciente se le han ido añadiendo nuevos libros, como *Space Forces* (*'Fuerzas espaciales'*), de Fred Scharmen, y *Off-Earth* (*'Lejos de la Tierra'*), de Erika Nesvold.

los planteamientos erróneos y sustituirlos por una comprensión mucho más realista de la viabilidad de los asentamientos espaciales y de su significado para la humanidad.

Pero antes dejad que nos presentemos. Hola, somos Kelly y Zach Weinersmith. Kelly es bióloga y Zach, dibujante. Somos también mujer y marido, y formamos un equipo de investigación que se ha pasado los últimos cuatro años intentando entender cómo los humanos crearán asentamientos en el espacio. Hemos asistido a conferencias, hemos hecho un sinfín de entrevistas y hemos amasado, según el cálculo más reciente, veintisiete estantes llenos de libros y artículos sobre los asentamientos humanos en el espacio y cuestiones conexas. Nos flipa el espacio. Nos encantan los lanzamientos de cohetes y las piruetas en situación de ingravidez. Nos entusiasman los detalles insospechados de la historia espacial, como los cubitos rojos y los tampones en bandolera. Somos muy muy fans de los planes visionarios para un futuro glorioso. Somos también muy muy escépticos. Para visualizarnos, imaginad a John F. Kennedy pronunciando un hermoso y emotivo discurso a propósito de «surcar este nuevo océano», y a continuación fijaos que en segundo plano hay dos personas escudriñando el horizonte y pensando «pero ¿de verdad esto es como un océano?».

A los pocos años de ponernos a investigar sobre los asentamientos espaciales, empezamos a referirnos a nosotros mismos en secreto como los «cabrones del espacio», porque nos dimos cuenta de que éramos más pesimistas que casi todos los interesados en los asentamientos espaciales, y particularmente escépticos con respecto a los espectaculares planes de los flipados del espacio. No éramos así. La culpa es de los datos. Si os decimos la verdad, somos bastante cobardicas y nos encantaría estar de acuerdo con el consenso general. Maldita la gracia que nos hace ser tan pesimistas, sobre todo a propósito de un esfuerzo que para muchos simboliza lo mejor del ser humano. Pensar así nos hace sentir... pues como unos cabrones.

Creemos que es posible colonizar el espacio, pero el debate tiene que ser más realista: no para aguarle la fiesta a nadie, pero sí para establecer salvaguardias que protejan a la Tierra de derivas verdaderamente peligrosas.

Cómo nos convertimos en unos cabrones del espacio... y cómo podéis llegar a ello vosotros también

Si sois unos neófitos en esto de los estudios espaciales, quizá no seáis conscientes de hasta qué punto ha cambiado, y sigue haciéndolo, el coste del acceso al espacio (y el negocio espacial en términos más generales) desde mediados de la década de 2010.

A la mayoría de nosotros nos suena que las décadas de 1950 y 1960 estuvieron preñadas de gloriosas promesas ultraterrestres: bases lunares, vacaciones en órbita, pioneros en Marte y (especialmente si hablamos de la literatura espacial de finales de la última de las dos décadas citadas) insospechadas posibilidades eróticas en la ingravidez. De ahí se pasó a las miserias tapizadas en escay de los setenta, a las que siguieron cuarenta años de esporádica y castísima presencia humana en el espacio.

El fracaso se achaca a veces a la falta de imaginación o de ambición, pero la explicación más sencilla está en el coste. El cambio en el precio de los lanzamientos espaciales permite entender tanto los desbocados sueños inmediatamente posteriores a los primeros alunizajes como los cuarenta años de decepciones posteriores. Fijémonos en el período que va desde los primeros objetos orbitales, en 1957, hasta finales de la década de 1960: en ese tiempo, el coste de poner algo en órbita se redujo entre un 90 y un 99 por ciento. Si esa progresión hubiese continuado en las décadas siguientes, hoy en día mandar un objeto al espacio saldría más barato que un envío postal internacional. Y por eso, si lo que uno quiere es encontrar propuestas verdaderamente extravagantes sobre asentamientos espaciales, nada como acudir a aquellos años de bonanza, que es cuando se publicaron los mejores libros.

Desafortunadamente para tanto entusiasta como hay en el mundo, el desplome de los costes se detuvo a principios de la década de 1970, y el transbordador espacial STS, que en teoría debería haber transformado los viajes en algo rutinario, barato y seguro, fracasó en esos tres frentes; hay quien apunta que, durante décadas, fue el método más costoso de poner materiales en órbita. Y así estaban las cosas hasta la década de 2010, cuando, gracias en buena medida a los cambios en la política estadounidense y especialmente al advenimiento de SpaceX, el coste de subir cosas al espacio volvió a desplomarse.

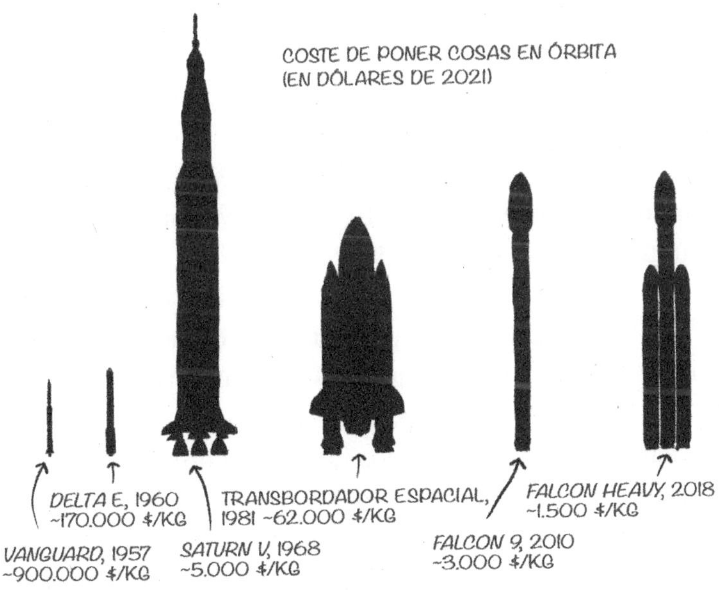

ESTAS CIFRAS INDICAN LA TENDENCIA GENERAL. OBTENER LOS NÚMEROS PRECISOS ES COMPLICADO DEBIDO A QUE COMPARAN DISTINTOS TAMAÑOS DE COHETES CON DISTINTOS PROPÓSITOS.

Eso no solo significa más lanzamientos de cohetes, sino también más vehículos espaciales. En 2015 había unos mil cuatrocientos satélites en activo. En 2021, la cifra era de cinco mil; y en octubre de 2022, Starlink, el servicio de internet por satélite de SpaceX, controlaba unos tres mil satélites operativos.

El turismo espacial, largo tiempo prometido y apenas materializado, parece ser ahora una realidad. Blue Origin, la empresa de cohetes de Jeff Bezos, completa con frecuencia ascensos de hasta 100 kilómetros con pasajeros a bordo, y SpaceX tiene cerrados contratos para llevar a turistas a dar la vuelta a la Luna. Así como en otra época los lanzamientos espaciales eran cosa de unas pocas agencias gubernamentales, hoy son cada vez más las empresas privadas que compiten por reducir costes. Mientras tanto, el apetito humano por el acceso inmediato, constante y ubicuo a la información sigue siendo insaciable: según un estudio, los ciudadanos estadounidenses interactúan en promedio treinta y seis veces al día con un satélite. Las estimaciones difieren entre sí, pero los folletos de inversión que publican las distintas organizaciones financieras coinciden en que, en conjunto, el negocio espacial se cifrará en un billón de dólares hacia 2040, siempre y cuando no haya un repunte salvaje en su ritmo de crecimiento.

En resumidas cuentas: esto va en serio. Preocuparse por las leyes que regulan la expansión en el espacio habría sido muy prematuro en 2005, pero es más que probable que en 2025 la historia sea distinta.

Para nosotros, que hemos ido siguiendo esta tendencia, la experiencia ha sido muy rara. Cuando el asunto empezó a coger carrerilla, estábamos escribiendo un libro titulado *Un ascensor al espacio* en el que hablábamos sobre tecnologías futuristas y que incluía varias secciones sobre los efectos que tendría poder acceder al espacio exterior a un coste más reducido. A finales de 2015, los cohetes reutilizables, una de las claves para abaratar los lanzamientos espaciales, eran ya una realidad. Para cuando el libro salió a la venta, eran incluso algo habitual. «¿Qué hará la humanidad con esos nuevos poderes?», nos preguntamos.

Empezamos a hacernos una idea a partir de la información que recopilamos sobre la minería en asteroides, es decir, los intentos por obtener materiales valiosos en el cinturón de asteroides o en cuerpos próximos a la Tierra. Nuestra valoración fue que explotar los recursos presentes en los asteroides para utilizarlos en la Tierra era económicamente poco probable; y luego, claro, intentad imaginar que tenéis que explicarle a un hadrosaurio ese plan vuestro de lanzar objetos muy pesados contra la Tierra desde el espacio para aprovechar sus componentes.

Ahora bien, si lo que queremos es asentarnos en el espacio, los asteroides sí son interesantes. El cinturón de asteroides contiene más de dos mil *trillones* de kilos de materiales: metales, carbono, oxígeno, agua, todo ello ya desligado de la Tierra y listo para su uso. Con las nuevas tecnologías de propulsión, y la ingente cantidad de dinero invertida en el negocio, a efectos prácticos teníamos la forma de llegar hasta los confines del espacio y, además, los materiales para construir viviendas a pie de obra.

También el panorama legal de los asentamientos espaciales parecía ir a mejor. Si bien es cierto que había debate en torno a si los tratados espaciales internacionales existentes permitían la extracción comercial de recursos, Estados Unidos aprobó una ley en 2015 con la que consagraba específicamente la idea de que los estadounidenses *pueden* explotar sin límite los recursos espaciales. Y, como mínimo, Luxemburgo pareció estar de acuerdo, porque promulgó una ley similar y, acto seguido, invirtió una morterada en dos empresas de minado de asteroides con sede en Estados Unidos. El acceso al espacio se estaba volviendo más sencillo, allí arriba había recursos abundantes, los países empezaban a dar carta blanca a los emprendedores y, por si fuera poco, el tipo al mando de la principal empresa de cohetes era Elon Musk, un dinámico empresario enamorado de la tecnología y con el objetivo declarado de ver asentamientos en Marte antes de morir.

De acuerdo, de acuerdo: la ruta hacia los asentamientos espaciales (por oposición a un hotel en el espacio o a bases para la investigación) no estaba tan clara, pero aun así se estaba volviendo a invertir un dineral en el diseño de cohetes, naves espaciales e incluso tecnología de soporte vital allí arriba. Como poco, nos estábamos acercando a los asentamientos espaciales. Daba la impresión de que los sueños de la década de 1950 finalmente se harían realidad llegado 2050.

Nosotros queríamos contribuir a ello. Nos parecía que la colonización del espacio era una posibilidad a corto plazo y nos propusimos escribir una especie de hoja de ruta sociológica: cómo ampliar esa presencia humana en el espacio a cien personas, mil, diez mil o a más incluso. Una guía de bolsillo para familiarizar al público con las próximas etapas. Pero también empezamos a ver cositas que nos hicieron dudar un poco. Cosas que no entendíamos: por ejemplo, cómo diseñar un marco legal que velase por la seguridad de vivir en un sistema solar en el que decenas de naciones, multinacionales y quizá particulares estarán en condiciones de lanzar contra el planeta matriz objetos con el mismo potencial aniquilador que el que borró a los dinosaurios del mapa. Un protocolo claro no estaría de más. Y lo que nos encontramos fue que, con alguna que otra excepción, se estaba haciendo caso omiso a planteamientos de este tipo, y que los defensores de los asentamientos espaciales los encajaban incluso con verdadera hostilidad.

A medida que indagábamos, la pila de inquietudes iba aumentando de tamaño. ¿Cómo funciona la democracia en una sociedad en la que el aire está racionado y, posiblemente, bajo el control de una empresa? ¿Hay un cambio sociológico si los humanos no pueden reproducirse excepto en las condiciones gravitatorias de la Tierra? ¿Cómo evitar disputas territoriales si algunas regiones espaciales son mejores que otras? Y, ya que estamos, ¿cómo es la legislación espacial actual? ¿Cómo se llegó a ella? ¿Y qué probabilidades hay de que cambie? Todas ellas son cuestiones en principio básicas para establecer asentamientos en el espacio y, si somos sinceros, muy interesantes, pero por lo general se obvian como algo que acabará arreglándose cuando tengamos cohetes de mayor tamaño. A partir de ahí, la idea del libro pasó a ser no tanto explicar los futuros asentamientos como llegar al fondo de una serie de ideas poco exploradas, y ese empeño nos ha llevado a sitios bastante rarunos.

Hemos leído sobre cuevas en la Luna, y sobre formas muy detalladas (demasiado quizá) de apareamiento en órbita, sobre la locura en el espacio, sobre las leyes lunares, sobre los planes de construcción de ciudades propiedad de empresas en Marte, sobre las esperanzas de establecer nuevas formas de vivir en mundos distantes.

Leímos docenas de volúmenes de temática espacial, remontándonos hasta la década de 1920; en muchos de ellos se vaticinaba el inminente advenimiento de los asentamientos espaciales. Hablamos con expertos en economía y política muy poco interesados en el espacio, pero también con partidarios de la exploración espacial y empresarios del espacio. Gente, de verdad: rebosamos conocimiento sobre el espacio. ¿Sabíais que en la Constitución colombiana se reivindica la soberanía del país sobre una región específica del espacio? ¿Sabíais que a la primera mujer que pisó una estación espacial le «regalaron» un mandil y le preguntaron si se ocuparía de cocinar y limpiar durante el resto de la misión? ¿Sabíais que uno de los primeros sistemas de soporte vital en el espacio incluía una sustancia que podía servir como desayuno y también para fabricar estanterías?¿Sabíais que Barry Goldwater, otrora candidato a la presidencia de los Estados Unidos por el Partido Republicano, propuso en su día poner en órbita semen de toro para seleccionar el sexo del ganado?

Aun cuando los asentamientos espaciales nos tenían encandilados como tema de estudio, nos preocupaban bastante las distintas propuestas para llevarlos a la práctica en las próximas décadas. Resulta que si solo nos centramos en cuestiones técnicas, como el tamaño de los propulsores, o la hipotética presencia de carbono y agua en Marte, puede parecer que el asunto tiene bastante fundamento. Ahora bien, si nos ponemos a considerar la endeblez del ser humano, el argumento entero pasa a ser bastante... endeble.

¿Sabéis quiénes son especialmente endebles, por ejemplo? Los bebés en el espacio. ¿Seremos capaces de tenerlos? En las propuestas de asentamientos, a menudo se da por sentado que la población podrá crecer de forma natural y segura. No sabemos si es así, y hay buenos motivos para dudarlo. En 2018, la *start-up* SpaceLife Origin anunció que se había propuesto propiciar el primer parto humano en el espacio no más tarde de 2024. En 2019, el director general de la empresa dimitió, alegando «graves problemas éticos, médicos y de seguridad». Y ahí está precisamente la cosa. De todos los astronautas de la NASA, solo cinco han pasado nueve meses seguidos en el espacio; de ellos, solo dos eran mujeres y ninguno viajó al espacio siendo un feto. Y luego, claro, están las personas que (literalmente) rodean a los fetos: también ellas tendrán sus resquemores. A las madres terráqueas les preocupan cosas como comer pescado crudo o beberse una cerveza. Ya me diréis qué pensarán de perder un 1 por ciento de densidad ósea al mes mientras dedican varias horas cada día a ejercicios de resistencia en un entorno altamente radiactivo y cargado de dióxido de carbono lejos de la gravedad terrestre. No estamos diciendo que las cosas no puedan salir bien, pero tampoco apostaríamos mucho por ello.

Dado que, para que la población aumente, es necesario no solo que nazcan niños, sino que estos crezcan y tengan niños propios, establecer unos protocolos de seguridad apropiados requeriría décadas, incluso si nos dejásemos de consideraciones éticas y empezásemos a experimentar con humanos mañana mismo. Y no van por ahí los tiros. La actividad más reciente pasa por experimentos cortos y nada sistemáticos en órbita, como el que puso a varias salamanquesas en el espacio para documentar con todo detalle sus escarceos... hasta que el experimento fracasó y todas murieron congeladas. *C'est la vie dans l'espace.*

Elon Musk dice que hollaremos Marte en 2029, y que veinte o treinta años más tarde podría haber allí una ciudad de un millón de habitantes. Vamos a imaginar, por el momento, que tiene solucionado el tema de los rorros espaciales y centrémonos en otro problema de mayor calado: el espacio es muy chungo. Hablando con gente menos obsesionada con el tema nos llevamos la impresión de que, aunque comprenden que el espacio es un sitio chungo, no son conscientes del grado de *chunguitud* que llega a alcanzarse ahí fuera. Decíamos antes que habría que estar loco para dejar la Tierra e irse a vivir a Marte. Y es cierto, pero cabe añadir que Marte es, *con diferencia*, el emplazamiento más acogedor para los asentamientos espaciales. El segundo en esa lista es la Luna, y una de sus muchas desventajas es la falta de carbono, el elemento básico para que haya vida.

Siendo el espacio tan espantoso, pues, lo más normal es que tengamos que vivir bajo tierra para evitar el contacto con el entorno. Para garantizar la supervivencia de un millón de personas hará falta un aislamiento excelente, cantidades ingentes de electricidad, una estructura descomunal y, lo más difícil de todo, un ecosistema artificial capaz de sustentar a todos sus habitantes. ¿Somos capaces de crear algo así? El mayor de los sistemas de ese tipo creados hasta la fecha es Biosfera 2, que fue construido en la década de 1990 y mantuvo con vida a ocho personas durante dos famélicos años. Siendo realistas, ¿de verdad podremos pasar de ocho personas a un millón en los próximos treinta años? El problema, al igual que pasaba con los bebés espaciales, no es ya que la tecnología plantee complicaciones. Igual de complicados eran los ordenadores y los aviones, y acabaron construyéndose. El problema está en que para llegar hasta donde queremos, va a ser necesario entender a la perfección un sistema biológico de una complejidad extrema, un sistema del que dependerá el alimento, el agua potable, el aire y la supervivencia de sus habitantes. Podemos llegar, pero al ritmo que marca la ecología, no el capital de riesgo. Y ya que hablamos de ello (e igual que pasaba con los bebés espaciales), nadie está invirtiendo el dinero que haría falta para obtener respuestas cuanto antes, quizá porque no hay un beneficio evidente en cosas como la obstetricia espacial o la construcción de invernaderos estancos del tamaño de dos Singapures.*

Hay muchas cosas que no sabemos, cosas imprescindibles, y para adquirir ese conocimiento vamos a necesitar muchísimo tiempo y dinero, y no está claro cuál será el beneficio material de ese esfuerzo. Si sois como nosotros, llegados a este punto estaréis pensando: «Vale, la parte técnica y científica es complicada, pero aun así es factible, y deberíamos hacerlo porque es fabuloso». Por desgracia, eso nos lleva a un problema más grave que las consideraciones científicas o técnicas: la ley.

Puede parecer increíble, pero hay una ley del espacio, y también hay abogados del espacio. No se trata de profesionales pertrechados con maletines y escafandras espaciales, sino de expertos en derecho internacional, que celebran conferencias sobre el tema, cuentan con institutos y tribunales de prácticas y, hasta donde hemos podido averiguar, se irritan sobremanera cuando los partidarios de los asentamientos espaciales hacen como si no existieran. Más adelante entraremos en detalle al respecto, pero el problema general es este: la legislación espacial interactúa con las tecnologías modernas y la geopolítica de una forma tal que parece casi diseñada para provocar crisis si la humanidad decide asentarse en el espacio.

El motivo es simple: el espacio es un bien común, compartido. Nadie puede apropiarse de territorio alguno. Sin embargo, bajo el prisma de muchas interpretaciones modernas (y, desde luego, bajo el prisma de la interpretación de Estados Unidos), todo el mundo puede usar tanta superficie como le plazca. Repasemos esa idea por un instante: uno puede usar

* Biosfera 2 tenía una extensión de 1,27 hectáreas y albergaba a ocho personas. A esa escala, dar cobijo a un millón de personas requeriría un invernadero de unos 1.600 km^2.

la superficie entera de la Luna como mejor le parezca, *ad libitum*, siempre y cuando no diga: «Esto es mío, en el sentido de que este es mi territorio». Legalmente, lo más seguro es que pudiéramos escribir: «La Luna pertenece a los Weinersmith, repugnantes terrícolas» en letras gigantes visibles desde la Tierra, siempre y cuando no pretendiésemos creerlo en serio.

Otros actores podrían hacer lo propio: China, la India, la Agencia Espacial Europea o incluso empresas aeroespaciales privadas. Si a eso le añadimos que la superficie lunar verdaderamente útil es muy exigua, y que muy probablemente las partes en disputa serán potencias nucleares, nos encontramos con una situación que solo puede calificarse como interesante. Kelly asistió al Congreso Internacional de Astronáutica de 2019 (imaginadlo como un baile de fin de curso de frikis del espacio, pero entre los asistentes hay altísimos cargos de los Gobiernos y las agencias espaciales de todo el planeta) y allí asistió a una sesión centrada en derecho espacial. ¿Cuál es la opinión imperante entre los funcionarios estadounidenses? Que el derecho espacial va muy despacio y nadie se pone de acuerdo en cómo avanzar, y que por eso lo mejor es que aprobemos leyes a escala nacional, intentemos que las naciones afines nos sigan el juego y tiremos por libre. El problema, a nuestro entender, es que tirar por libre quizá lleve a plantear algo muy similar a reclamaciones casi territoriales que pondrán a prueba la interpretación del derecho internacional.

Lo más preocupante, con todo, es que probablemente la decisión de tirarse de cabeza a una crisis se tomará *incluso si no hay una razón económica o militar de peso para ello.* Zach estuvo hablando una vez con varios expertos en seguridad internacional sobre por qué las naciones hacen cosas que no tienen el menor sentido. En concreto quería saber más sobre algo llamado *helio-3*, una sustancia que diversos Gobiernos, empresas y agencias espaciales dicen querer extraer en la Luna por su valor económico. Por motivos que veremos más adelante, a nosotros la idea nos parece claramente ridícula, y quisimos saber por qué todas esas partes pretendían estar interesadas. La respuesta, a grandes rasgos, fue que «bueno, la postura es que... si China lo hace... nosotros tenemos que hacerlo también». Los funcionarios responsables de la política espacial lo reconocen sin ambages. En una entrevista concedida en 2022 a *The New York Times*, Bill Nelson, uno de los administradores de la NASA, comentó a propósito de la presencia china en la Luna: «Nos ha de preocupar que en algún momento digan: "Esta zona es nuestra y exclusiva. Fuera de aquí"».

Si queremos establecernos de forma segura en el espacio, la cuestión tecnológica será complicada, pero es que además no será suficiente: harán falta también unas relaciones internacionales más o menos armoniosas. Ahora mismo no se nos da especialmente bien eso de la armonía aquí en la Tierra, y puede que las cosas no cambien mucho en el espacio. En un informe presentado en 2022 por el Departamento de Innovación en Defensa, redactado por los asistentes al taller procedentes de organizaciones como las fuerzas espaciales y aéreas de Estados Unidos, se afirmaba que una nueva «carrera espacial» con China había empezado ya. Según podía leerse en el texto, «[...] esta pugna supone un punto de inflexión no solo para el siglo XXI, sino para el conjunto de la historia humana. La nueva carrera espacial tiene por objetivo nada menos que el establecimiento permanente del primer asentamiento humano no terrestre, plenamente sustentado e impulsado por una boyante economía espacial».

Aun así, hay motivos para ser optimistas. El ser humano ha sabido reglamentar de forma pacífica la Antártida y los fondos marinos, dos entornos bastante similares al espacio exterior: todos son igualmente horrorosos y no ha sido posible acceder a ninguno de ellos hasta bien entrado el siglo XX. Va a ser complicado mantener esa tónica en el espacio exterior, ya que desde la década de 1950 hay un componente de prestigio nacional muy arraigado.

Pero vamos a imaginar que conseguimos que todo salga bien. Tenemos ecologías autosuficientes, las relaciones entre China y Estados Unidos son excelentes gracias a un espléndido nuevo marco legal y todos somos capaces de engendrar bebés la mar de sanotes en el espacio. Aún queda un problema: nosotros mismos.

Dada la dificultad de asentarse en el espacio, los partidarios de ponerse manos a la obra suelen plantear metas muy ambiciosas para la humanidad. Una de las más plausibles es que una segunda civilización humana sería, a todos los efectos, una copia de seguridad en caso de que reventáramos accidentalmente la actual con armas nucleares. O la achicharráramos. O se la llevara por delante un asteroide. Según ese planteamiento, los asentamientos en el espacio son un plan B para la especie, y eso de por sí haría de la presencia humana en el espacio un objetivo digno de emprender, independientemente de los riesgos y del mucho o poco beneficio que rindiese a corto plazo.

Pero ¿estamos seguros de que con un plan B estaremos *incrementando* las probabilidades de que sobreviva la especie? Porque quizá no sea así.

Cabronismo espacial a largo plazo

El enfoque más detallado de la cuestión se lo debemos a Daniel Deudney, experto en relaciones internacionales y autor del libro *Dark Skies: Space Expansionism, Planetary Geopolitics, and the Ends of Humanity* ('Nubarrones en el cielo: el expansionismo espacial, la geopolítica planetaria y los fines de la humanidad'). El argumento que expone (y en el que él es parte implicada) es el siguiente: siendo el ser humano como es, trasplantarlo al espacio crea cuando menos dos formas de peligro existencial: el riesgo de un conflicto nuclear en la Tierra a causa de las disputas por el territorio espacial y el riesgo de que se lancen objetos pesados contra la Tierra si se permite a los humanos controlar cosas como asteroides e inmensas estaciones orbitales.

El primero de esos peligros podría conjurarse con un marco legal adecuado, pero el segundo plantea más problemas. Cuanta mayor sea nuestra capacidad de hacer cosas en el espacio, mayor será la capacidad de aniquilarnos a nosotros mismos. No será necesaria ni siquiera una guerra interplanetaria: el terrorismo será suficiente, y seguramente costará mucho más eliminarlo.

Deudney no es muy popular entre los partidarios de los asentamientos en el espacio,* pero creemos que hay que tomarse en serio lo que dice. En caso de que tenga razón, nos

* A nosotros, los cabrones del espacio, nos gusta. Nos parece genuinamente una buena persona.

encontraremos con que, incluso si somos capaces de crear la tecnología necesaria y resolver el aspecto legal, seguirá habiendo argumentos de mucho peso para evitar la presencia multitudinaria de seres humanos en el espacio. Vale la pena resaltar que hay al menos dos formas diferentes de que se tuerzan las cosas. La primera, simplemente, es que una mayor presencia humana en el espacio incrementará las probabilidades de un mal desenlace. La segunda es lo que podríamos llamar la propensión a la capullocracia en el espacio. Más adelante hablaremos largo y tendido sobre esto, pero hay motivos para suponer que las colonias espaciales, tal y como solemos imaginarlas, serían particularmente propensas a generar gobiernos crueles o autocráticos.

Lo verdaderamente preocupante de los argumentos de Deudney es que, entre los partidarios de los asentamientos espaciales (dos de los cuales, no lo olvidemos, son los hombres más ricos del planeta, propietarios uno y otro de empresas de fabricación de cohetes), circulan creencias muy variopintas y bastante dudosas sobre el espacio y las mejoras que traerá consigo para la humanidad.

El ser humano lleva desde la era victoriana queriendo asentarse en el espacio. Hay sociedades fundadas específicamente en torno a esa idea que existen hace mucho tiempo y con el paso de los años han ido elaborando argumentos de todo tipo para explicar por qué el ser humano debe ir al espacio, por qué ha de ser cuanto antes y lo fantástico que será todo cuando lo consigamos.

Dependiendo de qué teoría acepte uno, el espacio supuestamente reducirá la probabilidad de que haya guerras, mejorará la política, pondrá fin a la escasez, nos salvará del cambio climático, insuflará nuevas fuerzas a una Tierra cada vez más homogénea y pusilánime y, según una percepción muy extendida que algunos han dado en llamar «el efecto perspectiva», hará que seamos tan sabios como los filósofos. Si algo de todo ello resulta ser verdad, quizá dé al traste con los argumentos de Deudney.

Si ahí arriba vamos a ser todos filósofos, ¿por qué preocuparnos por la guerra? Y si se nos ofrece la oportunidad de erradicar las carestías, quizá valga la pena el riesgo de esa apuesta existencial. El problema está en que, por motivos que detallaremos a lo largo del libro, esas ideas son, con casi total seguridad, erróneas. Pero siguen estando muy extendidas y ejercen una considerable influencia sobre los tecnólogos de referencia para el movimiento pro-asentamientos espaciales y sobre las agencias espaciales. Una facción con bastante solera dentro de la ideología colonizadora es de cariz libertario y conservador: sus integrantes creen que la Tierra moderna es cada vez más homogénea y burocrática y necesita la influencia de una civilización «en la frontera del espacio» que le marque un camino más arduo, más libre y, en última instancia, mejor. Es probable que Elon Musk comparta esas ideas. Sirva como ejemplo el tuit en el que defendía que «si no le ponemos freno, el virus *woke* destruirá la civilización y la humanidad nunca llegado [*sic*] Marte». Una idea afín a este planteamiento es que el espacio será como el lejano Oeste de antaño: un tiempo y un lugar que supuestamente hicieron de Estados Unidos el país moderno, dinámico y abiertamente individualista que es hoy. Es una idea que arrancó en el siglo XIX, pero que desde la década de 1980 es minoritaria entre los historiadores. Pese a ello, pervive en documentos gubernamentales y militares, en discursos políticos y en la declaración de la filosofía de la Sociedad Nacional del Espacio estadounidense, y la defiende gente como Robert Zubrin, presidente de la Sociedad de Marte.

Jeff Bezos seguramente deriva su teoría sobre los asentamientos espaciales de las enseñanzas de Gerard K. O'Neill, profesor en Princeton a cuyas clases asistió el joven Bezos como estudiante. La filosofía del espacio de O'Neill contemplaba grandes estaciones espaciales sustentadas por energía solar como la forma de salvar la economía y la ecología de la Tierra.

Ese argumento quizá se sostuviese hacia 1970, cuando la idea generalizada era que el acceso al espacio seguiría abaratándose y que las crisis energéticas y alimentarias provocarían hambrunas sin precedentes a escala mundial durante la década de 1980. Hoy podemos salvar la biosfera de forma mucho más eficiente desde la propia Tierra con energía solar y eólica. Incluso si creyésemos que con los asentamientos espaciales podríamos aliviar la presión a la que están sometidos las tierras y mares del planeta, en ningún caso llegarán a tiempo de impedir una catástrofe medioambiental.

Podréis pensar lo que queráis de esas ideas, pero quienes las defienden parecen hacerlo desde una convicción sincera. Por lo que hemos podido ir viendo, la gente piensa a menudo que los multimillonarios con aspiraciones espaciales son unos charlatanes, unos mentirosos o incluso unos estafadores. A nadie le gusta tener que ser el que diga: «¡Gente, escuchad! ¡Los multimillonarios son unos incomprendidos!». Pero en serio: más allá de las baladronadas y el autobombo, todo apunta a que los millonarios construyecohetes sienten un interés verdadero por el asentamiento del ser humano en el espacio. En su época escolar, a Jeff Bezos le tocó pronunciar el discurso de fin de curso y lo dedicó a las colonias espaciales, y hoy es el principal defensor de grandes estaciones espaciales giratorias al estilo de las que propugnaba O'Neill. Cuando Elon Musk se hizo de oro con la venta de PayPal, antes incluso de fundar SpaceX, estudió la forma de enviar una colonia de ratones o un pequeño invernadero a Marte. Con cosas así no se gana dinero: Musk quería dar a conocer al mundo su visión del espacio en un momento en el que la actividad en ese terreno era bastante anodina.

Por lo que hemos podido ver, mucha gente cree que SpaceX, en particular, es una estafa que, valiéndose de tecnología espacial anticuada creada por el Gobierno, solo tiene por objetivo el enriquecimiento personal, o que oculta de algún modo el coste real de los lanzamientos espaciales para esquilmar las arcas públicas. Es una idea con la que hemos topado una y otra vez, y lo único que podemos decir al respecto es que los hechos la contradicen tan claramente que poco le falta para ser una teoría conspiratoria. Musk nos caerá peor o mejor, pero es un hecho que ha revolucionado los lanzamientos espaciales, y que ninguna agencia espacial del planeta ha conseguido reproducir su tecnología, ni siquiera la NASA. A fuer de ser justos, SpaceX (Musk), Blue Origin (Bezos) y otras empresas espaciales se han hecho con numerosas licitaciones públicas, pero las cosas han sido así en Estados Unidos desde los primeros días de la aeronáutica espacial. La revolución de los costes llegó solo con SpaceX.

Es cierto que el autobombo de las actividades de tanto Bezos como Musk es excesivo, pero han dado muestras de creer sinceramente que los asentamientos espaciales tienen futuro. Lo que nos preocupa no es que estén mintiendo, sino que alberguen ideas raras sobre la sociología humana que quizá determinarán el futuro de forma indeseable.

Alegato a favor de tomarnos el espacio con calma

Mirad, esta es nuestra posición actual: los asentamientos en el espacio no van a poner fin a las carestías, ni nos harán más sabios ni salvarán el medio ambiente. Incluso aunque fueran posibles, los obstáculos tecnológicos y científicos para conseguirlos de forma segura son enormes y están muy subestimados. Aun disponiendo de la tecnología necesaria, las estructuras legales vigentes ahora mismo acabarían provocando un conflicto cuando las partes entrasen en competición por el territorio. Con un poco (mucho) de mala suerte, la competencia internacional podría desembocar en un enconamiento geopolítico sin sentido de las relaciones entre potencias nucleares. Pero incluso si consiguiésemos controlar todos esos factores, seguiría habiendo muy buenos motivos para moderar nuestras ambiciones a largo plazo. Una vez dicho esto, recordad que hay gente muy poderosa, respaldada recientemente por la aprobación de leyes nacionales y acuerdos multilaterales, que está forzando máquinas para que todo lo antedicho suceda cuanto antes.

No es que nos parezca que eso significa necesariamente que no debemos llegar jamás a los asentamientos espaciales. Lo que sí creemos es que son, o deberían ser, un proyecto de siglos, y no de décadas. Específicamente, defendemos que, si el ser humano quiere asentarse en el espacio, debería enfocarlo así: esperemos hasta poder hacerlo a lo grande. Esperemos a que lleguen los avances determinantes en el terreno científico, tecnológico y legal, y enviemos entonces a muchos colonos de golpe.

Pero esperar no quiere decir quedarse de brazos cruzados. En los capítulos siguientes hablaremos de robots arácnidos en la Luna, de concebir bebés en las montañas rusas de Marte, de la cantidad de humanos necesaria para establecer una población procreadora sostenible y también de cosas más estrambóticas. Incluso si nuestra especie no llega nunca a asentarse en Marte, decidir la forma en que podríamos hacerlo es un proyecto que requiere unos niveles de investigación y desarrollo tan maravillosos como estrafalarios en casi todos los ámbitos de la experiencia humana, desde la fabricación de úteros artificiales hasta el derecho internacional. Por más empeño científico que le dediquemos, nunca podremos eliminar por completo los riesgos existenciales a largo plazo, pero si los planes de asentamiento espacial asumen plazos de cientos de años, por lo menos tendremos tiempo de ir encontrando soluciones.

En el 99,9999 por ciento de los libros dedicados a los asentamientos espaciales se incluye una cita de Konstantin Tsiolkovski, uno de los padres de la aeronáutica espacial, que en un artículo publicado en 1911 escribió lo siguiente: «La Tierra es la cuna de la humanidad, pero uno no puede vivir eternamente en la cuna». Puede que sea así. Pero conviene recordar que lo que sale de la cuna no es un adulto hecho y derecho, sino un niño muy pequeño que apenas sabe nada, se entusiasma con todo y es muy proclive a autodestruirse. Si nuestro plan es abandonar el planeta, mejor será que lo hagamos de adultos. Dediquemos los años de infancia y de adolescencia a aprender, para luego salir en busca de nuevos horizontes.

Vuestra introducción al cabronismo espacial

Tomaos este libro como una guía sincera y sin tonterías para colonos en el resto del sistema solar. Si no tenéis experiencia en un asentamiento espacial, muchas cosas os van a resultar poco familiares y esperamos que también sorprendentes. Si le habéis dedicado algo de tiempo al tema, confiamos en ofreceros una visión más realista y completa que la que hayáis podido encontrar en cualquier otro libro sobre esta cuestión.

Hemos dividido el libro en seis secciones. La primera trata de lo que el espacio le hace al cuerpo y la mente del ser humano. La segunda habla de dónde pondremos esos cuerpos y mentes en el espacio. La tercera está dedicada a cómo conseguir que no mueran. La cuarta examina si todo eso debería ser legal. La quinta sección se centra en cómo podríamos actualizar la ley para encajar en ella los asentamientos espaciales sin perder de vista a los humanos que se han quedado en la Tierra. En la última hablaremos de sociología, de crecimiento, de si sabremos crear un plan alternativo para la humanidad y de si es deseable hacerlo.

Dado que estamos queriendo abarcar muchos temas sin perder demasiados matices, cerramos cada sección con una *nota bene*, una historieta curiosa con la que hemos topado en el curso de nuestra investigación que no contribuye necesariamente a la visión de conjunto, pero que ofrece algo de solaz al lector tras el flujo incesante de información que debe absorber.

También queremos presentaros a Astrid: Astrid quiere establecerse en el espacio y está lista para despedirse del puntito azul que llamamos Tierra. Con cada nuevo capítulo la veremos cambiar para reflejar en ella lo que hemos ido aprendiendo. En el transcurso del libro examinaremos cómo se viste, dónde vive y su nueva nación espacial, que con un poco de suerte no será aniquilada con armas nucleares desde la Tierra. Al final del libro estaréis en condiciones de determinar si su decisión de asentarse en el espacio fue una buena idea, tanto para ella como para el mundo que dejó atrás.

1

Preámbulo sobre mitos espaciales

> Las previsiones idílicas del futuro siempre parecen ir acompañadas de la suposición implícita de que la naturaleza del ser humano cambiará; que, de alguna manera, la maravilla de vivir entre los astros hará que se desvanezcan los defectos de la humanidad. La gente renunciará a vicios mundanos como el alcohol y las drogas, y todos seremos supereficientes, como en los sueños de un ecologista. Pero nada de esto ha sucedido nunca en nuestro devenir, así que no veo por qué debería ser así en el futuro.
>
> Andy Weir, famosísimo escritor de ciencia ficción y agudo comentarista en sus libros sobre el alcohol en el espacio

A menudo, las ideas disparatadas sobre los asentamientos espaciales sirven para justificar el proyecto en su conjunto, y así no se hace raro que estos se vendan prometiendo enormes riquezas, o la mejora de la humanidad, o la forma de huir de los horrores terráqueos. Dado que buena parte de este libro gira en torno a la idea de que no existe una necesidad urgente de establecerse en el espacio, a continuación intentaremos convenceros de que la mayoría de los argumentos que apoyan los asentamientos espaciales son erróneos. Puede que algunos no os suenen demasiado, pero todos ellos cuentan por lo menos con algún poderoso defensor en entornos gubernamentales, militares o empresariales.

Malos argumentos a favor de los asentamientos espaciales

Argumento 1: El espacio creará un nuevo hogar para la humanidad y la salvará así de catástrofes a corto plazo

La idea de que una humanidad multiplanetaria sería capaz de resistir mejor el riesgo de extinción está muy extendida y resulta plausible si la aceptamos a muy largo plazo. A corto plazo, sin embargo, los asentamientos espaciales no servirán de nada ante cualquiera de las catástrofes que podáis imaginar ahora mismo. Ni ante el calentamiento global, ni en caso de guerra nuclear ni contra la superpoblación, y seguramente tampoco en caso de que llegase otro meteorito como el que se llevó por delante a los dinosaurios. ¿Por qué? Muy fácil: el espacio es tan espantoso que, para ser una mejor opción que la Tierra, no bastará con una sola catástrofe. El planeta Tierra, con el cambio climático y guerras nucleares y (yo que sé) zombis y hombres lobo sueltos sigue siendo mucho más habitable que Marte.

Para sobrevivir en la Tierra hace falta fuego y un palo afilado. Para sobrevivir en el espacio son necesarios un sinfín de artilugios muy avanzados que apenas podemos construir en la Tierra. A lo largo del libro hablaremos de esto en mayor detalle, pero la idea de base es que ningún asentamiento espacial que podamos montar en un futuro mínimamente próximo podría sobrevivir si perdemos la Tierra. Poner en marcha un gran asentamiento espacial será complicado de por sí, pero para alcanzar la independencia económica harán falta millones de personas.

Para nosotros, la idea de disponer de un plan B (esto es, una población humana de reserva en el espacio) es digna de ser tenida en cuenta; lo que no se aguanta por ningún lado es querer hacerlo rápido. Muy a menudo se arguye a favor de esas prisas aludiendo a lo que a veces llamamos *la idoneidad del momento*. La idea es que, históricamente, las «edades de oro» no suelen durar mucho, de modo que la actual era de exploración espacial podría acabarse antes de que lleguemos a Marte. No sabríamos deciros si el análisis histórico es correcto; sí podemos afirmar, sin embargo, que la edad de oro actual no es lo suficientemente áurea como para propiciar una economía independiente en Marte. Si lo que queremos es un Marte capaz de sobrevivir a la muerte de la Tierra, lo mejor que podemos hacer es asegurarnos de que la Tierra tarde muuuuucho tiempo en morirse.

El veredicto de los Weinersmith:

Argumento 2: **Con los asentamientos espaciales salvaremos el medio ambiente terráqueo porque la industria y parte de la población se trasladarán fuera del planeta**

Este argumento nos lo venden en varios colores, muchos de los cuales son bastante populares entre los que defienden las comunidades asentadas en estaciones espaciales rotatorias, Jeff Bezos entre ellos.

Una de las versiones es que el sistema solar contiene masa más que suficiente para crear estaciones espaciales rotatorias capaces de albergar un número casi infinito de humanos. Esto es, desde luego, posible, en el sentido de que hay cantidad de materiales en el espacio que pueden aprovecharse para fabricar bases espaciales, pero no perdamos el sentido de la proporción. La Tierra, en 2022, engendra unos ochenta millones de seres humanos al año. Si para salvar nuestra ecología tenemos que reducir la población humana terrestre, tenemos que evacuar y cobijar a 220.000 voluntarios *al día* para no perder comba.

Otra idea parecida postula que hay que parcelar el espacio para que albergue las industrias pesadas mientras la Tierra vuelve a ser el edénico vergel que un día fue. Todas esas minas y fábricas tan desagradables las pondríamos en otro sitio, y nos desembarazaríamos de todos los desechos muy pulcramente, lanzándolos al inmenso vertedero del sistema solar. Como dice Jeff Bezos, «la Tierra acabará recalificada en zonas residenciales y de industria ligera». De nuevo, es una opción efectivamente posible, y suena incluso factible, siempre y cuando estéis pensando solo en conceptos «grandes» como la contaminación y la masa. Pero los detalles son más puñeteros. Pongamos por caso el cemento. Puesto que contribuye en gran medida al calentamiento global, ¿habría manera de fabricarlo en el espacio?

Sobre el papel, la mayoría de los componentes del cemento están presentes en la Luna, pero no será fácil extraerlos. Habrá que construir maquinaria de construcción capaz de funcionar en un entorno carente de aire, a muy baja gravedad, y con una temperatura en el ecuador que oscila entre los -130 °C y los 120 °C. En este contexto, las menudencias empiezan a no serlo tanto. Conseguir un lubricante capaz de resistir esas oscilaciones de temperatura sin degradarse es casi imposible. Lo mismo sucede con la propia maquinaria. En situaciones de frío extremo, algunos metales experimentan una transición dúctil-frágil: por debajo de una temperatura determinada, se comportan como piedras. Por muy fuertes que sean, esos metales ya no pueden combarse ni doblarse. Se ha teorizado que el *Titanic* se hundió porque el casco de acero tuvo una transición dúctil-frágil antes de chocar con el infausto iceberg. Ese es un problema nada trivial cuando uno quiere utilizar equipos de construcción que chocan con cierta regularidad con superficies duras.

Y ese es solo un detalle de una parte del proceso: ni siquiera estamos hablando todavía de reproducir todas esas fábricas. ¿Cuánto tardaremos, siendo realistas, en resolver esos problemas y ampliar la solución hasta abarcar las necesidades de la Tierra, que ahora mismo requiere más de tres mil quinientos millones de toneladas de cemento al año? ¿Y os parece que, en términos económicos, podría competir con el cemento fabricado en la Tierra, incluso si fuese viable? Y ya que estamos, ¿qué normas rigen el acto de dejar caer tres mil quinientos millones de toneladas de piedra sobre la Tierra cada año?

En parte, se supone que esas ideas pueden funcionar porque en el espacio hay una fuente de energía barata y abundante, la energía solar. Mala idea también. La energía solar instalada en el espacio ocupa un lugar prominente en las propuestas de construir asentamientos espaciales en forma de estaciones rotatorias gigantes. Es también una de las propuestas que Gobiernos y empresas privadas presentan para recaudar fondos al tiempo que se reverdece el planeta. Puede que recientemente hayáis leído en algún artículo que alguna universidad china, la Agencia Espacial Europea o alguna empresa emergente tienen previsto desplegar esta tecnología en breve. Seguramente no deberían.

Es cierto, qué duda cabe, que en el espacio hay cantidades ingentes de luz solar a las que en nada afectan incordios terrestres como la meteorología y la atmósfera. Aún está por ver cuánta energía adicional podría obtenerse exactamente de esos paneles; dependerá exactamente de las suposiciones que estemos dispuestos a hacer. Aun así, hay varios cálculos que apuntan a que se decuplicarán los réditos.

Eso parece mucho, hasta que uno se plantea cuál será la diferencia de costes entre un panel instalado en el espacio y otro ubicado en Australia.

Cabe imaginar que, en un mundo en el que los paneles solares fuesen carísimos y el coste de lanzar objetos al espacio se hubiese desplomado hasta extremos insospechados, querríamos maximizar la energía generada por cada panel ubicando estos más allá de la atmósfera. Pero los paneles son baratos, e incluso si imaginamos una reducción muy acusada en el coste de los lanzamientos espaciales, no salen las cuentas. Y eso sin empezar a considerar todavía cosas como el mantenimiento. Imaginad hectáreas y hectáreas de paneles vítreos flotando en el espacio, sufriendo constantemente el embate de la radiación solar y de desechos espaciales, y expuestos en todo momento al calor extremo de la exposición perpetua a la luz solar.* Alguien tendrá que repararlos y ocuparse de ellos, bien los astronautas o una tropa de robots muy avanzados. En Australia, un adolescente con un limpiacristales se basta y se sobra para dejar los paneles solares como una patena.

Al transferir la energía solar a la Tierra nos encontraremos con otros problemas. Los paneles solares montados sobre el terreno pueden transmitir la electricidad a la red o almacenarla en baterías. La electricidad de origen espacial tendría que enviarse de forma inalámbrica a inmensos receptores en la Tierra y perdería energía por el camino. Y no podría emitirse a una intensidad excesiva, porque podría suponer un riesgo para las aves y la aviación.

La energía solar espacial es valiosa cuando ya estamos en el espacio: es una forma de generar energía sin consumir combustible. También puede ser valiosa en la Tierra en casos muy muy específicos; por ejemplo, podrían surtirse de esa energía bases militares en las que el suministro de combustibles fósiles resultara peligroso. Para usos más prácticos, siguen salien-

* Uno de los principales problemas radica en que el calor ha de ir a alguna parte. En la Tierra, normalmente disipamos el calor transfiriéndolo al aire o al agua. En el espacio no tenemos nada parecido, y por eso la Estación Espacial Internacional, por ejemplo, está dotada de gigantescos sistemas de radiadores especializados. Más aparatos, más mantenimiento.

do más a cuenta las renovables convencionales de toda la vida. Cubramos las azoteas de paneles solares, y luego también el desierto del Sáhara, y si el planeta sigue necesitando electricidad, entonces hablaremos del espacio.

Se nos hace difícil creer que algún día será económicamente rentable recolectar inmensas cantidades de energía solar en el espacio y usarla luego para convertir el polvo lunar en cemento, acero o productos químicos para uso industrial. Pero incluso si creyésemos que esto puede producirse algún día, ese día no llegará a tiempo de salvarnos de los problemas ambientales que nos aquejan hoy.

El veredicto de los Weinersmith:

Argumento 3: **Los recursos espaciales nos harán ricos a todos**

Es posible, desde luego, pero ahora mismo las perspectivas económicas del asunto no tienen buena pinta. Como veremos más adelante, no hay en el espacio lugares en los que encontrar enormes bloques de oro o platino puros. El acceso a los recursos espaciales que sí existen conllevará con toda seguridad un gasto altísimo, que no se reducirá incluso si se producen grandes avances tecnológicos.

También hay que tener en cuenta que una cosa es el acceso a los bienes y otra, la riqueza universal. Pongamos por caso el aluminio: descubierto en 1825, al principio era tan valioso que solo los muy pudientes podían permitírselo. En la joyería victoriana aparece a veces el aluminio como un metal precioso. Hoy lo usamos para tapar la lasaña. La razón está en que, a finales del siglo XIX, los procesos industriales habían abaratado extraordinariamente el aluminio, por lo que el mercado se inundó de un producto que poco antes había sido de lujo. Este es un gran avance, y ni que decir tiene que el aluminio tiene hoy incontables aplicaciones prácticas en la aviación, la cocina... Sin embargo, el hecho de que la mayoría de nosotros podamos comprar hoy un metal otrora precioso en grandes cantidades no significa que seamos todos millonarios.

Nuestra percepción es que la gente tiende a pensar que los minerales en bruto son el factor principal en el bienestar humano. Pese a que son una aportación necesaria a nuestras economías, los recursos no renovables (entendidos como las materias valiosas que uno encuentra en el suelo) constituyen, según un reciente informe del Banco Mundial, un 2,5 por ciento de la riqueza terrestre. Y buena parte de ellos son combustibles fósiles, que no existen en el espacio. Lo que de verdad tiene valor para una economía son los humanos, nuestras ideas y la tecnología. Si no nos creéis, fundid vuestros móviles y calculad el valor del plástico, el vidrio y el metal que obtengáis con ello.

Pero incluso si el espacio permite acceder a coste reducido a bienes de todo tipo que harán rico a *alguien*, no hay motivo para suponer que esa riqueza vaya a distribuirse de forma mínimamente equitativa en la Tierra. Es más: si aceptamos que en el espacio hay flotando una fortuna, Estados Unidos está en posición inmejorable para hacerse con ella, lo que podría afectar negativamente a las economías de países menos desarrollados que dependen de esos bienes. Esto les importará más a unos lectores que a otros, pero incluso si sois de los que piensan que la distribución de la riqueza no tiene demasiada importancia a efectos morales, sí que es significativa en términos geopolíticos. Más adelante veremos que, bajo determinadas condiciones, los cambios en el equilibrio de poder entre las naciones pueden provocar que aumente el riesgo de conflicto bélico. Si el espacio de verdad enriquece de forma notoria a algún país, las consecuencias no tienen por qué ser uniformemente buenas.

El veredicto de los Weinersmith:

Argumento 4: **Los asentamientos espaciales pondrán fin a las guerras, o al menos las mitigarán**

Existen unas cuantas versiones de este argumento, pero estas tres en particular parecen ser muy comunes: los asentamientos espaciales crearán más territorio, por lo que pelearemos menos por él; los asentamientos espaciales nos harán ricos y no querremos seguir peleando; y los asentamientos espaciales permitirán a los ciudadanos insatisfechos partir hacia otros lares, con lo que se reducirán las tensiones en la Tierra.

El primer argumento es el más ridículo. Las naciones no se disputan territorios, se disputan territorios *específicos*. No se pueden resolver las peleas sobre Jerusalén, Cachemira o Crimea prometiendo a las partes en conflicto el control de superficies del mismo tamaño en la Antártida. Sería como presentarse en un caso de divorcio especialmente agrio y pretender resolver el tema de la custodia proponiendo que una de las partes se lleve otros niños. Además, si definimos territorio como «estructuras que el ser humano construye para alojarse en ellas», que es la definición que *debemos* usar para hablar de hábitats espaciales, en la Tierra construimos territorio de forma constante. En un solo edificio se crea mucha más superficie habitable que en cualquiera de los asentamientos espaciales que puedan construirse en un futuro próximo. Por otra parte, si lo que queremos es territorio, sin más, lo hay a espuertas. Buscad en Google. En todo el mundo desarrollado hay pueblos que ofrecen «terrenos gratis» a quienes quieran instalarse en ellos, en lugar de mudarse a las grandes ciudades.

El argumento de la riqueza suena tentador: si los humanos son ricos, ¿para qué querrían pelearse? Sin embargo, el argumento de que «con dinero, todos somos amigos» no convence a todos los estudiosos de la guerra. Las guerras estallan por motivos muy diversos, que nada tienen que ver con que la gente, tras decidir de repente hacer inventario de los recursos a su disposición, concluya que «esto no está nada mal». Una somera lista de los *casus belli* podría incluir: discrepancias religiosas, líderes que no asumen el coste de la violencia y percepciones equivocadas sobre las fuerzas o las intenciones del adversario. Incluso en el supuesto de que todos saliésemos ganando con las actividades espaciales, eso no impediría que siguiese habiendo diferencias religiosas en los países, malos dirigentes o sospechas sobre los rivales.

En cuanto a lo de que se puede alcanzar la paz permitiendo a la gente moverse libremente por los asentamientos, recordemos que la mayoría de las personas no pueden siquiera pasar de un país a otro en la Tierra. El espacio, con toda seguridad, será peor. Independientemente de lo que podáis pensar de la llegada de inmigrantes a vuestro país, lo más seguro es que no os preocupe que quizá respiren demasiado. En el espacio, la atmósfera es tan artificial como el suelo que pisamos, y cada asentamiento habrá sido concebido para volúmenes de población muy específicos. Evidentemente, no es un entorno en el que quepa imaginar una política de fronteras abiertas. Hay quien alega que para solucionarlo basta con crear un nuevo espacio habitable en el espacio, pero ese argumento rápidamente se convierte en «para cambiar de aires, no te hace falta más que crear una estación espacial de un millón de toneladas», y eso, nos tememos, no será una opción viable para casi ninguno de nosotros. E incluso si lo fuera, no está del todo claro que fuese deseable. El doctor De Witt Kilgore, uno de los pocos historiógrafos de las ideas relacionadas con el espacio, lo ha descrito como una forma de evasión urbana* a escala celestial; es decir, el espacio concebido no como solución política, sino como refugio de las realidades políticas que le resultan incómodas a un grupo.

El veredicto de los Weinersmith:

Argumento 5: **La exploración del espacio es un impulso humano natural**

Este es bastante popular. La idea es que vale, quizá no haya razones pecuniarias que justifiquen la exploración del espacio, pero si no lo hacemos estaremos poniéndole freno a nuestra naturaleza misma y, a la larga, provocaremos el estancamiento generalizado de la raza. La versión más bonita de este argumento nos la brinda, claro, Carl Sagan: «Pese a todas sus ventajas materiales, la vida sedentaria nos ha llevado a vivir vidas incómodas, insatisfechas. Incluso ahora, tras cuatrocientas generaciones criadas en aldeas y ciudades, seguimos sin olvidar. El quedo reclamo de la carretera persiste, como una canción de la infancia casi olvidada». La idea es bonita, y

* La «huida blanca» de la que se habla en el original es un fenómeno que se produce en las ciudades, en el que la población blanca abandona las áreas con mayor presencia de minorías para asentarse en las afueras de la urbe. (*N. del T.*)

está mucho mejor formulada que nuestros chistecillos sobre p(l)utones. Luego está, además, que es muy difícil argumentar contra opiniones así, porque no siempre está claro qué es lo que están alegando exactamente. Sin embargo, cuando esa gente entra en detalles, suelen resaltar dos cosas: exploradores famosos, por una parte, y el hecho de que los humanos se han desperdigado por todo el planeta.

La mención de los exploradores famosos es emotiva, pero no especialmente convincente. Si nos fijamos bien, muy pocos de entre nosotros somos exploradores famosos. La mayoría preferimos irnos de vacaciones a sitios en los que haya repostería y aire acondicionado, antes que al Everest o a la cuenca del Amazonas. No nos parece mal que haya personas a las que sí les vayan esos destinos, pero no puede decirse que representen un rasgo universal de la naturaleza humana. Hay gente que compite en campeonatos de a ver quién come más mayonesa, pero no oiréis a nadie decir que sean un reflejo de una profunda verdad sobre los humanos.

Además, si nos fijamos en serio en las historias de los exploradores, el hecho de poder alardear de la primicia parece haber sido una motivación tan importante como la exploración. Cuando la expedición de Peary afirmó que había alcanzado el Polo Norte en 1909, él y sus expedicionarios tuvieron un enfrentamiento público con Frederick Cook, que defendía que él había llegado antes. ¿Sabéis quién *no* intentó arrogarse haber sido el primero? Roald Amundsen. Había estado haciendo planes para ser el primero en hollar el Polo Norte, y cuando se enteró del éxito de Peary, ¿qué hizo? Cambió de inmediato su expedición para dirigirse al Polo Sur, al que nadie había llegado hasta entonces, pese a que buena parte de las regiones boreales seguían inexploradas. ¿Os parece que el objetivo principal es siempre la mera curiosidad? Si el de la exploración es un impulso humano natural que debemos satisfacer ¿por qué tantos de nosotros permanecemos tan felices en nuestros sillones, y por qué los pocos exploradores que existen centran su actividad en las exploraciones que les harán famosos?

El segundo argumento, el que señala que los humanos nos hemos esparcido por todo el planeta, también es cuestionable. Es cierto que el *Homo sapiens* está presente en todos los continentes. Pero lo mismo puede decirse de las cucarachas. Y también sucede con muchas plantas que (al menos en apariencia) no están especialmente preocupadas por su destino cósmico. Los humanos se trasladan a nuevos entornos constantemente por motivos muy ajenos al impulso explorador. Las migraciones multitudinarias modernas a menudo se deben a las guerras, a la persecución, al hambre. Y no es descabellado imaginar que las cosas funcionasen también así en el pasado.

Por último, si renunciar a la exploración supone estancarnos... a ver, ¿dónde está ese estancamiento? Podemos debatir sobre qué significa *estancarse*, por supuesto, pero el cartografiado del planeta se completó a mediados del siglo XX, y desde la década de 1950 han ido pasando cosas bastante molonas. Nos cuesta imaginar que alguien pretenda argumentar en serio que la cultura ya no es creativa o que se ha interrumpido el avance científico. El libro que tenéis ente manos tiene su razón de ser específicamente en que la evolución de las tecnologías que permiten lanzar objetos al espacio se ha acelerado en los últimos diez años, un logro que habría sido imposible sin las décadas de rápidos avances en computación precedentes.

El veredicto de los Weinersmith:

Impreciso, y seguramente no sea cierto

Argumento 6: El espacio nos unirá

Seguramente no. Preguntaos, en cualquier caso, si estos últimos veinte años se han caracterizado por un gran espíritu de cooperación internacional, particularmente entre Rusia y Estados Unidos. Deberían haberlo sido: desde 2001 hay tripulaciones internacionales que trabajan en armonía en la Estación Espacial Internacional (EEI). Llegado 2022, sin embargo, nos encontramos con que, justo después de la invasión de Ucrania por parte de Rusia como telón de fondo, el astronauta estadounidense Scott Kelly tuvo a bien espetarle a Dimitri Rogozin, director de la agencia espacial rusa: «Quizá puedas encontrar trabajo en McDonald's, en caso de que siga habiendo McDonald's en Rusia». Respondía al hecho de que Rogozin había compartido un vídeo en el que aparecían tapadas las banderas de los países que habían impuesto sanciones a Rusia, pese a que habían sido pintadas en un cohete en tiempos más armoniosos. La respuesta de Rogozin fue inmediata: «¡Sal de ahí, imbécil!». Todo esto en Twitter, claro. Rogozin no se privó de añadir que Kelly seguramente sufría de demencia, provocada por sus largas estancias en órbita. Ni siquiera la gente del espacio se siente unida por él.

La conjetura más probable, que es también la preferida por quienes han estudiado política espacial, es que el espacio no nos une. En todo caso, participamos en actividades espaciales conjuntas cuando nos llevamos bien. Si exceptuamos la construcción y el mantenimiento de la Estación Espacial Internacional, los principales hitos en la cooperación en el espacio del siglo XX se produjeron en 1975, durante la breve distensión en la Guerra Fría, y a finales de la década de 1990, tras el desmoronamiento de la Unión Soviética, cuando ya no se consideraba a Rusia una amenaza.

Sin duda, la cooperación espacial suscita cierta sensación de camaradería y abre a determinados segmentos de la población la oportunidad de trabajar juntos, pero desde luego hay formas mucho más baratas de conseguir el mismo resultado. Recordad que el coste de poner en marcha la Estación Espacial Internacional ha sido de unos 150.000 millones de dólares hasta la fecha, lo que la convierte en el objeto más caro fabricado nunca por el ser humano. Ese dinero habría bastado con casi toda seguridad para enviar a la población entera de Rusia (mujeres, hombres y niños) a Disneylandia. Por el precio de decuplicar el número de personas en el espacio, les podríamos comprar incluso pases de temporada y un helado. Eso es mucha unidad.

Pero incluso si aceptamos que la actividad espacial podría mejorar la convivencia de las naciones, no está muy claro que sea algo deseable. A menudo, la falta de entendimiento entre las naciones tiene razones de muchísimo peso. Uno de los motivos por los que el Gobierno de Carter no continuó la cooperación con la Unión Soviética tras 1975 fue la preocupación que suscitaban los abusos de los derechos humanos cometidos por los soviéticos. ¿De verdad queremos vivir en un mundo en el que la postura de Carter respecto de los derechos humanos cambió porque una gente encantadora se reunió en el espacio para comer tarta de manzana y borsch? Puede que algunos conflictos internacionales tengan en su base la necesidad de hacer frente común y vernos los unos a los otros como miembros de la familia humana, pero muchos otros se deben a diferencias reales en nuestros valores y metas. Esas disputas pueden y deben dirimirse por medios políticos convencionales.

El veredicto de los Weinersmith:

Argumento 7: **Los viajes al espacio nos harán sabios**

Este argumento se presenta a veces bajo distintas apariencias, la más famosa de las cuales es el concepto de «efecto perspectiva» propugnado por el filósofo Frank White, quien, como muchos otros miembros de la comunidad espacial, considera que la vista de la Tierra desde el espacio permite llegar a conclusiones muy especiales sobre la naturaleza y la unicidad de la raza humana. Según él, «las personas que vivan en el espacio asumirán como obvias conclusiones filosóficas que los habitantes de la Tierra han tardado milenios en formular».

Si así ha sido, han disimulado bastante bien, porque no nos han transmitido ninguna idea particularmente trascendental. Tras casi setenta años de viajes espaciales, y con más de seiscientas personas enviadas al espacio, en la librería municipal siguen sin tener una *Crítica de la razón pura... en el espacio*, ni tampoco un *Tratado de la naturaleza espacial humana*. Hasta donde se nos alcanza, todo el filosofar de los viajeros espaciales cabría perfectamente en una tarjetita cursi de felicitación: las observaciones básicas son que la Tierra es hermosa y frágil y que «desde aquí arriba no se ven fronteras». Y, por cierto, esta última aseveración ni siquiera es cierta. Un cosmonauta nos contó que puede verse la frontera entre la India y Pakistán, además de la existente entre las dos Coreas. En cualquier caso, y suponiendo que efectivamente desde el espacio las fronteras no fuesen visibles, ¿es eso sabiduría? Para nosotros, alguien sabio *debería ver* que existe una frontera entre las Coreas. Las personas atrapadas en una de ellas, desde luego, la ven muy claramente.

Otro problema serio con esta teoría es que no hay buenas pruebas que la sustenten. Se ha escrito algún que otro artículo, basado en encuestas extraordinariamente capciosas en las que se les preguntaba a los astronautas si el tiempo pasado en órbita había hecho que aumentase su interés en cosas como el medio ambiente y la interconexión entre los seres humanos. En uno de esos artículos se incluía un cuestionario de respuesta libre en el que varios astronautas recalcaron que no se les había ofrecido la opción de declarar que su interés en esos temas había disminuido o no había experimentado cambios.

Con eso no estamos diciendo que ir al espacio sea aburrido. Sin lugar a dudas, es una experiencia trascendental y preñada de significado. Pero se puede acceder a otras experiencias igualmente trascendentales a un coste por lo general mucho menor. Un estudio intentó medir el efecto perspectiva y descubrió que, en caso de que de verdad exista, es bastante similar al que sienten las madres primerizas. No es nuestra intención burlarnos de las madres y enemistarnos con nuestros lectores tan pronto, pero creemos que estaréis de acuerdo en que, si el primer parto de una mujer le abriese la puerta a pensar como un filósofo o un sabio, Facebook sería un lugar bastante más agradable. Además, generar nuevas madres es bastante más fácil y barato que generar nuevos astronautas. Nadie se convierte en astronauta por error.

Pero lo que le da la puntilla a la teoría es el hecho de que, si bien solo unas seiscientas personas han llegado al espacio, existen unas seis mil historias de astronautas portándose mal. Casos de alcoholismo, de adulterio; de pilotaje de aviones bajo el efecto de las drogas; de mentiras a los equipos médicos; de negación del cambio climático; de promoción de pseudociencias; de peleas con otros astronautas... Y luego, claro, está aquella vez que una astronauta cruzó Estados Unidos en coche para secuestrar a la nueva chica de su exnovio. El ex, por cierto, era también astronauta, y hay que decir que había estado dándole falsas esperanzas. Pero quizá quien menos inteligencia ha demostrado haya sido Valentina Tereshkova, la admirada primera mujer en llegar al espacio, que en su día propuso una enmienda constitucional ante la Duma rusa que abriría la puerta a que Vladímir Putin pudiese continuar ocupando la presidencia durante dos legislaturas adicionales. Posteriormente, el Gobierno de Estados Unidos le impuso sanciones por su apoyo individual demostrado a la anexión rusa de Ucrania y a los fraudulentos referendos empleados para justificarla. Puede que, vistos desde el espacio, todos seamos iguales, pero algunos seguimos siendo más iguales que otros.

El veredicto de los Weinersmith:

Argumento 8: **Crear naciones en el espacio revitalizará la cultura terrícola, que tan homogénea, burocrática y, en general, timorata se ha vuelto**

La cuestión de si la Tierra se está homogeneizando es objeto de intensos debates entre los sociólogos. Es cierto que la globalización afecta a las pequeñas culturas locales, pero también conlleva una hibridación cultural que resulta en la aparición de otras nuevas. Que esto suponga una pérdida neta o no depende del color del cristal con que se mire la cuestión, pero quizá la versión más cuantificable del argumento de la homogeneización es la desaparición de lenguas minoritarias en todo el planeta. Está sucediendo, sí, pero, cuando hablamos con lingüistas de la cuestión, no nos pareció que les convenciese mucho la idea de que viajar al espacio fuese a cambiar algo. Para que aparezcan nuevos lenguajes hace falta una separación real y muy prolongada. La separación completa de la Tierra en un futuro cercano no será ni posible ni deseable. Si lo que queréis es una lengua nueva, encerrad a un grupo de gente en una isla sin internet durante unos cuantos siglos. Acordaos: en Marte habrá Netflix.

Hay quien cree que el problema no es la homogeneización, sino el apocamiento generalizado. Muchos estadounidenses partidarios de la conquista del espacio defienden de alguna forma lo que los estudiosos han dado en llamar *tesis de Turner*, o *tesis de la vida en la frontera*.* La idea es que Estados Unidos se convirtió en un lugar dinámico, democrático, abiertamente individualista y a todos los efectos de p*** madre porque vivía instalado en la cultura de la frontera. A veces, el argumento no es más que un alarde retórico sobre el espacio como un lugar repleto de novedades y aventuras, pero a menudo la frontera se entiende como algo más: como una especie de proceso de resurrección social. Según este planteamiento, quienes se lancen a asentarse en el espacio forjarán una civilización dura, seria y creativa, y esa sociedad de tintes fronterizos servirá de ejemplo a la Tierra como modelo de una vida más resistente y democrática, del mismo modo que la conquista del Oeste lo fue (supuestamente) para Estados Unidos. El problema está en que, en la actualidad, casi todos los historiadores rechazan esta teoría, otrora tan popular, y la describen como engañosa y excesivamente simplista.**

Vamos a suponer por un momento que Turner tuviese razón: si leéis atentamente los textos originales, veréis que su tesis se asienta sobre la idea de que los colonizadores estadou-

* Algunos amigos europeos nos han comentado que esta es una idea particularmente estadounidense, pero sabemos de al menos dos fuentes europeas que defienden el mismo argumento.

** Para lo que suelen ser estas cosas en el mundo académico, su caída en desgracia fue bastante brutal. A continuación reproducimos un extracto de un artículo escrito en 1987 por William Cronon, historiador de la Universidad Yale, conocido por haber intentado destacar los aspectos positivos del trabajo de Turner: «después de tanto artículo y tanto libro y tanta disertación, ¿qué podría justificar otro acercamiento al "terreno bañado en sangre" de la tesis de la vida en la frontera? [...] En el medio siglo transcurrido desde la muerte de Turner, su reputación ha sido objeto de una serie de ataques que poco o nada de sus argumentos han dejado incólumes».

nidenses tenían tierras baratas, estaban aislados de las zonas no fronterizas y, lo que es más ominoso, necesitaban organizarse para arrebatar esas tierras a la población autóctona. El espacio es caro, habrá acceso a internet y, afortunadamente, carece de una población local a la que explotar y asesinar. Al igual que sucedía con lo de la homogeneización, incluso si esta teoría fuera cierta, no está nada claro que una base en Marte sea la respuesta adecuada.

Otra versión más extendida de la idea del espacio como frontera defiende que las inhóspitas condiciones en el espacio y la necesidad de robots propiciará un estallido de creatividad. Una vez más, es un postulado difícil de calibrar, y los expertos no se ponen de acuerdo al respecto, pero hay motivos para dudar de que el espacio sea la solución ideal. Para ilustrar el porqué de esas dudas, planteaos un concepto, el de *necrosfera*, por oposición al de biosfera. La necrosfera es una estructura construida en la Tierra. En su interior, el suelo es veneno, no hay aire y la radiación azota incesantemente a sus ocupantes.

¿Por qué lo construimos? Porque sabemos a ciencia cierta que podemos meter dentro unos cuantos ingenieros que, obligados a sobreponerse a la adversidad (y a sobrevivir), abrirán el grifo del ingenio y producirán de inmediato ideas valiosas a chorro. Imaginamos que la idea os parece poco plausible; preguntaos entonces por qué cabría esperar que una base en Marte propicie esos supuestos beneficios. Ya que estáis, preguntaos también por qué tantas de las innovaciones terráqueas han surgido no en eriales sumidos en la anarquía, sino en ciudades donde la mayor penuria a la que se enfrentan los ingenieros son los cafés a ocho dólares.

En cualquier caso, si el objetivo es crear naciones lejos de la Tierra, vale la pena recordar que la ley internacional no lo permite. Y dado el altísimo grado de dependencia de todo asentamiento espacial respecto a la Tierra, no es un obstáculo baladí.

El veredicto de los Weinersmith:

Hay más argumentos, pero los que se recogen en párrafos anteriores son los que nos hemos encontrado más a menudo. Daos cuenta, con todo, de que no hemos presentado ningún argumento por el que el ser humano no deba asentarse en el espacio: lo que hemos dicho es que muchos de los supuestos beneficios son poco plausibles. Eso nos lleva a una última pregunta:

VALE, MUY BIEN: ¿Hay buenos razonamientos a favor del espacio?

Pues más o menos. Nosotros hemos encontrado dos argumentos que, por lo menos, no están basados en conceptos económicos poco plausibles o interpretaciones sociológicas incorrectas. Uno y otro argumento tienen el mismo problema, pero es una cuestión especulativa que atañe al futuro.

Argumento 1: **La catedral de la supervivencia**

Muy pocos son los filósofos dispuestos a debatir en contra de la vida humana. Hay que decir, en su defensa, que sus libros tienen títulos buenísimos; sirvan como ejemplo *Every Cradle is a Grave* ('Cada cuna es una tumba') y *Better Never to Have Been* ('Mejor no haber existido nunca'). La mayoría de nosotros, con todo, preferiría que lo de la existencia humana siguiese tirando adelante. Fijémonos en las especies que más tiempo han sabido sobrevivir y veremos que comparten unos cuantos rasgos: poblaciones muy numerosas, diversidad genética, amplia distribución geográfica... Disponer de un asentamiento en Marte con una población y un hábitat de dimensiones suficientes para sobrevivir a una catástrofe en la Tierra parece ajustarse a ese perfil. No nos salvará del cambio climático ni de ninguna de las calamidades con las que posiblemente acabaremos por destruirnos en breve, pero aun así podría ser un empeño válido a largo plazo. Al igual que sucede con las catedrales, quienes pongamos las primeras piedras quizá no lleguemos a ver la erección del chapitel, pese a lo cual seguiremos queriendo ponernos manos a la obra.

No resulta nada fácil definir con precisión en qué consistirá ese ponerse manos a la obra, pero si estamos de acuerdo en que deberíamos construir ese futuro para los nietos de nuestros nietos, lo lógico parece arrancar ahora mismo.

El veredicto de los Weinersmith:

Argumento 2: **El argumento del jacuzzi**

Cuando uno quiere comprarse un jacuzzi, a nadie se le ocurre decir que «es el destino del ser humano mojarse el trasero en agua calentita y burbujeante». Nadie intenta convencer a nadie de que una humanidad sin baños de burbujas acabará estancándose. Nadie se descuelga con que la proliferación de bañeras climatizadas de exterior pondrá fin a los conflictos humanos. Lisa y llanamente, uno quiere comprarse un jacuzzi, y hay alguien que se lo vende, y nadie tiene derecho a impedírselo. No es que sea el argumento más noble ni más inspirador para defender una postura, pero también es verdad que, cuando alguien apela a la nobleza humana, sospechamos que a menudo está apelando también a que se le financie con fondos públicos.

Si el motivo para llegar el espacio no es filosófico, y tampoco se basa en consideraciones del beneficio que reportará... pues no pasa nada. «Porque mola mucho» es un argumento perfectamente aceptable.

El veredicto de los Weinersmith:

Como los Weinersmith en su piscina: perfectamente verosímil, pero no especialmente atractivo

La mosca en la sopa espacial

Un posible problema para ambos argumentos es la cuestión de si instalarse en el espacio no incrementa los riesgos para la supervivencia de la especie. Pongamos que el espacio hace que aumente el riesgo terrorista o la posibilidad de que una guerra erradique al ser humano de la faz de la Tierra. En ese caso hemos construido una «catedral de la supervivencia» que podría derrumbársenos encima. Si la justificación de los asentamientos en el espacio es la supervivencia a largo plazo de la especie, tenemos que estar bastante seguros de que estos mejorarán de verdad la probabilidad de que sobrevivamos.

En el argumento del jacuzzi podemos ver el abanico de posibilidades, que van desde un baño de burbujas a un arma nuclear. Para la mayoría de nosotros, la compra de un jacuzzi no pone en peligro a nadie. Quizás alguien se asome por error a la verja para echar un vistazo, pero ese es su problema. La adquisición de armas nucleares es diferente. Tener en vuestra posesión un misil balístico de alcance intercontinental con ojiva nuclear no es una cuestión personal, porque igual quien acaba saltando por los aires soy yo. Eso me da derecho a prohibiros que lo tengáis. Fijaos que esto es así incluso si sois bellísimas personas y no tenéis la menor intención de utilizar el arma nuclear en vuestro garaje. Llegados a este punto, hay que valorar si el asentamiento espacial está más cerca del jacuzzi o de las armas nucleares: ¿es una cuestión de libre albedrío personal o se trata de algo que requiere una regulación estricta?

A nosotros, estos dos argumentos nos parecen los de mayor peso a favor de los asentamientos, pero a regañadientes hemos acabado convenciéndonos de que la mosca en la sopa es más bien un elefante. Dedicaremos el resto del libro a explicar cómo es el espacio y las normas que lo rigen, y después retomaremos estos argumentos y los evaluaremos a la luz de esa información.

Breve nota sobre el lenguaje y sobre el profundo chauvinismo de los autores

Las dos palabras que se usan más a menudo para indicar un lugar en el que los humanos aspiran a vivir permanentemente en el espacio son «colonia» y «asentamiento». Existe un debate (que se remonta, hasta donde nosotros sabemos, hasta la década de 1970) en torno a cuál de los dos términos es menos problemático desde el punto de vista histórico.

Se han propuesto algunas alternativas, pero si somos sinceros, ninguna ilusiona demasiado. Desde el Beyond Earth Institute, por ejemplo, apuestan por el farragoso y endecasilábico «comunidades allende la Tierra». Otra opción más corta es la de los «puestos espaciales de avanzada», pero no evoca la idea de que un día habrá familias, niños e instituciones en ellos. Por otra parte, «ciudades espaciales» es mucho más majestuoso que lo que cabe imaginar que existirá en un futuro cercano, mientras que «aldeas espaciales» suena a siervos de la gleba ataviados con trajes de artillería presurizados y a astromóviles marcianos tirados por caballos. El prolífico y no siempre poético Isaac Asimov presentó en su día una propuesta que a nosotros nos convence: «espoma».* Intentad decirlo en voz alta: ¡espoma! Espoma (o *spome*, en el original inglés) es una contracción de *space home*, es decir, «hogar espacial», y si bien es cierto que ninguna connotación histórica lastra el término, también lo es que suena a pastilla de jabón barata o a esos depósitos renales que es necesario extirpar quirúrgicamente. Hemos optado por utilizar «asentamientos» porque,

* Aunque no os lo creáis, *espoma* no es la propuesta más torpe. Ese honor corresponde al término acuñado por David Criswell en un capítulo de un libro publicado en 1985: el impronunciable «*s'home*», también contracción de *space* y *home*. David Criswell, «Solar System Industrialization: Implications for Interstellar Migrations», en Ben R. Finney y Eric M. Jones (eds.), *Interstellar Migration and the Human Experience*, Berkeley, University of California Press, 1985, pág. 57.

a decir verdad, es el término que prefieren ahora mismo los entusiastas del espacio.

Si veis que «espoma» se nos cuela en el texto de vez en cuando, *espomala* memoria nuestra.

Por último, y no sin cierto resquemor, queremos avisar de que, en determinados pasajes, el libro puede pecar de excesivamente norteamericano. Los autores somos estadounidenses: nos gustan el café de calcetín y el queso malo y, cuando viajamos al extranjero y vemos atracciones para turistas, aplaudimos cuando no toca. Es triste, pero es así. Por eso mismo hemos hecho cuanto hemos podido para hablar con lectores y expertos no estadounidenses y hemos prestado mucha atención a sus opiniones, sobre todo cuando no coincidían con las nuestras. Dicho esto, tenemos que recalcar que, en lo que al espacio concierne, y para bien o para mal, ese norteamericocentrismo está hasta cierto punto justificado. Puede que Estados Unidos ya no sea la única superpotencia del planeta, pero sigue siendo, con mucha diferencia, el principal actor en el espacio. El Gobierno de Estados Unidos invierte muchísimo más en el espacio que cualquier otro, y las revolucionarias empresas que están accediendo ahora al espacio son todas estadounidenses. Si de vez en cuando hablamos del mito de la frontera estadounidense o de las teorías legales de las que Estados Unidos puede ser partidario, es porque son los planteamientos de la potencia hegemónica en el espacio en la actualidad.

En 1976, como parte de la Declaración de Bogotá, ocho naciones ecuatoriales reclamaron sus derechos territoriales sobre la órbita geoestacionaria, la cual, debido a la naturaleza de la mecánica orbital, discurre perpetuamente sobre sus cabezas. La órbita geoestacionaria tiene su valor, y la idea era que a esos países menos desarrollados habría que pagarles un alquiler por el uso de su espacio. Sin embargo, y pese a que, aún hoy, la Constitución colombiana sigue atribuyéndose derechos especiales sobre una franja de esa órbita, la comunidad internacional ha hecho caso omiso de esa reclamación. Si esa misma declaración la hubiese hecho el país con el ejército más poderoso de cuantos ha conocido el mundo y la tecnología más avanzada para acceder al espacio, imaginamos que se le habría hecho algo más de caso al cartelito de SE ALQUILA.

En un cuarto lleno de animales, el gorila quizá no sea el más espabilado, pero lo más seguro es que os interese saber qué tiene en mente.

Primera parte

El cuidado del viajero espacial

Si vais a estableceros en el espacio con el objetivo de mantener una población de ciertas dimensiones, una de las mejores cosas que podéis hacer es no moriros. O bien, si tenéis previsto hacerlo, que no sea inmediatamente. A poco que podáis, tened unos cuantos hijos, criadlos hasta que estén en edad de reproducirse y solo entonces entregaos al sueño final.

No sabemos cómo conseguirlo. No del todo, desde luego. Hace más de sesenta años que el ser humano llegó al espacio y tenemos mucha información sobre las experiencias de los astronautas. Pero estos no son personas normales. Para decirlo sin rodeos: son mejores que nosotros. Si bien es cierto que esto está cambiando, ya que el turismo espacial empieza a permitirnos a los más fondones llegar a estar en órbita, el astronauta medio es alguien que, además de contar con conocimientos tremendamente especializados, es capaz de superar toda una serie de pruebas físicas y mentales que a la mayoría de nosotros nos harían claudicar en pocos días. Muchos de los primeros exploradores del espacio eran pilotos de pruebas ultracualificados, pero incluso cuando las agencias espaciales aligeraron un poco los requisitos, sus currículums han seguido siendo bastante impresionantes. Sally Ride completó su doctorado en física en Stanford antes de hacerse astronauta, y durante su período de formación, Jon McBride, su instructor de vuelo, dijo de ella que era «la mejor estudiante que he tenido». Tenía veintisiete años cuando la seleccionaron. Y Rhea Seddon, también doctora, compaginó su formación como astronauta con su labor de cirujana mientras esperaba su turno en el transbordador espacial, y todo mientras cuidaba de sus hijos en su tiempo libre. ¿Cómo se os queda el cuerpo? Esas son las estadísticas de un astronauta normal. Y está muy bien para garantizar el éxito de una misión, pero nos sirve de muy poco si lo que queremos es saber cómo será la medicina espacial con la que atenderemos a gente más del montón en extensos asentamientos espaciales.

Sumémosle a eso el hecho de que nadie, literalmente nadie, ha pasado más de 437 días seguidos en el espacio, y que el tiempo total de las misiones *Apolo* sobre la superficie lunar (cuya gravedad, recordemos, es una sexta parte de la de la Tierra) es tan solo de menos de dos semanas, y veréis que va quedando patente lo poquísimo que sabemos sobre la cuestión más pertinente que plantea el asentamiento en el espacio: ¿puede una persona normal, a la larga, llevar una vida plena fuera de nuestro planeta?

En esta sección queremos establecer con mucha más precisión qué sabemos y qué no. Es posible que muchos de los problemas más probables acaben solucionándose fácilmente con tecnología que, si aún no existe, está a la vuelta de la esquina o con la ayuda de cantidades ingentes de dinero. Otros, sin embargo, quizá supongan un obstáculo a largo plazo para cualquier forma de asentamiento permanente en el espacio.

2

Asfixia, pérdida de masa ósea y cerdos voladores: la ciencia de la fisiología espacial

La era espacial antehumana

Podríamos definir aproximadamente a un ser humano como un tubo líquido de unos dos metros de alto en el que flotan varios sistemas biológicos tan húmedos como viscosos: la digestión, el almacenamiento de desechos, el sentido del equilibrio, la circulación sanguínea... Todos esos sistemas evolucionaron en un contexto en el que a los pies del tubo en cuestión había una esfera de seis mil trillones de toneladas.

Pongamos ahora que es el 12 de abril de 1961. Sois Yuri Gagarin y estáis a punto de participar en algo muy novedoso, para lo que os sientan en la ojiva de un misil y os ponen en órbita. ¿Qué os hace estar tan convencidos de que el estómago no se os pondrá del revés?* ¿O que la sangre continuará suministrando oxígeno al cerebro? ¿Que los pulmones, el hígado y los riñones seguirán funcionando como siempre mientras flotan en el interior de vuestro vientre?

* Wally Schirra, el único astronauta que voló en los tres primeros programas espaciales estadounidenses (Mercury, Gemini y Apolo), contaba en su biografía que, en su opinión, esos temores no tenían pies ni cabeza: él recordaba que, en su época en las fuerzas aéreas, había visto al comandante de la base beberse un martini haciendo el pino apoyado sobre la cabeza. O, como decía él, «en gravedad menos uno». Walter M. Schirra, Jr. y Richard Billings, *Schirra's Space*, Boston, Quinlan Press, 1988, pág. 23.

Para empezar, no sois el primer ser que emprende este viaje. Ni siquiera el primer simio. Tanto Estados Unidos como la Unión Soviética estudiaron los efectos del espacio en la vida no humana durante una década antes de la misión de Gagarin. Los ingenieros soviéticos preferían perros en sus pruebas de vuelo. Estados Unidos, para demostrar la superioridad de la democracia liberal, optó por poner monos en órbita.* Pero si aceptamos que especies distintas a la humana pueden alardear de haber llegado las primeras al espacio, los candidatos a esa primacía serían un gato, varios perros, ratones, tortugas, chimpancés, moscas de la fruta y diversas especies de mono. Igualito que el arca de Noé, solo que aquí no todos llegaron a ver el arco iris.

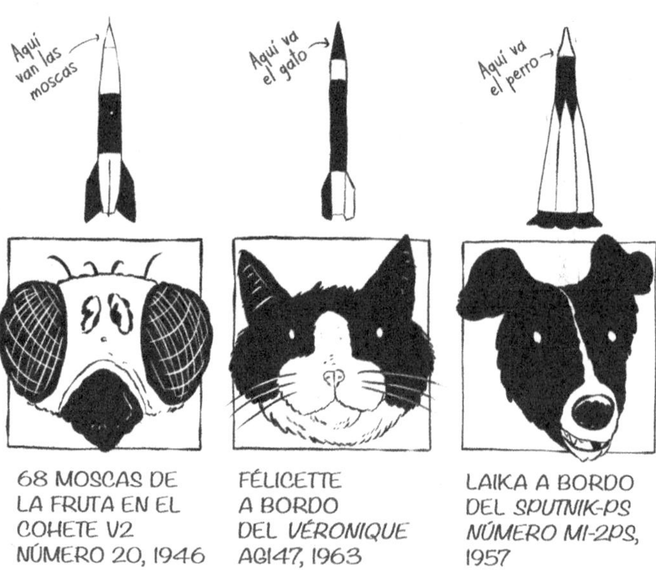

68 MOSCAS DE LA FRUTA EN EL COHETE V2 NÚMERO 20, 1946

FÉLICETTE A BORDO DEL *VÉRONIQUE* AGI47, 1963

LAIKA A BORDO DEL *SPUTNIK-PS NÚMERO MI-2PS*, 1957

* No es del todo broma. Se cuenta que Wernher von Braun, el científico que diseñó los misiles nazis y posteriormente ideó los cohetes que llevaron al hombre a la Luna, insistió en que era necesario utilizar monos para imponerse a los sóviets. Y ya que hablamos de esto, un detalle curioso: el único gato (una gata, en realidad) que ha visitado el espacio fue Félicette, enviada por los franceses.

Laika, una simpática perra callejera moscovita, fue el primer animal que orbitó la Tierra. Murió cuando su nave empezó a sobrecalentarse inesperadamente a las seis horas del lanzamiento, el 3 de noviembre de 1957. Y aunque el incidente acortó su vida, tampoco lo hizo demasiado: la nave *Sputnik 2* no contaba con cápsula de regreso. En 1960, los cachorros espaciales soviéticos Belka y Strelka se convirtieron en los primeros perros en regresar a la Tierra, donde permanecen desde entonces (gloriosamente disecados) en el Museo de la Cosmonáutica de Moscú.

Cuando salieron de la cápsula no parecía que el espacio hubiese hecho especial mella en ellos. No puede decirse lo mismo de todos los animales que han pasado por el espacio, ni siquiera de los que sobrevivieron. El chimpancé Ham (norteamericano) subió al espacio no mucho antes que Gagarin y por un breve espacio de tiempo tuvo que soportar una aceleración equivalente a quince veces la gravedad terrestre. Al día siguiente, en la rueda de prensa, mostró un cabreo considerable, chillándoles a los reporteros y los fotógrafos y amenazándolos con los dientes. No puede decirse que fuese el comportamiento que uno espera de un astronauta de la NASA, pero, desde el punto de vista puramente fisiológico, lo importante era que Ham estaba vivito y coleando.

Y lo mismo sucedió con Gagarin tras pasar hora y media en órbita. No solo sobrevivió, sino que pudo disfrutar de la primera comida espacial de la humanidad: dos tubos de puré de carne y uno de salsa de chocolate.

Aquella única órbita supuso el comienzo de la medicina espacial. Sin embargo, y al igual que todos los viajes de aquellos vertiginosos primeros años de la carrera espacial, poco o nada nos dice sobre los asentamientos en el espacio. Si sabéis algo sobre las heroicidades de las primeras décadas de los viajes espaciales, de aquellas decisiones tomadas en décimas de segundo, de tantos y tantos momentos salvados por los pelos, de sus triunfos y tragedias... Lo sentimos, pero no nos sirven de casi nada para lo que hemos venido a contar aquí. Armstrong y Aldrin pasaron tres horas caminando por la Luna. Antes de la década de 1970, el viaje espacial más largo apenas había durado dos semanas, tiempo insuficiente para que se manifestasen los problemas médicos más serios que pueden darse en el espacio.

La medicina espacial de largo recorrido no arranca como tal hasta que la Unión Soviética, tras perder la carrera hacia la Luna, inauguró la era de las estaciones espaciales con la *Salyut-1*, que entró en funcionamiento en 1971. Desde entonces ha habido tan pocas estaciones espaciales que podemos documentarlas todas en la página siguiente.*

Durante este período, los viajes empezaron a ser más largos y culminaron en los 437 días consecutivos que pasó el cosmonauta Valeri Poliakov en la estación *Mir* entre 1994 y 1995. Desde entonces, muy pocos astronautas han pasado más de seis meses seguidos en órbita. Aun así, la mayoría de lo que sabemos sobre medicina en el espacio proviene de la Estación Espacial Internacional, que hoy en día sigue siendo la mayor de cuantas se han construido: es seis veces más espaciosa que las *Salyut*, y cuenta con una tripulación permanente de seis personas, frente a las dos o tres que desarrollaban misiones prolongadas en estaciones anteriores.**

Las buenas noticias son que el espacio no nos mata inmediatamente. Mientras el equipamiento funcione, el espacio no parece *tan* peligroso, por lo menos durante períodos moderados de tiempo. Cuando un astronauta ha muerto ha sido siempre por un problema con el vehículo, y nunca a causa de los efectos nocivos del entorno espacial. Sin embargo, hay muchos

* La estación *Salyut-2* nunca estuvo tripulada.

** Si habéis visto fotografías con un número mayor de cosmonautas en una estación espacial es porque se han tomado durante cambios de guardia, o cuando llega una tripulación para misiones de corta duración.

puntos intermedios entre estar vivo y estar muerto (como le recuerda a veces uno de los autores al otro cuando le toca cuidar de los niños). Conocerlos es la mejor manera de acercarnos a los posibles problemas de salud que aquejarán a quienes se asienten en el espacio.

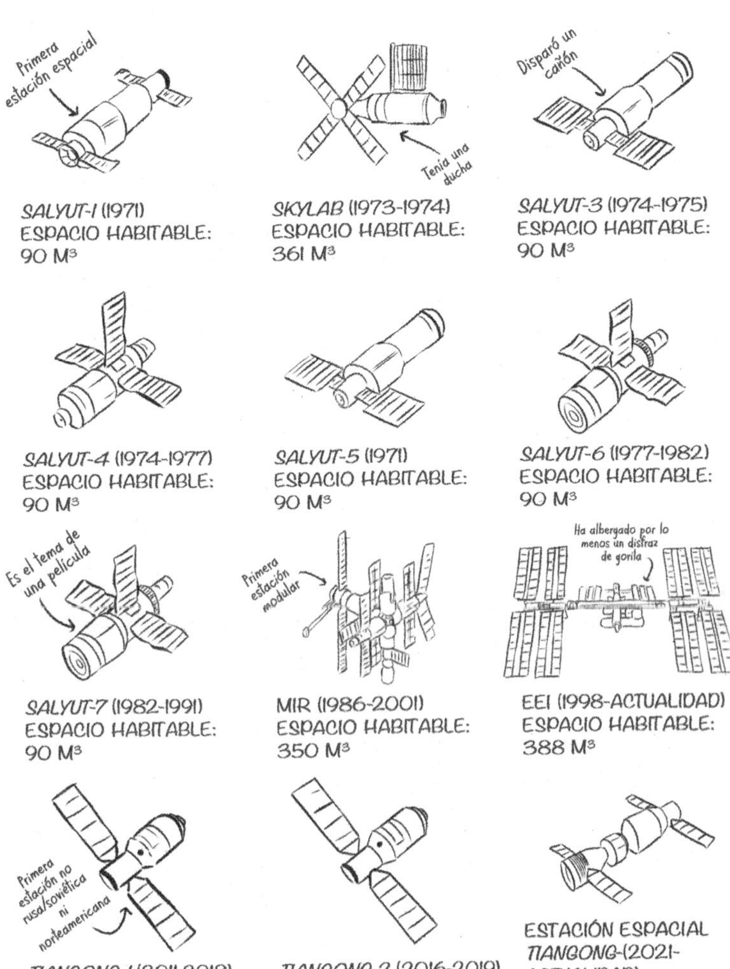

LOS DIBUJOS NO SON NI POR ASOMO A ESCALA.
LOS ESPACIOS HABITABLES INDICADOS SON LOS VOLÚMENES MÁXIMOS.

El vacío del espacio, o: vuestro cuerpo es una lata de refresco

En la Tierra, la presión que ejerce el aire sobre vuestra piel desde todas las direcciones a la vez es de aproximadamente 1,03 kilogramos por centímetro cúbico o, lo que es lo mismo, una atmósfera. Eso equivale al peso de un litro de agua sobre cada centímetro cúbico de vuestra piel. No lo notáis, del mismo modo que una gamba de los fondos marinos no nota que el líquido que la rodea podría provocar el colapso de un submarino: vuestro cuerpo está adaptado a la presión que impera cerca de la superficie terrestre, y es capaz de contrarrestar la resistencia habitual en vuestro entorno. Además, muy pocas veces estáis expuestos a cambios bruscos de presión.

Pero imaginad un refresco. Cuando compráis una botella sellada de Pepsi Light, sabéis que está gasificada, pero no veis muchas burbujas. Eso se debe a que en el interior de la botella la presión es unas cuatro veces superior a la de la atmósfera que la rodea, lo que permite que el dióxido de carbono permanezca plácidamente suspendido en el líquido. Cuando abrís la chapa, exponéis el contenido a la atmósfera terrestre, mucho menos intensa. Todo el gas en suspensión sale entonces a borbotones y forma la espuma que estáis acostumbrados a ver. Si queréis evitar esa súbita liberación de gas, tenéis la opción de abrir la botella bajo el mar, a cuarenta metros de profundidad. La presión mantendrá el gas en su sitio y el agua de mar no hará que la Pepsi Light sepa peor.

Vuestro cuerpo es como el refresco, con la salvedad de que el gas en suspensión en vuestros fluidos es nitrógeno,* absorbido de la atmósfera. Si os teletransportaseis al espacio, donde la presión atmosférica es cero,** los líquidos de vuestro

* Técnicamente, eso hace de nuestro cuerpo una Guinness.

** Amigos nuestros físicos nos recuerdan que, técnicamente, el número de partículas en el espacio exterior es distinto a cero. Kelly piensa que es un cuerpo reaccionarían como la Pepsi Light al abrir la botella, solo que en vez de formar un chorro de espuma, las burbujas de nitrógeno bloquearían venas y arterias e impedirían la circulación de la sangre, el oxígeno y los nutrientes. Es un problema que conocen bien los buceadores, quienes lo experimentan al regresar a la superficie desde las profundidades. Si pasamos de una presión muy alta a otra más baja demasiado deprisa, sufriremos la llamada *enfermedad por descompresión*, que a menudo afecta a las articulaciones y provoca que quien la sufre se encoja de dolor; si afecta a los pulmones, provoca ahogos; si el afectado es el cerebro, trastabilleos.

Si os pasa en el espacio, lo que provoca es la muerte. De hecho, las únicas muertes que se han producido en el espacio* se han debido a la pérdida súbita de presión. El 30 de junio de 1971, los cosmonautas Gueorgui Dobrovolski, Víktor Patsáyev y Vladislav Vólkov regresaban de la estación *Salyut-1*. Los tres habían pasado semanas haciendo acrobacias en la ingravidez de la estación ante la arrobada mirada de los telespectadores soviéticos. Entraron en la cápsula y, tras algún que otro problema con el sellado de la escotilla, iniciaron el descenso. Cuando la tripulación de tierra llegó hasta la cápsula y la abrió, se encontró a los tres hombres serenamente sentados y muertos. Nada pudo hacerse para revivirlos: los tres habían sufrido una hemorragia cerebral fulminante. La investigación posterior determinó que, cuando se desacoplaron de la estación espacial, una válvula de la nave que los devolvía a la Tierra se había abierto inesperadamente y los había expuesto a un vacío casi perfecto.

La enfermedad por descompresión no es un problema solo en caso de accidente: es un riesgo presente siempre que

buen argumento. Zach los anima a que intenten hacer funcionar un barómetro en órbita

* Ha habido más muertes a bordo de naves espaciales, pero todas se produjeron en la atmósfera terrestre.

se usa un traje presurizado. Quizá penséis en el traje espacial como una simple prenda algo abultada, pero la ropa normal no lleva por dentro un hábitat perfectamente sellado. Imagináoslo mejor como una pelota de cuero con forma de cuerpo humano. Al igual que sucede con la pelota, cuanto mayor es la presión interna, más difícil es que ceda. En un balón con forma humana, la presurización hace difícil doblar las articulaciones. Muy difícil. Hay un fenómeno ampliamente documentado, el de la «delaminación ungueal», que os recomendamos que no investiguéis. Y ese es el motivo de que, pese a que la Estación Espacial Internacional mantiene una presión igual a la de la Tierra, tanto los trajes espaciales estadounidenses como los rusos solo tengan un tercio de esa presión.

Pero, entonces, ¿cómo es que a los astronautas no les duelen las articulaciones, ni se asfixian, ni les dan mareos ni se nos mueren cuando se ponen un traje espacial? La respuesta es que antes de salir a un paseo espacial respiran oxígeno puro, con lo que expulsan casi todo el nitrógeno de su sangre. Sin nitró-

geno no hay burbujas de nitrógeno.* Puede que las películas os hayan hecho creer que un astronauta heroico puede ponerse el traje en un pispás para salir corriendo a un rescate, pero el diseño actual de los trajes tendría enseguida a Brad Pitt agarrándose las articulaciones y trastabillando hacia una muerte muy dolorosa (aunque apuesta).

Los más astutos y sabelotodos de entre vosotros preguntaréis rápidamente por qué no se mantiene la Estación a la misma presión que el traje. La respuesta, sin entrar en demasiados detalles, es que aunque los humanos podemos sobrevivir a bajas presiones siempre que haya oxígeno suficiente en el aire, los ingenieros tendrían que diseñar todos los equipamientos de forma que pudiesen funcionar en un entorno a baja presión compuesto por oxígeno puro.

Lo que pasa es que el oxígeno puro es peligroso. En 1967, durante los preparativos de vuelo del *Apolo 1*, en la cápsula de la tripulación saltó una chispa que prendió un fuego muy intenso en el oxígeno puro de la cabina. No hubo forma de rescatar a los tres astronautas (Edward White II, Roger Chaffee y Gus Grissom), porque el súbito incremento de la temperatura y la presión en la cabina hacía imposible utilizar la escotilla (que se abría hacia dentro) y el intenso calor no permitió al equipo de rescate llegar hasta ellos.

En la Unión Soviética se había producido anteriormente otro incidente similar, aunque menos conocido. A comienzos de 1961, Valentín Bondarenko, como parte de su formación como cosmonauta, participó en un ejercicio consistente en pasar diez días en una cámara presurizada con aire enriquecido con oxígeno. Hacia el final del confinamiento, Bondarenko se arrancó uno de los sensores médicos que tenía pegado al

* Os preguntaréis por qué el oxígeno no forma burbujas como el nitrógeno. Se debe a que el oxígeno lo captan varias de las moléculas que utiliza el cuerpo, de forma que, cuando baja la presión, no aparecen las grandes burbujas de oxígeno que sí se forman con el nitrógeno.

cuerpo y se limpió el resto de pegamento del sensor con una toallita mojada en alcohol de la que luego se deshizo, descuidadamente, con tan mala fortuna que fue a caer en un fogón eléctrico. La llamarada resultante prendió en su traje y lo consumió por completo. Hubo que purgar el oxígeno de la cámara antes de que nadie pudiese llegar hasta Bondarenko, que acabó falleciendo no mucho después. Todo esto sucedió apenas un mes antes de que Gagarin se convirtiese en el primer humano en llegar al espacio exterior. Los soviéticos preferían no airear sus errores, y por eso, cuando los astronautas del *Apolo 15* dejaron en la Luna una placa inscrita con los nombres de los cosmonautas que habían perdido la vida en la carrera espacial, entre estos no aparecía el de Bondarenko. Su historia solo se dio a conocer un cuarto de siglo después de su muerte.

Que en el espacio no hay aire es algo de sobras conocido, por lo que es fácil olvidar la cantidad de aspectos de nuestra vida que tendrían que cambiar si el ser humano decide instalarse allí. El vacío, además de potencialmente mortífero, es un incordio constante. Y si la presencia de humanos en el espacio aumenta, los riesgos irán a más, y no a menos, porque viajar al espacio conlleva necesariamente la presencia de objetos moviéndose a altísimas velocidades relativas unos respecto de otros. La velocidad de órbita es de ocho kilómetros por segundo, aproximadamente. Un objeto que, moviéndose a tres kilómetros por segundo, impactase con nuestra nave transferiría aproximadamente la misma energía cinética que su propio peso en TNT. Si los objetos se mueven en la misma dirección y a la misma velocidad, todo va bien, pero en la práctica no siempre sucede así, como ha quedado patente cada vez que un país, ya sea Estados Unidos, Rusia, China o la India, ha decidido destruir un satélite y ha desperdigado sus fragmentos en todas direcciones.

Todo esto supone un problema mayor para los planes de asentamientos en el propio espacio que para los asentamientos en superficie, pero independientemente de donde se ubique vuestro hábitat, la constante amenaza mortal va a tener consecuencias sociales y políticas. En un asentamiento espacial, el oxígeno se obtendrá por medios químicos o biológicos, pero para ello serán necesarios sistemas construidos por completo por el ser humano. Y alguien será el propietario. Algunos teóricos del asentamiento en el espacio afirman que la necesidad de una atmósfera artificial crea la posibilidad de que se establezca un control autocrático de la sustancia que hace posible la vida. El astrobiólogo Charles Cockell toma este argumento como punto de partida para defender la existencia de una «ingeniería por la libertad», que se encargaría, entre otras cosas, de que los sistemas de creación de oxígeno estén distribuidos y no centralizados. No sabemos si este tipo de cosas pueden llegar a funcionar, pero es probable que la física que rige los asentamientos espaciales influya sobre la política de esos asentamientos, y no necesariamente para bien.

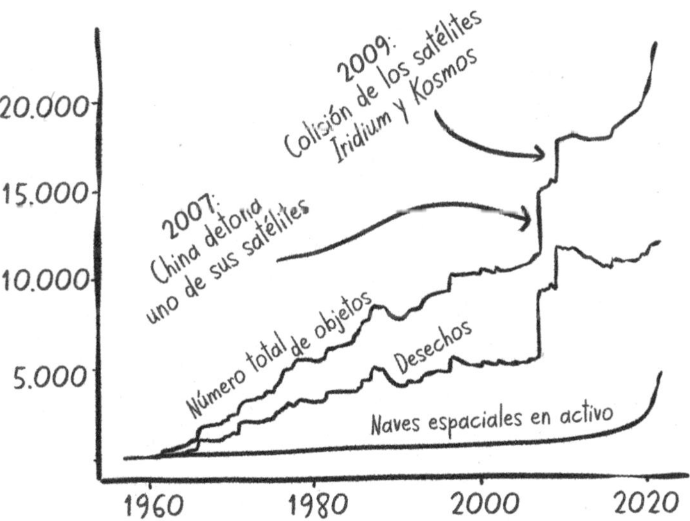

Basada en el gráfico incluido en A. Lawrence *et al.*, «The Case for Space Environmentalism», en *arXiv* (22 de abril de 2022), https://arxiv.org/abs/2204.10025v1.ce Environmentalism», en arXiv (22 de abril de 2022), https://arxiv.org/abs/2204.10025v1.

Explosiones y desnudez: lecciones extraídas de la radiación en el espacio

Suponiendo que hayáis encontrado la forma de sobreponeros al vacío casi absoluto del espacio, deberíais empezar a pensar en algo tan presente como poco deseable en el espacio: la radiación. En determinadas circunstancias, la radiación puede matar muy deprisa, pero, en el espacio, la verdadera preocupación es un incremento lento pero considerable del riesgo de problemas de salud, y en particular de los casos de cáncer. Esto es particularmente preocupante a poco que imaginemos la transición desde la situación actual, cuando profesionales de mediana edad pasan un año en órbita, a otra en la que hay niños creciendo en el espacio. La necesidad de bloquear la radiación es uno de los factores determinantes que condicionarán el diseño de los habitáculos humanos exoplanetarios y, por consiguiente, afectará y mucho a la calidad de vida en ellos. El problema está en que, atendiendo al estado del conocimiento actual, resulta difícil predecir cuál será el efecto de la radiación sobre el cuerpo.

La radiación está en todas partes

Hay quien piensa que la radiación es algo antinatural con lo que solo podemos topar en forma de residuos nucleares o de bombas atómicas. Lo cierto es que estamos rodeados de materiales que emiten radiación, y que nos llega del cielo, del suelo, de la comida. La «dosis equivalente a un plátano» es una unidad de medida bastante común cuando se habla de exposición a la radiación, ya que los plátanos contienen un isótopo radiactivo, el potasio-40, y no por ello dejan de ser una opción dietética muy saludable que al 50 por ciento de los autores le parece deliciosa en forma de flan. Entre las actividades susceptibles de incrementar la dosis de radiación relativa que recibís se cuentan comer coquitos de Brasil, acostarse junto a otro ser humano o viajar a Denver (Colorado). Puede que algunos osados hayan hecho las tres cosas a la vez.

Al igual que sucede con la presión, el cuerpo humano evolucionó en un entorno en el que estaban presentes determinados tipos de radiación a los niveles que suelen encontrarse en la Tierra. El motivo por el que el cáncer y los superpoderes siguen siendo poco habituales es que nuestros cuerpos, a la chita callando, nos protegen de casi toda la radiación. La fina capa de células cutáneas muertas que nos envuelve constituye un escudo natural, y la maquinaria interna se da bastante maña en reparar o destruir las células dañadas por la radiación.

El problema en el espacio está en que, a menos que tengamos protección suficiente (y de ello hablaremos más adelante), recibiremos dosis más elevadas de radiación; una radiación, además, diferente de la que experimentamos en la Tierra. Esa radiación proviene, a grandes rasgos, de dos fuentes: el Sol y el resto del universo.

El Sol os quiere muertos

La radiante bola de plasma que llamamos Sol pasa casi todo su tiempo disparando iones calentitos en todas direcciones. La magnetosfera y la atmósfera terrestres nos protegen de la inmensa mayoría de ellos. En el espacio, y en igualdad de condiciones, os recomendaríamos que rehuyeseis la radiación solar, pero esta no os matará de inmediato. Ahora bien, de vez en cuando se registra en el Sol una erupción solar en la que su brillo aumenta.

Y luego hay algo peor: a veces, la erupción solar va acompañada de una tormenta de radiación, y decimos «tormenta», pero quizá sería mejor hablar de «tempestad salvaje». Intentad visualizar una porción relativamente pequeña del Sol que de repente empieza a disparar un inmenso chorro de protones en una misma dirección, como un rayo mortífero.

La buena noticia es que, como decía Douglas Adams, ídolo absoluto en el mundo de la ciencia ficción, «el espacio es muy grande». Es muy poco probable que un rayo mortal disparado aleatoriamente llegue a impactar en una minúscula nave tripulada por humanos. Pero si la casualidad quiere que os crucéis con ese chorro de protones, el resultado será una sobredosis aguda de radiación, que se manifestará en forma de vómitos, quemaduras cutáneas, problemas cardíacos, lesiones pulmonares, fallos del sistema inmunitario y (si la dosis ha sido lo suficientemente elevada) una muerte muy dolorosa.

Cabe preguntarse cuál es el plan si nos topamos con esta circunstancia a bordo de una nave espacial. Hablando de los planes a corto plazo para regresar a la Luna, la doctora Kerry Lee, de la NASA, explica que el procedimiento consiste en «valerse de cuanta masa esté disponible»; es decir, redistribuir todos los materiales que tengamos a mano en la nave o estación espaciales, porque van a convertirse en el escudo que os protegerá de la radiación. ¿Y por qué no una barrera específica que nos proteja de la radiación? Porque sería una cantidad de masa enorme que costaría una fortuna enviar hasta la Luna para luego dejarla allí sin utilizarla.

Los asentamientos espaciales tendrán que encontrar soluciones mejores y, como veremos, la más probable pasa por vivir soterrados.

En realidad, el universo entero os quiere muertos

A veces estalla una estrella. No es algo que suceda a menudo, pero sí con la frecuencia suficiente como para que en el espacio se dibuje el fuego cruzado de sus consecuencias. Aun cuando su densidad es muy baja, hay partículas cargadas circulando a toda velocidad por doquier. La mayoría de ellas son de masa muy exigua, protones o átomos de helio sueltos, pero un reducido porcentaje del resultado de las explosiones son partículas cargadas, pesadas y muy rápidas.

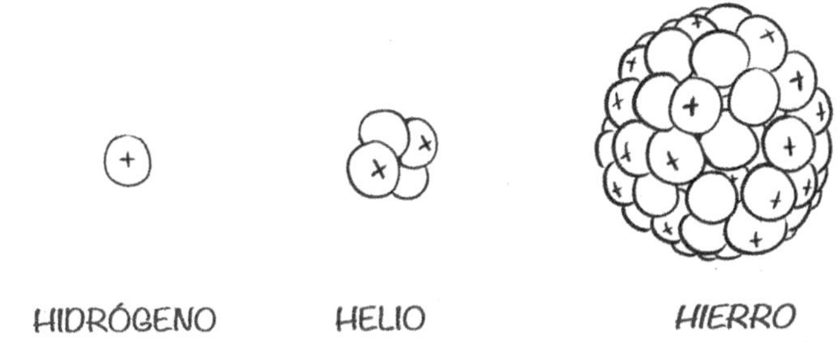

Son peligrosas. En un experimento se dispararon núcleos de hierro cargados de energía contra una sustancia gelatinosa para simular los efectos del espacio sobre el cuerpo humano. Los núcleos de hierro sueltos (hablamos de átomos sueltos, acordaos) abrieron boquetes del grosor de un cabello humano.

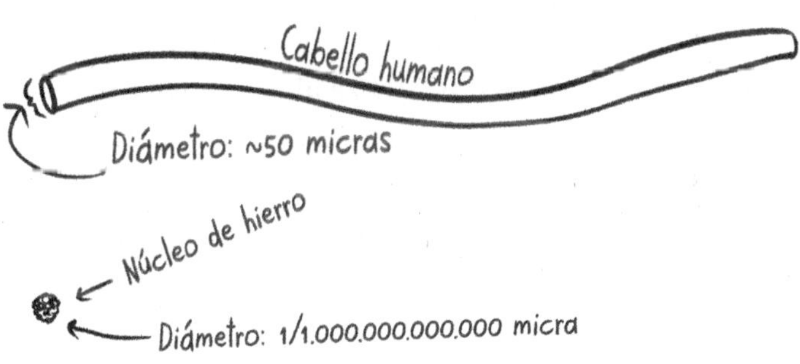

NI VAGAMENTE CERCA DE LA ESCALA

La exposición a esta «radiación cósmica galáctica» es una constante en la vida en el espacio. Los astronautas notifican a veces «ráfagas de luz» que solo ellos pueden ver; quizá se debe a que a sus ojos llegan esos trocitos del colapso de una estrella lejana. Actualmente se calcula que, una vez abandonamos la protección de la atmósfera y la magnetosfera terrestres, el núcleo de cada una de las células de nuestro cuerpo sufrirá el impacto de un protón cada pocos días, y el de una partícula cargada cada pocos meses.

La radiación va a por vuestros equipos

La radiación, además, puede poner vuestro equipamiento patas arriba. En 1859, el planeta sufrió los embates de una tormenta solar que ha quedado para la historia con el nombre de *evento Carrington*, en honor del astrónomo británico Richard Carrington. El evento, acontecido el 28 de agosto de 1859, quedó registrado a lo largo y ancho de Estados Unidos. En una oficina de Boston, a eso de las seis y media de la tarde, todas las líneas de salida de telégrafos dejaron de funcionar de repente. En Pittsburgh, corrientes súbitas en el tendido eléctrico obligaron a los operarios del telégrafo a desconectar las baterías, y cuando lo hicieron, de ellas saltaron «chorros de fuego» y chispas. Esa misma noche, en California, el Reino Unido, Grecia y Australia pudo observarse algo similar a una aurora boreal, que un testigo describió como «una cúpula en llamas, sustentada por columnas de colores diversos». A lo largo del día siguieron registrándose incidentes porque, en palabras de un cronista, «la atmósfera terrestre vibraba todavía con energía eléctrica y magnética».

Cabe imaginar que un chorro de fuego puede ser más desagradable todavía si vivís en un entorno artificial en el que la ventilación depende de maquinaria eléctrica. Desde entonces no ha vuelto a pasar nada por el estilo, aunque en 2012 hubo una tormenta de una potencia similar a la de 1859 que, según el astrónomo Phil Plait, pasó a una distancia «no lo suficientemente holgada como para dejarme tranquilo».

Al parecer, la radiación causa también problemas en la EEI de vez en cuando. Terry Virts cuenta en sus memorias de astronauta que, participando en una expedición en 2014, empezó a oír una alarma insistente. La tripulación se apresuró a investigar y vio que se había encendido la lucecita con la indicación ATM. ATM significaba 'atmósfera'. Virts supuso que se trataba de una pequeña fuga o de una falsa alarma, pero la astronauta italiana Samantha Cristoforetti recordaba perfectamente a qué se debía y se apresuró a gritar: «¡NO! Fuga de amoníaco!».

El amoníaco no es una de esas cosas que quieras flotando en una estación espacial. Va muy bien para la refrigeración, pero es tóxico para el ser humano y resulta muy difícil deshacerse de él. Si la fuga era importante, toda la estación podría volverse inhabitable y, peor incluso, el exceso de gas podría provocar una hiperpresurización y reventar algún módulo.

El protocolo al que, en principio, debían atenerse era más o menos este:

1. Ponerse máscaras de oxígeno.
2. Flotar hasta el segmento ruso y cerrar la primera escotilla.
3. Desnudarse.
4. Cerrar la segunda escotilla para aislar el segmento estadounidense.

Quizás os haya llamado la atención uno de esos pasos, pero tiene una explicación muy simple: había que sellar el segmento estadounidense porque el sistema de refrigeración de los rusos funcionaba con glicol de etileno, en vez de con amoníaco. Es decir, si había una fuga de amoníaco venía del lado estadounidense.

Ah, perdón, el paso 3. Veamos: el amoníaco contamina la ropa, así que, para ir sobre seguro, deberíais dejarla en la zona de amoníaco y rezar por que los rusos tengan ropa interior extra. Cuando sonó la alarma de amoníaco, la tripulación decidió no seguir las normas al pie de la letra, principalmente porque nadie olía el amoníaco y supusieron que era una falsa alarma. O quizá decidieron que ver a sus compañeros desnudos en situación de ingravidez era un sino peor que la muerte.

La situación volvió a darse en otra ocasión, incluida la omisión consciente del paso 3. Que sirva de lección para todo aquel que intente planificar un asentamiento espacial y cuente con poder controlar el comportamiento humano o predecirlo basándose en la racionalidad y el instinto de autoconservación.

En cualquier caso, ¿qué tiene que ver todo esto con la radiación? Aunque no hay forma de estar seguros al cien por cien, se sospecha que la falsa alarma se disparó a causa de la radiación que aporreaba los sistemas.

La radiación ha causado problemas mucho más lejos en el espacio. En 2003, durante una de las órbitas de la sonda *Mars Odissey* alrededor del planeta rojo, una ráfaga radiactiva salió disparada del Sol, interrumpió las comunicaciones con la sonda y obligó a esta a entrar en modo de seguridad. Uno de los sensores, diseñado para detectar radiaciones, quedó permanentemente inutilizado. Según un científico, se «asfixió» con los datos. Y ahora intentad imaginar que estáis en una nave espacial en órbita alrededor de Marte y que de repente perdéis contacto con la Tierra y a continuación os informan que el detector de radiación ha dejado de funcionar *por exceso de radiación.*

Vuestros blindajes también os quieren muertos

Ah, y esto os hará gracia: incluso si habéis previsto un grueso blindaje que os proteja de la radiación, esta aún puede llegar hasta vosotros a causa de la «espalación». Lamentablemente, no hay vínculo etimológico entre *espoma* y *espalación*: esta última deriva de una palabra mucho más antigua que significaba 'esquirla', esto es, un trocito desprendido de un objeto. Cuando un ion muy rápido y muy pesado choca contra el blindaje y se ralentiza, puede generar cascadas de partículas secundarias y biológicamente peligrosas. La espalación es un ejemplo palmario de lo complejísimo que puede llegar a ser el diseño espacial una vez que entramos en detalles. Por ejemplo: si el blindaje contra la radiación es particularmente grueso y está hecho de aluminio, podríais acabar expuestos a más radiación de la que os afectaría de no contar con blindaje alguno.

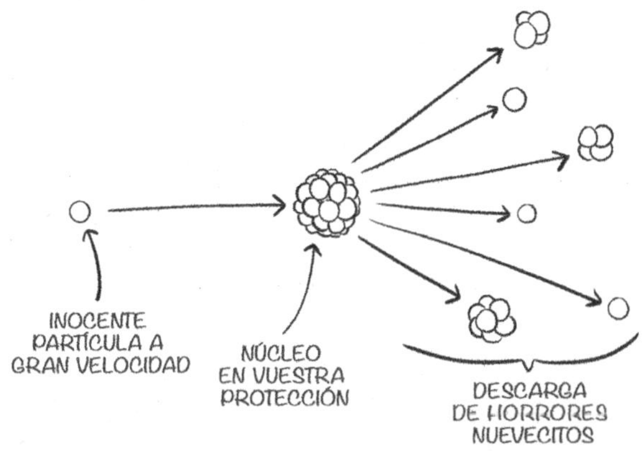

La respuesta definitiva sobre la radiación:

Así, la radiación espacial es mala.

¿Verdad?

Pues... sí. Seguramente. O eso creemos.

Por lo visto, el estudio científico de estas cosas es complicado. Los mejores datos de los que disponemos provienen de animales de laboratorio, de gente que ha trabajado con materiales radiactivos y de las veces que ha pasado algo espeluznante, como el desastre de Chernóbil o las bombas atómicas que Estados Unidos lanzó sobre Hiroshima y Nagasaki. Esos datos, además, no son idóneos para evaluar la radiación espacial. Por ejemplo: las víctimas de las bombas atómicas recibieron una dosis súbita y gigantesca de lo que creemos que fueron principalmente neutrones, mientras que los casos más habituales en el espacio consisten en una exposición prolongada a partículas con carga eléctrica. Los estudios con animales de laboratorio tampoco son ideales, porque tampoco pueden extrapolarse por completo al ser humano, y además, es dificilísimo generar una radiación similar a la del espacio en un laboratorio.

Un momento, me diréis: hay estaciones espaciales tripuladas desde hace cincuenta años. ¿Eso no nos da información? Pues sí, algo de información aporta, pero todas las estaciones espaciales están en órbita bajo la protección de la magnetosfera terrestre, con lo que los astronautas están expuestos a dosis de radiación espacial entre dos y tres veces más débiles que las que experimentarían en el espacio exterior.

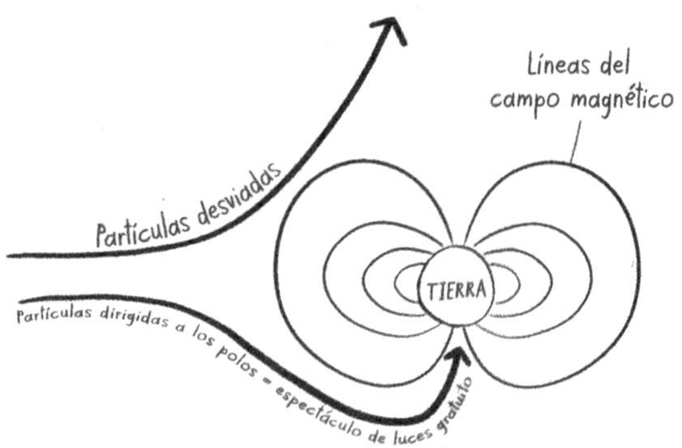

Por eso, la única fuente directa de información que tenemos sobre los efectos fisiológicos de la radiación más allá de la magnetosfera son las misiones *Apolo* a la Luna de ida y vuelta: la más prolongada fue la del *Apolo 17*, que apenas duró doce días y medio.

Normalmente, el viaje hasta Marte dura unos seis meses. La buena noticia es que, pese a que la gente de las misiones

Apolo se llevó una enorme dosis extra de radiación, no parece que de ello hayan resultado tasas de cáncer más elevadas. El dato es alentador, pero se basa en una muestra muy exigua: exactamente veinticuatro varones. Y tampoco es aleatoria: son la ultraélite, la mayoría pilotos de pruebas, y todos ellos superaron pruebas médicas de una exhaustividad rayana en el sadismo que, entre otras cosas, les hacía entrar en íntimo contacto con algo que llamaban «la anguila de acero». Si esos hombres tuvieron menos cánceres de los que cabría esperar, quizá se deba a que eran un poco más recios que nosotros.

Otra explicación un poco más ominosa es que el vínculo entre cáncer y radiación es real, pero no lo entendemos del todo. Y mucho menos en un contexto espacial. Si tenéis ganas de leer el equivalente científico a un indiferente encogimiento de hombros, ahí va una frase de un artículo de 2018 titulado «Limitations in Predicting the Space Radiation Health Risk for Exploration Astronauts» ('Limitaciones en la predicción de los riesgos que la radiación espacial plantea para la salud de astronautas en misión de exploración'): «No hay pruebas definitivas de que la radiación provoque cáncer en el ser humano, pero es razonable asumir que tal es el caso».

Aunque el conocimiento científico sigue siendo imperfecto, las agencias espaciales necesitan directrices. A partir de los modelos elaborados por el Consejo Nacional sobre la Radiación, la NASA ha establecido reglas que rigen los niveles de las dosis de exposición a la radiación: nadie puede superar un «riesgo de muerte por exposición a la radiación» del 3 por ciento.* Este límite aparentemente razonable tiene consecuencias insospechadas. Por lo visto, la muerte no cree en la paridad de género. Ciertos datos obtenidos de los supervivientes a la

* Para los entusiastas más empedernidos, explicamos lo que esto significa (según un reciente informe de la Academia Nacional de Ciencias estadounidense): «un riesgo de muerte por exposición a la radiación del 3 % significa que, de una muestra de cien astronautas, tres morirían seguramente como consecuencia de un cáncer provocado por la radiación».

bomba atómica apuntan a que el tejido ovárico y mamario es especialmente susceptible a resultar dañado por la radiación. Por ese motivo, algunos promotores de la exploración espacial han pedido que se prohíba la participación de mujeres en las misiones de larga duración hacia Marte. Eso supone un jarro de agua fría para los planes de crecimiento demográfico en los asentamientos futuros. Sin embargo, y según las normas actuales, puede que tampoco a los hombres se les permita llegar a Marte. Actualmente, el récord total de meses pasados en el espacio lo ostenta Guennadi Pádalka, que suma unos veintinueve repartidos en cinco misiones. La consiguiente exposición a la radiación supera los límites que establece la NASA para todas las edades. Siendo realistas, un viaje sería mucho más largo y no habría pausas entre una misión y la siguiente.

Así que no se admiten mujeres, pero porque no se admiten *humanos*. Y también está vedado a los viajeros espaciales más avezados que estén muy cerca o hayan superado ya los límites de exposición a la radiación. ¿Qué solución puede haber? En un artículo publicado recientemente por la Academia Nacional de las Ciencias de Estados Unidos se defendía, a grandes rasgos, que si teníamos pensado recurrir a astronautas veteranos para llegar a Marte tendríamos que valernos del mecanismo de defensa más poderoso de cuantos existen en la Tierra: un descargo de responsabilidades firmado.

El problema especial del espacio: la microgravedad

Si bien los astronautas se encuentran dentro del campo gravitatorio de la Tierra, la órbita circular en la que se mueven hace que estén «cayendo» constantemente hacia la Tierra, un poco como si estuvieran en una montaña rusa infinita. Y así es como flotan, igual que si no estuviesen sometidos a gravedad alguna. E igual que en una montaña rusa, la sensación de estar cayendo provoca vómitos, pero es algo que se les pasa a los pocos días. Una vez aclimatados, los astronautas a menudo hablan de la microgravedad como uno de los grandes placeres de estar en órbita.

Pero para un cuerpo humano no es nada bueno. La microgravedad es causa de problemas fisiológicos predecibles, algunos pasajeros, otros posiblemente permanentes, y otros quizá no los hayamos descubierto porque no hemos pasado suficiente tiempo en el espacio todavía.

Si este libro tratase sobre cómo preparar una acampada de un año en órbita, podríamos ofreceros un magnífico asesoramiento. Pero lo que pretendéis es estableceros en el espacio. Y aquí hemos de confesar que tenemos problemas graves de información disponible. Ningún plan serio de asentamiento espacial contempla una existencia continuada en situación de microgravedad, pero ese es exactamente el régimen gravitatorio del que hemos extraído casi todos los datos médicos a nuestra disposición. La inmensa mayoría de propuestas de asentamiento espacial tienen como base la Luna, donde la gravedad es una sexta parte de la de la Tierra, o Marte, donde la gravedad es de dos quintas partes respecto de la de nuestro planeta. Gran parte de las propuestas restantes contempla estaciones giratorias en órbita en las que podría crearse artificialmente una gravedad similar a la terráquea.

Apenas disponemos de datos médicos sobre la vida en situaciones infragravitatorias. Como mucho, podemos tirar de la experiencia de los doce tíos que, si sumamos todas sus misiones, pasaron menos de un mes en la superficie de la Luna. Si la vida en condiciones de gravedad parcial entraña efectos negativos graves, lo más probable es que tarden mucho en manifestarse.

La posibilidad de equivocarnos, por lo tanto, es considerable. Quizá la escasa gravedad lunar sea, pese a todo, lo bastante parecida a la terrestre como para evitarle al cuerpo humano problemas peores, que sí tendría en situación de microgravedad. O tal vez sus efectos sean, a grandes rasgos, similares a los de la microgravedad, pero se manifiesten más tarde. Puede incluso que haya otras complicaciones insospechadas que no hayamos anticipado.

En lo que al entorno espacial se refiere, solo podemos hablaros de cómo nos ha ido hasta ahora ahí arriba. Y es lo que vamos a hacer, pero entended que nuestra capacidad de extraer conclusiones es limitada, y que para obtener mejores datos seguramente habrá que esperar hasta que haya en funcionamiento un experimento a gran escala con bases rotatorias o se establezca una primera base en la Luna.

Esas carnes vuestras, en breve de capa caída: **el cuerpo humano y la microgravedad**

El acto de caminar, desde la perspectiva de los huesos, es un vaivén constante puntuado por porrazos. El cuerpo se ha adaptado a esta circunstancia, pero es bastante tacaño. Lo que no se usa (y esto incluye músculos y huesos) se tira y, cuando uno está flotando en situación de microgravedad, muy a menudo no usa ni unos ni otros.

En el espacio, las piernas sirven para impulsarse desde las paredes y para anclarse a los ubicuos enganches de velcro, pero casi todas las maniobras se llevan a cabo usando el tren superior, lo que provoca la atrofia del resto del cuerpo. Pasar cuatro meses en el espacio supone una pérdida de masa vertebral de un 1 por ciento *al mes*.

Y, por cierto, mientras se os degrada la espina dorsal, la ausencia de gravedad hace que además se alargue. Por este motivo, los dolores lumbares son muy habituales tanto en el espacio como con posterioridad a la misión. Según cuenta Mike Mullane a propósito de una misión en la que participó en 1984, los cinco tripulantes masculinos de la nave sufrieron problemas graves de espalda. La única persona que no tuvo dolores fue la única mujer de la tripulación, Judy Resnik. Mullane cuenta que llegó a decir: «¡No me lo creo! Me estoy acostando cada día con cinco hombres ¡y a todos les duele la espalda!».

Con los músculos sucede algo parecido. Un estudio llevado a cabo con tripulantes de la EEI descubrió que, tras seis meses en órbita, habían perdido un 13 por ciento de masa muscular en las pantorrillas. Quizá no os parezca una cifra excesiva, pero conviene recordar que durante esos seis meses los astronautas mantuvieron un régimen regular de ejercicio de bastantes horas de duración. La mayoría de quienes han viajado al espacio se reponen al cabo de uno o dos meses de regresar a la Tierra, pero en algunos casos la recuperación puede prolongarse entre seis meses y tres años.

Así, tras una estancia no muy larga en el espacio tendréis osteoporosis, atrofia muscular y dolores de espalda. Y por cierto: todo ese calcio que habéis perdido en los huesos puede provocar estreñimiento y cálculos renales. Habéis pasado de vivir en la Tierra, cuna de la humanidad, a ingresar en el asilo de la vida en órbita.

Transcurridos más de cincuenta años de investigación en estaciones espaciales, la mejor solución disponible para esos problemas son las dos peores palabras concebibles en cualquier idioma: dieta y ejercicio. Los suplementos de vitamina D y la medicación contra la osteoporosis parecen contrarrestar la pérdida de masa ósea, y los astronautas aún tienen que pasarse dos horas y media al día haciendo ejercicio, seis días a la semana, para ralentizar el deterioro de músculos y huesos. Y eso pese a que el ejercicio físico en el espacio es la causa más habitual de lesiones espaciales.

En un asentamiento espacial con una gravedad muy inferior a la de la Tierra, quizá podría simularse la gravedad terrestre con prendas lastradas. Ahora mismo, desconocemos cuáles pueden ser los efectos a muy largo plazo en situación de ingravidez o de gravedad parcial. Y en cuanto a los efectos para un bebé humano en gestación... no tenemos ni idea.

Se os va a subir a la cabeza: **los horrores (y, al parecer, el atractivo) del cambio en el flujo de fluidos**

A veces imaginamos el sistema circulatorio como una serie de tubos conectados a una bomba. El corazón bombea y la sangre llega a donde tiene que llegar. La imagen es cierta, hasta cierto punto, pero está excesivamente simplificada. La sangre que hay por encima del corazón solo tiene que caer para llegar hasta él. La de los pies necesita mucho impulso para abrirse camino cuerpo arriba. Bueno, a menos que estéis haciendo el pino, en cuyo caso la situación se invierte. El sistema circulatorio, gracias a medios inimaginables en la fontanería de una casa, consigue mantener su funcionalidad tanto si estáis tumbados de espaldas, tendidos de lado o colgados de los pies.

Pero en situación de ingravidez prolongada empiezan a pasar cosas raras. Las piernas continúan bombeando como si siguiesen sobreponiéndose a la gravedad en la que evolucionó el ser humano. Hay una transferencia de fluidos hacia la parte superior del cuerpo, con lo que el volumen líquido de las piernas disminuye. El resultado es lo que en un artículo científico se describió como el «síndrome de la cara de pan y las patitas de alambre». Sumémosle a eso que el cuerpo, desconcertado por la presencia de tanto líquido en cotas tan altas, os hará ir al baño con mayor frecuencia.

¿Es eso malo? Depende de a quién le preguntéis. La teniente general Susan Helms, veterana astronauta, contaba en una entrevista publicada en *Sex in Space* ('Sexo en el espacio'), un clásico adelantado a su tiempo, que allí arriba una pierde peso y arrugas a la vez que gana unas piernas más finas y centímetros de estatura. Quizás a algunos no os ilusione la idea de que los multimillonarios que vayan a poblar el espacio encima se pongan como un queso de camino a Marte: consolaos pensando en que, durante la travesía, sus cuerpos olvidarán cómo gestionar el flujo sanguíneo en un entorno gravitatorio, lo que posiblemente provocará mareos e incluso desvanecimientos tan pronto los viajeros abandonen la nave espacial.

El mejor remedio que conocemos hasta ahora es bastante pedestre: bebed líquidos salados, como un consomé, o bebidas isotónicas. Reponed electrolitos y líquidos antes de reincorporaros a una situación gravitatoria normal, para así incrementar la presión sanguínea y recuperar en lo posible la carga de fluidos normal.

No pongáis la vista en los cielos... que igual os la estropeáis permanentemente

Al parecer, la microgravedad es mala para la vista. No sabemos por qué: la mejor explicación que se nos ocurre es que el cambio en el flujo de fluidos corporales hace que aumente la presión en la cabeza, lo que altera la forma de los globos oculares y de los vasos sanguíneos que los nutren.

Los problemas parecen empeorar cuanto más tiempo pasamos en el espacio. En una encuesta realizada entre trescientos astronautas, un 23 por ciento de los que participaron en misiones con lanzadera mencionaron haber tenido dificultades para ver de cerca tras su regreso a la Tierra. No es un buen dato, visto que las misiones con lanzadera duran por lo general no más de dos semanas. Entre aquellos que pasaron más tiempo en la EEI, la cifra aumenta hasta el cincuenta por ciento. El problema es más habitual entre los astronautas de más de cuarenta años, por lo que preventivamente se les recetan gafas para hipermétropes. Hay quien las llama «gafas anticipatorias espaciales». SAG, por sus iniciales en inglés. ¿SAG?* Gracias, equipo de acrónimos de la NASA, de parte de los cuarentones.

Nuestros mayores conocimientos versan sobre el impacto que tiene este problema en los ojos, aunque es posible que solo sea más fácil detectar lesiones allí y que en el cerebro se estén produciendo cambios más sutiles. No vamos a tratar este tema más a fondo porque, hoy por hoy, no hay información muy clara al respecto, pero existe la posibilidad de que el espacio afecte a la cognición. Sinceramente, entre la radiación y la transferencia de líquidos en el cuerpo, lo de las lesiones cerebrales acumulativas no nos parece tan traído por los pelos. Si es una cuestión moderada que empeora con el tiempo, tendrá una importancia enorme en todo plan de asentamiento en el espacio.

Y si contemplamos períodos de tiempo más largos, todos los problemas relacionados con la microgravedad que hemos visto pueden agravarse. Imaginad que pasáis diez años adaptándoos a la gravedad de Marte. ¿Podéis regresar a la Tierra? No lo sabemos y, desde luego, no queremos saberlo si esos diez años empezaron a contar el día que nacisteis.

Poco se puede hacer para contrarrestar esta situación, pero a lo largo de los años se han hecho varias pruebas con un aparato que somete todo el tren inferior a una presión reducida para conseguir así que los fluidos desciendan. Esos «pantalones chupones», como los llama Scott Kelly, no están exentos de riesgos. Según él, un astronauta que los estaba usando se desmayó al caerle la frecuencia cardíaca. El propio Scott Kelly estuvo a punto de desvanecerse también porque alguien se equivocó al establecer la presión.

* «Fláccido, caído», en inglés. *(N. del T.)*

En la Tierra, el problema de los globos oculares se estudia tumbando a varias personas durante días, porque en esa postura se producen cambios en el ojo que, creemos, son similares a los que ocurren en el espacio. Esto ha permitido experimentar con nuevos equipos, y la investigación va ahora más allá de los primitivos pantalones chupones. Se han hecho pruebas con un saco de dormir integral «que chupa», y que parece funcionar. A los intrépidos viajeros del futuro les tocará descubrir si en los asentamientos espaciales los pantalones y los sacos de dormir chupones son necesarios.

El cambio en el flujo de fluidos no es necesariamente lo primero en que piensa uno cuando imagina asentamientos en el espacio, pero, llegado el momento, quizá sea lo más importante. La vida en una gravedad *parcial* tal vez no cause el mismo tipo de daño, pero si así sucede, los asentamientos espaciales tendrán que haber previsto que la mayoría de su población sufrirá problemas de visión relativamente graves. Si además se detectan otras complicaciones más serias, como efectos cognitivos... Crucemos los dedos para que los pantalones esos de los que hablábamos se popularicen antes.

Asistencia médica a espomacilio: la traumatología ultraterrestre

Una de las estrategias médicas más potentes a nuestro alcance es la de descartar de entrada a cualquier candidato que tenga siquiera problemas leves de salud. Pero los traumatismos son más difíciles de evitar, porque en el proceso de selección no hay forma de encontrar «gente que no acabe accidentalmente chafada en el transcurso de un experimento».

En la Tierra, las lesiones traumáticas habituales son cosas como la obstrucción de las vías respiratorias, las fracturas, las heridas en la cabeza y, en general, ponerse a sangrar por donde no hay que sangrar. La tarea principal de un traumatólogo es velar por que sigáis respirando y no sangréis demasiado, dos cosas que deberían hacerse in situ y cuanto antes mejor, a poder ser en cuestión de minutos. Pero incluso en la EEI, que se encuentra a unos pocos cientos de kilómetros de la Tierra, la evacuación requiere entre seis y veinticuatro horas.

Hay buenos motivos para preocuparse por este tema. Después de un largo viaje espacial, los habitantes de la nave sufrirán todas las debilidades físicas que hemos descrito anteriormente y varios efectos pasajeros directamente relacionados con el cambio en la gravedad a la que están sometidos, como náuseas, mareos y descoordinación física.* Y entonces han de acceder a un entorno que no les es familiar y en el que tienen la obligación de trabajar. Antes o después se producirá un accidente.

A menos que haya un espacio específico de enfermería con un sistema de filtrado de aire adecuado, los cirujanos no tendrán un quirófano en condiciones. Y mucho menos en si-

* Esa torpeza se debe a que vuestro sentido de la propiocepción (es decir, la conciencia de dónde está cada parte de vuestro cuerpo) se ha desajustado porque, en una gravedad diferente, la postura del cuerpo no es la habitual. Muchos astronautas, además, reconocen que han roto cosas porque se les olvidó que, en nuestra gravedad, cuando sueltas algo se va directo al suelo.

tuación de microgravedad, donde es posible que haya comida, microbios y heces humanas flotando en el aire. Si es necesaria una intervención quirúrgica, el médico tendrá que haberse formado para trabajar en ese régimen gravitatorio específico. Por ejemplo, según un estudio científico, la sangre «tiende a aglutinarse en formas convexas que un instrumento puede perturbar y fragmentar». Los traumatólogos espaciales quizá necesiten formación especializada en radiología adaptada a las gravedades en las que esté prevista su labor.

Nunca se ha establecido un centro médico especializado en el espacio y, sin embargo, serán necesarios en los asentamientos espaciales. Entre las soluciones propuestas a corto plazo se cuentan módulos específicos dentro de las estaciones espaciales llamados *espacios quirúrgicos*, una especie de tienda hinchable que rodea al paciente y lo protege de su entorno (y viceversa).

Una propuesta alternativa es la de utilizar «cirugía mínimamente invasiva». Se hace una minúscula y estéril incisión en el cuerpo y se trabaja dentro de este, utilizándolo a todos los efectos como quirófano. La idea en sí es excelente, y se sabe que funciona bien en la Tierra, pero solo en un subgrupo de afecciones médicas. Además, en un entorno microgravitatorio surgirán problemas con los que ningún cirujano terráqueo ha tenido que lidiar. En un artículo científico lo explicaba muy bien: «El intestino flota en el quirófano». En otro hacían hincapié en que «se ha informado de la tendencia de los órganos a eviscerarse».

Bueno, pero al menos habrá algo de anestesia durante todo el proceso, ¿no? Pues sí, pero no se pueden usar anestésicos inhalables, porque si hay una fuga, habréis llenado una atmósfera sellada con gas de la risa. Otra opción es inyectarlo en la médula, pero con la tendencia a subir de los líquidos del cuerpo, puede que el anestésico no acabe donde queremos. La mejor opción seguramente será la inyección en la zona afectada. Ah, por cierto: puede que no funcione del todo. Hay datos que apuntan a que el cuerpo humano no absorbe nutrientes y medicación a la misma velocidad en ausencia de gravedad. No es que nos sorprenda, dado todos los cambios en los fluidos y el hecho de que las cosas flotan dentro de vuestro estómago, pero la consecuencia es que habrá que volver a certificar todos los medicamentos, en particular los más fuertes, como la anestesia, en cada nuevo entorno gravitatorio en que vayan a utilizarse.

A propósito: quizás os preguntéis cómo es que sabemos tanto sobre cirugía y traumatología en situación de ingravidez. ¿Cuántas intervenciones quirúrgicas se han llevado a cabo en el espacio? La respuesta es: ninguna. Al menos con humanos. Tenemos dos misiones en lanzadera espacial en las que se experimentó quirúrgicamente con roedores, una de las cuales sirvió para validar el uso de la anestesia local. Pero eso no explica por qué sabemos tanto de cuestiones a veces muy rebuscadas. Que se pueden dar puntos de sutura sin gravedad, por ejemplo, y que al parecer se pueden practicar trepanaciones mientras uno flota. Que la sangre adopta formas convexas, que las vísceras tienden a moverse solas...

Si sentís curiosidad, os remitimos a la extensa bibliografía científica que incluye los términos *porcino* y *parábola*, y a títulos como «Cardiopulmonary Resuscitation in Microgravity: Efficacy in the Swine During Parabolic Flight» ('Resucitación cardiopulmonar en la microgravedad: eficacia en los cerdos durante vuelos parabólicos'). Los vuelos parabólicos son una forma habitual de hacer pruebas de equipamiento y de protocolos en situación simulada de ingravidez. Resumiéndolo mucho, si conseguimos que un avión trace una parábola* con el arco correcto, es posible conseguir unos treinta segundos de caída libre.

* El avión con el que la NASA organiza sus vuelos parabólicos es conocido por el muy descriptivo nombre de «Cometa del Vómito».

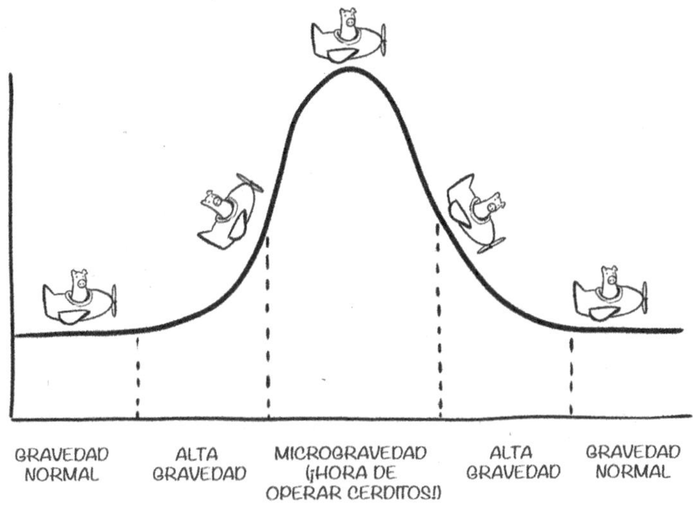

Si repetimos el ejercicio con la suficiente frecuencia, es posible sumar una hora larga de ingravidez simulada en un solo día. Y si nos llevamos a la excursión un cerdo muerto y un equipo de médicos muy, pero que muy muy muy muy comprometidos con la causa, podremos descubrir unas cuantas cosas sobre intervenciones médicas en el espacio.

No podemos entrar en más detalles ahora porque este libro, por desgracia, no está dedicado a esos valientes hombres y mujeres que se prestaron a volar en lo que, a todos los efectos, era una montaña rusa para practicar cirugía de una inmensa precisión en lo que en su día fue un chancho retozón. Ningún poeta glosará su gesta. Y tampoco hay por qué. Pero si alguna vez os habéis preguntado: «¿Podemos averiguar cómo llevar a cabo una craneotomía en el espacio?», la respuesta es sí. Cuando los cerdos vuelan.

La buena noticia para los cirujanos de los asentamientos espaciales es que la gravedad parcial seguramente supondrá un gran cambio. Si alguien rompe a sangrar en la Luna, la sangre caerá a cámara lenta, pero antes o después llegará al suelo e, idealmente, se irá por un desagüe. La mala noticia es que se trabajará en un entorno poco habitual y en condiciones muy severas, con suministros limitados y sin posibilidad de evacuar de inmediato al paciente a urgencias. Hay que prever cómo actuar en caso de accidentes. Los mismísimos héroes del programa *Apolo* reconocen que sufrieron numerosas caídas mientras caminaban por la superficie lunar y preparaban sus experimentos. Todo asentamiento espacial que se construya en un futuro próximo será un solar en obras en el que los trabajadores se habrán criado en un entorno completamente distinto. Disponer de tratamiento traumatológico será imprescindible, aun cuando requiera una costosísima cantidad de masa.

El futuro: ¿será peor?

Uno de los motivos por los que no se ha practicado cirugía en el espacio es que, por regla general, los astronautas no suelen ser gente propensa a tener problemas de salud. Pero ahora que se está comercializando el espacio, la cosa cambia. A medida que prospera el turismo espacial, los principales requisitos para un viaje orbital no serán los conocimientos especializados, ni la formación ni una excelente salud, sino más bien una abultada cuenta corriente y la disposición a firmar un descargo de responsabilidades. Consecuentemente, el futuro de la medicina espacial pasará por dejar de seleccionar a individuos sanos y empezar a tratar dolencias ya diagnosticadas, un problema mucho más complejo y del que apenas sabemos nada, pero que tendremos que superar si queremos habitar en ciudades construidas en otros mundos.

De momento, tomad conciencia de la magnitud de nuestra ignorancia. El viaje espacial más largo que hemos hecho es de 1,3 años. Muy pocos astronautas se han acercado siquiera a esa cifra. No tenemos información sobre los efectos a largo plazo de la radiación sobre el cuerpo humano fuera de la magnetosfera terrestre. Apenas disponemos de datos sobre regímenes de gravedad parcial. Y tampoco los tenemos sobre los efectos para personas con dolencias crónicas.

Imaginamos que ninguno de esos problemas es óbice para el establecimiento de asentamientos espaciales. Partiendo de la base de un presupuesto infinito y de un inmenso progreso tecnológico, cabe imaginar que una gigantesca base espacial rotatoria con un blindaje muy grueso lo solventaría casi todo. Luego veremos si esa es buena idea, pero ahora lo importante es que los problemas que hemos expuesto quizá no constituyan obstáculos insalvables. No queremos que penséis que serán necesariamente determinantes para decidir si nos trasladamos al espacio, pero sí que entendáis que son los parámetros que determinarán qué limitaciones tendremos cuando nos lancemos a ese viaje. Cuanto mayores sean nuestros arsenales científicos y tecnológicos, menos molestas serán esas limitaciones.

¿Y todo esto qué consecuencias tiene para Astrid, nuestra intrépida viajera? Un traje presurizado, unos pantalones que chupan y gafas anticipatorias espaciales.

Lo bueno es que, ahora mismo, su incomodidad es puramente física. Eso va a cambiar en breve, porque vamos a pasar a abordar un tema bastante más íntimo.

3

El sexo en el espacio y sus consecuencias

> La Tierra es ideal para el amor:
> No sé de otro sitio que sea mejor.
>
> ROBERT FROST, «Abedules»

¿Es posible magrearse en el espacio?

El sexo seguramente «funciona» en gravedad cero. En el sentido mecánico. Ahora bien, el aspecto físico será un poco complicado, porque por cada acción habrá una reacción igual y opuesta. Además, en situación de ingravidez no hay un encima y un debajo, por lo menos en términos físicos. Aquí, en la Tierra, podemos inventarnos un novedoso eufemismo sexual con solo juntar el nombre de un baile con la palabra *horizontal*, pero en ausencia de gravedad la horizontalidad deja de tener sentido, por lo que ponerse a bailar el «mambo sin punto de referencia» puede resultar confuso. James y Alcestis Oberg, uno y otro divulgadores científicos, explican que quienes quieran ponerse a ello «seguramente acabarán sacudiéndose impotentes, como una platija varada en la arena, hasta topar con una pared contra la que recostarse».*

* Los Oberg se las arreglaron para incluir otro original símil ictiosexual en el mismo libro: «Las piernas se estilizan y los pechos se expanden, algo bueno para ambos sexos. Esto se debe al flujo ascendente de los fluidos del cuerpo.

Vamos a suponer que no es esto lo que queremos, así que hará falta algo que una a los contrayentes. Hemos visto más de una propuesta de lo que algunos han llamado «cinturón de *incastidad*» y que viene a ser una especie de banda elástica para dos. Otra idea es la del «túnel de los arrumacos», concebido especialmente para todo aquel que haya deseado alguna vez saber cómo es acostarse con alguien en una tubería estrecha y mal ventilada. Luego está el traje 2suit, que permitiría a las parejas permanecer pegadas... con cintas de velcro. Y luego, por supuesto, están las inmortales palabras del ingeniero y futurista Thomas Heppenheimer, escritas en la gloriosa década de 1970: «Una de las formas de acceder a esos placeres ingrávidos será en la parte de atrás de una furgoneta espacial».

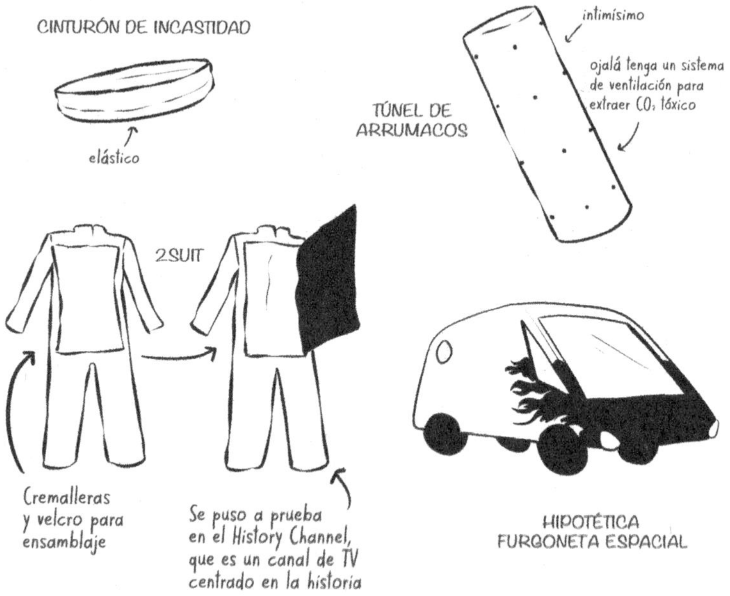

También es cierto que esos mismos fluidos abotargan las facciones, con lo que la cara de nuestra pareja se hincha como la de un pez globo».

Para bien o para mal, la vida en situación de gravedad parcial se parecerá mucho a la vida en la Tierra, solo que las cosas tardarán más en caer. El túnel de los arrumacos queda así condenado a la obsolescencia, pero la furgoneta seguirá siendo tan apetecible como siempre. La cuestión de cuál es la fuerza gravitatoria óptima queda para las generaciones venideras.

Ya hemos visto las consideraciones físicas, ¿qué hay de la biología? Todo apunta a que la carne no pierde su ardor. El turista espacial Dennis Tito recuerda astroerecciones, y Mike Mullane, veterano del transbordador espacial, escribió (sin duda pensando en la posteridad) que «tuve una erección que de tan intensa resultaba dolorosa. Podría haber taladrado kriptonita». El principal atributo de la kriptonita no es tanto su dureza como su capacidad de debilitar a Superman, pero leyendo entre líneas cabe suponer que Mullane estaba expresando su predisposición a aparearse.

El deseo también parece mantenerse: el cosmonauta Aleksandr Laveikin declaró en su día que había echado en falta a las mujeres de la Tierra. «Como sustituto teníamos sueños sexuales», quizás inducidos artificialmente: varias fuentes mencionan una colección de películas porno *softcore* europeas a bordo de la estación *Mir*. Norm Thagard recuerda: «Había algo de porno no muy duro, aunque de categoría X, y Veloga las ponía de vez en cuando, y Guennadi no estaba dispuesto a mostrar que aquello pudiese interesarle en absoluto. De modo que teníamos a Guennadi sentado leyendo un libro mientras Veloga y yo veíamos la peli, que podía ser *Emmanuelle* o algo similar».

También se valoró la opción de usar otros complementos. El cosmonauta Poliakov, del que quizá recordéis que ostenta el récord de días consecutivos pasados en el espacio, cuenta que en algún momento empezó a valorarse la posibilidad de subir a la estación «una de esas muñecas que se compran en un *sex shop*», aunque parece que esa forma de autosatisfacción no llegó a suceder jamás. Y mejor así, según Poliakov, que estaba en contra de las muñecas hinchables en el espacio, porque con ellas un hombre «podría desarrollar un "síndrome de muñeca" o, lo que es lo mismo, empezar a preferirlas a las mujeres». A veces, la gente dice mucho con muy pocas palabras.

En cualquier caso, *nosotros* podemos aseverar con casi total seguridad que ha habido casos de «autosuficiencia» en órbita. No hace mucho, la revista *Atlas Obscura* entrevistó a Scott Kelly tras su estancia de un año en la EEI, y cuando le preguntaron si los astronautas se masturbaban en el espacio, Scott se azoró y con una risita alegó su derecho a no testificar en su contra. Según un artículo científico de varios expertos médicos, es posible que esos astronautas hiciesen lo correcto. «Poca es la información disponible sobre la actividad sexual en el espacio, y es posible que una eyaculación infrecuente provoque una acumulación de secreciones prostáticas y fomente el crecimiento bacteriano.»*

Pero para engendrar niños en el espacio, la humanidad ha de pasar de la autosuficiencia al trabajo en equipo. Aunque... puede que ya haya sucedido. Nosotros, investigadores que le hemos echado *muchas* ganas a la cuestión, no lo sabemos. No nos ponemos siquiera de acuerdo en las probabilidades. Zach dice que es del 5 por ciento. Kelly, que del 75 por ciento. La cuestión ha sido causa de no pocos rifirrafes en el matrimonio y ha provocado frecuentes y estentóreas exclamaciones de la frase «¡Anda ya!».

Por lo que hemos podido ver, hay tres posturas principales en torno a este debate:

* En un esfuerzo tan genuino como quizás estúpido, intentamos infructuosamente dar con alguna astronauta dispuesta a admitir que iba a acogerse a su derecho a no declarar. Puede que exista una verdadera diferencia en el comportamiento entre los géneros, o que sea una mera cuestión de estadística: casi todas las personas que han pasado largo tiempo en el espacio han sido hombres, y casi ninguno ha reconocido haberle dado al bombín. Es igualmente concebible que las mujeres no suelten prenda porque bastante se escudriñan ya sus actividades y comportamientos extralaborales como para encima añadir este tema en particular.

1. Gente que cree que no ha sucedido porque no hay pruebas directas de ello.
2. Gente que cree que TIENE que haber sucedido, simplemente por la cantidad de tiempo que el ser humano ha pasado en compañía en el espacio.
3. Gente que está bastante segura de haber leído en alguna parte que definitivamente es algo que ha sucedido.

La gente de esta tercera opción se equivoca, y hemos descubierto que por lo general relacionan la cuestión con un vuelo del transbordador espacial en particular: Mark Lee y Jan Davis eran dos de los astronautas asignados a una misión a bordo del transbordador *Endeavor* en 1992. Durante la preparación para el viaje se enamoraron y acabaron casándose de tapadillo antes del despegue de la misión. Puede que esos dos recién casados a bordo del transbordador espacial sean el argumento más verosímil para defender la idea de un acoplamiento espacial, pero mirémoslo de otra forma: el espacio interno del transbordador es aproximadamente el de un autobús escolar y alberga a siete tripulantes y una atmósfera estanca, pero carece de duchas. Estamos seguros de que habrá alguien al que este le parezca un entorno ideal, pero si Lee y Davis se las arreglaron para mancillar la órbita terrestre con sus actos, lo más probable es que el resto de la tripulación se diese cuenta. No podemos descartar categóricamente la posibilidad de que siete personas se conjuraran para ocultar un caso de ñigo-ñigo espacial, pero sí podemos afirmar que si nosotros fuésemos a intentar algo parecido, el mejor sitio para mantenerlo en secreto habría sido en una de las primeras estaciones espaciales, tripuladas solo por dos o tres personas.*

* También es cierto que esas tripulaciones eran casi exclusivamente masculinas. No es que eso imposibilite la actividad sexual, claro, pero vale la pena recordar que buena parte de la era espacial ha transcurrido en tiempos de profunda homofobia. Intentar acostarse con alguien a hurtadillas en el espacio ya

Y luego, claro, está nuestro cotilleo espacial favorito: según G. Harry Stine, conocido ingeniero y divulgador aeronáutico, se han llevado a cabo diversos «experimentos clandestinos» en el tanque de flotabilidad neutra de la NASA con los que se ha demostrado sin lugar a dudas que, «efectivamente, la cópula entre humanos es posible en la ingravidez».

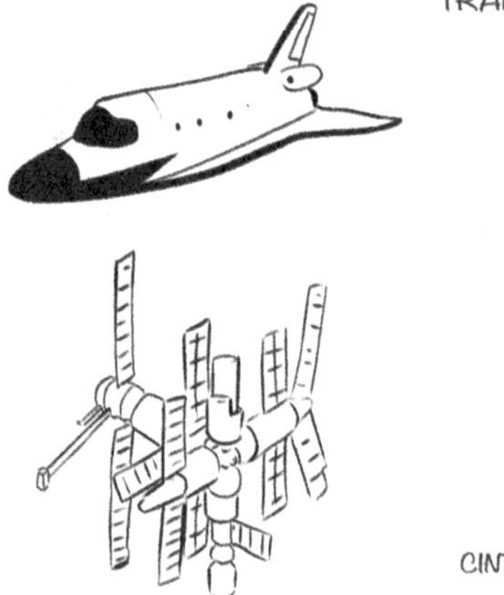

Stine apostilla, sin embargo, que fuentes anónimas le habían informado de que todo iba mejor si había un tercer nadador que «empujaba en el momento y el lugar adecuados». Quienes ejecutaban esta maniobra en particular estando en órbita pasaban a formar parte del «club de los tres delfines», que tenía incluso una insignia propia.

habría sido un riesgo enorme para la carrera de los implicados como para encima añadirle el estigma del tipo de alguien del sexo equivocado.

«Hasta 1990», escribió, se habían registrado «actividades personales no programadas a bordo del transbordador espacial hasta en *siete vuelos*».

Una de las cosas que no cuadran en esta historia es que los delfines, en realidad, no hacen eso.* De hecho, no estamos muy seguros de qué es lo que debería estar empujando o tirando el astronauta número tres. Visualizadlo. O no, mejor no. Comoquiera que sea, el creador de esta historia falleció en 1997. Nadie, que nosotros sepamos, ha rebuscado entre sus archivos para encontrar el origen de la historia del club de los tres delfines, pero si tenemos en cuenta que nadie más ha relatado algo semejante, pese a la supuesta frecuencia casi ininterrumpida de esos *ménages à trois* en órbita, mucho nos tememos que si a alguien se la metieron (doblada) fue al propio señor Stine.

Muy bien. Ahora que hemos terminado con el tedioso tema de los tríos espaciales, podemos retomar lo que de verdad nos interesa: la cuestión de si tanto escarceo en una furgoneta tendrá los frutos deseados: *un embarazo inmediato.*

Bombos en el espacio, o: por qué no es buena idea quedarse embarazada cuando giras en torno a la Tierra a 7,8 kilómetros por segundo

Imaginaos que os han dicho que hay una droga que mola mucho, pero que provoca una pérdida gradual de masa ósea, una redistribución considerable de los fluidos corporales, cálculos renales, distonía muscular, mareos y lesiones oculares. Evidentemente, es muy posible que acabéis probándola de todos modos, porque todos lo hacen y es lo que se lleva, pero segura-

* Todo nuestro reconocimiento a Mary Roach, insuperable escritora de divulgación científica, por ser la primera en constatar este problema en su libro Packing for Mars ('Equipaje para Marte'), que fue el que nos animó a leer las (sorprendentemente detalladas) ideas de Stine respecto al sexo en el espacio.

mente os lo pensaríais mucho más si llevaseis dentro un bebé. Ahora sustituid «droga» en esa frase por «espacio» y entenderéis por qué no es buena idea dejar los anticonceptivos estando en órbita.

En el espacio encontramos posibles efectos nocivos a cada paso. El esperma y los óvulos están sujetos a radiación constante mucho antes de poder ponernos un traje protector. Lo mismo pasa con el feto resultante, con el bebé en gestación y con los gametos de ese niño en gestación. La microgravedad también da miedito. Por una parte, el feto está suspendido en una especie de tanque de flotabilidad en miniatura, con lo que es posible que los cambios gravitatorios no afecten en exceso al desarrollo intrauterino. Es más, según el primer resultado que arroja Google, la madre embarazada podría ponerse a hacer el pino si le diese por ahí. Ahora bien, nadie ha pasado un embarazo en ingravidez total o parcial. Si alguna fase del proceso de desarrollo requiere una fuerza de atracción continuada como la que la Tierra ejerce sobre nosotros, hay que recordar que esa fuerza desaparece una vez salimos de nuestra atmósfera. Quizá seamos capaces de generar artificialmente gravedad con la rotación de la estación espacial. Pero eso sal-

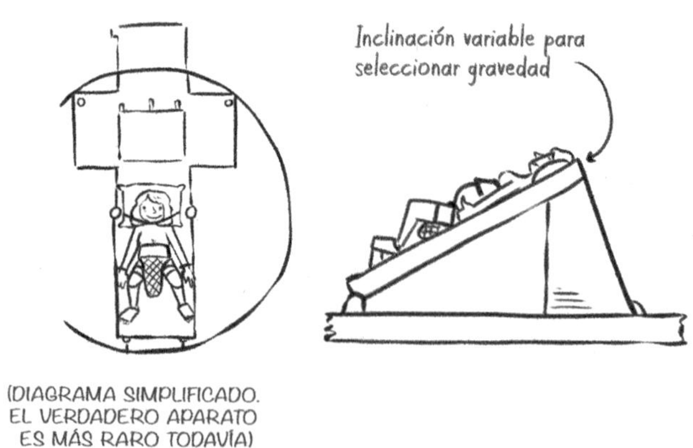

REFERENCIAS:
<HTTPS://PATENTSGOOGLE.COM/PATENT/US3216423>.

drá muy caro, con lo que la alternativa sería poner a las madres a centrifugar a lo largo de todo el embarazo y utilizar durante el parto este aparato que os presentamos a continuación cuyo inventor, por algún motivo, decidió que valía la pena patentar.*

La rotación aporta la gravedad necesaria para que las madres no se queden con la duda de si les tocará sufrir náuseas matutinas. Y ya que hablamos del privilegio que es dar a luz, recordad que la microgravedad (y quizás una fuerza gravitatoria parcial también) habrá debilitado los huesos de mamá. Está por ver, y no es cuestión baladí, si un parto puede ser seguro con una pelvis quebradiza. Como lo oís. ¿Qué, a que lo de la centrifugadora de mamás** suena algo más apetecible?

Para el recién nacido, la fase posterior al parto es particularmente preocupante. Ahora mismo, la forma más habitual de que los astronautas conserven la salud ósea es mediante el ejercicio físico, pero a ver quién es el guapo que pone a hacer ejercicios de resistencia a un rorro de tres meses durante tres horas al día. Quizás, si estuviésemos en la Luna o en Marte, podríamos utilizar un pijamita lastrado para solventar el problema: sin embargo, y puesto que la NASA no ha apoquinado todavía para llevar a un recién nacido al espacio, lo único que podemos decir al respecto es que sería una monada. Puede que, con el tiempo, alguien invente un medicamento que interrumpa la pérdida de masa ósea en el espacio, pero habrá que ver si nos sentimos cómodos administrándoselo a un niño. Todo lo que sabemos sobre la osamenta humana en el espacio proviene de adultos completamente desarrollados. No tenemos

* Para que no haya malentendidos: esta fue, en su origen, una muy mala idea para uso terrestre, pero un día quizá sea una muy mala idea para uso marciano. George Blonsky y Charlotte Blonsky, «Aparato de facilitación del parto mediante fuerza centrífuga», patente de Estados Unidos núm. US3216423A, 1963.

** Un amigo nuestro, Joe Batwinis, ingeniero aeroespacial de profesión y, como tal, propenso a buscar la forma de optimizarlo todo, nos comentó que si tuviésemos úteros artificiales, no nos haría falta una matrifugadora, sino tan solo una matrizfugadora.

ni idea de la forma en que afectarían los cambios gravitatorios a, por ejemplo, una niña de doce años en pleno estirón.

Otra cuestión que hay que tener en cuenta en todas las fases que van desde la concepción hasta la adolescencia es la de las hormonas. Por ejemplo, se han constatado cambios hormonales en los astronautas, como una reducción de la testosterona en los hombres. Puede que se deba, simplemente, al estrés de ir todo el día montado en un tubo explosivo gigante fuera de la atmósfera terrestre en un ambiente sobrepresurizado. Pero no lo sabemos a ciencia cierta, y una vez más, tanto da cuál sea el origen del problema: solo conocemos sus efectos sobre hombres adultos, pero no sobre un niño.

Es posible que Marte, en particular, cause problemas hormonales. Más adelante entraremos en detalles al respecto: de momento, baste con decir que el terreno marciano es rico en percloratos, una sustancia química que afecta a las hormonas tiroideas.

Y además: ¿en qué clase de atmósfera decís que vamos a criar a los niños? Si el asentamiento se parece a la EEI, los niveles de CO_2 serán anormalmente elevados. Ese, de por sí, ya sería un entorno inédito para la fabricación de bebés, pero además hay que tener presentes otras circunstancias: cada vez que se envía equipamiento nuevo a la EEI, hay que analizarlo cuidadosamente para saber qué compuestos orgánicos emite. Imaginadlo así: cuando os llega a casa un ordenador nuevo directo de fábrica, no os importa que al abrir la caja os salte a la cara una vaharada de gases sintéticos peculiares. «¡Menos mal que no vivo en un cubículo minúsculo y estanco!», seguro que pensáis, y seguís a lo vuestro.

La NASA lleva una lista de lo que llaman *concentraciones máximas admisibles* en vehículos espaciales, que indican el tiempo máximo que podéis estar expuestos a los distintos compuestos presentes en una nave. Por ejemplo, si la exposición va a ser de tan solo una hora, la atmósfera puede contener hasta 425 partes de monóxido de carbono por millón. Si la ampliamos a veinticuatro horas, la concentración admisible es de 100 partes por millón. Si la estancia se prolonga durante más de mil días, la concentración se reduce a 15, que es lo habitual en la cocina de una casa con un horno de gas. ¿Por qué no mantenerlo todo a los niveles habituales en la Tierra? Porque es más caro. Una de las quejas expresadas tanto por Scott Kelly como por Terry Virts a propósito de su estancia en la EEI, y que comparten con quienes han trabajado en un submarino, son los elevados niveles de dióxido de carbono en la atmósfera, que pueden provocar cefaleas. Mantener las concentraciones admisibles en niveles razonables es complicado, sobre todo porque, como se lamentaba un artículo científico, «[los índices de calidad del aire] terrestres no pueden extrapolarse a entornos interiores microgravitatorios».

Teniendo en cuenta todo lo anterior, y considerando que nadie ha pasado más de quince meses consecutivos en una nave espacial, es fácil ver por qué, cuando se habla de formas seguras de engendrar niños en el espacio, la respuesta a casi todas las preguntas es un encogimiento de hombros bastante nerviosito.

A fuer de ser justos con los más despreocupados en estas cuestiones, hay que recordar que en la década de 1950 algunos científicos temían que el ser humano no fuese capaz de sobrevivir en la microgravedad, punto. Quizá la reproducción sea igual de benigna. Dicho esto, hay una diferencia, y es que si de lo que se trata es de verificar la no letalidad de la cuestión, poner en órbita a un perro o un mono durante algún tiempo no es una mala prueba. Verificar que el parto de un niño y el posterior desarrollo de este no entrañan problemas será mucho más complejo, y no solo por la dificultad de efectuar pruebas: si resulta que en un entorno exoterráqueo el ser humano tiene problemas reproductivos graves, será complicadísimo saber a qué se debe. Supongamos que el día de mañana tenemos un asentamiento en Marte y observamos que las anormalidades en el desarrollo de un niño triplican los niveles normales. ¿A qué lo atribuimos? Quizá se deba a la diferencia de gravedad, o quizás a la radiación. Quizá sea la radiación, combinada con cambios en el microbioma y con el estrés de intentar sobrevivir en un entorno hostil. Quizá sean concentraciones bajísimas de gases a las que nadie ha prestado suficiente atención. Y si hablamos de una criatura concebida y nacida en el espacio, hay que considerar también los tiempos: ¿cuándo surgió el problema? ¿En los gametos de los padres? ¿En el útero? ¿Tras el parto? ¿Cuándo?

¿Por qué no sabemos más?

Estudiar la reproducción en el espacio es complicado y caro, aparte de que la EEI no fue concebida como una guardería. Añádasele a ello que las políticas de las agencias espaciales, particularmente en el caso de Estados Unidos, han sido bastante mojigatas a la hora de estudiar cuestiones de este pelaje. Y no les falta del todo razón: nadie necesita producir bebés en una base espacial de seis personas y, puesto que esos grupos reciben una enorme cantidad de fondos públicos, suponemos que a los administradores no les apetece tener que justificar las cantidades asignadas a la construcción de conductos para la cópula en situación de ingravidez.

Por desgracia, la labor desarrollada hasta la fecha no ha sido en absoluto sistemática: todas las pruebas se han realizado con criaturas diferentes, en distintas configuraciones y protocolos y con plazos muy diversos. Lo único que han tenido en común esos experimentos es que ninguno se prolongó lo suficiente en el tiempo como para ser relevante en el estudio de los asentamientos espaciales. Si el objetivo es que generaciones enteras vivan en el espacio, no basta con demostrar que es posible concebir y parir: tenemos que estar seguros de que esos bebés podrán también tener descendencia. No nos consta que se haya llevado a cabo estudio alguno con mamíferos en el espacio para observar el proceso desde la concepción hasta el parto, y mucho menos el progreso posterior hasta la concepción de la generación siguiente.

Es posible simular parte del proceso en la Tierra, pero resulta que simular alteraciones en la gravedad es muy complicado. Atención: aquellos lectores a los que les incomoden las pruebas con animales quizá querrán saltarse el párrafo siguiente.

Se han llevado a cabo algunos experimentos con mamíferos pequeños en «suspensión de cuartos traseros», lo que quiere decir que se los ha levantado por la cola para que las patas les queden colgando y así (supuestamente) simular cambios gravitatorios. Resulta que cuando se les hace esto a las ratas, los testículos suelen retraérseles en el abdomen, lo que altera la temperatura del escroto y puede afectar al esperma. En un experimento se recurrió a la cirugía para mantener la «intraescrotalidad» de los testículos. Que nosotros sepamos nadie ha intentado este truquito con un ser humano, pero incluso si así fuese, ¿serían muy fiables los datos resultantes? Si los científicos detectasen problemas en el esperma, se deberían a la diferencia de gravedad o al lógico estrés resultante de la intervención quirúrgica? E incluso si pudiésemos dar respuesta a esa pregunta, ¿seguiría siendo válida en el espacio?

Los experimentos espaciales plantean problemas parecidos. La puesta en órbita conlleva primero una fortísima aceleración acompañada de vibraciones y luego un estado permanente de flotación. Si fueseis ratas, no sabríais siquiera qué está pasando ni por qué, y el estrés puede tener resultados fisiológicos muy extraños. Por ejemplo, en un primer momento, los científicos pensaban que los ratones dejarían de entrar en celo en el espacio, pero en experimentos prolongados se ha examinado a los roedores antes de regresar a la Tierra y ha podido verse que no es así. Es muy posible que esto se deba a que han tenido tiempo para acostumbrarse a su nuevo entorno y no han sufrido el estrés de descender de nuevo al planeta, pero necesitamos más información.

Aun cuando carecemos de datos sistemáticos a largo plazo, podemos afirmar que los experimentos realizados hasta la fecha revelan que ni por el forro intentaríamos nosotros tener hijos en el espacio y criarlos allí. En los experimentos ha podido verse que la radiación afecta (y mucho) a los gametos y que la microgravedad podría afectar a los citoesqueletos celulares. Por si no recordáis las clases de biología del instituto, el citoesqueleto es la estructura de la célula que le da forma, un poco como las vigas que sustentan la casa en la que vivís.

Los experimentos llevados a cabo con renacuajos, salamandras, lagartijas, tritones, (huevos de) codornices, ratas y ratones han tenido como resultado tasas elevadas de anormalidad, patrones de natación poco usuales, cabezas desproporcionadamente grandes, colas desproporcionadamente largas, mayores tasas de mortalidad infantil, bajos niveles de oxitocina (una hormona importante en el parto y la posterior vinculación de la madre con la cría) y, en un caso, una camada entera de ratas que nació muerta porque la cabeza desproporcionadamente grande de una de las crías no pudo pasar por el canal del parto materno.

Pero también hay estudios en los que las cosas fueron bien. Y hay otros, además, en los que las anormalidades detectadas en la fase temprana de desarrollo desaparecieron poco después. Y por eso es un problema grave que no se estén llevando a cabo estudios a largo plazo: puede que el entorno espacial dañe irreparablemente un estadio específico del ciclo reproductivo, pero también es posible que el cuerpo sepa compensar el entorno espacial y no sufra en absoluto. Todavía no lo sabemos.

¿Y en qué grado será todo esto aplicable al ser humano? Tampoco lo sabemos.

Hay unas cuantas mujeres que, tras ser astronautas, regresaron a la Tierra y tuvieron hijos.* Frecuentemente han tenido que recurrir a técnicas de reproducción asistida. Pero el motivo es más banal que los viajes por el espacio: es su edad. En promedio, las mujeres astronautas no salen en misión espacial hasta cumplidos los treinta y ocho años, y por lo general suelen esperar a tener hijos hasta que han completado sus misiones. Visto por el lado positivo, las madres astronautas no eran más proclives a sufrir abortos espontáneos que otras madres de edades similares. No es mala noticia, desde luego, pero ya sabemos cómo es el sexismo: hasta la fecha, solo setenta y cinco mujeres han llegado al espacio. Lisa y llanamente, tenemos muy pocos datos con los que trabajar.

Nos gustaría poder decir algo más sobre este tema, pero es difícil hablar con confianza de nada relacionado con tener bebés en el espacio. En varias ocasiones nos hemos topado con entusiastas de los asentamientos espaciales que opinan que, puesto que no sabemos si hay un problema, deberíamos suponer que no existe. En vista de lo que sabemos sobre medicina espacial, y de lo poco que podemos decir sobre la reproducción animal en el espacio, nos parece de locos pensar así. Un plan de asentamiento en el espacio que, por lo menos, no intente tener en cuenta estos factores ha de considerarse necesariamente un plan con graves carencias de investigación.

Marte no es sitio para criar niños

Es curioso: en su canción «Rocket Man», Elton John no menciona la posibilidad de fracturarse la pelvis durante el parto ni

* También hombres, pero los gametos masculinos se regeneran con el tiempo y además no es en su cuerpo donde se gesta un bebé.

la necesidad de centrifugar a las embarazadas. La licencia poética, ya se sabe. Lo cierto es que no sabemos si hizo bien o no, y tampoco parece que vayamos a descubrirlo a corto plazo. Si de verdad quisiéramos averiguar si es posible tener bebés en el espacio, el mejor experimento que se nos ocurre sería algo así como ocupar un módulo entero de la EEI con una colonia de roedores y proceder a estudiarla a lo largo de varias generaciones. Ahora mismo, el proyecto más relevante y de mayor calidad de cuantos se están llevando a cabo en la EEI seguramente es el Sistema Múltiple de Investigación de Gravedad Artificial (MARS, por sus siglas en inglés). El proyecto corre a cargo de JAXA, la agencia espacial japonesa, y permite simular la gravedad: pero ni siquiera ese sistema es capaz de simular todos los problemas de determinados emplazamientos espaciales, como las toxinas de Marte o los niveles de radiación en la superficie lunar.

Con esto no estamos diciendo que los problemas no tengan solución. Pero al igual que sucede en términos generales con la medicina espacial, obtener los conocimientos necesarios para garantizar una reproducción en el espacio ética y segura conllevaría un esfuerzo descomunal y costosísimo que se prolongaría durante décadas; y es raro, pero ninguno de los promotores de grandes asentamientos espaciales en los próximos treinta años está destinando una cantidad ingente de fondos a obtener respuestas.

Una cosa podemos decir, y es que ponerse a engendrar bebés en el espacio sobre la base de los niveles de conocimiento actuales va a ser complicado, y no solo desde el punto de vista de la ciencia, sino también en términos de ética científica. Un humano adulto puede prestarse a participar voluntariamente en un experimento. Un bebé no. La decisión de obligar a un niño a vivir en un entorno espacial solo debería tomarse cuando dispongamos de muchos y muy positivos datos recabados de otros organismos. Lo mejor sería establecer en algún momento un centro para primates en el espacio que cuente con una especie de guardería y, por supuesto, el equivalente para simios de la parte de atrás de una furgoneta. El proyecto será carísimo, requerirá mucho tiempo y conllevará también no pocas consideraciones éticas. Sin un motivo urgente para asentarnos en el espacio, ¿cómo podemos justificar éticamente la puesta en marcha de tantísimos experimentos con animales y seres humanos demasiado jóvenes para consentir en ello?

Apaños tecnológicos

Un planteamiento alternativo pasaría por construir instalaciones muy similares a las terráqueas que atenúen nuestras dudas respecto de su seguridad. Una de las ventajas de las estaciones espaciales orbitales, de las que hablaremos en breve, es que son capaces de generar una gravedad similar a la de la Tierra. Si se averigua que no es posible parir y criar niños con garantías en Marte o en la Luna porque la gravedad parcial afecta a su desarrollo, la solución quizá tenga que pasar por crear una estación orbital de producción de niños: una combinación de suite nupcial, guardería y parvulario celeste.

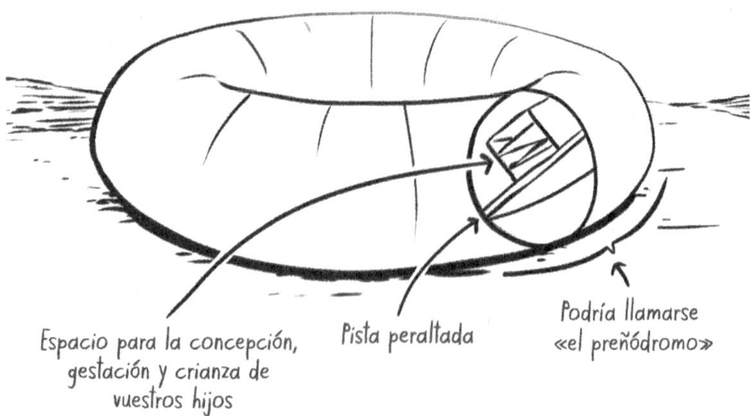

Hay alternativas para quienes prefieren no despegar los pies del suelo. Un autor propone construir un gigantesco velódromo peraltado sobre la superficie de Marte. ¿Que os quedáis embarazados? No hay problema: basta con subirse al carrusel gravitatorio.

Pero incluso si construyésemos esa estructura (que hemos decidido bautizar como *preñódromo*), lo más seguro es que haya que seguir protegiéndose de la radiación, así que no sería un simple preñódromo, sería un preñódromo *soterrado*.

El proyecto es caro y peligroso y, si os somos sinceros, recorrer sesenta millones de kilómetros para acabar viviendo en un agujero es bastante decepcionante. La alternativa sería esperar a nuevos avances tecnológicos, pero a veces la tecnología a la que aspiramos es muy futurista, incluso si nos planteamos construir un preñódromo. Kelly asistió en 2021 a un taller sobre asentamientos espaciales organizado por la Sociedad Nacional del Espacio; en ella, el Grupo de Respuesta Biológica Humana al Entorno Espacial recalcó la necesidad de disponer de una matriz artificial con un blindaje capaz de resistir la radiación. Las tecnologías que harían posible las matrices artificiales, sin embargo (y nos disculpamos por el chiste malo), están todavía en pañales.

Puede que se os haga raro imaginar que lleguemos a delegar la gestación en una máquina acorazada de hacer bebés, pero las cosas se ponen así de raras siempre que hablamos de radiación. En el terreno social es peor todavía. Ya hemos visto antes que la edad* y el sexo son factores que condicionan el riesgo que supone la radiación y que habrá que tener en cuenta si pretendemos reproducirnos en el espacio. Por ejemplo: ¿sería correcto criar a todos los humanos en desarrollo bajo tierra, mientras los adultos son libres de explorar la superficie? Y de ser así, ¿se diferenciaría entre los sexos a la hora de decidir quién puede salir de la base?

O supongamos si no que el ser humano necesita la gravedad humana hasta cumplir los dieciocho. ¿Cuál es la responsabilidad paterna y materna? Y la Tierra y las estaciones espaciales: ¿se convertirían en una especie de zona de desove a la que los humanos volveríamos una y otra vez durante todo nuestro ciclo reproductivo? Fijaos, además, en que quizá volver a la Tierra no sea ni siquiera una opción para quienes se hayan criado en Marte. Si habéis pasado demasiado tiempo en una gravedad parcial, vuestro esqueleto quizá no pueda soportar la presión gravitatoria terrestre. Y si en los asentamientos espaciales ha sido posible erradicar los múltiples parásitos y patógenos que nos atormentan en la Tierra, es muy posible que un sistema inmunológico formado en el entorno relativamente estéril de Marte no pueda sobrevivir a la avalancha de patógenos que se abatiría sobre él en la Tierra. Una vez más, una serie de realidades científicas muy básicas podrían tener efectos sociopolíticos muy considerables que no somos capaces de prever porque la información de la que disponemos es muy escasa.

* Uno de los motivos más incómodos por los que la edad puede ser relevante es que, cuanto mayores somos, menos tiempo tenemos para desarrollar un cáncer provocado por la radiación. Dicho de otra manera: si la radiación espacial hace que la probabilidad de tener cáncer aumente año tras año, ¿por qué no enviar al espacio a gente a la que le queden menos años de vida?

Soluciones biotecnológicas y los problemas que conllevan

Una de las soluciones que se propone a menudo para muchas de estas cuestiones es la de recurrir a algún tipo de ingeniería genética. Hay al menos un libro consagrado por completo a las modificaciones genéticas en el espacio, que incluye propuestas que van desde la prolongación de la vida humana hasta la alteración del gen ABCC11, que es el responsable de que a determinados grupos de población les huela el sobaco, en aras de la armonía social. Es posible alterar genes individuales, pero creemos que aún falta mucho, científicamente hablando, para que se materialicen otras ideas, como epidermis a prueba de radiación o modificaciones genéticas que permitan a los huesos resistir mejor en microgravedad.

Luego hay otra cuestión más importante y es que el coste ético, en nuestra opinión, podría acabar siendo astronómico. Los especialistas en bioética ya han abierto el debate sobre la conveniencia o no de crear «bebés de diseño», pero a nosotros la moralidad de crear nuevos humanos adaptados de forma específica a la hostilidad del espacio lejos de su planeta de origen nos parece francamente cuestionable. Resulta difícil imaginar que podamos llegar a contemplar como factible esa posibilidad sin haber sometido antes a unos cuantos bebés a toda una serie de experimentos genéticos de dudoso valor médico. Si hubiese un motivo verdaderamente urgente para que el ser humano emigre a Marte, quizá podría defenderse una medida de ese tipo. De momento, sin embargo, ese motivo no existe.

Cuando hablamos de la población y el crecimiento de los asentamientos humanos, a menudo lo hacemos en términos muy técnicos, considerando a las personas como un activo ecológico y económico, un valor estadístico dentro de una estrategia de asentamiento. A nosotros, como frikis que somos, nos gustan las estadísticas, y la visión de conjunto, a nuestro entender, a menudo es la correcta. Somos de los que, cuando oyen frases como «las estadísticas no son personas», se recolocan las gafas, irritados. Pero hay que tener cuidado, porque a veces tras la abstracción pueden esconderse posibles atrocidades.

Si nuestro propósito es generar muchos bebés en un entorno en el que abundarán los problemas médicos, el resultado más probable será un segmento nada desdeñable de niños que no se adaptan bien a los rigores de ese entorno. Puede que haya niños con discapacidades físicas o cognitivas que no podrán contribuir al mismo nivel que el resto de pequeños. Puede que algunos niños, por cualesquiera motivos, no consigan prosperar psicológicamente en un entorno cerrado y en todo distinto a la Tierra. ¿Cuál es la reacción de los partidarios de la colonización espacial a tan serias consideraciones? Hasta donde hemos podido ver, la mayoría optan por hacer caso omiso. Y los que sí se plantean la cuestión a menudo contemplan las posibles consecuencias con una banalidad francamente sorprendente.

El antropólogo espacial Cameron Smith, a nuestro entender una de las voces más inteligentes en el terreno de la sociología del espacio, defiende que una sociedad espacial quizá estará a favor de la adaptación evolutiva. Según él, podría surgir una cultura que sobrevivirá a la «dolorosa transición» necesaria para «permitir que la selección natural moldee a los individuos de forma que se adapten a sus nuevos entornos». Y Alexander Layendecker, conocidísimo investigador de la sexualidad humana en el espacio, escribe que «si nos extinguimos como especie, las deliberaciones sobre cuestiones filosóficas y morales perderán todo significado. La historia nos enseña que, en tiempos de desesperación, el instinto humano de supervivencia consigue imponerse a la moralidad y la ética». Y nadie más franco que Konrad Szocik, filósofo especializado en la ética de la exploración espacial. En un artículo publicado en 2018, Szocik y sus coautores señalan que «la idea de proteger la vida en todas las fases de desarrollo quizá no sea compatible con una colonia en Marte». En el mismo artículo leemos también lo siguiente: «Suponemos que el entorno de la colonia marciana preferirá esta política liberal proabortista [*sic*] porque el nacimiento de un niño discapacitado sería notablemente pernicioso para la colonia. [...] Una comunidad marciana quizás establecerá criterios nuevos o más estrictos respecto de lo que constituye una progenie valiosa, y quizás evolucione para preservar aquellos rasgos personales y fisiológicos más apropiados para los residentes de Marte».

Ya, ya sabemos que todo esto puede leerse no como argumentos morales, sino como la descripción de algo que podría suceder. No es una declaración de cómo *deberían* ser las cosas, sino de cómo *serán*. Y sería razonable si estuviésemos hablando, por ejemplo, de seres humanos atrapados en un islote durante generaciones. En ese caso seguramente acabarían estableciéndose normas e instituciones que hasta entonces habrían sido de dudosa moralidad. La diferencia está en que, en el caso de los asentamientos espaciales, estamos tomando una decisión plenamente conscientes de los peligros y de las posibles consecuencias. Si alguien elabora un plan para enviar a un centenar de personas a vivir aisladas en la Antártida, y este contempla que esa población antártica quizás acabará considerando que las consideraciones morales son superfluas en el caso de los niños discapacitados, vuestra respuesta no será «¡fantástico!», sino «QUE NO VAYAN».

Para muchas de las personas que fantasean con establecer una ciudad en Marte, el proyecto es una aspiración intrínsecamente humana, una oportunidad de hacer mejor la humanidad facilitándole un nuevo arranque. Pero si ese nuevo arranque requiere que establezcamos un nuevo marco ético que es puro anatema para la mayoría de la población terrestre, entonces, ¿de qué nos sirve? Entended, por favor, que el problema no afectará solo a quienes se establezcan en el espacio y a sus hijos. Si aceptamos el argumento de Daniel Deudney de que una nutrida presencia humana en el espacio incrementa nuestra capacidad de autodestruirnos, quizás habría que pensarse dos veces lo de crear asentamientos cuando cabe anticipar que la cultura imperante en ellos asignará un valor muy escaso a la vida humana.

A lo grande

Perdón por haber empezado haciendo chistes sobre el túnel de los arrumacos y acabar hablando de eugenesia. Cuando hay niños por medio, todo acaba siendo raro, ¿verdad?

Así lo vemos nosotros, a grandes rasgos: todo lo relacionado con la reproducción en el espacio es motivo de preocupación. Eso no quiere decir que no vayamos a asentarnos nunca en el espacio, pero sí que quizás haya que evitar determinados caminos. Muchas de las propuestas de conquista del espacio parten de un enfoque acumulativo, en el que se empieza con una base mínima y cada nueva llegada a ella hace posible la siguiente, lo que permite un crecimiento exponencial de la población del asentamiento.* Puede que esta sea la forma más rápida de establecer una población, pero si no hay motivos para trasplantar un millón de personas a Marte cuanto antes, hay argumentos de peso a favor de esperar hasta poder enviar de golpe un gran número de personas al asentamiento. Es una idea que retomaremos en varias ocasiones a lo largo del libro y que podemos resumir así: en primer lugar, mejor esperar a disponer de la información y la tecnología necesarias para avanzar de forma segura y ética. En segundo lugar, si intentamos establecer un asentamiento en el espacio, nos saldría más a cuenta una situación en la que trasladamos a un gran núme-

* Esto no tiene que conllevar la reproducción, pero a menos que estéis dispuestos a imponer la contracepción forzada en millones de personas, seguramente la conllevará.

ro de humanos durante unos pocos años. Aún falta mucho para disponer de la tecnología que nos permita hacerlo, pero las ventajas, desde el punto de vista médico, son muy claras. A mayor población, mayor especialización, más gente dedicada específicamente a labores médicas. Y también suficiente personal enfocado a los cuidados, y suficiente duplicación de funciones, para que nadie pueda decir nunca, a propósito de un niño, que hay que dejar su sino al albur de la evolución.

Dado que la tecnología actual a duras penas hace posible la supervivencia y solo permite el crecimiento natural de la población a costa de renunciar a los estándares morales convencionales, y dado que no hay motivo para emprender el viaje ahora mismo, ¿por qué no ser pacientes? Esperemos unos pocos decenios, siquiera para que la ciencia de la reproducción humana evolucione en paralelo a todas las demás tecnologías relevantes para los asentamientos espaciales. Entonces podremos enviar a grupos de población lo bastante nutridos y con la suficiente tecnología para no tener que establecer «criterios nuevos o más estrictos respecto de lo que constituye progenie valiosa».

En cuanto a Astrid, nuestra viajera espacial, vamos a suponer que en el tema niños todo le ha salido bien. La siguiente preocupación, común a muchos padres primerizos, será la de conseguir no enloquecer.

4

Psicología del navegante del espacio: si de algo estamos seguros es de que los astronautas mienten todos

Por lo que hemos podido ver, siempre que se plantea la cuestión de la psicología espacial, la gente acostumbra a dividirse en dos bandos: por un lado están los que piensan que es algo totalmente superfluo, concebido por los más blandengues entre los blandengues, y, por otro, quienes creen que, en la remota y aislada oscuridad de la noche marciana, cualquiera acabará por volverse majareta; o que, por lo menos, los episodios psiquiátricos agudos serán desagradablemente habituales.

Desde estas líneas vamos a abogar por una tercera vía. La psicología del espacio es un condicionante considerable para el asentamiento del ser humano en el espacio, no porque existan problemas tremendos, sino porque la tasa de enfermedades mentales seguramente será bastante parecida a la de la Tierra. Y puesto que en la Tierra contamos con montones de instituciones y especialistas para hacer frente a este problema, en los asentamientos espaciales debería suceder lo propio, lo que significa, una vez más, que es deseable que sean de grandes dimensiones y tengan una nutrida población.

No es de extrañar que a la gente le preocupen cuestiones como la locura en el espacio: con toda seguridad, los asentamientos espaciales serán lugares claustrofóbicos y peligrosos. Quienes hayáis visto demasiadas películas de terror quizás os preguntaréis si los colonos, inmersos en ese entorno, podrían llegar a sufrir un colapso mental de algún tipo o incluso volverse violentos. Es una posibilidad, desde luego, y hay que tenerla prevista, pero lo más seguro es que suceda muy rara vez. Desde hace casi un siglo, el ser humano ha aprendido a vivir en el espacio y otros entornos aislados y constreñidos, como submarinos y bases antárticas, y, excepción hecha de algún que otro incidente grave, todo ha ido bien. Se cuentan muchas anécdotas sobre el aburrimiento y la melancolía que aquejan a los habitantes del Polo Sur, pero el tedio y la tristeza se dan también en el resto de continentes. Lo más seguro es que pase lo mismo en el espacio.

El único pero que le podemos poner a la cuestión es uno que a estas alturas ya os resultará familiar: los datos de los que disponemos son una porquería, seguramente menos fiables incluso que los datos fisiológicos. Para empezar, tenemos las carencias ya conocidas: experimentos asistemáticos, ausencia de estudios de larga duración... Y ahora sumadle a todo eso el hecho (que documentaremos en breve) de que los astronautas son unos mentirosos. Especialmente en lo que concierne a la psicología. No nos creemos los datos que aportan los astronautas sobre sí mismos. Y por si fuera poco, tampoco sabemos si la exposición prolongada a las condiciones espaciales tiene efectos fisiológicos negativos sobre el cerebro; así las cosas, nos parece razonable pedir que se estudie un poco más el asunto antes de ponernos a construir una ciudad en Marte.

A veces sorprende la despreocupación con la que los encargados de diseñar los asentamientos espaciales abordan estas cuestiones. Kelly asistió una vez a una conferencia sobre el espacio en la que se habló de un nuevo sistema para gestionar la salud psicológica de los astronautas durante sus viajes. La idea estaba bien: al astronauta se le aplican varios sensores para detectar altibajos emocionales. Si se produce algún incidente, las compuertas se bloquean automáticamente y se aísla así al humano deficiente. Kelly preguntó al ponente si creía que los astronautas estarían de acuerdo en someterse a semejante grado de vigilancia constante. En ese momento, el moderador intervino para recordar a los presentes que el famoso astronauta John Glenn llevó puesto un termómetro rectal durante toda la misión a bordo del *Friendship 7* sin que nadie le haya oído nunca quejarse por ello.

La anécdota es verídica: por lo menos, es absolutamente cierto que Glenn se prestó a tan íntima forma de recopilación de datos durante esa misión. Vale la pena recordar, sin embargo, que la misión duró unas cinco horas, y no se prolongó durante los múltiples años que conllevaría un primer viaje a Marte, por no hablar de la residencia permanente en un asentamiento exoplanetario.

Al parecer no existe una teoría aislada de la psicología humana. En nuestras investigaciones leímos un artículo escrito por un investigador de la Universidad Johns Hopkins en el que postulaba un ordenador que drogase automáticamente el alimento de los astronautas para mantener la armonía social. A nosotros nos parece que esta medida podría percibirse como ligeramente invasiva, reflejo quizá de la tendencia imperante entre parte de la comunidad científica que les lleva a ver a los astronautas como meros autómatas de carne.

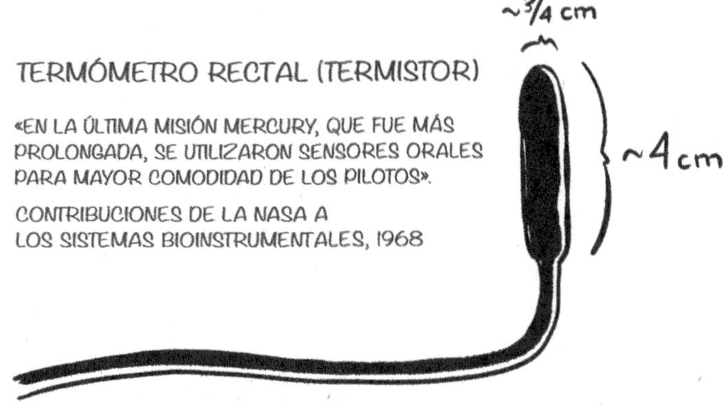

Es posible, con todo, pecar también por exceso y pensar que los humanos somos demasiado frágiles. Un destacado psicólogo del espacio ha hablado del posible efecto que tendría perder la Tierra de vista: ese momento en el que, en el transcurso de un prolongado trayecto espacial, los viajeros tomarían plena conciencia de que su planeta no era ya más que una mota en el firmamento. Hasta donde nosotros sabemos, esa idea no tiene base teórica ni empírica, por muy poética que resulte. Recordemos además que, por mucho que aparezca a lo lejos como un puntito minúsculo, la Tierra seguirá emitiendo Netflix. Nuestro planteamiento es que la psicología espacial es importante, y que lo será más todavía si los datos a largo plazo resultan ser peores de lo previsto, pero que lo más probable serán niveles de problemas psiquiátricos relativamente similares a los de la Tierra. Eso no quiere decir, sin embargo, que en los planes de asentamientos en el espacio se pueda dejar de lado la salud mental..., más bien lo contrario. Necesitamos disponer de infraestructuras similares a las que existen en la Tierra. No es fácil imaginar qué formas adoptarían en un asentamiento espacial, pero sí podemos contaros qué se está haciendo al respecto en el espacio en la actualidad.

¿Qué es la psicología espacial?

Básicamente, consiste en mantener a los astronautas trabajando. A veces se prefiere otro término, *salud del comportamiento*, en parte porque no arrastra el estigma de la expresión *salud mental*. Es un término apropiado porque trata fundamental y específicamente el comportamiento. A los psicólogos espaciales les preocupa el bienestar psicológico (y dedican mucho tiempo a estudiar detalles concretos sobre la calidad de los alimentos y la forma en que se celebran los cumpleaños), pero el objetivo último es que las misiones lleguen a buen puerto.

Quizás os sorprenda que los astronautas (la élite de la raza humana, superseres que ejercen el trabajo de sus sueños) tengan problemas psicológicos. Sin entrar demasiado en detalles, hay que decir que el día a día en el espacio no es tan molón. No se parece en nada a *Star Trek*. Hay muchas tareas tediosas y repetitivas: preparar comidas, limpiar el baño, raspar moho, hacer inventario... El área privada es del tamaño de un ataúd, del receptáculo de residuos emanan olores extraños, la comida es mediocre, la ropa de hacer deporte se reutiliza más a menudo de lo que osaríamos en la Tierra... A menudo aparecen flotando trocitos de excremento humano, y también callos repelados de pies que llevan tiempo sin tocar el suelo. Los equipos hacen mucho ruido, es difícil dormir lo suficiente y, tradicionalmente, las estaciones espaciales han estado siembre abarrotadas. El espacio habitable de la EEI equivale aproximadamente al de dos apartamentos estadounidenses de tamaño medio, pero dentro hay seis personas con todos sus equipos, material de ejercicio y experimentos, amén de todo tipo de desechos astronáuticos, desde receptáculos de comidas hasta heces.

El termómetro rectal ya no es parte perpetua de esa rutina, pero las estaciones espaciales son laboratorios, con lo que de vez en cuando sí se producen otras vulneraciones de la intimidad corporal, como extracciones de muestras de sangre. E incluso cuando no está prevista la obtención de fluidos corporales, la agenda diaria está repleta de experimentos, actos de relaciones públicas y labores de mantenimiento, con alguna que otra emergencia intercalada, registrados en la historia, como incendios, asfixias en trajes espaciales y la necesidad perentoria de localizar una fuga en la estación espacial.

El espacio, tal como lo conocemos, es una versión muy poco habitual de lo que a veces se ha dado en llamar un «entorno aislado y confinado»: un lugar en el que los humanos suelen sentir cierto grado de incomodidad. Con la psicología del espacio se pretenden identificar los problemas que pueden derivarse de ese entorno e impedirlos, y para ello se recurre a las llamadas *contramedidas.*

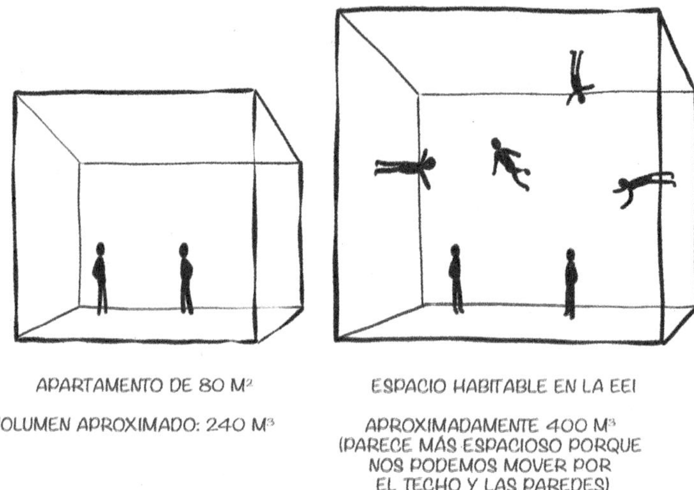

Cómo contrarrestar la morriña espacial

Contramedidas es un término excesivamente aséptico para referirse a casi todo aquello que mejora la salud del comportamiento. A grandes rasgos hay dos formas de conseguirlo: descartar a los candidatos que puedan ser proclives a tener problemas y prestar apoyo a quienes pasan la criba.

Contramedidas previas al despegue

Los criterios exactos que deciden quiénes son «elegidos para la gloria» han ido cambiando con el tiempo. A medida que la era de los héroes de la aviación abría paso a otra época, la de las misiones de larga duración, el perfil psicológico ideal fue cambiando también. Podemos ilustrar la diferencia con un par de citas. La primera está extraída de las memorias de Deke Slayton, uno de los astronautas del programa *Mercury*, y se refiere a sus días de piloto primerizo:

> Creo que pasamos una semana entera bebiendo de noche y tragando pastillas sin parar de día. Me sorprende lo muchísimo que llegamos a volar y beber.

Esta es más reciente, y sale de las memorias de Mike Massimino, astronauta de la época del transbordador espacial:

> Los astronautas que regresaban del espacio tenían que amerizar, y a mí el agua me horrorizaba. No se me daba demasiado bien lo de nadar. [...] Y también me daban miedo las alturas. Todavía me lo dan. ¿Asomarme al balcón de un cuarto o un quinto piso? No, gracias. Tampoco me gustaban las montañas rusas. Imponen mucho. ¿Quedarse colgado cabeza abajo? Te mareas. ¿A quién le puede gustar hacer algo así?

Está claro que los viajes espaciales han entrado ya en la mediana edad.

Aunque los criterios de selección han cambiado, el procedimiento sigue siendo más o menos el mismo: pruebas médicas, test psicológicos y entrevistas con los candidatos. Cada programa tiene sus excentricidades: en JAXA ponen a los candidatos a fabricar mil grullas de origami en el plazo de una semana para demostrar que son capaces de mantener estándares exigentes en el cumplimiento de tareas monótonas. A los candidatos rusos los tiran de un avión y les obligan a resolver rompecabezas que llevan atados a la muñeca antes de que se abra el paracaídas.

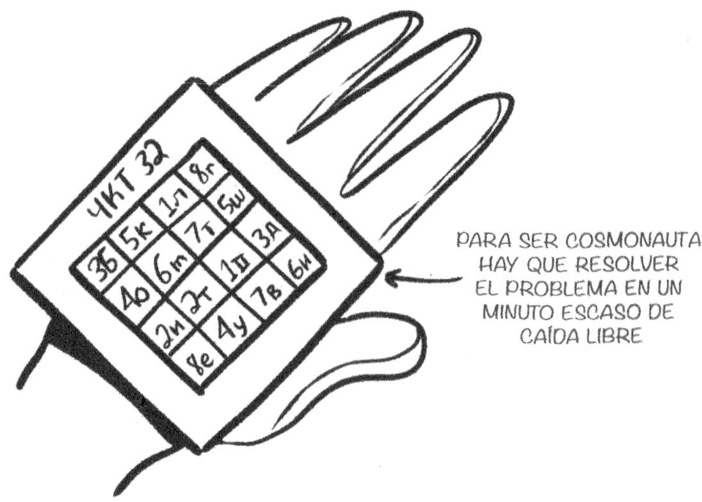

El objetivo es el mismo en todas partes, sin embargo: el astronauta ideal es una especie de Ned Flanders hipercompetente: sereno, fiable, algo aburrido, pero capaz además de operar a alguien del cerebro en un avión en llamas si así se le pide.

Una vez aceptados, los candidatos pueden pasar años esperando (a veces más de una década) antes de que los envíen al espacio. Los motivos son principalmente pragmáticos —hay muy pocas misiones espaciales, y es frecuente que se demoren y pospongan—, pero esos prolongados períodos previos a la misión permiten a los psicólogos calibrar la forma en que la gente trabaja en equipo.

Estos procesos de criba son muy importantes, pero no serán los adecuados para un asentamiento permanente. Por supuesto, se puede llevar a cabo un proceso de selección, pero si queréis hacer caso a Elon Musk y poner a un millón de personas en Marte, os vais a encontrar que no hay un millón de Chris Hadfields[*] disponibles. Habrá que rebajar las expecta-

* Astronauta canadiense, comandante de la Estación Espacial Internacional entre marzo y mayo de 2013. En ese período de tiempo, Hadfield se hizo

tivas. Es posible que el proyecto, por su naturaleza misma, atraiga a candidatos no deseados. El programa Mars One fue un proyecto (ya cancelado) con el que se pretendía establecer una colonia en Marte para rodar en ella un programa de telerrealidad; miles de personas se apuntaron a lo que habría sido un viaje sin retorno a Marte. Evidentemente, no llegaron a ir nunca, pero vale la pena resaltar que muchos de los voluntarios tenían familia y niños y estaban dispuestos a dejarlo todo. Igual somos unos criticones, pero si la idea es establecer una nueva sociedad, gente de ese pelaje nos parece un poco antisocial.

Otra fuente de candidatos no idóneos serán vuestros propios hijos. Una de las formas más eficaces de seleccionar a un astronauta es por su edad, ya que son muchos los problemas psiquiátricos que se manifiestan sobre todo en los adolescentes y los veinteañeros. Un astronauta de cuarenta y cinco años quizá necesitará gafas, pero normalmente no dará sorpresas en lo que a su psique se refiere. En un asentamiento espacial, los humanos serán de cosecha local, pero, como todos sabemos, es muy difícil poner a un recién nacido a rellenar un cuestionario psicológico o a sentarse a hablar con un profesional. A la larga, los procesos de cribado no serán una forma eficaz de lidiar con la psicología humana. La psicología en los asentamientos tendrá que centrarse no tanto en la selección como en la gestión de las personas.

Contramedidas en vuelo

Una de las medidas que se mencionan más a menudo es la oportunidad de que el astronauta se comunique con sus seres queridos en la Tierra. Durante sus 211 días en órbita, el cosmonauta Valentin Lebedev tuvo fases de desánimo; desde el

enormemente popular al interpretar a la guitarra una versión de *Space Oddity*, de David Bowie, desde el interior de la EEI. *(N. del T.)*

control de la misión se dieron cuenta y contactaron con su hijo para que le tocara el piano mientras sobrevolaba la base. Lebedev reconoció de inmediato al pianista y no pudo contener las lágrimas.

Hoy en día, las cosas no son tan dramáticas. Durante casi toda la era espacial, las oportunidades de establecer contacto con el hogar eran limitadas. Para que Lebedev pudiera tener su llamada hubo que aprovechar un breve intervalo de comunicación y darle prioridad por encima de la información relacionada con la misión. Hoy en día, en la EEI tienen internet, y acceso constante al correo electrónico y a vídeos, llamadas de voz y servicios de asesoramiento psicológico.

La disponibilidad de este tipo de atención en un asentamiento dependerá de su tamaño y su ubicación. La Luna, por ejemplo, está lo suficientemente próxima a la Tierra como para poder mantener una conversación en directo, más o menos, con un psiquiatra. Marte ya no. Aun cuando las primeras misiones a Marte, o incluso las primeras bases marcianas, quizá no quieran sacrificar volumen de carga para transportar un equipo de profesionales de la psiquiatría, cuando haya un asentamiento de pleno derecho quizá sí serán necesarios. Cuando menos, parte de los habitantes del asentamiento deberían tener la formación necesaria en psiquiatría para detectar problemas en fase temprana. En cuanto a la familia y los amigos que se queden en la Tierra... pues será complicado. En la mayor distancia entre la Tierra y Marte, toda señal tarda cuarenta minutos en ir y volver. La comunicación se parecerá más a una correspondencia que a una conversación.

Para los astronautas de la NASA, hay algo más importante que la familia, los amigos o las sesudas guías para superar momentos de desánimo, y es que, a veces, reciben una llamada de William Shatner. O de Will Smith, de Stephen Colbert, del papa o (el mejor de todos) de Fabio, el modelo. Los astronautas están autorizados a solicitar cosas así, y la NASA procura en la medida de lo posible cumplir con sus deseos. Lamentablemente, desde los asentamientos de Marte no será posible mantener una conversación con Fabio.

El entretenimiento cotidiano es también bastante bueno en la actualidad. Aun en 1997, Michael Foale se ganó a sus compañeros de misión rusos en la estación *Mir* montando un sistema de videocasetes y traduciéndoles en vivo *Desafío total* y *Cocodrilo Dundee*. En la EEI hoy hay Netflix y, según Terry Virts, «los psicólogos rusos pusieron a su disposición un enlace a *50 sombras de Grey* en ruso». No es que sea un peliculón, pero también es verdad que, si lo que se pretende es estimular el crecimiento de la población, hay cosas peores.

Los astronautas también reciben regalitos con regularidad cuando se reponen suministros. Recientemente se envió a la estación espacial una nevera científica repleta de helados, una manera sin duda muy agradable de romper la rutinaria dieta espacial, que a menudo se limita a paquetitos alimenticios medio tibios. Con los suministros llegan también fruta y verdura frescas, cuyos beneficios van más allá de consideraciones nutritivas y gustativas. Víktor Patsáyev celebró en la *Salyut-1* su cumpleaños con un limón y una cebolla frescos. Anatoli Berezovói y Valentin Lebedev tenían tal antojo de cebollas frescas que en una ocasión se comieron los minúsculos bulbos previstos para ser usados en una cultivadora experimental a bordo de la *Salyut-7*. En el caso de Foale, nada le recordaba tanto el hogar como el olor de manzanas frescas. Al reponer suministros se transportan también pequeñas sorpresas con las que celebrar festividades y cumpleaños. Los paquetes de amigos y familiares son motivo de gran alegría. A menudo consisten en cosas muy sencillas: Shannon Lucid recordaba el cariño con el que los cosmonautas de la *Mir* apreciaban las cartas perfumadas de sus respectivas mujeres. La propia Lucid estuvo encantada de recibir gelatina de frutas y una bolsa grande de M&Ms.

Curiosamente, en un asentamiento espacial remoto quizá sea más fácil conseguir manzanas frescas que M&Ms. Como veremos más adelante, no es posible establecer un asentamiento espacial sin crear un ecosistema en el que cultivar comida y purificar el aire. Bueno, sí que se puede, pero la diferencia de coste entre cultivar una manzana y hacérnosla llegar desde otro planeta seguramente será siempre considerable.

Hay un dato sobre la psicología humana que hemos encontrado incluso en los diarios de los primeros exploradores polares, y es la enorme importancia que se concede a las celebraciones y a la comida. Los integrantes de esas monótonas expediciones a menudo celebraban cualquier festividad que se les pusiese a tiro, como excusa para llevar algo de variedad a sus vidas. Hoy, las tripulaciones de la EEI reciben paquetitos temáticos para celebrar sus cumpleaños y otras festividades. A Marte solo podremos llegar una vez cada dos años, pero no sería mala idea imitar a la EEI y enviar regalitos terrestres imposibles de conseguir de otra manera para distribuirlos en ocasiones señaladas.

La agricultura espacial también ofrece beneficios psiquiátricos: para empezar, el placer que producen los alimentos frescos, claro, pero también los colores y olores de la naturaleza en un entorno por lo demás artificial. Podemos imaginar las contramedidas durante el vuelo como una forma de reproducir un pedacito de la Tierra cuando estamos muy muy lejos de ella. Durante los 211 días que pasó en el espacio en 1982, el cosmonauta Anatoli Berezovói disfrutaba mucho escuchando cintas con grabaciones de la naturaleza, y más tarde recordaría que «teníamos grabaciones de sonidos del trueno, de la lluvia, del canto de los pájaros. Esos eran los que más a menudo poníamos, sin cansarnos nunca de ellos. Eran como encuentros con la Tierra». Terry Virts cuenta que los equipos de psicólogos rusos les enviaron una colección de grabaciones titulada *Sonidos de la Tierra* con sonidos ambiente de las olas del mar o el bullicio de una cafetería. Los apreciaban mucho. Virts solía dormirse arrullado por el sonido de la lluvia, y en una ocasión la tripulación entera se puso de acuerdo para reproducir esos sonidos simultáneamente en los ordenadores portátiles de la nave durante todo un fin de semana.

Hay una extensa bibliografía consagrada a este tipo de ergonomía espacial, y en ella podemos encontrar detallados análisis de la comida que les gusta a los astronautas,* sus hábitos de sueño y las quejas que más a menudo registran en sus diarios privados. La salud del comportamiento de los astronautas no es perfecta: hay quejas y discusiones, y en ocasiones se ha llegado a situaciones en las que los astronautas desobedecen las normas de seguridad, como cuando la tripulación del *Apolo 7* se negó a ponerse el casco durante el descenso porque estaban resfriados. Pero eso son comportamientos humanos habituales. Psicológicamente hablando, las cosas en el espacio han transcurrido bastante bien, casi con cierta monotonía.

Pero puede que os haya llegado otra información. A menudo nos hemos encontrado con que la gente recuerda a medias historias de astronautas volviéndose locos. Desde luego, si hay algo en la vida espacial capaz de provocar incidentes psiquiátricos graves, nos gustaría saberlo.

Pues eso: ¿pasan cosas así?

Los incidentes de enajenación espacial...

... no se encuentran así como así.

Mirad, este es un libro de divulgación científica con pretensiones de ser ameno. Estamos haciendo todo lo que pode-

* Y la que no les gusta. Un investigador, Jack Stuster, pidió a los astronautas que escribiesen un diario, y uno de ellos consignó lo siguiente: «He tenido varias enganchadas con los rusos a propósito del programa de comidas y la proporcionalidad entre rusas y americanas (deberían distribuirse al 50 %). Siempre han traído más comida rusa a bordo, argumentando que la gente la prefiere. ¡Y una m...!».

mos para que la psiquiatría en el espacio resulte interesante. Y nos encantaría poder contaros que, en una ocasión, a Chris Hadfield se le cruzaron los cables y atacó a sus compañeros con un cacho afilado de helado espacial, o que Sally Ride intentó tomar por la fuerza el mando del transbordador espacial para fugarse a Júpiter. Pero no podemos. Los viajeros espaciales han tenido muchos problemas psicológicos en tierra, pero en el espacio todo ha ido sorprendentemente como la seda. Hemos buscado con ganas y, hasta donde se nos alcanza, todas esas historias de locura espacial que la gente repite acostumbran a ser exageraciones o directamente falsedades.

Ahí va un ejemplo: al parecer hay una supuesta cita del cosmonauta Valeri Ryumin que se comparte incesantemente en redes sociales y que dice así: «Todas las condiciones necesarias para cometer un asesinato se reúnen en el momento en el que encierras a dos hombres en una cabina de cinco metros de largo por seis de ancho y los dejas juntos durante dos meses». Como frase suena bastante mal. El problema está en que las palabras no son de Ryumin. Estaba citando un libro. Esta es su declaración al completo: «En una de sus historias, O. Henry escribió que, para promover la comisión de un asesinato, no hace falta más que encerrar a dos hombres durante dos meses en una habitación de cinco por seis metros. Por supuesto, dicho ahora suena gracioso. En confianza puedo decirles que la convivencia prolongada con cualquier persona, por muy agradable que sea, acaba poniéndole a prueba a uno». Bastante menos aterrador, ¿no? Y en realidad, Ryumin fue un cosmonauta ejemplar, merecedor de varios premios y ascensos en el transcurso de su larga carrera. Y, que nosotros sepamos, no asesinó nunca a nadie.

Las autobiografías y la historia oral sí dejan entrever problemas aquí y allá. John Blaha, que pasó cuatro meses invitado en la estación *Mir*, sufrió una depresión moderada. A Jerry Linenger le asedió una súbita y aterradora sensación de estar cayendo rápidamente durante uno de sus paseos por el espacio, pero siguió a lo suyo. Quizá la historia que da más miedo es la de Taylor Wang, especialista en la carga de transbordadores, al que se le averió un complejo instrumento científico que había llevado consigo al espacio. Desde el control de la misión le dijeron que no podía dedicar tiempo a repararlo, y tras un corto tira y afloja, Wang les dijo: «Mirad, si no me dais oportunidad de reparar mi instrumento, *no pienso regresar*». Afortunadamente para él, nadie aceptó el órdago, porque, como él mismo recordaba, «si hubiese intentado ahorcarme, me habría quedado suspendido en el aire con cara de tonto».* Al final, nadie enloqueció: la tripulación se puso de acuerdo para asumir las tareas de Wang de forma que este pudiese reparar el aparato.

Vale la pena señalar que todas estas historias serían objetivamente tediosas en cualquier entorno diferente al espacio. El hecho de estar en órbita hace que hasta los detalles más anodinos revistan una cierta espectacularidad. Durante la misión *Skylab 4* surgió una discusión sobre los turnos, y a menudo se habla de ella como del «motín del *Skylab 4*». Sin entrar en detalles, la cosa fue algo así: la tripulación se sentía sobrecargada de trabajo, discutió la cuestión con control de misión, se modificó el calendario de tareas y al final la misión completó más tareas de las inicialmente previstas en el calendario. Si eso es un motín, los astronautas dan pena como amotinados.

Y ahora imaginad que un amigo os describe una situación análoga en una oficina terráquea. Sería una anécdota muy ex-

* Esta es la cita completa: «Fue un alivio, porque no tenía ni idea de cómo no volver si me hubieran aceptado el órdago. La tradición asiática de suicidio honorable, el seppuku, no me habría servido, porque todo en el transbordador ha sido diseñado con la seguridad en mente. El cuchillo de a bordo no cortaba ni el pan. Habría podido meter la cabeza en el horno, pero no era más que un calientacomidas. Por no poder no podía ni quemarme con él. Y si hubiese intentado ahorcarme, me habría quedado suspendido en el aire con cara de tonto».

tensa sobre una reunión con el jefe en la que hubo varias caras largas y en la que se llegó a un compromiso sobre cambios en el calendario. Al final de todo, si aún estuvieseis despiertos, seguramente os pondríais del lado del jefe. Pero si eso mismo pasa en órbita, se convierte en una historia casi legendaria. En un incidente, que se menciona a menudo en la bibliografía científica relativa a la psicología del espacio, un astronauta empezó a obsesionarse patológicamente con un posible dolor de muelas. Conseguimos rastrear el origen de esta historia hasta 1985, y descubrimos que lo que pasó en realidad fue que había alguien algo preocupado por que le entrase dolor de muelas, que soñó con un dolor de muelas y al despertarse pensó que efectivamente tenía dolor de muelas, pero que a la mañana siguiente se sintió perfectamente. Nos cuesta imaginar que algo así tenga implicaciones psicológicas graves. En cambio, el cosmonauta Yuri Romanenko sí tuvo un caso grave de retracción de encías y, lejos de hacernos un favor a los autores de libros de divulgación científica y volverse loco, apechugó con el dolor durante todo el viaje.

Mientras íbamos comprobando todas esas historietas espaciales, deseando con todas nuestras fuerzas dar con un mísero ejemplo de locura espacial con el que agasajar a nuestros lectores, empezamos a preguntarnos si de verdad se habría producido alguna vez un trepidante incidente psicológico en el espacio. La respuesta es un rotundo «bueno, más o menos».

Casos moderados y matizados de posible locura espacial (más o menos)

En el conjunto de nuestra investigación, que ha abarcado la vida a bordo de las estaciones espaciales desde 1971 hasta hoy, hemos encontrado exactamente dos incidentes en los que un problema psicológico pudo provocar que una misión terminase antes de tiempo.

En 1976, los cosmonautas Borís Volynov y Vitali Zhólobov estaban en órbita a bordo del *Salyut-5*. La relación entre ellos no era la mejor del mundo. Es algo que pasa a veces, pero en el *Salyut-5* confluyeron varias circunstancias que lo empeoraron todo a partir del día 42. A continuación reproducimos una crónica de lo sucedido, publicada en 2003 por el historiador del espacio Asif Siddiqi:

> Mientras la tripulación trabajaba, la alarma de la estación se disparó de repente: todas las luces interiores se apagaron simultáneamente y varios sistemas de a bordo se apagaron por completo. En ese momento, la estación pasaba por la parte de la Tierra en la que era de noche. En la oscuridad, con el penetrante sonido de la sirena en los oídos, el desconcierto de la tripulación fue total. A los pocos segundos, sin embargo, apagaron la alarma y se encontraron envueltos en el más absoluto silencio: al parecer, los sistemas de la estación se habían desconectado. Volynov envió de inmediato un mensaje de emergencia a control de tierra: «Ha habido un accidente a bordo».

Instantes después, mientras desde la sala de control intentaban determinar qué estaba pasando, los cosmonautas perdieron contacto por radio. La estación había perdido el control sobre los sistemas de altitud y de control vital: muda, a oscuras, siguió su trayectoria sobre la Tierra en penumbra. Solo tras dos horas de duro trabajo consiguieron los astronautas devolver la estación a la normalidad, momento en el que se interrumpió la misión y la tripulación regresó antes de tiempo a la Tierra.

Varios son los motivos por los que aparentemente se decidió interrumpir la misión. Una versión dice que algo olía mal a bordo y que la preocupación causada por el incidente empujó a la tripulación a evacuar. Según otra versión, ese mal olor era meramente psicológico, ya que otra tripulación accedió más adelante a la *Salyut-5* sin notar nada raro. En los relatos más sensacionalistas, Zhólobov se sintió abrumado por cuestiones interpersonales o por la inmensidad del cosmos, y sufrió un colapso mental. Estamos más que seguros de que, en esas circunstancias, nosotros habríamos perdido el norte, pero ya hemos visto lo modestas que acaban siendo casi todas las historias psicológicas ambientadas en el espacio, así que apostaríamos a que, con toda seguridad, la realidad fue mucho más prosaica: los tripulantes estaban de uñas unos con otros, y la nave estaba teniendo problemas graves, por lo que se decidió terminar tempranamente la misión.

El otro ejemplo concierne al cosmonauta Aleksandr Laveikin, el mismo que, en el capítulo sobre bebés espaciales, decía que en el espacio todos los hombres se masturban. Su viaje a la estación *Mir* se interrumpió bruscamente en 1987. Los testimonios sobre lo que sucedió difieren entre sí, pese a que todos los ha aportado el propio Laveikin. El hecho indiscutible es que los sensores cardíacos detectaron una irregularidad cardíaca en Laveikin. Tras una larga serie de pruebas médicas en las que no se le detectó nada fuera de lo común, el problema reapareció durante un paseo espacial. En ese momento, los médicos decidieron que debía regresar a casa. Según Laveikin, la decisión le sorprendió tanto como le horrorizó. Más adelante declararía: «Me sentía bien durante el vuelo, me sentí bien en todo momento. Pero con los médicos no se discute».

Sin embargo, Mary Roach entrevistó a Laveikin para su libro *Packing for Mars* ('Equipaje para Marte') y, departiendo amigablemente entre whisky y whisky, Laveikin reconoció que la misión había sido más dura de lo esperado. El trabajo era arduo, en la estación había mucho ruido y el movimiento le mareaba. Acabó deprimido y con pensamientos suicidas, y llegó a exteriorizar una idea que, por lo visto, es bastante habitual entre quienes se asoman al espacio: «Quise ahorcarme. Pero, claro, eso es imposible, por la falta de gravedad».

Una vez más, no podemos estar del todo seguros de qué sucedió en realidad. Al parecer, tanto Laveikin como su comandante, Romanenko (el de las encías retraídas), habían tenido serios encontronazos con control de misión, así que, en lo que a comportamientos se refiere, la situación no era la ideal. Pero incluso si nos ponemos en lo peor (es decir, que Laveikin tuviese serios problemas de salud mental y que estos provocasen los problemas cardíacos que motivaron su evacuación), nosotros haríamos una lectura positiva, y es que habría sido la única misión espacial interrumpida exclusivamente por una reacción psicológica a la vida en el espacio sin un inductor externo grave.

Si documentamos estos casos es, sobre todo, para disipar la idea de que el factor psicológico ha sido, hasta ahora, el principal obstáculo en la actividad espacial. De momento, por lo menos, los procesos de selección y criba y las contramedidas en vuelo han sido increíblemente efectivos. En la EEI no se ha registrado ningún incidente remotamente parecido a los dos que hemos descrito.

El resto de informaciones de las que disponemos son igualmente halagüeñas.

Mediante un análisis de todos y cada uno de los problemas de salud registrados en los viajes del transbordador espacial entre abril de 1981 y enero de 1998 se han podido constatar treinta y cuatro casos de «indicios y síntomas relacionados con el comportamiento», lo que en promedio se traduce en un incidente cada tres años y persona en el espacio. Es una cifra extraordinariamente baja, sobre todo si tenemos en cuenta que esos treinta y cuatro incidentes incluyen cosas como «ansiedad» y «desasosiego». Nosotros dos hemos sentido ansiedad y desasosiego treinta y cuatro veces solo editando este capítulo.

Según la NASA, no se han producido incidentes psiquiátricos ni en el transbordador ni en la EEI. Maticemos: los ocupantes de la EEI quizás hayan podido sentirse deprimidos, frustrados o angustiados, pero nunca (ni una sola vez) el asunto ha empeorado hasta precisar un diagnóstico.

Visto todo lo expuesto hasta ahora, sería tentador concluir que, por lo menos, las primeras personas en asentarse en el espacio no tendrían problemas especialmente graves. No tenemos datos a larguísimo plazo, pero casi toda la información a nuestro alcance es bastante tranquilizadora.

Es una idea bonita. Ahora bien, recordemos que *todos los astronautas son unos mentirosos.*

Una larga tradición de mentirijillas espaciales

El día que Eileen Collins, que con el tiempo se convertiría en la primera mujer piloto en el espacio, se sometió a la entrevista psicológica de la NASA, no pudo por menos que preocuparse. Tras completar un cuestionario psicológico aparentemente inocuo, esperaba con ilusión la entrevista cara a cara con el psicólogo.

Pero eso fue antes de que le dijeran que se había «equivocado» en varias preguntas. «Hábleme de sus alucinaciones», le dijo el psicólogo. Dado que Collins parecía no entender a qué se refería, el médico le explicó que, a la pregunta: «Cuando voy caminando por la calle, veo cosas que otros no ven», había contestado: «Cierto». Sorprendida, Collins intentó aclarar su respuesta: «Cuando voy de paseo con mi marido, por ejemplo, me fijo en las flores, en los jardines y en la ropa de la gente, mientras que él no es ni siquiera consciente de estar viendo todo eso. Se fija en otras cosas». El psiquiatra le respondió: «Pues mire: esa pregunta está concebida para descubrir si tiene usted alucinaciones».

Fijaos en como respondió Collins. No dijo «parece que ha habido un malentendido» ni «qué definición más rara de alucinación». Así fue su respuesta: «Caballero, con el debido respeto: si alguien quiere ser astronauta difícilmente va a confesar que sufre de problemas mentales».

Collins, claro, estaba participando en una gloriosa tradición perpetuada durante generaciones en distintos continentes. Valentina Ponomareva, piloto suplente de la que sería la primera mujer en llegar al espacio en 1963, explicó muchos años más tarde en una entrevista que las mujeres de aquel programa espacial habían hecho trampas en las pruebas médicas. Según ella, «los cosmonautas [hombres] del primer grupo nos trataron muy bien; se ocuparon de nosotras, nos ayudaron, nos enseñaron cómo burlar a los médicos y pasar las pruebas sin problemas». Michael Collins, chófer de Armstrong y Aldrin en la Luna, mantuvo en secreto la claustrofobia que le provocaban los trajes espaciales, que él describía como «asquerosos ataúdes», pese a que durante las misiones tuvo que participar en varios paseos espaciales. La tradición no se ha atenuado con los años. En sus memorias, publicadas en 2020, Terry Virts recordaba que siempre intentaba fingir alegría cuando hablaba con el personal de atención psicológica, independientemente de su estado de ánimo o de lo que estuviese pasando en su vida privada.

Hojeando las memorias de diversos astronautas y aspirantes a astronautas dispuestos a confesar la verdad, vimos que habían mentido (u ocultado la verdad) al personal médico sobre cosas como daltonismo, estatura, dolores de pecho, dolores de espalda, un posible ataque al corazón, un posible cáncer de huesos, problemas graves en el oído interno con resultado de desorientación y mareos, la infancia completa de uno de los candidatos, la posibilidad (ni confirmada ni desmentida) de que un astronauta vomitase en los guantes durante una prueba de entrenamiento de pilotaje y también de que otro hubiese vomitado nada más llegar a *Skylab* y, al menos en una ocasión, la sustracción de varias páginas del dossier médico propio para escamotear información a los médicos de a bordo.*

¿Por qué mienten los astronautas y pilotos a los profesionales médicos que deben velar por su salud? Veámoslo bajo el prisma de la teoría de juegos: si cuando entramos en la consulta del médico estamos autorizados a volar, al salir solo pueden pasar dos cosas: que sigamos estando autorizados a volar o que nos lo prohíban. Decir la verdad sobre cuestiones negativas no tiene beneficio alguno. Los médicos y los psiquiatras son conscientes de ello, y por ese motivo existe un cierto antagonismo natural entre aviadores y galenos.** Por decirlo en las palabras del veterano astronauta y médico Joe Kerwin, en una entrevista con Al Holland, psicólogo de la NASA: «Amigo mío, a ver si lo entiendes: las tripulaciones no serán felices hasta que el último psicólogo haya sido estrangulado con las tripas del último oficial médico a bordo».

Es imposible leer los relatos personales de los astronautas y confiar en los datos aportados por ellos mismos. Mike Mullane, que robó páginas enteras de su ficha y también mintió sobre su infancia, escribió en su día que «habríamos men-

* Nos apresuramos a señalar que la lista es más larga de lo previsto debido a los actos de varios reincidentes.

** A fuer de ser justos con los astroembusteros, en nuestra investigación solo hemos encontrado una situación en la que una mentira afectó negativamente a una misión. En 1985, el comandante Vladimir Vasyutin tuvo que abandonar antes de tiempo la *Salyut-7* debido a una aparente «enfermedad inflamatoria aguda». Hay buenos motivos para creer que Vasyutin conocía este problema antes de despegar y procuró mantenerlo en secreto. Para los interesados en la cosmomendacidad resulta más interesante la reacción de la también cosmonauta Ekaterina Ivanova, cuya misión tuvo que cancelarse tras el retorno anticipado de Vasyutin. Ivanova estaba furiosa, y no porque Vasyutin hubiese mentido sobre su aptitud para participar en la misión, sino porque había roto el código no escrito de aviadores y astronautas: «Hay una regla fundamental: si te preguntan cómo te encuentras, contestas muy animado que bien, aunque apenas te tengas en pie. [...] Pero Vasyutin no supo aguantar y por su culpa me vi otra vez en tierra». Dicho de otro modo: mentir a los médicos está bien. Lo que está prohibido es dejar de mentir. Bart Hendrickx, «Illness in Orbit», *Spaceflight*, núm. 53 (2011), pág. 108.

tido sobre si teníamos una pata de palo o un ojo de cristal. La actitud general era de "si lo queréis saber, buscaos la vida"». No es fácil mentir sobre un ojo de cristal. Pero sí lo es hacerlo sobre el estado psicológico, especialmente para un profesional de élite que se está jugando la carrera. Si estáis planificando un asentamiento espacial y decidís basar vuestra percepción de la psicología del astronauta en los informes de los propios astronautas, cometeréis un gravísimo error.

Otras fuentes

Hete aquí nuestro problema: tenemos previsto llevar a unos cuantos millares de personas a algún punto del espacio, e idealmente a unos cuantos miles más. No tenemos datos a largo plazo, y la información de la que disponemos procede de una reata de mentirosos profesionales más conocidos como *astronautas*. ¿Hay alguna alternativa? Más o menos. Los investigadores recurren a sistemas análogos y a simulaciones para intentar escrutar el espacio sin abandonar la Tierra.

Sistemas análogos

Muchos investigadores piensan que la mejor fuente de información son aquellas situaciones en la Tierra que se asemejan al espacio. Es más: se han escrito libros enteros sobre «sistemas análogos al espacio», que tienden a centrarse en la Antártida y en la vida a bordo de un submarino, lugares en los que los humanos habitan durante períodos prolongados en estructuras artificiales para guarecerse de las inhóspitas condiciones exteriores.

En términos generales, las conclusiones básicas extraídas de estos sistemas son tranquilizadoras. En internet abundan las historias (de dudosa autenticidad) sobre partidas de ajedrez resueltas a navajazos en las bases antárticas, pero desde el punto de vista estadístico, las cosas no están mal. La gente que ocupa las bases científicas de la Antártida se deprime y sufre las mismas aflicciones psicológicas que cabría esperar en toda persona confinada con un grupo reducido de gente en un entorno gélido en el que el Sol no brilla nunca. Pero esos problemas rara vez alcanzan el nivel de un diagnóstico médico, y en algún estudio se ha comprobado que la gente que vive en estaciones de investigación puntúa mejor de media en exámenes psicológicos que la población de sus lugares de origen. Esto se debe en parte a los exámenes psiquiátricos a los que se somete a esa gente durante el proceso de selección, pero también a las contramedidas que se aplican, similares a las usadas en el espacio. Es posible, además, que haya un elemento de autoselección: cuando se elige a alguien para ir al Polo Sur no es por azar, y quienes deciden viajar allí seguramente van predispuestos a comer conservas durante varios meses de noche perpetua.

En el caso de los submarinos encontramos resultados similares. Los datos disponibles son escasos, pero varios estudios hablan de bajos niveles de perturbación psicológica y, en algunos casos, porcentajes de perturbación psicológica inferiores a los de los grupos de población de los que proceden. Una vez más, es muy posible que esto se deba a la autoselección, al proceso de criba y a las contramedidas.

Nos encantaría hablaros en mayor detalle de estos entornos, y tenemos que decir que mucho de lo que leímos al respecto era objetivamente interesante. Algunos titulares: los submarinos están hechos una guarrada (sorprendentemente), y en la Antártida la gente folla mucho y a veces corretea desnuda al aire libre. Si queremos aplicar estos datos a los asentamientos espaciales, donde las carreras a pelo por el exterior serán menos atractivas y bastante más asfixiantes, las perspectivas son a priori bastante buenas. Al igual que sucede en el espacio, los profesionales autoseleccionados que han superado la criba no suelen tener problemas.

Sin embargo, no se pueden aplicar al cien por cien esos datos porque el muestreo en una y otra situación análoga es muy reducido y cubre muy poco tiempo. No hay residentes permanentes en la Antártida y, desde luego, nadie vive a tiempo completo en un submarino. Hay una diferencia brutal entre sobrellevar condiciones adversas durante un período de tiempo limitado y específico y tener que quedarse en ese sitio para siempre y criar en él a tus hijos.

Simulaciones

La otra fuente de información que podría ayudarnos a entrever cómo sería la salud del comportamiento en los asentamientos espaciales son las simulaciones. Básicamente, consisten en meter a un grupo de gente en un entorno controlado, similar al espacio en alguna faceta, y observar lo que sucede. Por ejemplo, se puede poner a un grupo a vivir en el desierto, donde tienen que intentar sobrevivir con lo que hay en la base, y solo se les permite salir al exterior enfundados en trajes que simulan los espaciales, mientras se hace un seguimiento de su estado psicológico.

Los medios a menudo se hacen eco de este tipo de experimentos, que son el tema principal de libros y documentales. Tenemos amigos que participan en ellos. Sin embargo, seguimos sin estar del todo convencidos de que, más allá de solventar cuestiones menores de ergonomía, lo aprendido en las simulaciones pueda ser aplicable a la actividad en el espacio. Y no somos los únicos: algunos expertos creen que el simple hecho de que las simulaciones no entrañen un riesgo de muerte les resta toda utilidad para analizar las auténticas cuestiones psicológicas que se plantean en el espacio. ¿Cómo vamos a simular la vida en Marte si los participantes saben que en cualquier momento pueden ausentarse para ir a comer a un McDonald's? Además, y con muy pocas excepciones, las simulaciones duran semanas, o a veces meses, pero no se extienden a lo largo de los años que serían necesarios para entender por completo el desgaste psicológico de vivir confinado con un grupo reducido de personas durante un extenso período de tiempo.

Otra cosa que hay que tener en cuenta es que, si somos sinceros, parte de esa información se ha obtenido con métodos poco o nada científicos. Por ejemplo: cuando empezamos a documentarnos sobre el proyecto Mars-500, la simulación espacial más intensa de cuantas se han llevado a cabo (se prolongó durante 520 días y en ella participó una tripulación de seis personas), dimos con un artículo científico escrito en comandita por uno de los participantes en el experimento. Esto, en términos científicos, está muy mal visto, porque el «sujeto» del experimento sabe de antemano cuáles serían los resultados más interesantes. Aun siendo magnánimos y aceptando que estaba intentando presentar observaciones honestas, se hace difícil imaginar que no haya cierto sesgo en los resultados.

En la confluencia de las ignorancias

Recapitulemos: las fuentes alternativas de datos no son especialmente buenas, carecemos de datos a largo plazo y los astronautas son todos unos mentirosos. ¿En qué lugar nos deja todo eso? La única nota positiva que podemos extraer de toda nuestra investigación es que, pese a que la información de la que disponemos es mediocre, al menos apunta en una misma dirección. Los profesionales reclutados tras un proceso de criba no parecen sufrir en exceso de problemas de salud mental en entornos hostiles, incluido el espacio. A menos que haya algo agazapado y esperándonos más allá de la barrera de los quince meses, podemos suponer que la psicología en los asentamientos espaciales no diferirá demasiado de la de cualquier lugar de la Tierra. Una vez dicho esto, cabe señalar que un episodio psicótico agudo en el espacio, sin ser necesariamente algo más habitual, sí podría ser mucho más peligroso.

Cómo tratar con problemas psiquiátricos de envergadura en el espacio

Aun cuando algunas misiones han terminado prematuramente, nunca ha sido necesaria una evacuación de emergencia en el espacio a causa de cuestiones psicológicas. Sin embargo, en caso necesario sería posible organizar esa evacuación con relativamente poca antelación. Así sucede en la Antártida y en los submarinos. Cuando hay una emergencia médica o de comportamiento, la solución más habitual es una evacuación aérea del afectado a algún lugar en el que ofrecerle la atención necesaria.

Ahora bien, ¿qué pasa cuando esa persona constituye un riesgo para sí misma, o para otros, y no es posible evacuarla? Podemos contaros cómo lo gestionan en la EEI, gracias a la «lista de comprobaciones médicas del grupo médico de la Estación Espacial Internacional», que incluye una sección sobre cómo actuar en casos de «psicosis agudas».

Instrucciones: desestibamos el paquete de medicamentos, la cinta adhesiva gris, las cintas elásticas y toallas. Hablamos con el «paciente» de forma que entienda que van a usarse ligaduras «para velar por su seguridad». Le atamos las muñecas y los tobillos con la cinta adhesiva, y reservamos la cinta elástica para el torso. Si es necesario inmovilizar la cabeza, debemos colocarle una almohada en la nuca y fijarla con más cinta adhesiva.

A continuación, al paciente se le ofrecen tranquilizantes y sedantes por vía oral, pero si los rechaza, los medicamentos se administrarán por inyección intramuscular. El oficial médico debe permanecer con el paciente, comprobando sus constantes vitales y tomando nota de ellas. Se aconseja un protocolo similar en caso de conductas suicidas.

Nada parecido a esto ha ocurrido nunca en el espacio. Si el incidente se produjese a bordo de la EEI, seguramente sería posible mantener sedada a esa persona durante todo un viaje de emergencia de vuelta. Y es posible que la Luna esté lo suficientemente cerca como para no descartar por completo un viaje de emergencia de vuelta a la Tierra en un plazo de pocos días. Pero si hablamos de asentamientos en el remoto Marte, harán falta medios para responder in situ a las emergencias psicológicas. Esto quiere decir que, desde un principio, habrá que velar por que esté prevista una atención psiquiátrica, así como medicamentos, y que, anticipando la posibilidad de que alguien sea un peligro para sí mismo, se disponga de un espacio en el que mantener a esa persona confinada de manera segura hasta que el problema se resuelva o sea posible la evacuación a la Tierra. No es un problema trivial: la inflexibilidad de la mecánica orbital podría provocar que, en el peor de los casos, el confinamiento se prolongase durante más de un año, al que habría que sumar la puesta en órbita y los seis meses de travesía hasta nuestro planeta. Esto sería asumible en un asentamiento grande, dotado de especialistas y de instalaciones adecuadas. Si el incidente se produjese en un puesto de avanzada de cien personas, tendríamos un problema gordo.

La psicología y los asentamientos espaciales

En lo que concierne a la psicología en el espacio, la idea general es que hasta ahora las cosas han ido bastante bien, pero no podemos esperar que sean perfectas. En nuestra opinión, el aspecto psicológico no es un obstáculo tan grande para los asentamientos en el espacio como la reproducción, por ejemplo. Si nos guiásemos exclusivamente por las películas y las novelas, uno podría llevarse la impresión de que al ser humano se le va la cabeza en cuanto le meten en aislamiento. En realidad, gracias a la historia de la exploración de los polos, disponemos de numerosos ejemplos de expedicionarios que, atrapados en parajes tremendamente hostiles con muy escasos víveres, fueron capaces de mantener un considerable equilibrio psicológico, e incluso sorprendentes niveles de cortesía.

Dicho esto, es cierto que la falta de datos a largo plazo sobre los efectos cognitivos es preocupante. A efectos de nuestra estrategia de esperar hasta poder construir a lo grande, ese sería un buen motivo para aguardar. Nos gustaría disponer de datos a mucho más largo plazo que, o bien disipen las preocupaciones sobre los efectos cognitivos, o bien nos indiquen cómo mitigarlos. Un asentamiento en Marte estará muy aislado y expuesto a enormes peligros; consecuentemente, un deterioro paulatino de la salud mental podría acabar convirtiéndose en una pesadilla.

La combinación de necesidades cotidianas y el riesgo de problemas agudos ocasionales hace necesario que todo asentamiento cuente con un plan de atención para todo el espectro de posibilidades psiquiátricas. Y es muy fácil decirlo, pero supone una limitación muy importante. En una situación en la que la gente vive fuera de su planeta de origen a tiempo completo y debe criar a sus hijos, tiene que haber forma de velar por el bienestar mental de todos in situ. Y no hablamos solo de personal ni de instalaciones: hablamos de medicamentos. Estamos muy lejos todavía de poder fabricar la farmacopea completa en un lugar distinto a la Tierra, y los medicamentos modernos no han sido concebidos para poder mantenerse estables durante años bajo los efectos de la radiación espacial. Todo sería mucho más fácil si esperáramos hasta disponer de los conocimientos y la tecnología necesarios para enviar al espacio grandes instalaciones y poblaciones, así como de medios prácticos y regulares para permitir el regreso de la gente a la Tierra.

En beneficio de Astrid, nuestra exploradora espacial, y de sus hijos, vamos a suponer que todo el mundo se adapta psicológicamente sin problemas a ver la Tierra desde el exterior. La familia entera disfruta de una envidiable salud física y mental, con lo que la pregunta pasa a ser dónde asentarse.

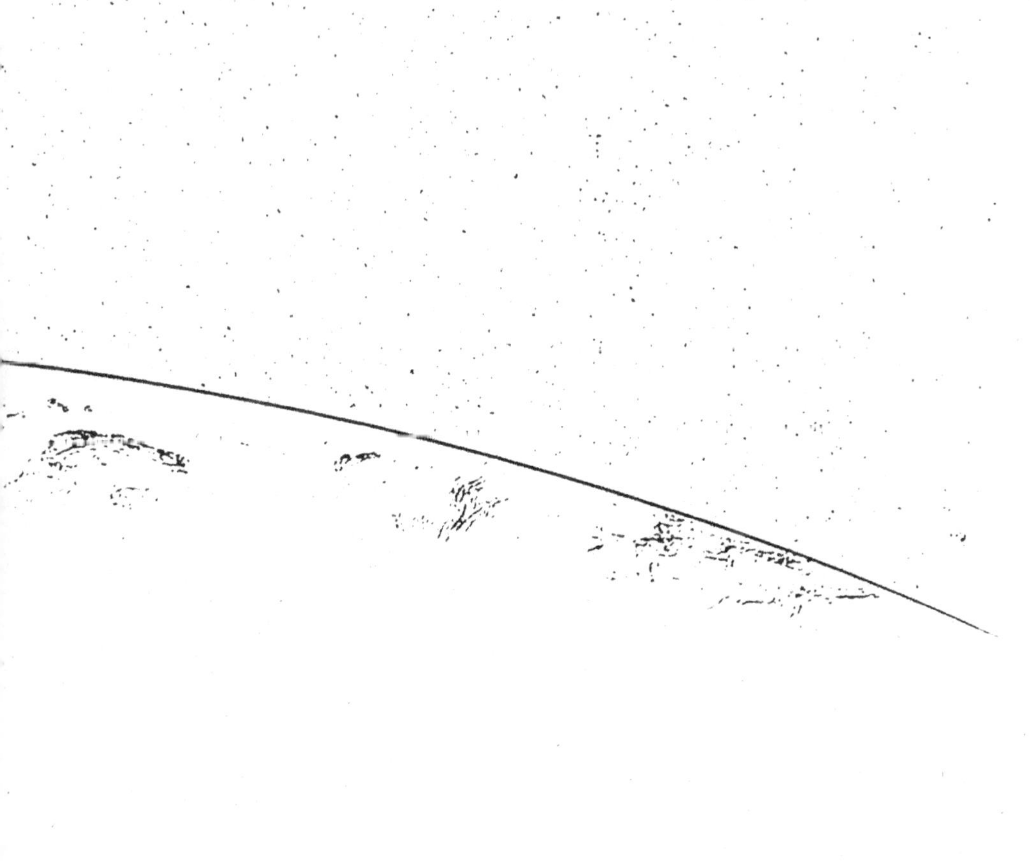

Nota Bene

LAS NAVES ESPACIALES VAN AL CINE, O: EL CAPITALISMO ESPACIAL DE ANTAÑO, PRIMERA PARTE

Hermann Oberth nació en 1894 y murió en 1989. Fue el único padre fundador de la aeronáutica espacial que llegó a ver en vida el «pequeño paso para un hombre» de Neil Armstrong.

Podría decirse que Oberth fue una persona prodigiosa. Siendo aún un niño en su Rumanía natal, antes de dedicarse al estudio de las matemáticas avanzadas, se dio cuenta de que en la novela *De la Tierra a la Luna* de Julio Verne había un error. Verne explicaba que un cañón de 275 metros dispararía a sus héroes al espacio. El joven Oberth calculó que el disparo generaría 26.000 veces la fuerza de la gravedad, suficiente para licuar por completo a los protagonistas en el capítulo 26. La anécdota, además de poner de manifiesto una inteligencia precoz, revela una preocupación por el bienestar del ser humano casi sorprendente en un futuro ingeniero aeroespacial.

En su juventud, Oberth quiso centrarse en el estudio de la física, pero su padre, médico de profesión, insistió en que se dedicase a la medicina. Oberth obedeció, sin dejar de lado por ello su interés por los viajes espaciales. Durante la Primera Guerra Mundial, en la que ejerció de médico de combate, consumió drogas para erosionar su sentido del equilibrio y a continuación se sumergió en una bañera con un tubo para respirar. ¿Por qué? Quería simular la desorientación que uno sufre en el espacio, para ver cómo se sentiría un futuro tripulante de un cohete. Por favor, no lo intentéis en casa, pero por lo visto podéis doparos y bucear en la bañera sin desorientaros. De hecho, puede que fuese una de las actividades menos peligrosas de toda la Primera Guerra Mundial.

Uno se imagina que Oberth habría preferido que fuese otro el conejillo de Indias de esos experimentos, pero en aquella época el presupuesto para aeronáutica espacial era muy exiguo. Cuando su padre dio su brazo a torcer, Oberth pudo emprender en serio sus estudios sobre el espacio. Al carecer de financiación, centró su trabajo en el plano teórico y usó el dinero de su mujer para publicar varias ediciones de su libro *Die Rakete zu den Planetenräumen* ('En cohete al espacio planetario'), que desató una cierta pasión por los cohetes en Alemania. Sin embargo, y pese a que en determinado momento tuvo la oportunidad de encontrar respaldo financiero para su proyecto de construcción de un cohete, sus planes se fueron a pique cuando un catedrático universitario se empeñó en que las ideas de Oberth no podían llevarse a la práctica. Tras esfumarse los inversores, y desprovisto de un empleo académico, Oberth aceptó un puesto de maestro de escuela rural y empezó una relación epistolar con otros entusiastas tempranos del espacio, al tiempo que escribía textos de divulgación científica en sus ratos libres.

Pero entonces, en 1928, recibió un telegrama del celebérrimo director de cine Fritz Lang. Lang estaba preparando una película sobre viajes espaciales que se titularía *Frau im Mond* ('La mujer en la Luna') y quería que todo fuese correcto desde el punto de vista técnico. Oberth hizo las maletas y se plantó en los estudios UFA de Berlín.

Al final, Oberth se encontró al frente de una campaña publicitaria en la que se le encargó que construyese un cohete de trece metros de alto que, como parte de los fastos del estreno, saliese disparado a la estratosfera. Y ahora planteaos por un momento el grado de locura de lo que acabamos de escribir. Oberth no era ingeniero, sino un físico teórico que ejercía la docencia. Aquello era como pedirle a Einstein que construyese una bomba atómica desde cero y prometerle un taller, unos cuantos ayudantes y algo de financiación.

Lo primero que hizo Oberth fue empezar a trastear con propelentes líquidos. Ya sabemos que era de esas personas capaz de aturdirse con drogas y ponerse a bucear en nombre de la ciencia, pero de haber sabido entonces, a finales de la década de 1920, cuantísima gente (entre ellos, varios de sus amigos) morirían experimentando con combustibles líquidos, seguramente no habría hecho lo que hizo a continuación.

Si alguna vez os habéis preguntado qué sucede cuando se vierte gasolina sobre oxígeno líquido, estamos en condiciones de deciros que, al menos en una ocasión, el resultado sería una explosión que os lanzaría al otro extremo de la habitación, os reventaría un tímpano y os causaría lesiones en el ojo izquierdo. Y luego, si aún conserváis el mismo entusiasmo por los cohetes, retomaríais el trabajo inmediatamente.

Con un plazo de seis semanas para entregar el proyecto, y sin tiempo de construir un túnel de viento, la única forma de poner a prueba la aerodinámica del cohete que había diseñado fue dejar caer una maqueta de la nave por una chimenea industrial. Según la versión de Boris V. Rauschenbach, amigo y coetáneo de Oberth, la UFA encontró una ingeniosa solución: la productora tomó una foto de la caída libre de la maqueta, le dio la vuelta y utilizó la imagen en la promoción de la película.

Oberth no llegó a terminar nunca su cohete. De hecho, sufrió un colapso nervioso y regresó a casa antes del estreno. La UFA, como suelen hacer los grandes estudios, se forró con la publicidad sin completar el proyecto, y Oberth regresó a su pueblecito, resignado a que su trabajo no pasase de la teoría mientras otros construían las grandes máquinas de la primera era espacial. Aquel sería su último encuentro con el capitalismo del espacio.

Segunda parte

Allá en mi espoma grande, allí donde viví: ¿dónde se instalará el ser humano fuera de la Tierra?

En 1835, el diario neoyorquino *The Sun* publicó que, valiéndose de «un telescopio de vastas dimensiones y un novedoso principio, Sir John Herschel LL. D., F. R. S. & c.,* había divisado vida en la Luna en el transcurso de una expedición al hemisferio sur. Al asomarse tan de cerca a la Luna, Herschel había observado, anonadado, una vida mucho mejor que la que teníamos en la Tierra: un valle de unicornios, osos con cuernos, castores bípedos e incluso una raza de murciélagos humanoides sobrevolando orillas repletas de un sinfín de criaturas.

La historia corrió como la pólvora, pero al cabo de un tiempo se detectaron ciertas inconsistencias en ella y hoy se la conoce como el bulo lunar de 1835. No fue ni la primera ni la última vez en la que alguien consiguió convencer a gente por lo demás inteligente de que el espacio podía ser un lugar apto para la vida. Según una teoría muy extendida hasta bien entrado el siglo XX, la superficie de Marte estaba surcada de canales, construidos por los extraterrestres para aprovechar las decrecientes reservas de agua del planeta. En la época an-

* Imaginamos que significa 'Doctor en Derecho, Miembro de la Royal Society, etcétera'.

terior a la radio hubo propuestas para enviar señales a Marte utilizando luces, fuego o formando figuras con los bosques. Todavía en 1964, una de las misiones propuestas a Marte contemplaba la posibilidad de que los astronautas amartizasen e «investigasen las formas de vida y su posible valor nutricional». Pero cuando, un año más tarde, la sonda *Mariner 4* comenzó su órbita en torno a Marte, la realidad se hizo patente: no tiene sentido talar las palabras «Perdonen, señores marcianos, díganme: ¿qué valor nutricional tienen ustedes?» en los bosques de nuestro planeta porque no hay nadie que pueda leer el mensaje. Lo mismo sucede en la Luna, y en Venus, y (hasta donde se nos alcanza) en todo el sistema solar, excepto en este punto azul pálido.

¿Por qué? Porque el espacio es un espanto. Todo él. Espantoso. Incluso las fotos y vídeos tomados en las superficies reales de la Luna y de Marte pueden ser engañosos. No es que tengan mala pinta ni mucho menos: es un paisaje de onduladas colinas, polvoriento y desértico. No es que se vean osicornios ni hombres murciélago triscando por los montes, pero tampoco parece especialmente inhóspito. Para interpretar esas imágenes correctamente, hay que saber qué es lo que no os pueden mostrar. La Luna no es una simple versión del Sáhara en gris y sin aire. La superficie está compuesta de fragmentos microscópicos y afiladísimos de piedra y vidrio, eléctricamente cargados, que se adhieren a los trajes presurizados y los vehículos de alunizaje. Y Marte no es una réplica del californiano valle de la Muerte en otro planeta: el terreno rebosa sustancias químicas tóxicas, y su tenue y carbónica atmósfera levanta tormentas de polvo que engullen el planeta entero y ocultan el Sol durante varias semanas del tirón.

Y eso es en los lugares idóneos para amartizar.

Venus es un horno, con una presión similar a la de las simas oceánicas y cuyas nubes de ácido sulfúrico son, al parecer, peores que el mismo infierno. Mercurio, irremisiblemente expuesto al Sol, puede alardear de fluctuaciones térmicas de más de 600 °C en su ecuador. Y los planetas más remotos... Con la tecnología actual tardaríamos años en llegar hasta ellos y, una vez en ellos, el Sol aparecería en el firmamento como un puntito tenue y distante. Puede que en alguna de las lunas de Júpiter o Saturno haya vida en las cálidas profundidades de sus océanos subterráneos, pero incluso suponiendo que alguna forma de vida sea capaz de sobrevivir en ese entorno, una capa de hielo de varios kilómetros de grosor la hurta a los ojos del ser humano.

La pregunta para todo aspirante a asentarse en el espacio no es «¿dónde está lo bueno?», sino «¿dónde puedo sobrevivir?». Las opciones son limitadas. El espacio es grande, cierto, pero las ubicaciones para los asentamientos espaciales son escasas. Mientras no se produzcan avances desmesurados en la tecnología a nuestro alcance, solo podemos aspirar a instalarnos en dos mundos: la Luna y Marte. Marte tiene una superficie similar a la de la Tierra, pero eso se debe solo a la ausencia de océanos. La Luna, carente asimismo de masas de agua, ofrece una superficie equivalente a la de una África y cuarto.

Solo habría otra posibilidad seria de tener un espoma y pasaría por construir una gigantesca estación espacial, un proyecto muy complicado que sin embargo tiene destacados partidarios, como veremos en breve.

Tomaos lo que viene a continuación como un folleto de viaje de las regiones allende la atmósfera. Veremos qué destinos están a vuestra disposición, qué posibilidades ofrecen, cómo sería el alojamiento... Y si el riesgo de morir es muy alto, no insistiremos demasiado en ello.

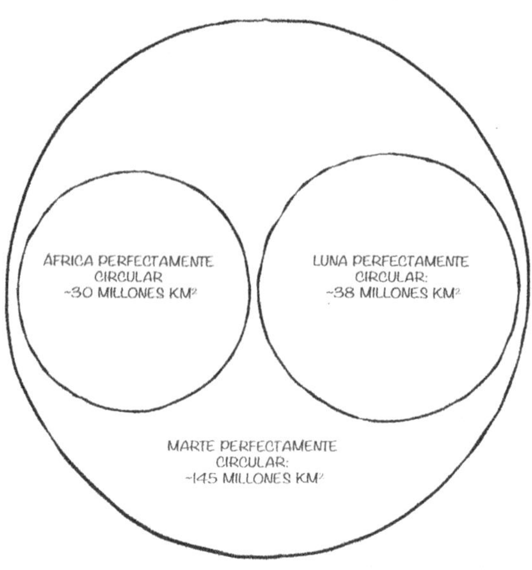

5

La Luna: ubicación inmejorable, necesita reformas

Buzz Aldrin habló en una ocasión de una «magnífica desolación» al referirse a la superficie de la Luna. Lo de «magnífica» es discutible; lo desolado del terreno, en cambio, es de una precisión científica. A la hora de construir un asentamiento en la Luna, lo que definirá la vida en ella serán las cosas de las que careceremos.

Argumentos en contra de la Luna

En la superficie de la Luna apenas hay carbono, y el poco que hay lo han ido depositando, en cantidades ínfimas, el viento solar y el impacto de objetos espaciales a lo largo de miles de millones de años. Ahí tenemos un problema, porque para los humanos todo carbono es poco. El 20 por ciento de nuestra masa es carbono. Lo de las plantas es peor. El peso en seco de los árboles, por ejemplo, es de un 50 por ciento, aproximadamente. Además, en la superficie de la Luna escasean otras sustancias igualmente importantes, como el nitrógeno y el fósforo. La vida, tal como la conocemos, no puede construirse con lo que ofrece la Luna. Ahora mismo hay exactamente seis pequeños puntos con una alta concentración de carbono en la Luna: los lugares de alunizaje de las misiones *Apolo*, donde los héroes de la era espacial dejaron un total de noventa y seis bolsas llenas de heces, orina y vómitos. Por desgracia, la ley nos prohíbe aprovechar esos valiosísimos artefactos históricos.*

Si descontamos unas pocas áreas reducidas (que abordaremos en breve), la Luna, además, está seca. Hay un poquito de agua mezclada en la superficie lunar, pero también es cierto que, si empezamos con tecnicismos (y nos encantan los tecnicismos), también hay agua mezclada en el hormigón. Es más, si damos por buenas las estimaciones más recientes, el hormigón es, comparativamente hablando, un material muy húmedo. Hemos hecho un cálculo muy superficial y resulta que tendríamos que hervir toda el agua presente en seis toneladas de suelo lunar para obtener los tres kilos de agua que necesitamos a diario para sobrevivir, y eso sin contar la que nos haría falta para limpiar, ducharnos y, de vez en cuando, montar una pelea de globos de agua. Tenemos que mencionar, sin embargo, que Robert Wagner, experto en la superficie lunar de la Universidad Estatal de Arizona, comentó al saber de nuestros cálculos que «me parece que estáis usando los materiales más húmedos».

La Luna carece también de una magnetosfera que proteja toda su superficie de la radiación. Y tampoco tiene una gruesa capa atmosférica, que sería algo que a quienes necesitamos respirar para vivir nos vendría muy bien y que además es muy práctica, porque nos protege de la radiación y de los meteoritos.

Esa falta de protección afecta también al terreno mismo. En la superficie de la Tierra tenemos viento, y agua, y el vaivén general de los fluidos de un mundo vivo. La superficie lunar es el resultado de miles de millones de heridas no curadas, es

* Esas bolsitas de caca tienen valor histórico e interés científico. Según la vigente ley del espacio, esas cacas son propiedad del Gobierno estadounidense y están bajo la protección de las «Recomendaciones para las entidades aeroespaciales: cómo proteger y conservar el valor histórico y científico de los artefactos lunares del Gobierno de EE. UU.» publicadas por la NASA en 2011. Por eso, si alguna vez soñasteis con empezar un huertecillo en la Luna y abonarlo con las vetustas deyecciones de Neil Armstrong, no va a poder ser. Lástima.

decir, el impacto violento de infinidad de objetos grandes y pequeños. El calor generado por cada uno de esos impactos fusiona la superficie al tiempo que destruye lo que hubiese antes allí, y ese ciclo se ha ido repitiendo durante eones. Añádasele a ello la fracturación constante que resulta de pasar de un calor a un frío extremos; de resultas de ello, la Luna está cubierta de *regolito*, palabra formada con dos raíces griegas y que significa 'manto de piedra'. Es decir, cachitos afilados de piedra y vidrio.

¿Os acordáis de esa tierra que queríais hervir para conseguir agua? Pues no va a ser tan fácil. Harrison Schmitt, tripulante del *Apolo 17*, se quejó de síntomas similares a una alergia tras inhalar polvo lunar. Algunos especialistas en hábitats temen que respirar regolito durante un período prolongado de tiempo provoque dolencias como la silicosis, en la que la acumulación de microcicatrices en los pulmones dificulta enormemente la respiración.

Y los equipos también sufren. John Young lo describió así durante la misión del *Apolo 16*: «Houston, este polvo es abrasivo. En cuanto frotas algo, luego es imposible leerlo. Es lo que ha pasado con las unidades de control remoto y con... (pausa) y con todo el equipo que llevamos encima. Dicho de otro modo, no se puede frotar nada para limpiarlo, es un error».

El regolito es un inconveniente constante que no debemos subestimar. La superficie lunar tiene carga magnética, y eso significa que se te pega como la ropa recién salida de la secadora. Eso, de por sí, es malo para cualquier maquinaria, pero además provoca desajustes de temperatura. Todos sabemos que no hay nada más chulo que un traje espacial de color negro, pero nunca vemos ninguno porque el blanco es el color que refleja la luz solar. Esto es importante porque los rayos solares llegan a la superficie lunar sin haber pasado por un filtro atmosférico. Lo que pasa es que esa adherencia estática del regolito significa que los trajes espaciales, si no se limpian, poco a poco van adquiriendo el color grisáceo de la Luna, lo que hace que absorban más calor. Cuando la capa es lo suficientemente gruesa, puede servir incluso como aislante, lo que genera un problema nuevecito: los equipos diseñados para disipar el calor del cuerpo humano no pueden hacerlo. El ser humano no ha pasado el tiempo suficiente en la Luna para que esto constituya un problema grave, aunque sí ha sido un engorro.

Peor lo han tenido los robots. Se cree que el vehículo de exploración lunar soviético *Lunojod 2* ('Caminante lunar 2') murió tras adquirir una pátina termoaislante de regolito que lo fue recociendo lentamente hasta que dejó de funcionar.

En el lado positivo, uno acaba apreciando los amaneceres lunares, sobre todo porque se producen una vez cada dos semanas. Las noches en la Luna equivalen a medio mes terrestre: dos semanas de luz y dos de oscuridad. Si a esto le sumamos la falta de unos océanos y una atmósfera capaces de moderar el clima, el resultado son oscilaciones térmicas con mínimas de -130 °C y máximas de 120 °C en el ecuador y un récord de -250 °C registrado en un cráter del Polo Sur. Eso es malo para los equipamientos y malo para el ser humano, y desde luego dos semanas de oscuridad no es en absoluto deseable si pretendemos (como seguramente será el caso) generar energía solar.

¿Hay algo que compense todo esto? Tradicionalmente, la gente se ha mostrado dispuesta a soportar penurias de todo tipo si al final del camino cabía esperar un beneficio económico o la fama imperecedera. La fama, por muy imperecedera que sea, rinde pocos réditos, así que nos concentraremos en las materias primas.

El polvo lunar, si conseguimos traerlo de vuelta a la Tierra, puede venderse por un buen dinerito, pero en el futuro, cuando los viajes al espacio sean algo cotidiano, regalarle a tu amorcito una cápsula llena de vidrio y polvo quizá no sea ya tan romántico. Y si hablamos de minerales locales que podamos refinar y transportar, la Luna no tiene nada que merezca la pena. El modelo económico de la conquista del espacio está cambiando pero, en el futuro inmediato, cualquier material que obtengamos mediante la minería en el espacio y queramos vender en la Tierra tendrá que reunir varios requisitos para que su exportación sea rentable: además de valioso, deberá ser de baja densidad y fácil adquisición. Nada de lo que hay en la Luna se ajusta a esa descripción.

Quizás os suene haber oído lo contrario. Sorprendentemente, son muchos los libros sobre asentamientos espaciales en los que se menciona un valioso isótopo del helio, el «helio-3». Nuestros editores nos han prohibido dedicar diez páginas de un libro de divulgación científica a pontificar sobre el interés económico de los isótopos de helio, pero si queréis vernos a cualquiera de los dos ponernos taquicárdicos, invitadnos a una cerveza y preguntadnos por el tema. Por decirlo muy brevemente: el helio-3 es más común en la Luna que en la Tierra, sí, pero siguen siendo cantidades ínfimas. Hablamos de concentraciones de unas pocas partículas por mil millones. Según una estimación, harían falta ciento cincuenta toneladas de regolito para obtener un solo gramo de helio-3. Dicho de otra manera: seguramente habría que procesar varios kilómetros cuadrados de terreno para obtener una cantidad aceptable. ¿Qué utilidad tiene? La respuesta cabe en una sola frase: tiene unas pocas aplicaciones médicas, y se puede utilizar en un futurista modelo de reactor de fusión que funcionaría de maravilla, si no fuera porque no podemos construirlo todavía, aparte de que casi nadie está intentando construirlo, porque es mucho más difícil conseguir que funcione que otros tipos de reactor de fusión que *tampoco* podemos construir y que utilizan un combustible mucho más asequible y abundante, y en cualquier caso el helio-3 es un residuo que ya generamos con una fuente de energía nuclear de sobras conocida, llamada *reactor de agua pesada*. Ya está, ya lo hemos soltado. Lo dejamos aquí porque estamos llenando la pantalla del ordenador de babillas.*

De manera que así es la Luna: más caliente que el desierto, más fría que la Antártida, barrida por la radiación espacial, carente de carbono y desprovista de minerales valiosos que vender en la Tierra. Evidentemente, poca fiebre del oro va a desatarse en ella. Ah, a todo esto: ¿qué efectos a largo plazo tendría para la salud vivir en un régimen gravitatorio que es

* Si queréis poneros taquicárdicos con nosotros a propósito de los isótopos lunares, os recomendamos este artículo, publicado no hace mucho: Gerrit Bruhaug y William Phillips, «Nuclear Fuel Resources of the Moon: A Broad Analysis of Future Lunar Nuclear Fuel Utilization», *NSS Space Settlement Journal, núm.* 5 (junio de 2021).

una sexta parte el de la Tierra mientras inhalamos vidrio molido? Decídnoslo vosotros.

Alegato a favor de la Luna

¡Pero tendríais que ver la ubicación!

Aparte del Sol, sobre el que es difícil posarse, la Luna es el único objeto del sistema solar que mantiene una posición fija respecto a la Tierra. Nuestro compañero de habitación cósmico se mantiene perpetuamente a unos 385.000 kilómetros de nosotros.

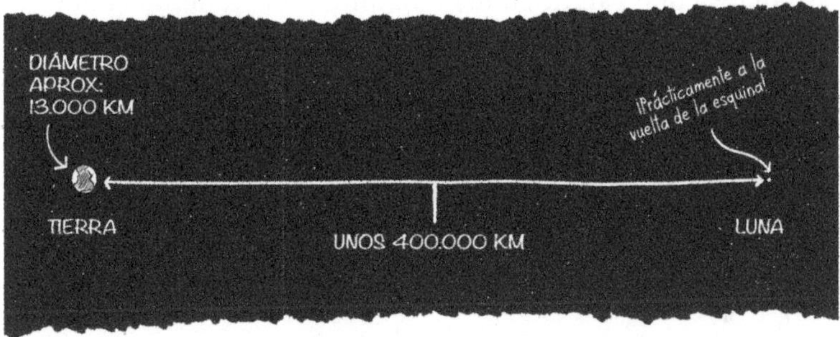

La Luna es una excursión cósmica de un día. Fácil llegar a ella, fácil abandonarla. Eso significa que los astronautas pueden recibir suministros frescos con regularidad. Significa también que las señales tardan solo un segundo en cada sentido, lo que permite una comunicación casi en tiempo real en caso de emergencia. Significa además que la maquinaria de construcción podría manejarse a distancia desde la Tierra, sin necesidad de robots autónomos.

La Luna, por otra parte, es un lugar excelente para el lanzamiento de cohetes. Desde el punto de vista energético, lo más difícil de moverse por el espacio no es recorrer grandes distancias, sino conseguir despegar del planeta. En un viaje a Marte, la mayor parte del combustible de propulsión se consume para poder alcanzar una órbita estable sobre la Tierra. Una vez en órbita, son solo necesarias cantidades relativamente modestas de combustible para impulsarse hacia donde uno quiera.

Podemos imaginarnos el espacio como una mesa gigante de hockey de aire en la que se han abierto profundos pozos. Una vez fuera de ellos, y siempre y cuando no nos quedemos girando sobre sus bordes, es bastante fácil llegar a donde uno se proponga, siempre y cuando dispongamos del tiempo necesario para ello. La Tierra es un pozo gravitatorio profundo, la Luna no tanto.

Si a eso le añadimos que la Luna no tiene una inoportuna atmósfera que ralentice los lanzamientos, tenemos ante nosotros una magnífica plataforma desde la que enviar objetos al espacio, al menos en comparación con la Tierra. Por poder, podríamos incluso instalar un propulsor de masas (es decir, una montaña rusa directa al espacio, sin necesidad de cohetes), algo casi imposible en la Tierra.

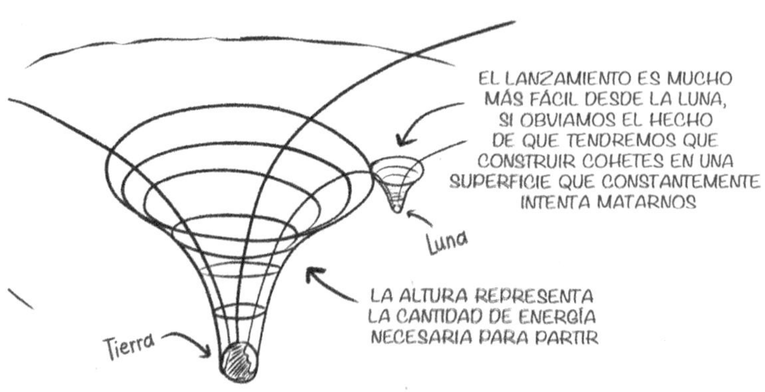

Basado en el gráfico de Marilyn Dudley-Flores y Thomas Gangale, «Manufactured on the Moon, Made on Mars-Sustainment for the Earth Beyond the Earth», AIAA Space Conference and Exhibition, Pasadena, CA, 14 a 17 de septiembre de 2009, AIAA-2009-6428.

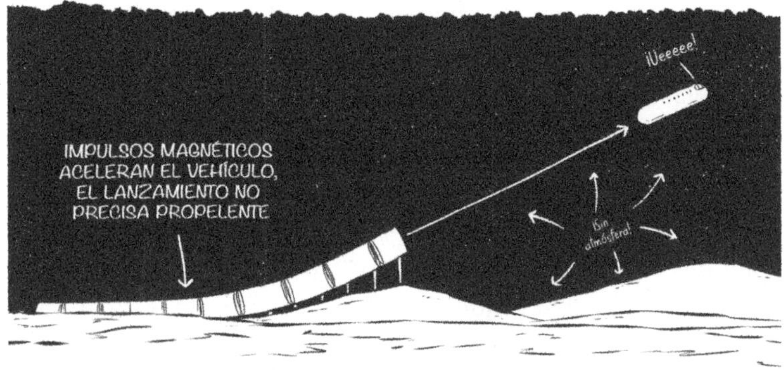

Entendednos bien: construir instalaciones de lanzamiento en la Luna sería muy complicado. Mucha de la masa habría llegado desde la Tierra a un coste prohibitivo, sobre todo al principio. Pero, al menos en principio, algunos materiales de construcción podrían generarse en la propia Luna. Su superficie es rica en silicio, aluminio, magnesio, hierro y titanio. El silicio tiene múltiples aplicaciones y se utiliza en ventanas, paneles solares fotovoltaicos... El aluminio, el hierro y el titanio son excelentes materiales de construcción. El magnesio se deja trabajar muy bien, ya que su temperatura de fusión es muy baja, pero tiene el inconveniente de que mantiene una relación literalmente explosiva con el oxígeno, un gas, recordemos, bastante popular entre los humanos.

Acordaos, eso sí, de que deberíais inquietaros siempre que oigáis a unos frikis de nuestro calibre decir que se puede construir algo porque disponemos de los elementos necesarios para ello. Comentar que se pueden fabricar equipos fotovoltaicos a partir de metales y silicio es como decir que se puede construir un avión porque el subsuelo de tu jardín contiene aluminio, hierro y carbono. Al prestar excesiva atención a los elementos quizás estemos obviando considerables complicaciones. Para trabajar el titanio, por ejemplo, es necesario llevarlo a altísimas temperaturas en hornos especializados. El silicio necesario para los paneles solares es, en su estado original, un montón de partículas de aristas afiladas y pedruscos comprimidos. Intentar trabajar con hierro lunar es como querer construir vigas de acero a partir de un montón de óxido. Es posible, sí, pero muy difícil, y no está de más señalar que nunca hablamos en esos términos de los recursos de la Tierra. Nunca se oye a nadie decir: «Deberíamos ponernos a extraer cobre aquí, porque aquí hay literalmente todo el cobre que queramos». Moraleja: cuidado con los frikis que se dedican a hacer listas de minerales, a no ser que dispongan también un futurista suministro de energía ilimitada, basado tal vez en el helio-3.

Si bien es cierto que hay materiales útiles en la Luna, las perspectivas de establecerse en prácticamente cualquier parte de su superficie son bastante poco halagüeñas. Aunque existen excepciones. Hay en la Luna unos cuantos emplazamientos tentadores que merece la pena tener en cuenta. Los llamaremos los «barrios de alto standing» de la Luna. De especial interés son tres accidentes de la geografía lunar: los tubos de lava, los picos de luz eterna y los cráteres de oscuridad eterna.*

La corteza exterior de la Luna

Los tubos de lava son un tipo particular de cueva que también se da en la Tierra y Marte. Pueden formarse de varias maneras, pero una de las más habituales es la siguiente: a medida que la lava fluye, la capa exterior se enfría y endurece, de manera análoga al hielo que se forma en la parte superior de un río cuando hace suficiente frío. Esa «corteza» actúa como un aislante térmico que permite que la lava mantenga su temperatura y siga fluyendo por su interior. Al final, cuando toda la piedra fundida ha seguido su camino hacia dondequiera que

* Técnicamente, hoy se prefiere *regiones en umbría permanente*, y no todas son cráteres. Aun así, preferimos usar los términos bonitos.

vaya, la corteza permanece donde estaba, formando la bóveda de una enorme cueva, una especie de catedral subterránea.

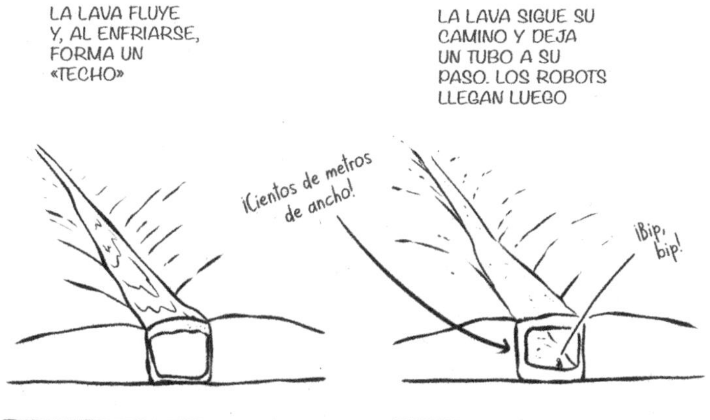

NOTA: ESTE ES UNO DE LOS MÚLTIPLES PROCESOS QUE PUEDEN GENERAR TUBOS DE LAVA. PARA CONOCER MEJOR LOS DETALLES GEOLÓGICOS, VÉASE SAURO Y OTROS, «LAVA TUBES ON EARTH, MOON AND MARS: A REVIEW ON THEIR SIZE AND MORPHOLOGY REVEALED BY COMPARATIVE PLANETOLOGY». *EARTH-SCIENCE REVIEWS*, NÚM. 209 (2020), PÁG. 103288.

La Luna ya no produce coladas de lava, pero en su día lo hizo. Y gracias a la baja gravedad de la Luna, algunos de esos tubos alcanzan proporciones titánicas e inimaginables: puede que algunas decupliquen con creces cualquier otro espacio equiparable en la Tierra y se abran a lo largo y ancho de más de mil millones de metros cúbicos. Mucho más confortable que los 388 metros cúbicos de la EEI. Lo más extraño de todo es que, según algunos datos obtenidos recientemente, parece que, al menos en algunos casos, en esas cuevas pueden alcanzarse temperaturas similares a las de la Tierra, en torno a los 17 °C. En la tercera parte del libro hablaremos del diseño de hábitats, pero por ahora conformémonos con entender que estas cuevas pueden proporcionarnos un agujero ya abierto en el suelo que podría protegernos de la radiación, los impactos de micrometeoritos y los cambios bruscos de temperatura, al tiempo que permitirían a los primeros colonos obviar muchas de las dificultades iniciales que entraña asentarse en la Luna.

Es posible, eso sí, que haya alguna que otra pega. El inmenso tamaño de los tubos de lava hará que acceder a ellos resulte muy difícil. Bastante complicado es ya caminar por la Luna como para encima ponerse a practicar espeleología. Y lo que es más importante, no sabemos gran cosa sobre esos tubos, y sigue siendo muy complicado evaluar su estabilidad. Los científicos intentan elaborar modelos que les permitan determinar las características que hacen de los tubos una estructura estable, pero Wagner recalca que «las pruebas más sólidas del tamaño (y, en realidad, de la existencia) de los tubos de lava lunares son las observaciones efectuadas en segmentos colapsados». No es que sea la información más tranquilizadora que se pueda imaginar, pero estudios recientes demuestran que actualmente existen al menos algunas fosas que ya se veían en las fotografías de las misiones *Apolo*. Y, además, esas estructuras son muy, pero que muy antiguas, y algunas aún no han cedido. Si estuviésemos vendiendo tubos de lava en internet no los describiríamos así, pero es cierto que, si una cueva es bastante más antigua que la vida en la Tierra, lo más probable es que vaya a aguantar un poco más.

Y luego tenemos los picos de luz eterna y los cráteres de oscuridad eterna. Parece la descripción de los estados emocionales de un adolescente, pero en realidad son una oportunidad de negocio, y quizás algún día un motivo de tensiones geopolíticas. Antes comentábamos que en la Luna hay dos semanas de luz seguidas de otras dos de oscuridad. Sin embargo, al igual que sucede en la Tierra, en los polos el ciclo día-noche tiene sus particularidades. Ya a principios del siglo XIX, algunos científicos teorizaron que, si un cuerpo celeste formaba el ángulo adecuado con el Sol, algunas partes del mismo estarían perpetuamente bañadas por la luz solar. Especialmente interesantes les parecían los picos situados en los polos lunares, que parecían expuestos de manera permanente a la luz del Sol.

LA TIERRA TIENE UNA INCLINACIÓN DE 23,5 GRADOS RESPECTO DEL SOL, DE AHÍ LAS ESTACIONES

LA LUNA SOLO TIENE 1,5 GRADOS DE INCLINACIÓN RESPECTO DEL SOL, Y POR ESO ALGUNAS CIMAS ESTÁN ILUMINADAS DE FORMA CASI ININTERRUMPIDA

Datos recientes confirman que prácticamente es así. Hemos dado en llamarlo *los picos de luz eterna*, pero sería más preciso hablar de *los picos de luz casi casi eterna*. Específicamente, partes de los bordes del cráter Peary del Polo Norte y del cráter Shackleton del Polo Sur permanecen iluminadas más del 80 por ciento del tiempo. Eso es muy tentador para alguien que quiera asentarse en la zona: para empezar, si se ha optado por la energía solar, puede obtenerse energía de forma constante en lugar de tener que apechugar con dos semanas de noche ininterrumpida. En segundo lugar, el hecho de que la luz roce esa zona de forma constante, en lugar de azotarla primero y desaparecer después de forma cíclica hace posible una temperatura menos fluctuante y más agradable. Bueno, agradable en términos lunares. Por ejemplo, la temperatura estival en la cresta situada entre los cráteres Shackleton y Gerlache ronda los -70 °C de media, apenas diez grados más fría que la temperatura media de la Antártida. En el interior. Y en invierno. No es Cancún, precisamente, pero tiene buenas vistas.

Y luego están los cráteres de oscuridad eterna, que también se encuentran en los polos, y que son considerablemente más atractivos de lo que su nombre da a entender. Al incidir la luz en los polos en un ángulo muy agudo, la consecuencia es que parte del interior de los cráteres no ha visto nunca la luz del día. Visualizarlo es muy fácil: imaginad una taza de café gigante posada sobre el Polo Norte. El borde de la taza y parte del interior estarán iluminados, pero si es lo suficientemente honda, habrá regiones en las que la luz no penetrará nunca. Oscuridad perpetua o, lo que es lo mismo, frío perpetuo.

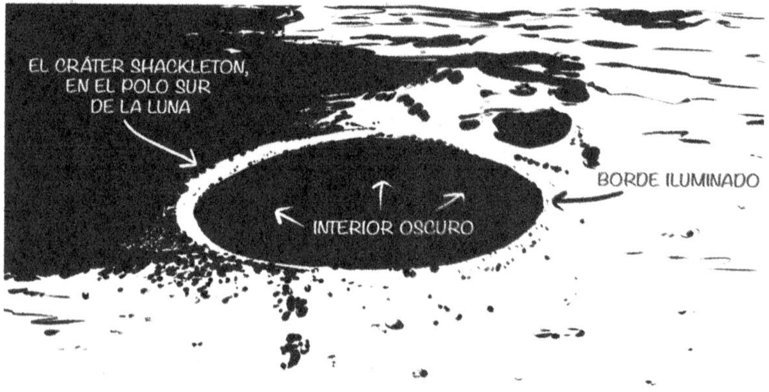

¿Que por qué nos interesa un reino de sombras perennemente frío? Porque gracias a esas temperaturas tan extremas, parece que algunos de los cráteres albergan todavía agua en forma de hielo. Nadie, ni robot ni humano, se ha asomado nunca a esas simas, con lo que la descripción que tenemos de ellas es imperfecta, pero el agua que contienen procede probablemente de cometas que se estrellaron contra la Luna y, posiblemente, del vulcanismo lunar de épocas muy remotas. El agua presuntamente habría ido moviéndose por la superficie lunar, en algunos casos durante milenios, antes de quedar atrapada en estas regiones excepcionalmente gélidas. Y allí seguía, confinada en la oscuridad durante eones, cristalina y misteriosa, hasta que una de las naves espaciales de Blue Origin alunizó cerca de allí justo cuando Jeff Bezos necesitaba rellenar la cisterna de su bañera de hidromasaje.

Aunque no lo tendrá fácil. A esas temperaturas, el hielo se parece más a una piedra que a lo que tenemos en el congelador. Además, contiene otros compuestos, como metano, sulfuro de hidrógeno y amoníaco. Esas sustancias, aunque potencialmente valiosas, son también tóxicas, y habrá que separarlas del agua antes de que nadie intente echar un trago. Algunas de esas sustancias químicas contienen nuestro tan preciado carbono, pero lamentablemente, incluso después de recoger las bolsas de caca de las naves *Apolo*, el total de carbono obtenido no será ni de lejos suficiente para poner en marcha una granja.

Aun así, si conseguimos montar una base en uno de estos cráteres, con la combinación de oscuridad perpetua y luz (casi) perpetua, tendremos agua y energía solar. Eso, en el espacio, lo cambia casi todo. La simpática fórmula H_2O, no lo olvidemos, es el auténtico comodín del espacio. Podemos beberla. Podemos descomponerla en oxígeno e hidrógeno, y usar el primero para respirar. Y si tenemos a mano hidrógeno y oxígeno en la

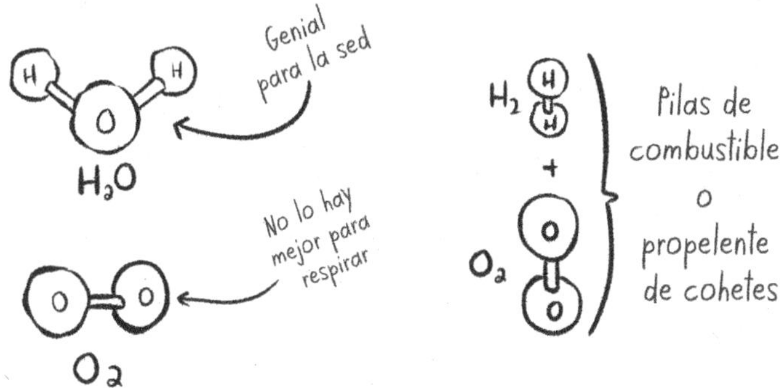

forma adecuada, podemos recombinarlos y utilizar la reacción para impulsar cohetes o recargar baterías. Siempre y cuando dispongamos de grandes cantidades de energía, el agua significa supervivencia, movilidad, capacidad de escape y si la idea de propelentes para cohetes en la Luna encuentra su mercado, puede que algún día signifique negocio.

El principal inconveniente de los barrios de alto standing de la Luna es que, si se revelan como realmente valiosos, podríamos acabar peleándonos por ellos. El régimen jurídico que rige estos lugares es impreciso (más adelante lo veremos), pero lo que queremos destacar ahora es que hablamos de recursos finitos y reducidos.

Tomados en su conjunto, y basando nuestros cálculos en las cifras más optimistas, los cráteres de la oscuridad eterna solo suman el 0,1 por ciento de la superficie lunar. Y tampoco es que contengan tanta agua: con un poco de suerte, hasta 100 millones de toneladas. Puede parecer mucho, pero es aproximadamente el peso de una décima parte de un kilómetro cúbico de agua. Vemos pues que la cantidad total de agua oculta en la oscuridad perpetua puede equivaler aproximadamente al 10 por ciento del volumen del lago Sardis. Sí, hombre, el lago Sardis. La laguna esa artificial que hay en Misisipi. Ya, a nosotros tampoco nos sonaba. No tiene mala pinta.

Se puede pescar róbalo. Hay hasta un restaurante. Y tiene otra ventaja respecto a los cráteres lunares acuíferos: a diferencia de estos, no tarda una eternidad y media en reponerse. Si el agua se utiliza sobre todo como parte de un hábitat humano y conseguimos perfeccionar lo del reciclaje, podemos estirarla mucho tiempo. Si utilizamos el agua como combustible para cohetes, una vez finalizada la combustión, nos habremos quedado sin ella.

¿Y los picos? Según una estimación, constituyen una cienmilmillonésima parte de la superficie lunar. A poco que hagáis el cálculo veréis que son menos de dos pistas de tenis. Podríamos dispersarnos más elevando un poco los paneles solares, o decidiendo que nos compensa menos luz perpetua; aun así, seguiríamos teniendo el mismo problema, y es que, aunque la superficie de la Luna duplica ligeramente la de Rusia, las zonas especialmente buenas cubren bastante menos terreno que Liechtenstein. Si alguna vez se desata una pugna por el terreno lunar, estos serán los lugares que nos disputaremos.

¿Quién quiere asentarse en la Luna?

La conquista de la Luna no es un objetivo en sí mismo para casi nadie. Dado que su valor es principalmente posicional, y que carece de los recursos necesarios para sustentar la vida, la Luna resulta atractiva sobre todo como trampolín hacia otros destinos. Con eso ya tenemos dos motivos para construir instalaciones en la Luna.

Primero, podríamos usarlas como un puerto espacial gigante. La Tierra está muy bien, sobre todo los fines de semana, pero desde aquí despegar es muy difícil. Si damos con la configuración adecuada, la Luna es el lugar ideal para el repostaje de las naves espaciales que conocemos o el lanzamiento de otras nuevas. Ya lo dijo Krafft Ehricke, mente preclara y visionario del espacio: «Si Dios hubiera querido que el hombre se convirtiera en una especie espacial, le habría dado una Luna».

La segunda razón para asentarse en la Luna es práctica. Antes de que se construyese la primera base permanente en la Antártida, el ser humano había pasado más de cincuenta años recorriendo el continente a pie. Esa proeza fue posible en parte gracias al saber adquirido durante los miles de años que la gente lleva viviendo en las regiones boreales. En lo que a la Luna respecta, no tenemos ni por asomo ese nivel de conocimientos prácticos. Por no tener, apenas tenemos veteranos viajeros a la Luna. Los doce astronautas de las misiones *Apolo* que hollaron nuestro satélite pasaron en él menos de un mes en total y, en el momento de escribir estas líneas, solo cuatro de ellos siguen vivos.

Pese a todas sus carencias, la Luna está cerca, y eso nos evita buena parte de la complejidad logística que conllevaría una expedición a cualquier otro lugar. La Luna es el sitio en el que podríamos aprender a superar todos los problemas que hemos descrito anteriormente: medicina en condiciones de baja gravedad, contramedidas para los problemas de salud mental a largo plazo en el espacio, mitigación del polvo, fabricación robótica, fabricación *de bebés* y mil y una cuestiones más, algunas de las cuales ni siquiera hemos previsto todavía. Es el sitio para aprender a caminar antes de echar a correr.

Y eso mismo parecen pensar las grandes agencias espaciales y empresas de lanzamientos. En el Plan Artemisa 2020 de la NASA para el retorno del ser humano a la Luna se afirma que «cuanto antes lleguemos a la Luna, antes podremos llevar astronautas estadounidenses a Marte». China también se ha propuesto que una tripulación humana alunice en algún momento de la década de 2030, y para ello está cooperando con Rusia. La empresa Blue Origin, de Jeff Bezos, ha expresado su interés por el agua, la luz solar y los minerales que pueden encontrarse en el cráter Shackleton. La NASA coopera ahora con SpaceX con la esperanza de que la nave *Starship* pueda transportar sus astronautas a la Luna, y esta última empresa, por su parte, ha firmado contratos privados para llevar de excursión a varios turistas a la órbita lunar.

Algún día, si los asentamientos en la Luna son lo suficientemente grandes como para que tengamos en ellos cierta actividad manufacturera, la exploración de otros puntos del espacio será mucho más fácil, como también lo será asentarse en ellos. Dado que es considerablemente más sencillo despegar desde la Luna que desde la Tierra, fabricar combustibles o piezas para los cohetes en la Luna podría ser teóricamente mucho más económico que hacerlos llegar hasta ella desde la Tierra.

Ahora bien, todo esto son consideraciones menores: el valor de la Luna para quienes quieren asentarse en el espacio depende en buena medida de que haya otros emplazamientos más valiosos. Si la humanidad decide que adentrarse en el espacio vale la pena, independientemente de si la financiación es pública o privada, la utilidad de la Luna quizá justificaría la construcción de un asentamiento completo. Y aunque esta posibilidad es muy del agrado de muchos entusiastas del espacio, la mayoría de ellos no ven en la Luna el objetivo final, sino una escala técnica a otro lugar mejor. Y, por lo general, ese lugar mejor del que hablan suele ser Marte.

Astrid y compañía siguen sin decidirse, así que les daremos un folleto de viaje para que se lo vayan leyendo mientras valoramos la principal alternativa.

6

Marte: paisajes venenosos y cielos tóxicos, pero... ¡menuda oportunidad!

Enviemos ancianos a Marte,
porque van a morirse de todas maneras.

JOHN YOUNG, astronauta

Nuestro argumento va a ser que Marte es un buen sitio para construir un asentamiento en el espacio, pero antes de nada, y para que no haya luego malentendidos: si nos atenemos a parámetros terráqueos, Marte es una caca. Una caca mayor que la que dejaron las misiones *Apolo* en la Luna. Marte dista mucho todavía de ser una alternativa viable para el ser humano a corto o largo plazo. Vamos a ponernos en lo peor: el nivel de los océanos ha subido diez metros y ha anegado ciudades como Nueva York y Boston. Países a la altura del nivel del mar como Bélgica y los Países Bajos han desaparecido por completo bajo el océano. Las olas de calor han hecho que buena parte del hemisferio sur sea inhabitable, y un ciclo interminable de inundaciones, sequías, incendios y ciclones tropicales asuela la Tierra. Más de la mitad de las especies del planeta han muerto, del coral no quedan más que esqueletos blanquecinos, las reservas de agua dulce de las nieves perpetuas se han derretido o están contaminadas por la subida de los mares, las enfermedades tropicales se extienden por lo que en otro tiempo fueron climas templados. Las cosechas se malogran, el hambre se extiende y la violencia estalla cuando mil millones de refugiados climáticos aporrean las verjas que protegen el norte del planeta, en el que todavía se puede sobrevivir.

Vale, ¿tenéis ese planeta en mente? Sigue siendo idílico en comparación con Marte o la Luna. La Tierra conserva una atmósfera respirable y una magnetosfera que nos protege de la radiación, y es bastante posible además que en McDonald's sigan sirviendo desayunos. No es un mundo en el que necesariamente nos gustaría vivir, pero sí es el único mundo que hay en el sistema solar en el que podemos salir a corretear desnudos por ahí durante diez minutos y seguir vivos al terminar.

El atractivo de Marte para quienes quieren asentarse en el espacio no es su estado actual, sino el potencial que encierra. En Marte tenemos, desde el punto de vista químico, casi todo lo que necesitamos para residir en él de forma permanente. Y las sustancias más básicas, como el carbono, el oxígeno y el agua, pueden conseguirse con relativa facilidad, en comparación con lo complicado que es todo en el espacio. Marte, por tanto, es un lugar en el que no solo podemos sobrevivir, sino verdaderamente aposentarnos. Con tiempo y esfuerzo, Marte ofrece a la humanidad al menos la *posibilidad* de encontrar un segundo hogar independiente del primero.

Pero es una caca.

Argumentos en contra de Marte

Al igual que la Luna, Marte está cubierto de regolito. El viento que sopla en la superficie causa algo de erosión, pero no la suficiente para limar las aristas de esas partículas. Y luego Marte tiene otra cosa: su superficie es tóxica. Entre un 0,5 y un 1 por ciento del suelo marciano está compuesto de percloratos, un tipo de sustancias químicas que se da en la Tierra en niveles casi infinitesimales. Que esto sea malo o muy malo depende de vuestra perspectiva. Los más optimistas partidarios de los asentamientos os dirán que es fácil provocar reacciones químicas que conviertan los percloratos en oxígeno. Pero tenemos que resaltar que los percloratos se las traen. En dosis muy altas pueden provocar problemas de tiroides, porque compiten con los iones de yodo que el cuerpo necesita para producir determinadas hormonas. Mala cosa, seguramente, sobre todo para bebés en gestación y para niños. Por eso tendemos a ser menos optimistas. Cuando la gente habla sobre el espacio, a menudo demuestran una desconcertante disposición a aceptar cosas con las que jamás transigirían en la Tierra. Imaginaos que estáis pensando en tener hijos y buscáis casa. ¿Qué os parecería que el agente inmobiliario os dijese: «La ubicación es genial, pero tengo que avisaros de que la superficie contiene altos niveles de sustancias químicas peligrosas para los niños. Y las plantas comestibles suelen absorberlas, así que mejor será que procuréis transformar esos percloratos en oxígenos antes de plantar nada en la huerta».

Otra cosa: el polvo de Marte es más activo que el polvo lunar. En 1971, cuando la sonda *Mariner 9* (la primera que debía orbitar en torno a Marte) estaba ya cerca de su destino, sucedió algo que descolocó a los científicos. La roja superficie de Marte parecía haberse transformado en un objeto liso, sin el menor rasgo distintivo: a todos los efectos, estaban viendo un disco cuando esperaban encontrar una esfera. Resultó que el planeta entero, a excepción de algunas zonas de los polos y de las cimas volcánicas, había desaparecido de la vista bajo una inmensa tormenta de polvo.

En términos de incomodidad para el ser humano, hay un detalle particularmente impresionante, y es que esas tormentas de polvo se desatan pese a que la atmósfera es muy tenue:

apenas llega a un 1 por ciento de la presión terrestre y está compuesta casi por completo de dióxido de carbono. A efectos prácticos, esto significa que, expuestos a esa atmósfera, moriríamos igual de rápido que en la Luna, con la salvedad de que de vez en cuando una nube de polvo venenoso ocultaría el cielo.

Así las cosas, habrá que vivir de puertas para adentro. Por desgracia, los equipos de exterior, como los paneles solares, de poco servirán cuando estén cubiertos de regolito tóxico. E incluso sin tormentas de polvo, los sistemas fotovoltaicos no funcionan tan bien en Marte como en las latitudes equivalentes de la Tierra. La luz que emana del Sol está sujeta a la ley de la inversa del cuadrado. Cada vez que multiplicamos por dos la distancia que nos separa del Sol, la luz que nos llega se reduce a una cuarta parte. En Marte, un área cualquiera

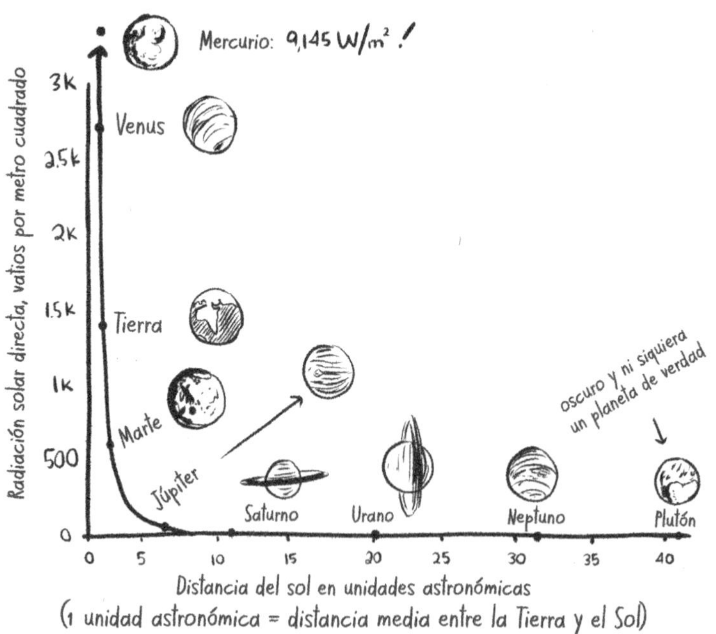

Basado en una tabla incluida en David Buden, Nuclear Thermal Propulsion System, Lakewood (Colorado), Polaris Books, 2011.

recibe menos de la mitad de luz solar que el equivalente en la Tierra y la Luna.*

Y eso nos lleva al principal problema que plantean los asentamientos en Marte: la distancia. Sin un sistema de propulsión desconocido hasta ahora, los viajes al planeta rojo durarán medio año, más o menos... en cada dirección. Daos cuenta de lo que estamos diciendo: trayectos de seis meses metidos en una nave estrecha, sin manzanas frescas y sin llamadas de Fabio. Será un largo viaje, sin ligero equipaje. Comida para seis meses, agua para seis meses, ropa interior y pasta de dientes para seis meses, y eso suponiendo que no habrá redundancias.

Si algo sale mal, volver a casa será dificilísimo, porque el viaje a Marte necesariamente ha de hacer un uso muy eficiente del combustible. Las propuestas de viajes a Marte suelen ser más o menos así:

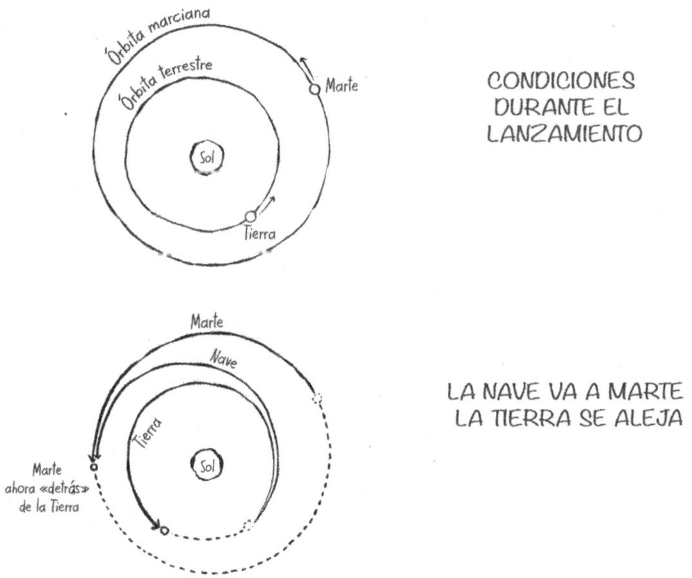

* Aunque (si descontamos las tormentas de polvo tóxico) la podríamos aprovechar mejor, gracias a la poca densidad atmosférica.

Sin entrar en detalles: salimos de la Tierra a altas velocidades y poco a poco la atracción del sol ralentiza nuestro avance. Agotamos el impulso justo cuando llegamos, y entonces gastamos un poco de propelente para ponernos en órbita alrededor de Marte.* Y ahora toca asentarse y ponerse cómodos, porque la Tierra se nos ha ido adelantando en su relativamente corto viaje alrededor del Sol. Incluso en un viaje inaugural a Marte, ya nos estamos poniendo en dos o tres años lejos de la Tierra.**

Una vez hayamos emprendido el viaje, no podremos regresar a casa hasta que la Tierra y Marte vuelvan a estar a punto de alinearse. Esto conlleva no pocos riesgos. Cuando el módulo de servicio de la misión *Apolo 13* sufrió una explosión durante su vuelo a la Luna, uno de los motivos por los que la

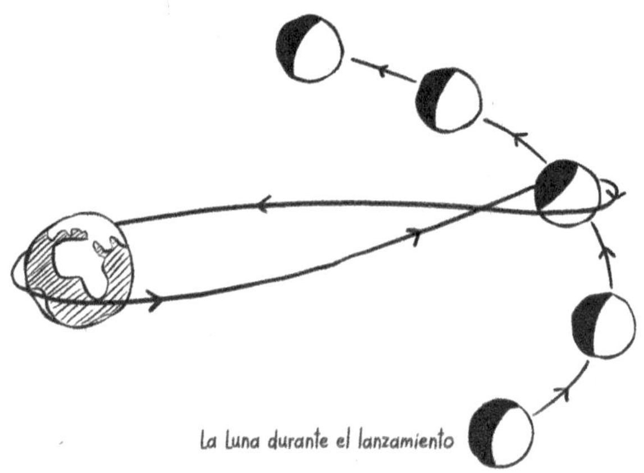

* En teoría, podríamos gastar un montón de propelente para ir en línea recta a Marte, pero de hacerlo así la ineficiencia sería doble. Gastaríamos muchísimo combustible en ir deprisa y todavía más al final para no pasarnos de frenada. E incluso si contásemos con una base lunar en la que conseguir combustible barato y abundante, tampoco nos interesaría este plan, porque al usar de forma eficiente esa mayor cantidad de combustible podríamos meter más carga en la nave.

** Existen varias propuestas distintas para un amartizaje, pero todas conllevan un viaje de varios años de duración.

tripulación sobrevivió fue la física, que les permitió emprender una «trayectoria de retorno libre» muy corta y con un uso mínimo de propelente.

En el caso de Marte, eso equivaldría a más de un año. Si algo sale mal en la superficie de la Luna, cabe imaginar que una nave enviada desde la Tierra podría rescatarnos, o que dispondríamos de un módulo de escape. Si algo sale mal en Marte, lo más probable es que tengamos que componérnoslas solos.

Ni siquiera podríamos mantener una llamada telefónica en tiempo real para pedir ayuda con las reparaciones o en una emergencia médica. Cuando la Tierra y Marte están a la distancia máxima una de otro, la señal tardaría veintidós minutos en llegar a destino. Cuando se encuentran más cerca que nunca, tres minutos.

Y al igual que sucede en la Luna, no parece que haya minerales tan valiosos como para querer exportarlos a la Tierra. En las propuestas que hemos leído se habla a veces del deuterio, un isótopo de hidrógeno que puede encontrarse en Marte en concentraciones muy elevadas. Es una hipótesis menos plausible incluso que la del helio-3 en la Luna, de entrada por la distancia, pero también porque es menos valioso y puede conseguirse sin problemas en la Tierra. Otros hablan de que en Marte encontraremos tierras raras y, siendo justos, es cierto que poca o ninguna minería se ha practicado allí en los últimos milenios. Pero no sabemos si será fácil acceder a estas tierras raras, e incluso de ser así, no contéis con que en un futuro próximo haya en Marte una industria extractiva de minerales raros. Por todos esos motivos, los planes de rentabilización de Marte (incluso los de los más entusiastas) suelen centrarse más en la prestación de servicios que en la obtención de bienes: turismo, investigación científica, productos mediáticos... Para llegar a Marte necesitaremos una ciencia bellísima y la más elegante ingeniería, pero ¿para pagar el alquiler? Habrá que tirar de telerrealidad.

Y eso es Marte. Tiene la mayoría de problemas que plantea la Luna, más tormentas de polvo tóxico y trayectos de medio año en cada sentido. Entonces, ¿por qué tantos impulsores de los asentamientos espaciales defienden que sería el hogar secundario ideal para la humanidad?

Argumentos a favor de Marte

Muy bien: la ubicación no es la mejor, pero tiene mucho potencial como jardín. Cuando hayamos sacado las toxinas del terreno, claro. Pero, aun así, ¡en Marte tenemos todos nuestros elementos favoritos! ¡Oxígeno, hidrógeno, carbono, nitrógeno! En los casquetes polares de Marte hay cantidades ingentes de agua. E incluso mucho más al sur parece que abunda el agua en el subsuelo; hasta la atmósfera contiene un poquito. Mucho mejor que hornear piedras para extraerles la humedad o que pelearse con Jeff Bezos por un lago helado de H_2O cargadito de amoníaco.

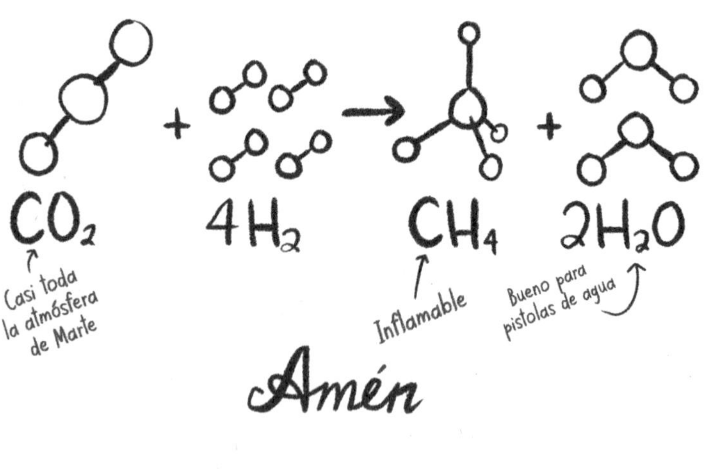

Y sí, el 95 por ciento de la atmósfera es dióxido de carbono, pero eso es solo tóxico para el ser humano. A las plantas les vuelve locas el CO_2. Lo usan para fabricarse a sí mismas, ¡y encima generan oxígeno gratis! Además, tenemos la reacción de Sabatier. Puede que no os suene de nada, pero los fans de Marte se la saben al dedillo. Si vais a una conferencia sobre asentamientos en el espacio y recitáis los reactantes en voz alta, seguro que alguien os contestará enumerando los productos resultantes.*

Si usamos dióxido de carbono e hidrógeno, conseguimos metano y agua. El agua nos viene muy bien para no morir deshidratados al cabo de tres días, pero el metano es más práctico a largo plazo. El metano sí que quizás os suene, porque suele ser uno de los componentes de las flatulencias. Pese a lo que mucha gente piensa, el metano es inodoro. Además, entra en combustión cuando reacciona con el oxígeno y esa energía puede aprovecharse para impulsar robots de exploración o mantener hábitats, y en forma líquida es un magnífico propelente para cohetes.** Una de las principales actividades de los primeros exploradores de Marte será posiblemente provocar reacciones químicas que les permitan obtener el metano necesario para el viaje de vuelta. Aunque si somos capaces, quizá

* Aunque esto lo escribimos como un chiste, luego hemos sabido que sucedió de verdad en una conferencia de la Sociedad Nacional del Espacio.

** También lo es el hidrógeno, pero el hidrógeno solo se mantiene en estado líquido a temperaturas bajísimas. A una atmósfera de presión, el metano conserva el estado líquido a apenas -165 °C. El hidrógeno necesita temperaturas de -253 °C, muy próximas al cero absoluto.

lleguen antes las máquinas y se ocupen de acumular metano para nosotros.

Nada de todo esto va a ser fácil, pero será mucho menos complicado que intentar algo parecido en la Luna. La mayoría del oxígeno lunar se encuentra en forma de compuestos rocosos, y casi todo el carbono se halla en bolsas de excrementos; en Marte, el oxígeno y el carbono flotan en el aire. Es cierto que en la superficie marciana escasean algunos elementos, pero también lo es que de ellos apenas necesitamos cantidades testimoniales. El potasio, el boro, el manganeso... son cosas que se pueden llevar desde la Tierra con mucha más facilidad que todo el carbono necesario para poner en marcha una granja.

El clima es también sorprendentemente aceptable, teniendo en cuenta cómo están las cosas en el espacio. La reacción habitual de un planeta distinto a la Tierra al cruzarse con un humano es hervirlo, congelarlo o aplastarlo. Marte, evidentemente, tiene zonas más bien fresquitas: la temperatura media en el planeta es de -65 °C, y en los polos puede llegar a los -140 °C durante el invierno. La temperatura más baja que se conoce en la Tierra son los -89 °C registrados en la estación Vostok de la Antártida en 1983. Sin embargo, en las regiones ecuatoriales de Marte la temperatura ronda los 21 °C en verano. Si a eso le añadimos que los días son muy similares a los de la Tierra (24,7 horas de duración) es casi como estar en casa, si obviamos los infinitos e inertes horizontes y las tormentas venenosas que sumen el planeta en la oscuridad.

Pese a la distancia que lo separa de la Tierra, la posición de Marte le confiere cierto valor como punto de lanzamiento. No es que nos convenza mucho la idea de hacer negocio aprovechando los minerales de los asteroides, pero si llega el día en que la humanidad sea capaz de obtener beneficio de ellos, Marte se encuentra cerca del principal cinturón de asteroides y, dada su escasa gravedad y ligerísima atmósfera, lanzar co-

hetes desde su superficie sería mucho más sencillo que desde la Tierra. Ya puestos, las minúsculas lunas de Marte serían más prácticas todavía, si encontrásemos la manera de aprovecharlas.

Algunos planes contemplan que de este modo se establezca un sistema de intercambio triangular: desde la Tierra se envían productos de alta tecnología a Marte, que manda alimentos y otros recursos básicos a la gente que trabaja en los asteroides, de los que se extraen valiosas materias primas, como metales, que se envían luego a la Tierra, donde (cabe esperar) se habrán establecido reglas muy, pero que muy detalladas sobre la forma correcta de lanzar cien toneladas de metales densos contra la cuna de la humanidad.

En Marte no hay zonas de alto standing como puede haberlas en la Luna, sobre todo porque los espacios buenos abundan. Cada propuesta se centra en un área diferente: ¿deberíamos instalarnos en los polos, para tener cerca grandes cantidades de agua en forma de hielo, o en regiones ecuatoriales más cálidas, donde quizá sea necesario excavar el terreno para poder beber algo? ¿O deberíamos instalarnos en los túneles de lava, que aun sin ser tan grandes como los de mayor tamaño en la

Luna suelen ser más espaciosos que los que encontramos en la Tierra?

O quizá deberíamos ir en busca de lo que, de existir en Marte, sería tan valioso que justificaría las ingentes inversiones necesarias para establecer un asentamiento a corto plazo: vida extraterrestre. Todavía en 1968, Arthur C. Clarke se atrevía a escribir en *The Promise of Space* ('La promesa del espacio') que «las pruebas de que allí crece vegetación son muy convincentes». Más tarde se supo que las áreas oscuras que se esparcían estacionalmente por la superficie del planeta no eran vida vegetal, sino tormentas de polvo. La esperanza renació con las sondas *Viking* de la década de 1970: en uno de sus experimentos se aplicó un líquido cargado de nutrientes a una muestra de suelo marciano, en el que de inmediato se detectaron señales químicas de vida. El debate en torno al significado de esa reacción continúa hasta nuestros días, y la opinión predominante (principalmente debido a la rapidez con que se produjo) es que fue química y no biológica. Las posteriores misiones a Marte no han sido capaces de detectar vida en el planeta, pero han encontrado numerosas pruebas de un Marte pretérito cálido y húmedo, lo que apunta a que en su momento se dieron allí las condiciones necesarias para la vida.

Si la vida hubiese sido capaz de resistir en Marte, los túneles de lava habrían sido su último bastión. De ser así, quizá tengamos al fin la ocasión de encontrar vida alienígena y comprobar su valor nutricional. La pega, claro, es que aunque los microbios marcianos podrían tener un valor inmenso (a diferencia de los recursos marcianos), el riesgo de que acabemos matando accidentalmente la única forma de vida extraterrestre que hemos conocido debería ser un argumento de peso para no asentarnos en Marte. O, por lo menos, para asentarnos extremando las precauciones.

¿Quién quiere ir a Marte?

Casi todos los que quieren construir asentamientos espaciales. Marte es el emplazamiento que suele proponerse más a menudo para poblar el espacio, principalmente por dos motivos: en primer lugar, cuenta con todo lo que necesita la vida (tal como la conocemos) para sobrevivir. En segundo lugar, cualquier otra opción es mucho mucho peor. Pese a que el sistema solar es bastante grande, los sitios mínimamente favorables para la existencia humana son muy pequeños. Si aceptáis que la Luna y Marte son, con muchísima diferencia, los mejores escenarios para el segundo capítulo de la civilización humana, tenéis que saber que en Marte se concentra el 80 por ciento del terreno disponible para asentamientos.

En un futuro más lejano, quizá tengamos la posibilidad de iniciar la terraformación de Marte, es decir, modificar el clima para adaptarlo a las necesidades humanas. No todo el mundo está convencido de que ese proceso sea posible, y las propuestas que lo defienden tienen tendencia a ser..., cómo decirlo..., algo grandilocuentes: algunas contemplan la detonación de flotas enteras de armas nucleares en los polos, otras abogan por el desvío de objetos celestes para obtener resultados parecidos valiéndose solo de masa y velocidad. ¿Con qué objeto? Convertir todo el hielo en vapor de agua, un poderoso gas de efecto invernadero. De este modo, cabe imaginar que Marte podría acabar siendo un lugar más cálido, más húmedo y más acogedor para una flora productora de oxígeno. Llegado el momento, se habría creado un mundo en el que los humanos podrían moverse por el exterior sin necesidad de trajes presurizados. No vamos a detenernos demasiado en esta posibilidad, porque aún falta mucho para que dispongamos de esa tecnología y, lo que quizás es más importante, porque el hecho de redirigir armas nucleares y objetos espaciales para modificar de forma permanente el clima del único planeta capaz de sustentar un asentamiento humano tendría consecuencias digamos que interesantes en términos jurídicos internacionales. Pero si estáis de acuerdo con nuestro argumento de que es mejor esperar para poder construir a lo grande, la terraformación de Marte sería en cierto modo la versión definitiva de ese argumento.

Así pues, la Luna y Marte son nuestras mejores opciones. Pero como ya vimos al hablar de la medicina espacial, es cuando menos posible que la gravedad parcial cause graves problemas fisiológicos a largo plazo. De ser así, la siguiente mejor opción seguramente serán las estaciones rotatorias gigantes construidas en el espacio.

7

Una inmensa rueda giratoria en el espacio no es, literalmente, nuestra peor opción

Hay quien cree que las inmensas esferas de materia que hemos dado en llamar *planetas* y *lunas* no son, simple y llanamente, lugar para un asentamiento. A ver, ¿alguna vez os habéis fijado en serio en un planeta? Son un puro derroche. En la Tierra tenemos toda la parte del centro que no visitamos nunca. Decidme la verdad: ¿os emocionan, os inspiran esos seis mil trillones de toneladas de masa? Sí, vale, nos dan una magnetosfera y una atmósfera que nos protegen de la radiación, pero eso también se puede conseguir con un poco de blindaje. Y sí, también nos dan la gravedad, que está muy bien cuando quieres salir a pasear, pero que también se puede generar artificialmente poniendo a rodar una rueda de un millón de toneladas en el espacio. ¿Para qué molestarse en intentar reparar la naturaleza cuando podemos empezar de cero?

Pues porque es un proyecto mucho más complicado que cualquiera de las restantes opciones (de por sí dificilísimas) para asentarnos en el espacio. Lástima, porque las estaciones espaciales rotatorias gigantes son, visualmente, uno de los conceptos más atractivos de cuantos han surgido en torno a la idea de los asentamientos espaciales, representados a menudo como extensísimos parajes artificiales en los que un idilio de bosques y arroyos se recorta contra unos ventanales tras los que asoma la negrura moteada del espacio. Aunque no a todo el mundo le gustan esas imágenes. Más de una vez, hablando con arquitectos espaciales, la expresión «me horrorizan» se ha escuchado en la conversación, porque entienden que se está transmitiendo al público en general una idea muy equivocada de lo que es plausible.

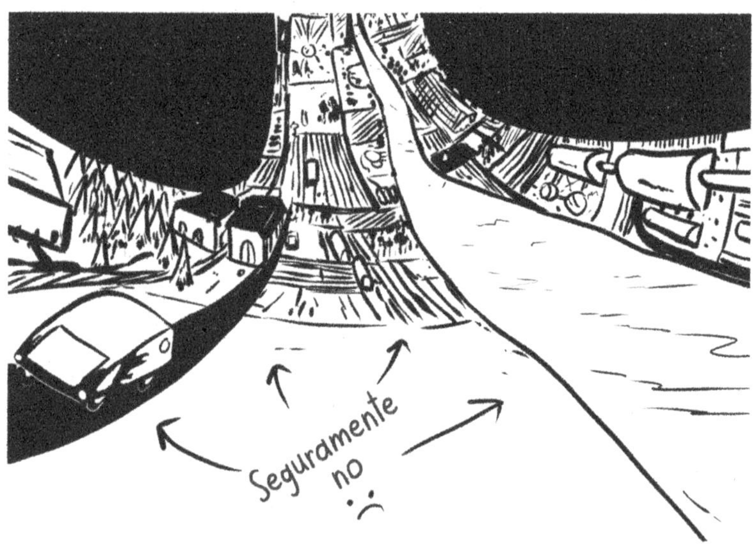

Argumentos en contra de los asentamientos en el espacio abierto

Normalmente, cualquier plan a corto plazo para estaciones de ese tipo deberá construirse con piezas fabricadas en la Tierra. La Tierra, sin embargo, es un pozo gravitatorio muy profundo, del que resulta muy difícil despegar, y los planes más habituales para la construcción de asentamientos en pleno espacio conllevan el uso de millones de toneladas de materiales. Pongamos que es posible enviar cincuenta toneladas de lo que sea por cohete, es decir, más o menos la mayor carga que se ha conseguido lanzar desde la Tierra. Una estación espacial de un millón de toneladas haría necesarios veinte mil lanzamientos espaciales. De ahí que, por regla general, las propuestas contemplen la obtención de materiales en la Luna o en asteroides para luego impulsarlos al proyecto de construcción espacial.

El concepto general, por lo tanto, consiste en construir unas instalaciones de lanzamiento de enorme complejidad técnica lejos de la Tierra, para luego crear un saco gigante con el que cazar al vuelo enormes masas no especialmente prometedoras como materia prima y convertir todo eso en la estructura artificial más compleja de cuantas ha ideado la humanidad.

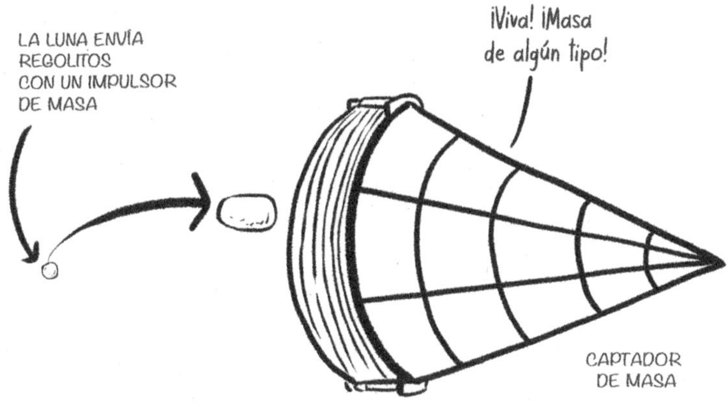

Parece difícil. ¿No podríamos fabricar algo similar a escala mucho menor? Lo más probable es que no. Para poder caminar por el borde de una rueda giratoria sin que nos entren náuseas, la rueda tiene que ser muy, pero que muy grande. Si no os queda claro por qué, vamos a imaginar un caso extremo: estáis en el espacio, y el radio de la rueda es exactamente igual a vuestra altura.

Ahora imaginad que la rueda gira a tanta velocidad que vuestros pies presionan contra ella con la fuerza de la gravedad terrestre. Ahora bien, la cabeza la tenéis en el centro de la rueda y experimenta una rotación mucho más lenta, próxima a un valor gravitatorio nulo. A efectos prácticos, vuestra parte superior está flotando y vuestra parte inferior está anclada al suelo. En esa tesitura, vuestra parte central decide que es momento de vomitar.

Y por eso necesitamos una rueda mayor; ahora bien, ¿de qué tamaño? Si calculamos dos rotaciones por minuto, necesitaremos un diámetro de 450 metros para reproducir la gravedad terrestre. Si incrementamos las rotaciones a cuatro por minuto, podemos conseguir el mismo efecto con un diámetro aproximado de 112 metros.*

¿Cómo se sentirá un humano al girar a cuatro rotaciones por minuto? Sinceramente, no lo sabemos. Los estudios realizados hasta ahora suelen basarse en muestreos muy reducidos, no duran demasiado y a menudo emplean a personas de las que se sabe que no se marean con facilidad. Además, casi siempre se llevan a cabo en la Tierra, y algunos de los datos de Skynet apuntan a que rotar en tierra puede generar más náuseas que hacerlo en el espacio.

* También podríamos construir una versión más modesta en la que la circunferencia fuese incompleta, o incluso un par de espacios habitables conectados entre sí, pero con eso estaríamos renunciando por completo al sueño de asentarnos en el espacio a bordo de estaciones de inmenso tamaño.

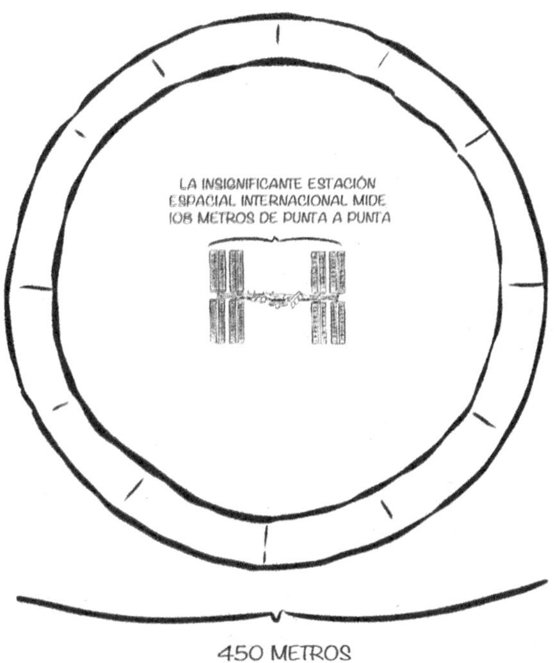

Aun poniéndonos en el mejor de los casos, es decir, el proyecto de 112 metros de diámetro, seguimos hablando de algo mucho más ambicioso que nada de lo que se ha construido hasta ahora. Para construir la EEI fueron necesarios más de 150.000 millones de dólares; su longitud máxima es de unos 112 metros, pero carece de un gigantesco perímetro circular habitable. Aun considerando las recientes rebajas en el coste de los lanzamientos, vamos a tener que rascarnos el bolsillo.

Las dimensiones reducidas, además, generan problemas específicos. Una rueda pequeña tendría que estar muy bien diseñada para evitar lo que podríamos llamar *efecto lavadora*. Imaginemos una lavadora: metemos dentro una toalla pesada en un lado y la ponemos a funcionar. Inevitablemente, empezará a oírse un preocupante CLACA-CLACA-CLACA. Es lo que sucede cuando un objeto giratorio se desequilibra, y menudo bochorno si la rueda en la que pasa eso es una burbujita de vida en el inhóspito espacio. Para solucionar el problema, hay que contrarrestar el motivo de ese CLACA. En las lavadoras, por ejemplo, un sistema hidráulico desplaza el agua para mantener la distribución de masa correcta.

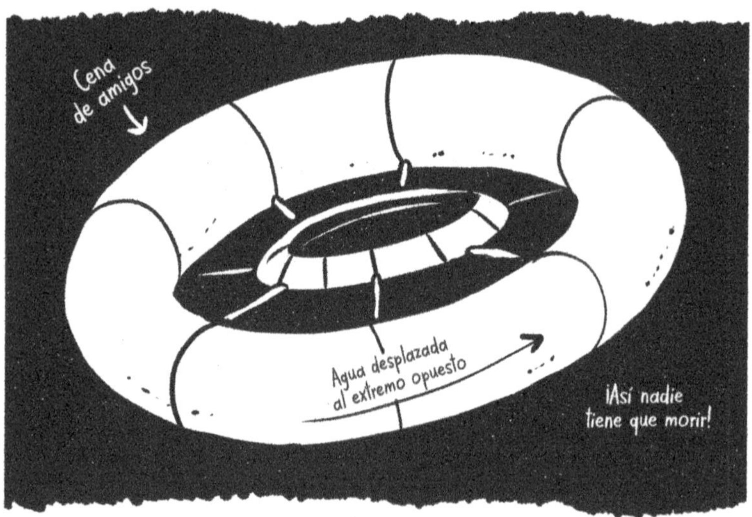

Pero con eso, creemos, nos exponemos a la ley de Murphy hasta extremos aterradores. En uno de los artículos que hemos consultado podía leerse: «Para compensar un desplazamiento considerable de peso (la tripulación al completo sentándose a la vez para cenar) sería necesario un movimiento programado y controlado del lastre». Esperemos que la fontanería no falle justo el viernes de la cena de vecinos: ya sería mala pata que un boquete en el mundo se llevase por delante el gratén de pasta de la señora Sanderson. La mejor solución sería renunciar a cualquier estación a escala reducida: cuanto mayor y más extensa sea la rueda, menos serán los problemas que genere el movimiento en su interior de insignificantes humanos. Pero, claro, volvemos a lo de antes, al proyecto gigantesco de inmensa complejidad.

Podríamos hablar de unos cuantos problemas más, pero el mensaje, al final, es el mismo: todos los aspectos de poner a girar una rueda gigante en el espacio, hasta los más básicos, son complicados, peligrosos y carísimos. Si bien es técnicamente cierto que en el espacio se encuentran suficientes materiales para construir todas estas cosas, es un poco como decir que podemos construir paneles solares en la Luna. Lo que al físico le parece muy fácil quizá no esté tan claro para el ingeniero (o ya puestos, para los inversores).

E incluso si consiguiésemos que todo saliese bien, en nuestro camino seguiría interponiéndose un enorme «¿para qué molestarse?». Si de lo que se trata es de construir una rueda de 400 metros de diámetro en el espacio, hay que suponer que se ha alcanzado el nivel tecnológico necesario para construir instalaciones de lanzamiento en la Luna o desplegar naves espaciales capaces de capturar asteroides, por no hablar de fábricas en el espacio exterior capaces de convertir cargamentos de regolito a alta velocidad en barrios residenciales en órbita. Ahora bien, si hemos llegado a ese nivel técnico, ¿por qué no usarlo para quedarnos en la Luna o en Marte, donde tenemos los materiales al alcance de la mano?

¿Puede justificarse de algún modo la construcción de esas ruedas?

Deberíamos empezar diciendo que a menudo se escuchan muchos alegatos bastante deficientes. Una y otra vez se ha dicho que la ventaja de las estaciones espaciales será la capacidad de controlar por completo cosas como la temperatura, la iluminación y el clima. Suena muy convincente, hasta que uno se da cuenta de que eso sucede también en... los edificios. Otra idea que circula por ahí es que necesitamos territorios nuevos, porque no se está creando territorio adicional para acoger las desbocadas masas de población terrestres. Este es un argumento que se remonta al menos a la década de 1920, pero que ganó importancia con el auge de los movimientos medioambientales en las décadas de 1960 y 1970.

Se puede debatir sobre cuál sería el número de población ideal de la Tierra, en términos de consumo, pero lo que está claro es que nuestro principal problema no es la falta de territorio habitable para el ser humano. En 2018 había en Japón 8,49 millones de viviendas abandonadas, y en algunas regiones rurales se ofrecían incentivos fiscales para la gente dispuesta a ocuparlas. Una simple búsqueda en Google nos permite descubrir hasta ocho poblaciones canadienses que ofrecen terrenos gratis a quien se digne trasladarse a ellas. La Antártida, que es considerablemente más acogedora que cualquier punto del espacio exterior, tiene un 40 por ciento más de superficie que Europa, y una población de menos de diez mil personas en la época de máxima actividad. Y además, sí que estamos creando nuevos terrenos, por lo menos si contamos las superficies artificiales habitadas por el ser humano, una categoría en la que cabe incluir las estaciones espaciales. No hemos sabido encontrar datos sobre la cantidad total de espacio habitable (edificios) que se añade a la Tierra cada año, pero para dar un ejemplo a escala, el edificio residencial más alto del planeta es la neoyorquina Central Park Tower, completada en 2020. Alberga una superficie de algo menos de 120.000 metros cuadrados: unos veinte campos de fútbol de viviendas, espacios de ocio y superficies comerciales en un mismo edificio; y por cierto, con un perfecto control del tiempo y el clima. Sin necesidad de ruedas giratorias en el espacio. Al mismo tiempo, y pese a que el volumen de población aumenta, las tasas de fertilidad mundiales van en declive y, en el informe de las Naciones Unidas sobre las perspectivas de población mundiales de 2022, se pronosticaba que la población mundial tocaría techo en la década de 2080.

Otra versión más matizada de ese argumento señala que en las estaciones espaciales no solo se crearán nuevos terrenos, sino también una nueva biosfera que aliviará la carga que suponen para nuestro extenuado planeta los humanos y los contaminantes antropogénicos. Es posible, en principio, y puede que acabe sucediendo, pero no con la suficiente prontitud para salvarnos de problemas ambientales graves, como el cambio climático. E incluso si llegase a ser posible construirlo todo sin repercusiones para el medio ambiente, habría que enviar a unos ochenta millones de personas al espacio cada año para mantener estables las cifras de población. Estamos hablando de 220.000 personas *al día*. Para ponerlo en perspectiva, en Central Park Tower hay unos doscientos apartamentos. Dando por sentado que los moradores de la estación espacial vivirán en recintos menos espaciosos, y previendo que parte de esos recintos se destinará a tiendas, hoteles espaciales y cosas así, vamos a redondear las cifras y poner que hay un millar de apartamentos y que en cada uno viven cinco personas. Con esos números, habría que montar en el espacio unos dieciséis mil edificios como el Central Park Tower cada año simplemente para impedir el crecimiento de la población terrestre. Ah, y todo eso sin contar con que esa gente necesitará granjas locales, tiendas y furgonetas (ejem) espaciales.

Las estaciones espaciales son chulísimas. Si pudiésemos irnos de vacaciones a cualquier modelo hipotético de asentamiento espacial, preferiríamos siempre un toroide gigante en el espacio antes que las polvorientas planicies de Marte o la Luna. Pero, a poco que nos fijemos en los detalles, veremos que los asentamientos en el propio espacio vienen a ser, básicamente, jugar a conquistar el espacio con el nivel de dificultad al máximo.

Argumentos a favor de los asentamientos flotantes en el espacio

Hay unos cuantos argumentos bastante válidos a favor de las estaciones espaciales en condiciones muy específicas.

Para empezar, los bebés. Ahora que sois expertos en el sexo espacial y sus consecuencias, sabéis que vivir en un régimen de gravedad parcial plantea una serie de preocupaciones. En un mundo en el que la gravedad parcial de Marte y la Luna afecta negativamente al progreso de la especie humana, es posible que tengamos que esperar a disponer de la tecnología que nos permita construir ruedas espaciales para asentarnos en el espacio. Eso no significa tampoco defender que las estaciones espaciales vayan a ser el hábitat estándar para la vida lejos de la Tierra: estas podrían simplemente ser algo así como guarderías en órbita. No es lo que nos vendía exactamente *Star Trek*, pero es mucho más mono.

En segundo lugar, esos objetos pueden tener su utilidad una vez establecida una economía espacial plenamente desarrollada. Las estaciones espaciales tienen un campo gravitatorio muy reducido, con lo que las naves espaciales podrían ir y venir sin grandes dispendios en combustible. Además, disponer de diferentes regímenes gravitatorios en la estación podría conllevar distintos beneficios adicionales. En un cilindro rotatorio espacial, la gravedad artificial depende de nuestra posición dentro de la rueda. Sin entrar en detalles matemáticos, baste con decir que la gravedad es más fuerte en el borde y decrece a medida que nos acercamos al eje.

La consecuencia más espectacular de esta circunstancia es que la gente podría volar por el centro de una estación espacial cilíndrica, pero también podría tener efectos más prácticos, por ejemplo, para la fabricación de cosas. La construcción de naves espaciales probablemente será más sencilla en condiciones de ingravidez. O bien podríamos crear unas

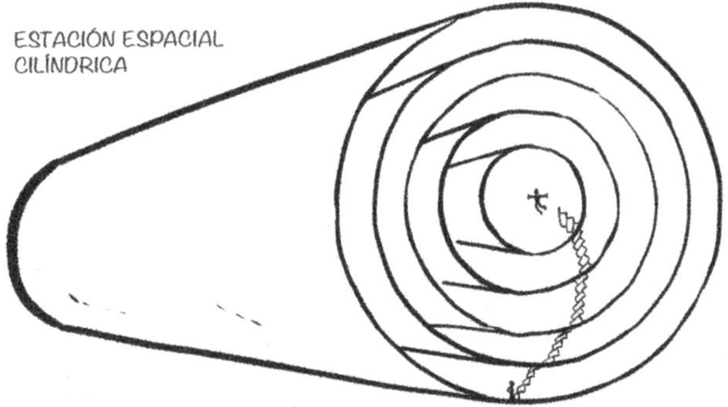

A MEDIDA QUE SE AVANZA HACIA EL EJE, CADA CUBIERTA TIENE PROPORCIONALMENTE MENOS «GRAVEDAD». A MITAD DE CAMINO HEMOS PERDIDO LA MITAD DE NUESTRO PESO Y SOBRE EL EJE LA GRAVEDAD ES NEGLIGIBLE

instalaciones donde la gravedad sea mínima, de forma que sea posible manipular objetos muy pesados* sin preocuparnos por los residuos que flotarían por el aire de no haber ningún tipo de gravedad. La ausencia de gravedad también podría ser beneficiosa para ciertos procesos manufactureros, como la formación de cristales, aunque es justo señalar que llevamos desde al menos la década de 1970 escuchando esa promesa sin que se haya materializado hasta ahora, por lo menos a gran escala.

En tercer lugar, las ruedas espaciales gigantes harían los viajes a Marte o la Luna mucho más placenteros. Y más seguros también, porque la gravedad artificial os protegería de los problemas vinculados a la microgravedad que suelen experimentarse en vehículos espaciales. Aun así, hemos visto que el argumento de que «los ricachones se lo pasarían de fábula» no suele ser muy habitual en estos proyectos. En cualquier caso, e incluso si necesitamos muchos transportes, sigue sin ser un

* Ojo: no estamos diciendo que sea un entorno completamente seguro. Un objeto en gravedad cero sigue teniendo inercia. Si una bola gigante de acero os empuja contra una pared, os chafará, con gravedad o sin ella.

argumento de peso para establecer todo un asentamiento flotante en el espacio.

Sinceramente, eso es lo mejor que podemos contaros en favor de las estaciones espaciales. Son muy populares entre los entusiastas del espacio, y durante décadas han sido el foco principal de la labor de la Sociedad Nacional del Espacio. Pero, a menos que lo de la gravedad parcial sea un problema insalvable, no creemos que las estaciones espaciales giratorias vayan a ser una prioridad ni a corto ni a medio plazo.

Muchos de los argumentos que propugnan las estaciones espaciales tienen su origen en un período muy específico de la década de 1970, cuando cundió la idea de que la degradación del medio ambiente provocaría inminentemente hambrunas en todo el mundo, y cuando el coste de los lanzamientos espaciales parecía reducirse a ojos vista. Además, aún faltaban décadas para que tuviésemos acceso a tecnologías renovables que hoy damos por sentadas, como sistemas fotovoltaicos baratos, inmensas turbinas eólicas y baterías con mucha mayor capacidad. Si sumamos todos esos condicionantes (carestía de recursos a cortísimo plazo, acceso al espacio a coste muy reducido y falta de opciones), quizás entonces podría haberse conseguido un muy buen alegato a favor de construir enormes estaciones espaciales impulsadas por energía solar que albergasen fábricas y hábitats humanos artificiales. Pero las hambrunas generalizadas* no llegaron a producirse, las energías renovables se abarataron y el acceso al espacio ha seguido siendo costoso,

* Eso no quiere decir que no haya habido hambrunas. Sin embargo, las que se produjeron no afectaron, como estaba previsto, a cientos de millones de personas, y la causa más habitual fueron las guerras, y no el agotamiento de los recursos del planeta. Comparemos lo que sabemos ahora con lo que Paul Ehrlich afirmaba en 1968 en el prólogo de *La explosión demográfica*: «La batalla por alimentar a la humanidad ha terminado. En la década de 1970, el mundo asistirá a numerosas hambrunas: cientos de millones de personas morirán de hambre pese a cualquier programa de choque en el que podamos embarcarnos ahora».

incluso teniendo en cuenta los cambios más recientes. Hoy, si el objetivo es sacar a un grupo de humanos de la Tierra, las estaciones espaciales difícilmente serán una opción prioritaria.

Eso sí, las hay peores.

8

Opciones peores

La Luna, Marte y las estaciones espaciales son las propuestas más habituales cuando se habla de establecernos en el espacio, pero no son las únicas. Sin embargo, cualquier otra opción es mucho peor. A continuación presentamos las alternativas, en orden creciente de horror.

Asteroides

Los asteroides del cinturón están aún más lejos que Marte, con lo que habrá limitaciones a la energía solar. Por otra parte, y pese a lo que os contaron en *La guerra de las galaxias*, muchos asteroides no son peñascos firmes con forma de patata, sino más bien «pilas de escombros». En gravedad cero, el polvo y los cascotes no son la mejor superficie de aterrizaje. Además, no están especialmente próximos unos de otros. Si llegásemos a un asteroide, lo más seguro es que no pudiésemos atisbar otro a simple vista.

Cuando se baraja aprovechar los asteroides para promover el asentamiento humano en el espacio, por lo general se piensa en la posibilidad de ganar dinero explotando los recursos presentes en los asteroides. A nosotros no nos convence. Al leer las propuestas se puede oír hablar de que en el cinturón de asteroides hay minerales por valor de cientos de billones de dólares al precio actual. Sin entrar a valorar que, cuando se reduce la escasez de un material, este se deprecia, está por demostrar que podamos conseguir material de los asteroides con beneficios. De poco sirve saber que los asteroides valen 700 billones de dólares si resulta que ponerlos en el mercado cuesta 700 billones y diez centavos. Además, si estamos dispuestos a pasar por alto el coste de adquisición, nos saldría mucho más a cuenta ponernos a excavar en la Tierra. Nuestro planeta contiene aproximadamente 10^{23} toneladas de hierro. Si aceptamos un valor de cien dólares por tonelada, estamos hablando de un porrón de muchillones de dólares en hierro, y eso sin hablar de todo el oro y la plata y los diamantes y los amigos que encontraríamos por el camino.

Pero incluso aunque *alguien* obtuviese enormes beneficios en el espacio, no está previsto un plan para la distribución equitativa de los bienes obtenidos ahí arriba. En un reciente encuentro del Congreso de la Generación Espacial, un foro en el que los jóvenes futuros líderes del espacio tienen la oportunidad de codearse unos con otros, una de las delegaciones africanas señaló a la atención de los presentes que las economías de algunos países del continente dependen de la minería y se hundirían por completo con la llegada de minerales del espacio. Lo mucho o poco que al lector le importe la distribución de las teóricas riquezas espaciales es una cuestión de ideología política, pero hay que ser conscientes de que, cuando decimos que «podemos» acceder a la riqueza del espacio, rara vez se especifica quiénes son los «nosotros» de ese «podemos».

Las propuestas más serias en relación con una economía asteroidal proponen que captemos aquellos que tengan propiedades muy especiales. El asteroide ideal tiene una trayectoria que lo acerca a la Tierra. Con esto se está descartando a la mayoría de ellos, que se encuentran en el cinturón principal.

El asteroide debería avanzar a poca velocidad relativa a medida que se acerca a nosotros. Y debería ser uno de los poquísimos que tiene una alta concentración de metales valiosos, como el rodio y el platino. Un cálculo reciente señalaba que el número de asteroides conocidos de avance ralentizado y próximos a la Tierra que contienen al menos mil millones de dólares en metales del grupo del platino es de unas pocas decenas. Nos pusimos en contacto con el doctor Martin Elvis,* que además de llamarse Elvis es un experto en minería de asteroides, y este nos dijo que contaba con que esa cifra fuese en aumento, pero que el objetivo final debería ser la explotación de los asteroides del cinturón principal que se extiende más allá de Marte.

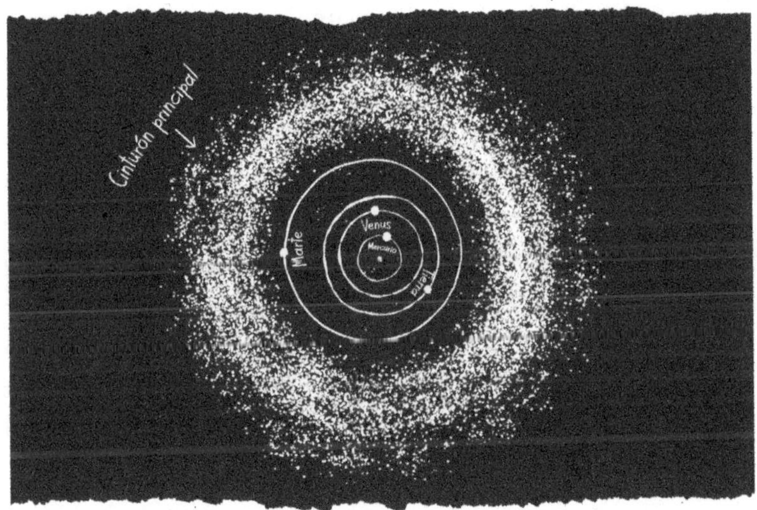

* Esta nota al pie no tiene otro objeto que declarar nuestro amor por el doctor Elvis, que no solo tolera nuestros chistes sobre Elvis, sino que los reclama. Además, y esto es igual de importante, nos alabó mucho esta sección, pese a que está en desacuerdo con parte de nuestra perspectiva. Si queréis saber más sobre los recursos que pueden encontrarse en los asteroides, os recomendamos el libro de Elvis *Asteroids* ('Asteroides'), publicado en 2021.

Incluso si fuera posible, no lo imaginéis como una pepita inmensa de platino: seguimos hablando de menas, que rendirían unos gramos de metales preciosos por cada tonelada de material. Ese es el máximo provecho que se le puede sacar a un asteroide, y ahora mismo no parece muy lucrativo. Y a los efectos de lo que nos interesa en este libro, no supone ningún aliciente para crear un asentamiento en el espacio.

Si alguna vez llega a haber una nutrida presencia humana entre los asteroides, con toda seguridad dependerá de una presencia humana igualmente nutrida en otro lugar mejor. Los asteroides accesibles y cargaditos de platino escasean, pero sí que hay disponibles materiales más pedestres. Si nos conformamos con asteroides cercanos de lento avance que contienen agua, sabemos de unos nueve mil. Y al ser de tamaño relativamente reducido, desviarlos hacia una base lunar o marciana, o incluso una estación espacial, a fin de obtener cosas como agua potable requeriría mucha menos energía que enviarla desde la Tierra. Puede que algún día las explotaciones mineras en los asteroides sean una realidad, pero no vemos motivos para tener viviendo en ellos a grandes grupos de población. Y lo cierto es que son muy pocas las propuestas de asentamiento en los asteroides: la idea más común es que se utilicen los recursos presentes en los asteroides como suministros para otras regiones menos mierdosas del sistema solar. Pero esas ya las hemos descrito, así que vamos a ver ahora otras regiones más mierdosas del sistema solar.

Venus

La temperatura media diaria en la superficie de Venus es superior a 450 °C, suficiente para derretir el plomo. A nosotros nos dará igual, porque la presión atmosférica, más de noventa veces la de la Tierra, nos habrá aplastado de inmediato. Eso, claro, suponiendo que hayamos sobrevivido a las nubes de ácido sulfúrico durante el aterrizaje. A cambio, la espesa atmósfera ofrecerá una magnífica protección a nuestros restos frente a la radiación.

No hemos encontrado demasiadas propuestas de crear un hábitat en Venus, pero sí que se han planteado un par de planes para instalar una base flotante en su densa atmósfera. Al parecer, hay una fina capa en el cielo venusiano en la que las temperaturas y la presión atmosférica son aceptables, la radiación es muy baja, la gravedad es un 90 por ciento la de la Tierra y puede accederse al dióxido de carbono de la atmósfera. La ubicación lo es todo.

Si por algún motivo no os emociona la idea de pasar una vida entera colgando por encima *y* por debajo del infierno, quizá deberíais hablar con una gente encantadora que propuso en su día un proyecto llamado Nube Diez. Su plan pasa por utilizar todo el dióxido de carbono de la atmósfera para cultivar bambú y kombucha con los que fabricar pequeños hábitats en forma de celda.

A ver: si habéis ido leyendo las notas a pie de página, sabréis que somos de esos capaces de leer documentos técnicos sobre los diversos aspectos legales de las heces de Buzz Aldrin. No estamos cualificados en absoluto para asesoraros sobre cómo vivir vuestra vida. Pero si vuestro sueño es vivir en una casita fabricada con bambú y kombucha, estamos bastante seguros de que en el norte de California hay gente capaz de hacer realidad ese sueño a un precio más asequible.

Mercurio

Mercurio es como la Luna, pero está mucho más cerca del Sol, por lo que, en promedio, los ciclos día-noche resultan en temperaturas que oscilan entre los -180 °C y los 425 °C. A fuer de ser justos, las temperaturas son algo más moderadas en los polos y, al igual que sucede con la Luna, se cree que puede haber hielo en ellos, permanentemente congelado en profundos cráteres.

Pero Mercurio no es un destino popular, excepción hecha de unas pocas propuestas descabelladas, la mayoría de las cuales contempla instalarse en el terminador. ¿Qué es el terminador? La estrecha región en la que coinciden el día y la noche, la zona ideal en la que ni nos congelamos ni nos abrasamos vivos.

La desventaja es que hay que mantenerse permanentemente a salvo en la penumbra a medida que la noche va cayendo sobre el planeta. La buena noticia es que el ecuador de Mercurio tiene una circunferencia de apenas 15.325 kilómetros, menos de la mitad de la de la Tierra. Y lo que es mejor, los días en Mercurio avanzan a paso de tortuga y se prolongan durante 4.222,6 horas. Lo único que hay que hacer para mantenerse con vida, pues, o al menos para que no nos mate ni el frío ni el calor, es desplazar todos los elementos de la civilización humana 86 kilómetros cada 24 horas.* Aunque todavía tendremos que ver qué hacemos con la radiación, la falta de aire y los constantes reproches por las decisiones que nos han llevado a vivir así.

El sistema solar exterior

Un elemento común a todos los mundos que hay más allá del cinturón de asteroides es la oscuridad. Una vez dejamos atrás el cinturón, el Sol deja de ser una fuente viable de energía para nuestros asentamientos.

Las oportunidades de aterrizar en los planetas tampoco son maravillosas. Hay unas cuantas lunas bastante atractivas en órbita alrededor de Júpiter y Saturno, como Encélado y Europa, que seguramente tienen agua templada en su subsuelo. Cuando el objetivo es encontrar vida alienígena en el sistema solar, esos son muy buenos sitios para empezar a buscarla. Si el objetivo es *ser* esa vida alienígena, nos irá mucho mejor instalándonos más cerca de casa. Con los métodos actuales,

* En realidad, estamos siendo injustos con Mercurio. Podríamos acortar el viaje alrededor del mundo viviendo más cerca de los polos. Eso sí, si optáis por vivir en un sitio en el que las temperaturas parecen las de un horno de pizzero en cuanto te alejas un poco de casa, vuestra escasa capacidad de raciocinio habrá quedado bastante clara.

llegar hasta allí sanos y salvos nos llevará años, incluso décadas, en función de cuál sea el destino final. Hasta que no dispongamos de un sistema de propulsión muy futurista, esas regiones seguirán estando solo al alcance de sondas robóticas espaciales.

Otros soles

La estrella más cercana, Próxima Centauri, está a unos 4,2 años luz de distancia. Suponiendo que viajásemos a la misma velocidad que la sonda solar *Parker*, la nave espacial más veloz de la historia según el *Libro Guinness de los récords*, tardaríamos aproximadamente ocho mil años en llegar hasta allí.

No va a poder ser. Mirad: la única opción de embarcarse en un viaje interestelar con tecnologías mínimamente a nuestro alcance en la actualidad sería construir una nave en la que una civilización humana pueda sobrevivir y perpetuarse durante cuatrocientas generaciones sin autoaniquilarse. ¿A vosotros os parece que somos capaces de conseguirlo?

Si nos permitimos algo de ciencia ficción, puede que lleguemos a desarrollar un sistema de hibernación a muy largo plazo. De hecho, ahora que lo pensamos, seguramente es más plausible eso que cuatrocientas generaciones en armonía. Dicho esto, seguiríamos teniendo que construir una nave que no sufra ni una sola avería durante los siguientes ocho milenios. Pero nada, vosotros preocupaos de que la nave esté bien pintada.

Si nos permitimos una cantidad bárbara de ciencia ficción, lo más rápido que podríamos llegar a otra estrella sería en algo más de cuatro años, viajando a la velocidad de la luz y arreglándonoslas de alguna manera para no morir hechos añicos al topar con pequeños objetos interestelares a velocidades por lo general reservadas para partículas ínfimas. No somos pitonisos, pero nos jugaríamos algo a que, antes de que haya naves espaciales capaces de alcanzar la velocidad de la luz, seremos capaces de transferir nuestros cerebros por Amazon, o algo por el estilo, y entonces podremos proyectarnos a la estrella más cercana cuando nos apetezca.

Las estrellas remotas con exoplanetas molan mucho. Puede que algún día encontremos allí señales de vida alienígena. Puede incluso que les podamos preguntar por su valor nutritivo. Ahora bien, ¿qué probabilidades hay de que la humanidad, tal y como la conocemos hoy, se plante en casa de esos alienígenas? Poco menos que ninguna.

El espacio: tirando a malo

Si de todo lo que hemos visto en esta segunda parte tenéis que quedaros con algo, que sea con el hecho de que el espacio es muy diferente a la Tierra. El espacio es diferente y, cuando intentamos comparar la conquista del espacio con la exploración de nuestro planeta, tendemos a presentarla como más fácil de lo que será. Circunnavegar el globo a bordo de un galeón es toda una hazaña, pero no deja de ser una versión de nadar o de sentarse en un tronco flotante, algo que el ser humano y otros animales son capaces de hacer de forma natural.

Que nosotros sepamos, ninguna otra especie se ha adentrado voluntariamente en el espacio, seguramente porque allí confluyen todos los entornos hostiles que encontramos en la Tierra, así como unos cuantos problemas inopinados como temperaturas ultraextremas, terrenos saturados de veneno e inmensidades cubiertas de esquirlas radiactivas. Asentarse en el espacio no es imposible, pero será muy, pero que muy difícil.

Astrid, como veréis, ha decidido instalarse en la Luna local, que le queda muy a mano. Nuestro objetivo en la tercera parte del libro será encontrar la manera de que consiga sobrevivir.

¡Sí, por favor!

Nota Bene

EL ESPACIO ES UN CARTEL PUBLICITARIO, O: EL CAPITALISMO ESPACIAL DE ANTAÑO, SEGUNDA PARTE

Dado su elevadísimo coste y sus posibles aplicaciones bélicas, en los años posteriores al batacazo de Hermann Oberth, los cohetes espaciales no se financiaban a través de las películas ni de inversores. El dinero lo ponían los Gobiernos y el estamento militar. Las cosas cambiaron, eso sí, cuando se cerró el grifo abierto en la Guerra Fría.

Llegada la década de 1980, la Unión Soviética daba sus últimas bocanadas, y la agencia espacial soviética, falta de efectivo, decidió que quizá podría ser un poco menos comunista si con ello tocaba algo de dinerito. A finales de la década de 1990, Rusia había caído en un grado tal de comercialización que hasta a Estados Unidos le daba vergüenza ajena.

Un ejemplo paradigmático de lo que decimos fue un anuncio televisivo de 1997 en el que se usaron imágenes grabadas a bordo de la estación espacial *Mir*, la mayor de las construidas hasta entonces. Aleksandr Lazutkin fue el encargado de grabar al comandante Vasili Tsibliyev mientras disparaba bolitas de leche al aire y las engullía con todo el entusiasmo que era capaz de fingir.

En el anuncio, la *Mir* pierde contacto con la estación de control de Tierra, lo que causa una enorme consternación hasta que se recupera la conexión. En la euforia del momento le preguntan al comandante si necesita algo.

El comandante contesta:

—Un vaso de leche de verdad.

—¿Leche de verdad? ¿En el espacio? ¡Nunca la ha habido! —responden asombrados desde la estación de control.

Tsibliyev se asoma a la ventana, contempla la inmensidad azul del océano bajo su nave y pregunta:

—Hmmmm... ¿y por qué no leche israelí?

Lo que en principio debía ser una pregunta retórica resultó tener una respuesta clara: cáncer. Tnuva, la empresa lechera israelí del anuncio, estaba metida en un lío por entonces, porque en su leche se habían detectado aditivos posiblemente cancerígenos. Y también por haber mentido acerca de la inclusión de aditivos posiblemente cancerígenos en su leche.

En el anuncio, sin embargo, los científicos de Tnuva, impecables en sus batas blancas, entraban rápidamente en acción para producir lo que todo ruso quiere tener en la mano cuando está de celebración... un vaso de leche pasteurizada. La bebida se le hace llegar de inmediato al comandante Tsibliyev, que se pone a devorar las deliciosas esferas blancas como si fuera el Comecocos. En Tierra, una señora prodigiosamente rubia de bastante buen ver le contempla arrobada desde la estación de control, sin que se sepa muy bien qué pinta allí. *The End.*

Por cierto: a Tsibliyev le obligaron a volver a rodar una de las escenas del anuncio, porque al director no le dio la impresión desde la Tierra de que hubiese sonreído lo suficiente.

Desde finales de la década de 1980 hasta la actualidad ha habido un sinfín de descaradas y algo vergonzantes promociones con el espacio como telón de fondo. No podemos enumerarlas todas, pero ahí van algunas de las más flagrantes:

1990: Tokyo Broadcast System paga para que el periodista Toyohiro Akiyama visite la *Mir* a bordo de un cohete recubierto de anuncios de empresas japonesas, entre ellas Unicharm, fabricante de productos desechables de higiene personal.

1996: Pepsi envía una lata falsa de refresco inflable de 120 centímetros de alto hasta la *Mir* y los astronautas la llevan consigo en más de una actividad extravehicular, es decir, un paseo espacial o, lo que es lo mismo, el ejercicio más peligroso que uno puede emprender en la órbita baja de la Tierra y que por lo general no requiere la presencia de una lata gigante de refresco de atrezo. Cabe señalar llegados a este punto que, pese a que tanto Coca-Cola como Pepsi han conseguido llegar al espacio, no son muy del gusto de los astronautas, porque eructar en gravedad cero tiene su intríngulis.

2000: Pizza Hut adorna un cohete ruso con su logotipo. Un año más tarde, entregan la primera pizza en órbita. Anteriormente habían valorado la posibilidad de proyectar su logotipo sobre la Luna, pero cambiaron de opinión cuando se les dijo que el proyector láser debería ser del tamaño de Texas y costaría cientos de millones de dólares.

2001: La NBC anuncia un nuevo emplazamiento para su popular programa de telerrealidad *Survivor* ('Superviviente'): la estación *Mir*. No llegó a grabarse, en parte debido a que la *Mir* cae a la Tierra en 2001. Lo que nos lleva a esto:

2001: Taco Bell monta una diana flotante en el mar y ofrece un taco gratis a todos los habitantes de Estados Unidos si la *Mir* da en el blanco al caer a Tierra. La *Mir*, tal vez en un último acto de jactancia, falla.

Otros productos que se han anunciado en el espacio: Cup O'Noodles, Rold Gold Pretzels y Radio Shack. Mención aparte merece el sándwich Zinger de Kentucky Fried Chicken, que se adentró en el espacio en un globo estratosférico hasta alcanzar lugares a los que ningún pollo había podido llegar.

Puede que *Star Trek* os haya dado la impresión de un futuro ajeno al consumismo desbocado, pero con los datos disponibles ahora mismo en la mano, todo apunta a que esto no ha hecho más que empezar.

Pizza Hut vio frustrados sus planes de proyectar un anuncio con láser en la Luna, pero PepsiCo (la propietaria de Pizza Hut) no se arredró en su deseo de convertir los cielos en un cartelón publicitario. La subsidiaria rusa de la empresa ha colaborado recientemente con una empresa emergente local llamada StartRocket que tiene previsto poner en órbita cartelones gigantes fabricados en polietileno tereftalato, o PET.

Alguien hizo saltar la liebre e hizo públicos esos planes, con la consiguiente y predecible indignación pública, y Pepsi se pensó mejor lo de arruinar los cielos. Pero, de haber seguido adelante, no habríamos tenido muchos argumentos legales para impedírselo. La ley estadounidense permite a las empresas privadas mostrar logotipos en sus naves y cargamentos, pero prohíbe la instalación de anuncios en el espacio que puedan verse a simple vista. Sin embargo, existen precedentes legales, que se remontan al lanzamiento del primer satélite en 1957 y establecen que los satélites pueden circular libremente sobre cualquier país. Por eso mismo, en teoría, si uno quiere tapar el cielo estrellado sobre Estados Unidos con una lámina de PET en la que se lea LA CERVEZA NORTEAMERICANA ES UNA MIERDA, lo único que tiene que hacer es ponerla en órbita desde fuera de Estados Unidos.

La Comisión sobre la Utilización del Espacio Ultraterrestre con Fines Pacíficos de Naciones Unidas se ha mostrado dispuesta a organizarse para poner freno a la publicidad intrusiva en el espacio, pero no ha tomado medidas concretas en ese sentido. Tampoco es de extrañar, dada la urgencia de otras cuestiones más preocupantes, como la utilización del espacio con fines bélicos. Como se señalaba en uno de sus informes de 2002, «se opinó también que cabía cuestionar el carácter prioritario de tal recomendación». No les faltaba razón.

El planteamiento que defendemos en este libro es que, en un entorno tan explícitamente distinto al nuestro como el del espacio, la naturaleza humana seguirá siendo la misma que en la Tierra. Y por eso, pese a que no sabemos si los nietos de nuestros nietos vivirán en las cuevas subterráneas de Marte o en celdas flotantes de kombucha en los cielos de Venus, podemos estar seguros de que, dondequiera que se encuentren en el cosmos, Ronald McDonald acabará dando con ellos.

Tercera parte

Paraísos de bolsillo: cómo crear un terrario humano más o menos aceptable

Hasta ahora hemos ido viendo muchas de las cosas raras que vamos a encontrarnos en el espacio. La gravedad, la radiación, las oscilaciones salvajes de temperatura, etcétera. La solución básica a todos esos problemas es evitarlos en la medida de lo posible. Las formas específicas de conseguirlo serán muchas y variadas, pero siempre consistirán en una especie de burbuja capaz de reproducir todas las funciones de la biosfera terrestre a escala reducida.

El diseño de ecosistemas es otro de esos extraños problemas concomitantes a los asentamientos espaciales que suele dejarse de lado, pese a ser uno de los principales obstáculos para la supervivencia fuera de nuestro planeta. Al igual que la reproducción humana en el espacio, el diseño de ecosistemas es un problema científico de una complejidad extrema al que apenas se destina financiación, aun cuando es clave para cualquier proyecto de asentamiento en el espacio. Quizá se deba a que se centra en cuestiones tan aburridas como el cultivo de mangos o el reciclaje de las heces. O puede que se deba a que sería un ejercicio costosísimo y sin ventajas geopolíticas evidentes para quienquiera que construya esos ecosistemas.

Esto que os vamos a decir ahora es solo una preferencia personal, pero si nos enviasen a una base en Marte, la verdad es que nos gustaría no morir. Por eso, como último paso antes de entrar a analizar las leyes que rigen el espacio, queremos examinar cuestiones algo más cotidianas, como los alimentos, los desechos y las formas de cultivar verduras. Una vez hecho esto, solo nos hará falta un escudo que nos proteja de una muerte instantánea en el espacio.

9

Ingestas y excreciones: alimentos, cacas y la circularidad de todo ello

Quienes se establezcan en el espacio dependerán durante mucho tiempo de los cargamentos que les lleguen de la Tierra, pero en lo que a una serie de elementos básicos (como el agua y los alimentos) se refiere, más les valdrá alcanzar cuanto antes el mayor grado de independencia posible. La ensalada de patata puede llegar a ser muy cara si para obtenerla hay que conseguir que escape al campo gravitatorio de la Tierra, transportarla por el vacío espacial y depositarla con cuidado frente a una compuerta estanca en la superficie de Marte. Además, cultivar alimentos in situ hace que aumenten las probabilidades de no morir si uno de los cargamentos se malogra o llega contaminado.

Aun así, alcanzar la plena autosuficiencia en el espacio conlleva una gestión de los residuos de una sofisticación inimaginable: es algo que los científicos todavía están explorando y que trataremos detalladamente al final de este capítulo. Pero antes haremos un breve repaso de cómo se come y cómo se excreta en el espacio, para que tengáis presentes los dos extremos del círculo que estamos intentando cerrar.

Excreciones: porque antes o después, siempre acabamos hablando de caca

Retretes espaciales ha habido muchos, pero si obviamos los lanzamientos y los aterrizajes, las principales formas de hacer pipí y popó han sido dos.

En los heroicos albores de la era espacial, la solución era una bolsita alargada de plástico con adhesivo y una pequeña depresión en forma de dedo.

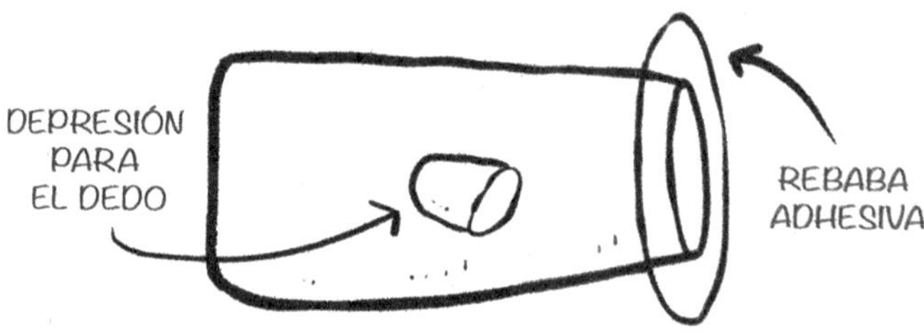

La función del adhesivo es evidente, pero ¿para qué servía el bachecito en forma de dedo? Para empujar las deposiciones en la dirección correcta.

A nadie le hacía la menor gracia. De hecho, durante la misión *Gemini 7*, el comandante Frank Borman, que ya de por sí tenía fama de ser de culito prieto, decidió que intentaría no soltar lastre durante las dos semanas que iba a pasar en órbita. En su empeño contó con la ayuda de la NASA, que proporcionaba a sus astronautas «alimentos bajos en residuos». Catorce días, sin embargo, son muchos para ir acumulando residuos. Al noveno día, Borman tuvo que asumir lo inevitable. Se volvió hacia Jim Lovell, el único miembro de su tripulación, y le dijo: «Jim, hasta aquí he llegado». Lovell, un tipo calmo y con sentido del humor, le respondió: «Venga, Frank, que solo te quedan cinco días». Frank no aguantó cinco días más. A propósito, este es el tamaño de la cápsula *Gemini 7*:

(A MODO DE COMPARACIÓN UN TESLA MODELO 3 TIENE UN ESPACIO INTERIOR DE UNOS 3,2 M²)

Para cuando empezó la era de las estaciones espaciales, el método había sido sustituido por otro que, a grandes rasgos, consistía en una aspiradora de doble cabezal muy especializada. Uno de los cabezales era para los residuos líquidos, que no son muy problemáticos. El otro era para los residuos sólidos, que es necesario capturar, empaquetar y posteriormente estibar de forma compacta. Y no os lo imaginéis como un estilizado receptáculo de plástico y metal. Peggy Whitson, comandante de la EEI, comentaba en una entrevista que «cuando empieza a estar lleno, hay que ponerse un guante de plástico para compactarlo a mano».

Si lo miramos por el lado positivo, la gravedad parcial restaurará la relación que el ser humano ha tenido tradicionalmente con sus deyecciones, en el sentido de que, una vez abandonan el cuerpo, no se quedan flotando en el aire. Dicho esto, si algo podemos aprender de los retretes espaciales de otras épocas es que siempre han sido complejos y bastante pejigueros. El gigantesco manual de diseño para la integración del ser humano de la NASA contiene detallados análisis de cuestiones como la masa y frecuencia máximas del tránsito intestinal, y especificaciones muy detalladas sobre la forma en que los astronautas han de estar en condiciones de hacer caca y pis al mismo tiempo, y pese a ello, a lo largo de los años, los astronautas han sentido la necesidad de acuñar diversos neologismos para describir el fenómeno de las heces en vuelo. «Flotadores», «prófugos» y, el peor de todos, «truchas pardas». En el sistema de eliminación de residuos de la primera lanzadera especial había un instrumento, bautizado como «el tirachinas» por uno de los astronautas, que cuando absorbía las heces un sistema abajo las estampaba contra una superficie fría y las ultracongelaba en el acto. Pero el sistema no era del todo estanco, con lo que minúsculas partículas de caca congelada acababan entrando en la cabina. La tradición continúa en la actualidad a bordo de la EEI, si bien en forma diferente: Tim Peake nos habla de un astronauta que perdió por error «una cantidad considerable de residuos metabólicos» que aparecieron dos semanas más tarde en «una rendija próxima al filtro de retorno de aire».

En misiones tan recientes como la *Inspiration4* de SpaceX de 2021, en la que cuatro intrépidos astronautas privados partieron en viaje espacial embutidos en unos trajes espaciales de lo más pintones, uno de los problemas más graves fue la avería del retrete. Desde entonces no han trascendido muchos detalles, pero al parecer algo se estropeó en el sistema de succión, lo que dio pie a este sabroso titular en *USA Today*: «Elon Musk dice que la tripulación de *Inspiration4* tuvo "problemas" con el retrete y promete mejoras en la instalación».

Si bien la cuestión del saneamiento será más fácil en los asentamientos espaciales, también planteará nuevas dificultades. Tradicionalmente, los astronautas se han limitado a tirar sin más sus excrementos: de ahí la presencia en la Luna de esas bolsas de caca tan apetecibles e intocables. En un asentamiento espacial, las cosas no podrán funcionar así. Acordémonos de que estamos intentando crear un paraíso, y es un hecho que el excremento humano está mucho más próximo a ser parte de un huerto perfecto que el estéril suelo de otros mundos. Hasta ahora, sin embargo, nadie ha reciclado los residuos sólidos en el espacio. Lo más parecido es la recuperación de la orina y la humedad a bordo de la EEI, donde se convierten en agua potable, también conocida por las tripulaciones estadounidenses como «el café de ayer».

Dada la utilidad de las heces fuera de nuestro planeta, es muy probable que se establezca algún sistema de compostaje para las deyecciones humanas. Es una tecnología que funciona muy bien en la Tierra, pero a la que rara vez se recurre en lugares donde hay poca gravedad y la atmósfera es estanca.

Ingestas: la comida espacial es mala, pero no tanto como en otras épocas

El Tang es una mierda.
BUZZ ALDRIN, segundo hombre en hollar la Luna

La comida en el espacio está sujeta a un sinfín de condicionantes. Ha de ser nutritiva. Ha de viajar en paquetes que permitan prepararla fácilmente sin que se filtren productos químicos en los alimentos. Ha de tener la fecha de caducidad más larga posible. No ha de generar migas ni otros cachitos de comida que puedan colarse en la atmósfera o los equipos de la nave. Y además de todo lo anterior, idealmente, debería ser gustosa y ofrecer variedad de sabores y texturas.

Para acabar de complicar el asunto, seguramente no dispondremos de cocina. No una de verdad, por lo menos. Tanto en la *Mir* como en *Skylab* había neveras, que permitían conservar en ellas manjares como *filet mignon*, helados y gelatina. Pero un frigorífico ocupa mucho espacio y consume mucha energía. En la EEI solo instalaron una en 2020, aunque corren rumores de que las neveritas de las muestras científicas se han utilizado en ocasiones para enfriar bebidas. Pese a ello, casi toda la comida es templada o caliente. Pero nunca está hirviendo, y desde luego no se fríe ni se asa nada en el momento, actividades ambas que podrían liberar elementos químicos indeseados en la atmósfera sellada. La comida se calienta solo inyectándole agua caliente o mediante un horno de convección que solo alcanza unos 75 °C de temperatura. En los asentamientos espaciales, lo más seguro es que haya cocinas similares, aunque no idénticas, a las de la Tierra. Si tenéis fogones en casa, lo más probable es que tengáis encima una campana extractora. En los asentamientos humanos será necesario reciclar el aire ambiental. Habrá que sopesar, por un lado, el anhelo humano de reproducir en el espacio los procedimientos de preparación de alimentos de la Tierra y, por otro, el coste de tener que fregar la atmósfera.

El entorno espacial, por lo que cuentan, provoca además que la comida tenga menos sabor. Esto quizá se deba al cambio en la circulación de los líquidos corporales, que crea una congestión en las fosas nasales similar a un resfriado, o a que, en ausencia de gravedad, los olores no flotan hasta la nariz; o quizá tenga algo que ver con la atmósfera artificial.* Sea cual sea el motivo, los astronautas a menudo echan de menos condimentos especialmente sabrosos, como sal, pimienta, salsa Tabasco y mayonesa. Los astronautas se pirran hasta tal punto por el punto salado y ácido de la salsa para tacos que, durante una semana de 1991, se convirtió en la primera moneda empleada específicamente en el espacio exterior. En el vuelo STS-40 de la lanzadera espacial le echaban salsa para tacos a TODO. El piloto Sid Gutierrez recordaba que «no es algo que yo hiciera, pero sí vi a varios compañeros de tripulación echarle salsa para tacos a los Rice Krispies por la mañana». Al octa-

* En la *Salyut-6* se llevó a cabo un experimento, bautizado como «gusto», con el que se intentó esclarecer este fenómeno: a tal efecto, se aplicaron corrientes eléctricas a los nervios gustativos de los cosmonautas.

vo día, el comandante Bryan O'Connor se dio cuenta de que el ritmo al que la tripulación consumía la salsa pronto agotaría las existencias restantes a bordo de la nave. Según Gutierrez, el comandante «requisó toda la salsa restante y la distribuyó equitativamente entre la tripulación. A partir de ahí, la salsa para tacos se convirtió en moneda de cambio. Si era tu turno de limpiar la letrina, por ejemplo, podías pagarle a alguien una o dos salsas para que lo hiciese por ti».

Por muy poco apetecibles que suenen unos Rice Krispies picantes, son mejor que lo que había antes. Las primeras comidas espaciales eran pastas servidas en tubos, un tipo de alimentación concebida originalmente para los pilotos de combate en vuelo. Durante la década de 1960, la comida espacial estadounidense alcanzó extraños niveles de abstracción con la creación de diversos cubos alimenticios, a menudo recubiertos de una sustancia oleaginosa: hubo «cubos de queso», «cubos de pan tostado» y unos «cubos rojos» tan genéricos como desasosegantes. Sucedió en parte porque a los científicos se les dio carta blanca en el asunto,* pero también es cierto que había una justificación lógica. Si queremos empaquetar un montón de comida de forma eficaz en un formato que no genere migas, unos bocaditos cúbicos con recubrimiento exterior no son mala idea. La parte negativa era que no les gustaban a nadie. Según cuenta el investigador alimentario Paul Lachance, el astronauta Wally Schirra propuso salir de misión con los bocaditos como único alimento. Los científicos se dieron cuenta

* Una de las historias que descubrimos fue la de Sidney A. Schwartz, científico de Grumman Aircraft, que combinó «harina, maicena, leche en polvo, copos de plátano y gachas» y luego «las horneó en una prensa hidráulica a 200 °C y 1.300 kg de presión». El resultado fue «una lámina rugosa y parda, dura como el contrachapado, que podía cortarse con sierra de calar sin que se astillase y en la que podían fijarse tornillos y pernos». Según Schwartz, además, tras «pulverizarlo con un molinillo diminuto» y «empaparlo unas cuantas horas en agua», el producto era comestible y «sabe a cereales de desayuno con plátano. A mí me gusta». Richard Foss, *Food in the Air and Space: The Surprising History of Food and Drink in the Skies*, Nueva York, Rowman & Littlefield Publishers, 2016, pág. 161.

de que no sería buena idea y les propusieron al astronauta y algunos de sus colegas que probasen a comerlos durante unos cuantos días. «Y todos abandonaron, porque les formaba una película en la garganta [...] y acabaron hartos de roer aquellos mendrugos tan duros.»

Muchos de los primeros alimentos espaciales eran productos liofilizados o deshidratados. En aquel entonces, extraer el agua del alimento era más valioso, porque la primera nave espacial humana funcionaba con pilas de combustible que generaban agua pura como producto secundario. Solo había que gastar algo de electricidad, abrir una bolsa de puré de patatas liofilizado y ¡a la mesa! Con el arranque de la era de las estaciones espaciales, las cosas fueron a mejor. Los menús de los rusos suenan bastante elaborados: en la *Salyut-1* tenían salchichas, chocolate, café, queso, galletas, carne y pescado.

El transbordador espacial, centro neurálgico de la actividad espacial estadounidense desde principios de la década de 1980 hasta la puesta en órbita de la Estación Espacial Internacional, también contaba con pilas de combustible para generar agua, y solo permanecía en órbita unas dos semanas seguidas. Almacenar comida, por lo tanto, era algo más sencillo, y muchas de las primeras provisiones eran simples raciones militares MRE (siglas en inglés de 'comidas inmediatas').* Aun así, en aquella época se produjeron avances considerables, entre ellos el advenimiento de las primeras tortillas espaciales. La noble tortilla entró por vez primera en órbita en 1985, cuando la especialista de misión Mary Cleave y el especialista de carga Rodolfo Vela (el primer astronauta mexicano) llevaron consigo unas cuantas a la estación. Las tortillas son el pan ideal para el espacio, porque son de fácil envasado, no se desmigan y, bien mirado, son una vajilla comestible. Las tortillas con fecha de

* Por lo que hemos podido saber, no siempre eran especialmente apetecibles, y han recibido muchos nombres alternativos, como «Manduca Repugnante Emética» y, en alusión a su escaso contenido en fibra, «Manjar que Requiere Enemas».

caducidad larga han sido desde entonces el pan preferido de los astronautas. Por el lado ruso se adoptó un enfoque algo más técnico: los cosmonautas comen unas minúsculas rebanadas de pan concebidas especialmente para soltar poca miga. Su tamaño ha hecho que se las conozca en broma como *panes de Barbie*.

La gastronomía espacial moderna consiste principalmente en alimentos deshidratados o liofilizados, alimentos de larga duración y «humedad intermedia», como fruta seca y M&Ms, y alimentos termoestabilizados o irradiados para evitar que se pudran. Al repasar la bibliografía centrada en la comida espacial, y las descripciones que hacen de ella los astronautas en sus memorias, una se lleva la impresión de que la comida no está nada mal: viene a ser lo que cualquiera comería si viviese en un refugio nuclear y la despensa la hubiese llenado un titulado en ciencias de la alimentación.

De vez en cuando podemos topar con un bicho raro al que le gusta de verdad la comida espacial, como Charlie Duke, que estaba encantado con la «ambrosía»* que le habían preparado para el viaje. A Mike Massimino, pese a haberse criado en una familia italoamericana, los paquetitos termoestabilizados de espaguetis con albóndigas le parecían una maravilla. Aun así, el aprecio por la comida espacial no es muy común, y muchos astronautas pierden peso estando de misión.

¿Y qué hay de las bebidas terrestres más populares, la cerveza, el vino, los licores? Sabemos que al menos una persona ha echado un traguito en otro mundo. Sucedió en 1969, cuando Buzz Aldrin comulgó a bordo del módulo lunar *Eagle*. Un vasito para el hombre, un copazo para la humanidad.

* Zach, que se crio en el sur de Estados Unidos, conocía ese producto. Muy por encima: imaginad una lata de fruta en almíbar mezclada con trocitos de gelatina dulce y malvaviscos diminutos y combinada con más azúcar y, básicamente, cualquier grasa: mayonesa, nata montada, nata agria... La que sea. Seguro que está más rica todavía en un paquetito liofilizado y fuertemente irradiado.

La NASA tiene prohibida oficialmente la presencia de alcohol en la EEI, pero la priva ha llegado muchas veces al espacio. Las estaciones espaciales rusas y soviéticas eran considerablemente más tolerantes, hasta niveles que a astronautas de otras culturas les resultaban chocantes. Jerry Linenger descubrió con sorpresa botellas de coñac y whisky escondidas en los guantes de un traje espacial de la *Mir*.* Otros viajeros espaciales no rusos o estadounidenses han tenido algo más de estilo: el *spacionaute* francés Patrick Baudry llevó consigo una botellita de Chateau Lynch-Bages 1975 durante su periplo en la *Salyut*.

Sin llegar a la categoría de tradición, orbitar en estado de ebriedad es un comportamiento con bastante solera. Fuentes anónimas han revelado que, de vez en cuando, el aire que emanaba de la parte rusa de la EEI arrastraba consigo un cierto tufillo a etanol. ¿Sucederá lo mismo en los asentamientos espaciales? Sabemos al menos de un escritor que no aprueba en absoluto la construcción de destilerías en Marte a corto o medio plazo. Andy Weir, autor de novelas de ciencia ficción, cuenta en el prólogo de su libro *Alcohol in Space* ('El alcohol en el espacio') que sus lectores a menudo le preguntan si su heroico personaje Mark Watney, que sobrevive en Marte cultivando patatas, podría haberse hecho su propio licor. La respuesta es que no: no al menos si quería seguir viviendo. «Hacen falta casi ocho kilos de patatas para destilar una botella de vodka [...] casi una semana de comidas para nuestro pobre náufrago en el espacio.»

Es probable que, en el futuro, los asentamientos espaciales sigan recurriendo a muchas de esas tecnologías de preservación, en parte porque con ellas suplementaríamos los alimentos que podamos cultivar allende nuestro planeta y también porque nos harán sentir un poco como en casa. Después de

* Al parecer, la bebida favorita de los cosmonautas era el coñac armenio.

dos años de hortalizas cultivadas orgánica y localmente, un paquete de Oreos ligeramente irradiados puede resultar bastante tentador. Los estudiosos de la psicología del espacio coinciden en que comer bien es uno de los factores más importantes para el bienestar cotidiano, una idea que también encontramos en la bibliografía contemporánea de la exploración polar. Además, al procesar esa comida a través de seres humanos, a efectos prácticos estaremos creando una fuente adicional de suelo fértil para nuestro huerto espacial. Sin embargo, cuantos más alimentos seamos capaces de cultivar, más eficiente, robusto y quizá permanente será nuestro asentamiento espacial.

Horticultores en Marte: el futuro fresco, fresco de la alimentación espacial

Al cosmonauta Valentin Lebedev, la jardinería no le hacía ni fu ni fa en la Tierra. En órbita, sin embargo, se prendó del acto de cuidar de la vida verde en un mundo artificial. Según contaba, «en cuanto se abría una hojita parecía que se abriese una luminosa ventana al mundo».

Las plantas purifican el aire y al mismo tiempo crean materia orgánica en mundos inertes. También son fucnte de nutrientes, como la vitamina C, muy difíciles de preservar a largo plazo. La falta de vitamina C provoca escorbuto, y pese al aire pirata que le daría a todo el asunto, lo más probable es que los colonos prefieran que no les sangren las encías, no se les caigan los dientes y se les curen las heridas.

Sabemos que, mientras dispongan de agua, atmósfera, nutrientes y un lecho en el que crecer, es posible cultivar plantas en el espacio. El «Sistema de Producción de Verduras» y, más adelante, el «Hábitat Automatizado para Plantas» de la EEI han sido capaces de cosechar plantas como mostaza japonesa, kale, lechuga, trigo enano y col china. Al igual que sucede con los humanos, mantener con vida a las plantas en el espacio no es una tarea sencilla; la buena noticia, sin embargo, es que no se nos mueren de inmediato.

Aún así, decir que podemos cultivar comida mientras haya agua, aire y nutrientes viene a ser lo mismo que decir, simplemente, que el medio en el que crecen las plantas no las perjudica activamente. Es muy posible que el regolito lunar no cumpla siquiera con esos mínimos. El primer experimento de cultivo de plantas en regolito lunar real solo se publicó en 2022, y en él se utilizaron semillas de *Arabidopsis thaliana*. Se introdujeron nutrientes, agua y una atmósfera propicia para la planta en el terreno. Y las plantas crecieron, pero poco. En comparación con las cultivadas en un suelo terrestre pobre en nutrientes, las plantas cultivadas en las muestras de tierra de las antiguas misiones *Apolo* adquirieron un color rojizo, que por lo general se interpreta como indicador de estrés. Un examen más profundo a nivel molecular reveló que habían respondido fisiológicamente a una situación de estrés. Además, el tamaño que alcanzaron fue menor que el de las cultivadas en suelo terráqueo.

Vale, de acuerdo, pero ya sabíamos que en la Luna íbamos a tener mucha faena. ¿Qué hay de Marte? Puede que hayáis leído algún que otro artículo de divulgación en el que se contaba que unos científicos habían conseguido cultivar plantas en una «simulación de suelo marciano». Lo que no se suele contar en esos artículos es que la simulación de suelo marciano no simula con precisión el suelo de Marte. Por lo menos no en términos químicos, ya que no incluye percloratos. El suelo simulador es un producto muy específico que reproduce parcialmente la textura del terreno de Marte, pero en realidad no es más que tierra de nuestro planeta que intenta parecerse a la idea que tenemos de lo que debería ser el terreno marciano. Nadie ha cultivado nunca una planta en suelo de Marte, pero es más que probable que será necesario someter a este a un proceso de purificación, fertilización y siembra con microbios, e incluso si todo fructifica, tendremos que verificar que las propias plantas sean aptas para el consumo humano. De lo contrario, la solución quizás esté en los cultivos hidropónicos o aeropónicos, en los que un agua o un aire saturados de nutrientes sustituyen al terreno.

Por cierto: la iluminación seguramente será un problema. Por motivos que analizaremos más adelante, es muy probable que no podamos tener exteriores acristalados. En Marte, los niveles lumínicos son considerablemente inferiores a los de la Tierra y, en ocasiones, las tormentas de polvo eclipsan el Sol por completo. Cabe imaginar que recurriremos a fuentes de iluminación artificial o tal vez reconduciremos la luz de la superficie mediante cables de fibra óptica, o las dos cosas.

Además, y al igual que sucede con el ser humano, no sabemos de qué forma afectarán a las plantas la microgravedad y la variación espacial. Una misión reciente de la Agencia Espacial Europea, conocida como Eu:CROPIS,* intentó dar respuesta a esa pregunta cultivando plantas en un satélite de reducidas dimensiones, pero un error de software dio al traste con el experimento, una excusa que nosotros hemos adoptado desde entonces como explicación cada vez que se muere una de nuestras plantas de interior. Más suerte tuvo la misión china *Chang'e 4*, que consiguió germinar algodón en la cara oculta de la Luna. Todo fue bien hasta que la gélida noche lunar se abatió sobre el contenedor del proyecto y todo en su interior murió congelado. Pero, bueno, aparte de eso, no vamos mal.

Hasta ahí la horticultura. ¿Podremos ser ganaderos? Sí y no. Por regla general, cuanto mayor es el animal, menos eficiente es a la hora de convertir los piensos en carne. De entrada por lo menos, podemos olvidarnos de las vacas. Y de los

* Un detallito que no todo el mundo sabe: lo de «Eu» no es por Europa, sino por Euglena, el tipo de microorganismo empleado en el estudio.

cerdos. Los pollos son aceptables, pero mejor criar ardillas. Ya que estamos, ¿por qué no hámsteres? Pues porque hay una opción mejor: los insectos.

Insectos: ¿qué pueden tener de malo? Se reproducen con rapidez, no ocupan mucho espacio, devoran los restos de comida, tienen un alto contenido proteico y nunca nadie bautizará a uno como Chispita ni se encariñará de él. Entre las especies propuestas como fuente de proteínas se cuentan los grillos, los gusanos de seda, los gusanos de la harina, las larvas de la polilla esfinge, los gorgojos del pan, las termitas y las moscas. Que os entusiasmen o no será cuestión de gustos. O quizá de subterfugios. Según un editorial publicado en la revista *Foods*, «varios estudios entre consumidores han llegado a la conclusión de que ocultar insectos en comidas tradicionales puede incrementar la disposición de la gente a consumir alimentos que tengan insectos como ingrediente principal».

Otras opciones algo más fantasiosas mencionan la posibilidad de utilizar biorreactores para fabricar carne a partir de células. Hay varias empresas emergentes estudiando esta tecnología, y en teoría, por lo menos, debería ser posible crear carne de vaca, cerdo, cabra y otros animales sin necesidad de llevar al espacio una pareja de cada especie.

Uno de los expertos con los que hablamos quería llevar al asunto a niveles subcelulares: su percepción es que quizá cultivaríamos plantas para obtener especias, pero que por lo demás deberíamos crear nuestro alimento a partir de los elementos fundamentales de la nutrición, como grasas y aminoácidos. Otros autores piensan que deberíamos ir a lo fácil y hacernos veganos en el espacio. No será la opción favorita de la gente, pero hará juego con las celdas de kombucha de Venus. Solo una cosa: no os comáis las paredes, por favor.

Cerrar el círculo: cómo construir un ecosistema espacial sin morir en él

Para crear un ciclo ecológico completamente cerrado, querremos reciclar tanto como podamos: el aliento, la humedad que desprenden nuestros cuerpos, la orina, las heces, las escamas de piel muerta y cualquier otro efluvio que emane de nuestros perecederos cuerpos.

En una estación orbital, vamos a querer que ese reciclaje esté lo más cerca posible del cien por cien en ese sentido. En la Luna, o en Marte, hay más margen de maniobra, aunque no podremos perder de vista los elementos que será difícil reponer con los medios locales, como el carbono en la Luna, el fósforo en Marte y el nitrógeno en casi cualquier lugar.

Más allá de la invención del «café de ayer», tenemos muy poca experiencia en el reciclaje espacial. Como estación espacial, la EEI es bastante grande, pero seguramente no lo suficiente como para albergar un ecosistema autónomo. Decimos «seguramente» porque en un recinto tan reducido y con seis personas nunca será posible alcanzar, ni mucho menos, la proporción plantas-humanos que hay en la Tierra. Dicho esto, saber lo pequeños que pueden llegar a ser esos sistemas a priori resultaría bastante útil. Ahora mismo no lo sabemos. Los sistemas ecológicos cerrados son muy complejos y no se ha invertido mucho en ellos.

Los primeros experimentos con humanos en sistemas cerrados fueron los proyectos BIOS 1, 2 y 3, puestos en marcha en 1965 en la Unión Soviética. En un primer momento probaron a utilizar algas puras para mantener con vida a los participantes en el experimento. Por si alguien no recuerda las clases de biología del instituto: las algas son básicamente cieno vegetal. Consumen dióxido de carbono, exhalan oxígeno y son una nutritiva fuente de calorías si a uno no le importa repetir la misma comida repugnante un día, y otro día, y otro día más.

En experimentos BIOS posteriores se introdujeron plantas como el trigo, las remolachas y las hortalizas, y en determinado momento se consiguió mantener unos niveles razonables de CO_2. Uno de los principales problemas con los que toparon, y que tendrá su importancia para los asentamientos en el espacio, es lo laborioso que resulta: la tripulación tuvo que dedicar un 20 por ciento de su tiempo a mantener el sistema, a pesar de que BIOS no era ni de lejos un sistema completamente cerrado. Durante el experimento no se reciclaron los residuos sólidos y la carne provenía del exterior. Al parecer nadie planteó nunca la posibilidad de una dieta vegetariana, con el argumento de que «a un siberiano no se le puede quitar la carne».

Hubo que esperar a la década de 1990 para que se crease un sistema casi completamente cerrado, algo que luego nunca se ha repetido. Esta es la extraña (y, para nosotros, subestimada) historia de Biosfera 2.

Biosfera 2: pese a lo que se ha dicho, no fue una catástrofe absoluta

La Tierra es la «Biosfera 1» y, por eso, naturalmente, Biosfera 2 es un invernadero estanco de 1,25 hectáreas de superficie en Arizona que alberga el ecosistema cerrado más complejo jamás creado por el ser humano. El proyecto se materializó gracias a una extraña alianza entre un multimillonario y un enigmático grupo contracultural y pro-tecnología conocido como *los sinergistas.* No eran exactamente una secta, pero tenían rasgos digamos que semisectarios. Eso generó problemas. John Allen, su carismático líder, pensaba en ir al espacio cuando diseñó Biosfera 2, pero sus ideas respecto a la formación y la selección de los participantes en el experimento diferían bastante de las de la NASA. Para dar con las personas adecuadas, envió a los candidatos a una ecoaventura muy noventera por el árido interior de Australia y, posteriormente, por alta mar. Estamos seguros de que su explicación sería mucho más razonable, pero desde luego da la impresión de que el principal criterio en el proceso era «John Allen cree que molas».

En la vertiente social, las cosas no fueron bien. Casi desde el principio de su estancia en Biosfera 2, los ocho integrantes del equipo empezaron a discutir y acabaron escindiéndose en dos resentidas facciones, cada una compuesta por dos hombres y dos mujeres. Cuando aún les quedaba un año por delante dejaron de hablarse por completo. En determinado momento ya no comían juntos y ni siquiera se miraban a los ojos. Jane Poynter, una de las ocho «biosferianas», recordaba el día en que dos miembros distintos de la facción opuesta le escupieron por separado, en una especie de ataque salival coordinado. Biosfera 2 había sido concebido pensando en las lecciones que podrían extraerse para un futuro asentamiento en el espacio, algo de lo que aparentemente los participantes fueron siempre conscientes. A propósito del conflicto, Poynter dijo que «quizás en Marte, donde la seguridad del hogar está, como mínimo, a setenta y siete millones de kilómetros de distancia, habríamos sido capaces de mantenernos unidos. O tal vez no. Me dio por pensar si de verdad estábamos hechos para vivir confinados en un entorno reducido, incluso en uno tan amplio, hermoso y variado como Biosfera 2. Después de todo, la especie humana no evolucionó en un espacio cerrado».

Hubo también motivos específicos por los que se degradaron las relaciones, la mayoría de ellos relacionados con una disputa mantenida con el equivalente del control de la misión. Sin embargo, el problema de base seguramente fue el proceso de selección de participantes. A nosotros se nos hace muy difícil imaginar a un equipo de ocho Chris Hadfields comportándose así.

Hubo asimismo problemas con la producción de alimentos. Poco después de que terminase el experimento, una de las participantes, Sally Silverstone, publicó un libro con las recetas que se habían usado en el recinto: *Eating In: From the Field to the Kitchen in Biosphere 2* ('Comemos en casa: del campo a la cocina en Biosfera 2'). Junto a la primera página figura una foto de los ocho «biosferianos» sonriendo incómodos a la cámara en el primer aniversario de su estancia, todos ellos considerablemente más demacrados que los chefs que uno conoce. En realidad, estaban pasando hambre de verdad.

Las gallinas semisalvajes que, en principio, deberían haber sido capaces de aguantar de todo no llegaron nunca a poner huevos con regularidad, y la poco común raza de cerdos que se había elegido para el experimento no era partidaria de comer restos y a veces optaba por comerse a las gallinas.* Los insectos y los microbios se cebaron con las cosechas, y malograron varias especies con alto contenido calórico. Finalmente, los participantes se vieron obligados a comer plátanos a medio madurar y una desagradable variedad de legumbres empleada normalmente como forraje y que solo podía ingerirse tras más de una hora de cocción, oculta entre comida menos vil. Ninguno de los ocho era precisamente corpulento cuando entraron en el recinto, pero los hombres perdieron casi un 18 por ciento de peso corporal, y las mujeres aproxi-

* Según se cuenta en *Eating In: From the Field to the Kitchen in Biosphere 2*, las gallinas era un cruce de «aves selváticas» (a grandes rasgos, ancestros de las gallinas domésticas, supuestamente acostumbradas a alimentos más correosos que el pienso de granja) y aves de corral de la raza Silkie. No fueron un éxito: ponían un huevo al mes, como mucho, aunque es posible que con una dieta más alta en calorías hubiesen rendido mejor. Los cerdos, en un principio, iban a ser de la variedad vietnamita, por su reducido tamaño y elevado porcentaje de grasa. Pero en aquel entonces eran una mascota bastante popular, lo que despertó la ira de los activistas, por lo que se optó por sustituirlos por cerdos silvestres de raza Ossabaw. Los gorrinos se comían las gallinas y, en vez de restos, exigían hidratos de carbono. Consecuentemente, su contribución final al proyecto Biosfera 2 se produjo en los días de Acción de Gracias y de Navidad de 1992.

madamente un 10 por ciento. Y eso pese a que, en determinado momento, se comieron incluso las semillas destinadas a la siembra.

El ecosistema también se vio afectado. Los diseñadores de la ecología de Biosfera 2 se valieron de una técnica que quizá se utilice en el espacio en el futuro, llamada *aglomeración de especies*. La idea es empezar con un montón de especies, muchas de ellas ecológicamente redundantes, dando por sentado que unas cuantas desaparecerán antes de alcanzar el equilibrio. Que es lo que ocurrió, por otra parte, aunque resultó que se habían aglomerado más cosas de las previstas. En los modelos teóricos para los asentamientos en el espacio a veces se menciona la posibilidad de seleccionar con exactitud las formas de vida que acompañarán el proyecto. En el único experimento a gran escala en este sentido se colaron al menos dos polizones: las cucarachas y los alacranes de corteza. Para quienes no tengan noción de cómo son los alacranes de corteza, el Museo del Desierto de Arizona-Sonora tiene una lista de «curiosas curiosidades», entre ellas que «esta es la única especie de alacrán en Arizona que verdaderamente puede considerarse mortal para el ser humano».

Los biosferianos estuvieron a punto de perder el control sobre la atmósfera. En un sistema cerrado y funcional, el CO_2 y el O_2 participan en un baile continuo en el que los animales convierten el oxígeno en dióxido de carbono y las plantas invierten el proceso. En un momento dado, sin embargo, los niveles de O_2 empezaron a caer pese a que el volumen de CO_2 subía sin parar. No estaba previsto que sucediera algo así. Los participantes, aletargados, se quedaban sin aliento al intentar cumplir con sus tareas, en las que añadían frenéticamente nueva vida vegetal allí donde podían rapiñar una zona un poco soleada. No sirvió de nada. Tras una agria discusión, la dirección del proyecto decidió insuflar oxígeno fresco en el recinto. ¿Qué había pasado? La elección de un suelo rico en materia orgánica había hecho que los microorganismos presentes en este consumiesen buena parte del oxígeno de la atmósfera y liberasen CO_2. Posteriormente, el hormigón empleado en la construcción absorbió parte de ese CO_2, con lo que se excluyó del sistema una porción considerable del oxígeno existente.

Entonces, ¿por qué decimos que no fue una calamidad? Porque más o menos acabó funcionando.

Ocho personas entraron y ocho salieron. Los problemas que tuvieron se habrían podido rectificar en futuros experimentos seleccionando mejores animales y mejores formas de control de plagas, y sellando el hormigón con polímeros para evitar que asfixie a la población humana. No estaría de más incluir en el cuestionario para los candidatos una pregunta sobre la conveniencia de escupir a los compañeros de trabajo. Algunos de los errores fueron verdaderamente triviales. Varios árboles frutales con alto potencial calórico, como los mangos y los aguacates, no estaban dando fruto cuando empezó el experimento, pero sí habrían rendido servicio a posteriores equipos. Hubo un momento en el que los habitantes de Biosfera 2 se intoxicaron a sí mismos porque no sabían cómo cocinar la malanga que habían cultivado.

Inicialmente, Biosfera 2 tendría que haber funcionado en tramos consecutivos de dos años, pero el proyecto se canceló a mitad de la segunda ronda por motivos económicos y disputas internas.* De haber continuado, seguramente dispondríamos de muchos más datos sobre cómo maximizar la producción y la seguridad. Suponiendo que fuese posible resolver esos problemas, ¿podríamos haber trasplantado el sistema completo a Marte?

* Como colofón (irrelevante, pero tan inesperado que no podemos dejar de mencionarlo), Chris Bannon y su hermano Steve (que más tarde estaría al frente de la campaña presidencial de Donald Trump en 2016) fueron designados para ponerse al frente del experimento, ya por entonces con graves problemas financieros, poco antes de que tocase a su fin.

No.

Para empezar (y esto es lo más importante), habría habido que cambiar la estructura. En la Tierra, la presión atmosférica dentro de Biosfera 2 era muy similar a la del exterior. Aun así, el sistema precisaba de dos «pulmones» gigantescos para velar por la adaptación a las expansiones y contracciones de la atmósfera como resultado de los cambios de temperatura.

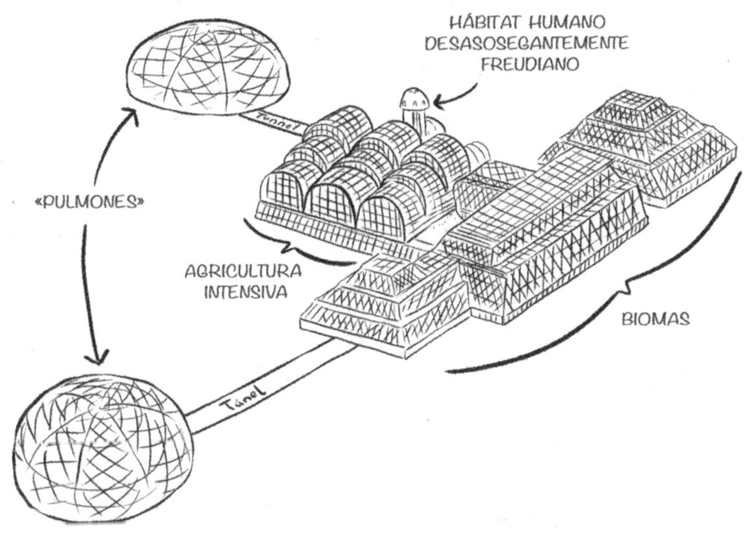

Esto será bastante más complicado en el vacío casi perfecto del espacio. En la EEI, en cada ventana hay cuatro paneles de vidrio, el más fino de los cuales tiene un grosor de algo más de 1,25 centímetros, y el más grueso, de 3 centímetros. Puede que sea posible reproducir algo similar en varias hectáreas de terreno, pero no saldrá barato. Una alternativa probable será la de soterrar toda la instalación, de forma que el regolito aporte la presión exterior. Pero ahora nos encontramos con el problema de transferir la luz del exterior, o de generarla de alguna manera. No es lo ideal, pero también es cierto que nuestro hogar iba a estar recubierto de regolito en cualquier caso, para protegernos de la radiación y de las oscilaciones en la temperatura.

Biosfera 2 seguramente necesitaría mejorar también su eficiencia para poder funcionar en Marte. Recordad que, si queremos pan dentro de la biosfera, lo primero es plantar semillas en el suelo. Hay que cultivar trigo, trillarlo, moler las semillas y solo entonces iniciar el proceso de amasado y horneado. Si os gustan las tostadas con queso, tendréis que ser cabreros y queseros. A efectos prácticos, seréis agricultores de subsistencia con una parcela pequeñita que de vez en cuando precisa mantenimiento técnico. En Biosfera 2, esto se tradujo en una carga laboral de entre ocho y diez horas diarias, cinco días y medio a la semana. Y en este cálculo no se incluyen las tareas propias de un asentamiento espacial, como operar una central eléctrica, la albañilería, las manufacturas y, con el tiempo, el cuidado de los niños. Un asentamiento espacial concebido para el largo plazo se beneficiará de la distribución del trabajo, pero será complicado si todos tienen que laborar en la agricultura a tiempo completo simplemente para no morir de inanición.

Kelly habló en una ocasión con un grupo de científicos que estudiaban los sistemas ecológicos cerrados y les preguntó su opinión sobre Biosfera 2. Una opinión bastante generalizada fue que había estado muy bien, pero había pecado de ambicioso. Dado el coste, que ajustado a la inflación equivaldría hoy a trescientos o cuatrocientos millones de dólares, se habrían podido obtener mejores datos científicos mediante una serie de instalaciones de menor tamaño que podrían haber ido ampliándose con el tiempo. Puesto que no se adoptó un enfoque tan metódico, Biosfera 2 ha quedado para la historia como un fascinante prototipo. No demostró que se pudiesen construir ecologías en otros mundos, pero sí dejó la puerta abierta a esa posibilidad. Hasta qué punto funcionaría si se ampliase el volumen de población en cinco órdenes de magnitud ya es otra cuestión.

Desde entonces ha habido otros experimentos a menor escala: por ejemplo, las Instalaciones del Experimento de una Ecología Cerrada (CEEF), en Japón, en las que el sistema fue capaz de suministrar la mayoría de los alimentos de dos «econautas» humanos y sus cabras, pero que encontró dificultades para proporcionar los niveles de oxígeno necesarios. China mantiene en funcionamiento un Ecosistema Artificial Cerrado para el Sustento de la Vida en una Astrobase Lunar Permanente (más conocido por sus siglas en inglés, PALACE; desde luego, en el tema de los acrónimos China no tiene nada que envidiar a la NASA). En él, equipos de tres personas han participado en aislamientos parciales y han obtenido buenos resultados en el reciclado del agua y la eliminación del dióxido de carbono atmosférico con plantas, particularmente cuando el equipo tenía una mayoría de dos mujeres, por ser estas de menor tamaño que los hombres participantes en el experimento. La Agencia Espacial Europea tiene un proyecto ecosistémico muy metódico, conocido como Alternativa de Sistema de Soporte Vital Microecológico, o MELiSSA, por sus siglas en inglés, pero aún no se le ha añadido presencia humana. Esos son los tipos de sistemas que mejorarán nuestro conocimiento sobre los sistemas ecológicos cerrados, pero ninguno tiene la magnitud de Biosfera 2, la cual, a su vez, tampoco poseía las dimensiones que necesita un asentamiento en el espacio.

¡Compostaje espacial! Muy importante, pero menos molón que los viajes espaciales

Nos encantaría poder compartir con vosotros una fórmula científica más definitiva para, por ejemplo, meter a un centenar de personas en una burbuja de vidrio en la que puedan vivir indefinidamente. No la tenemos. En cierto modo, esa es la prueba definitiva de que las agencias espaciales no se plantean los asentamientos en el espacio como su principal objetivo.

Biosfera 2 costó una milésima parte del dinero destinado a la EEI. Se puede debatir sobre el sentido de construir estaciones espaciales, pero si forman parte de un proyecto que a la larga conduzca al establecimiento de asentamientos exoterrestres, no se está haciendo un buen uso de los recursos. Con lo que costó la EEI se podrían haber construido quinientas biosferas. Es más: se podría haber llevado a cabo una secuencia de experimentos a lo largo de varios decenios para crear lo que de verdad se necesita: un modelo informático extremadamente detallado sobre la forma de diseñar mundos estancos. Qué formas de vida utilizar, cómo estructurarlas, cómo obtener la mayor eficiencia de todas ellas y cómo maximizar la población humana y su bienestar en el interior del ecosistema. Ah, y tendríamos además el beneficio adicional de ahondar en el conocimiento sobre la sostenibilidad de los ecosistemas e incrementar nuestra capacidad de producir alimentos de forma eficiente en entornos con climas poco acogedores, cuestiones ambas que serán con toda seguridad relevantes en los próximos decenios.

Uno de los principales motivos por los que los Gobiernos del mundo pagan para poner en órbita minúsculos hábitats repletos de humanos es el prestigio nacional: una demostración de habilidad y poderío ante la comunidad internacional. Disparar a varias personas a bordo de un cohete hacia la Luna impone bastante más que redactar informes detallados sobre la forma de transformar estiércol y restos de comida en trigo. Pero si el propósito de las agencias espaciales es llegar a establecer asentamientos en el espacio, sería necesario destinar muchos más fondos a esta cuestión, por mucha indiferencia que despierten entre el público. Si no somos capaces de garantizar agricultura in situ, los asentamientos espaciales solo serán posibles si aceptamos la inevitabilidad de ingentes y constantes transportes de alimentos. Puede que resulte posible en el caso de un asentamiento en la Luna, a un coste astronómico, pero sería extremadamente arriesgado si este está en el lejano Marte.

Un esfuerzo más coordinado en la construcción de sistemas ecológicos circulares permitiría también ahondar en cuestiones sociológicas. Del mismo modo que no sabemos lo suficiente sobre sistemas cerrados, tampoco conocemos demasiado sobre cómo sobrellevan las personas la vida en esas

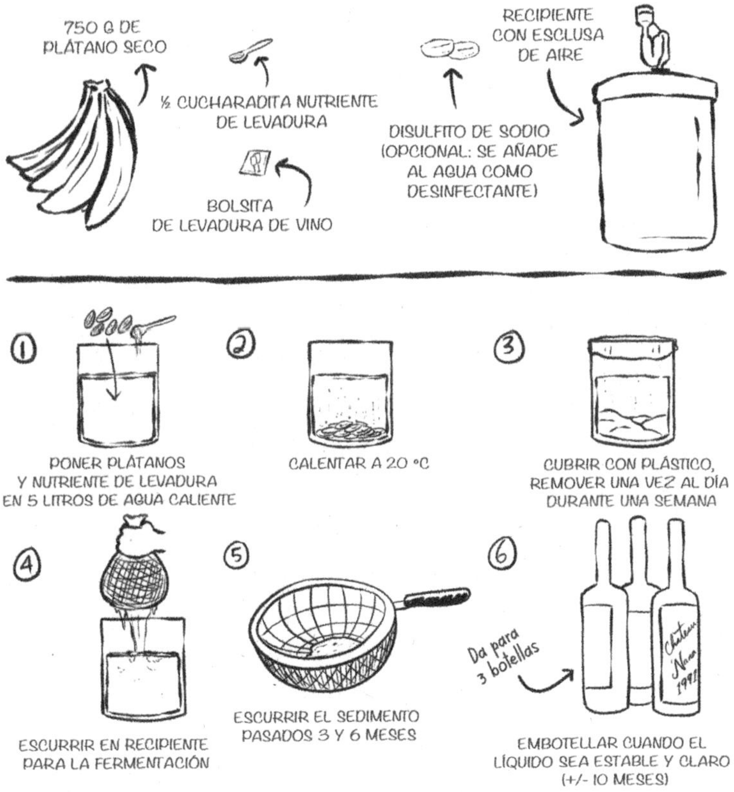

ADAPTACIÓN DEL LIBRO DE SALLY SILVERSTONE «EATING IN: FROM THE FIELD TO THE KITCHEN IN BIOSPHERE 2».

burbujas. Y nos iría bien saberlo, porque nosotros, los monos, incorporamos nuestro caos a cualquier sistema ecológico. Antes citábamos a Andy Weir, que defendía que el alcohol en el espacio es una mala idea, porque destruiría valiosas calorías. No le falta razón desde el punto de vista biológico, pero en términos psicológicos puede que no esté considerando todas las variables. No es por porfiarle al bueno del señor Weir, pero es un hecho que los biosferianos, pese a andar faltos de calorías, destilaron alcohol. Para elaborar vino recurrieron a varias de sus fuentes de calorías: plátanos, arroz y remolachas.*

En este caso podríamos acusar a los biosferianos de comportarse de modo irracional, pero a nosotros nos parece que vale la pena matizar el asunto. No es irracional querer reconfortarse de alguna manera. Encerrados en una burbuja, separados físicamente de vuestros seres queridos, sometidos ocasionalmente a los escupitajos de vuestros compañeros de trabajo... ¿Quién no querría arrearse un lingotazo de remolacha fermentada en una noche estrellada de sábado? Al final, el objetivo de establecerse en el espacio no es sobrevivir, sino medrar. Eso quiere decir encontrar acomodo a la fragilidad humana en un entorno no siempre benévolo para con el ser humano. Si alguna vez llegamos a construir asentamientos permanentes en el espacio, tenemos que integrar todas esas consideraciones en nuestro enfoque científico con la misma urgencia con la que trabajamos para construir vehículos que nos lleven a Marte.

La buena noticia para Astrid es que vamos a dar por supuesto que todo ha salido bien y ha criado a sus hijos para que no escupan a sus compañeros de trabajo.

* Si somos justos, se malogran más calorías transformando comida en licor que transformándola en vino. Quizás esa sea la solución de compromiso en lo tocante al alcohol para los famélicos marcianos.

Lo último que les hace falta para completar su hábitat es la burbuja que mantiene a raya el espacio y conserva la energía que necesitan para preservar con vida todo lo que hay en su interior.

10

Como en la espoma en ninguna parte: cómo construir hábitats en el espacio exterior

> No es hiperbólico afirmar [que] si los humanos llegan a residir en la Luna tendrán que vivir como hormigas, gusanos o topos. Lo mismo puede decirse de todos los objetos celestes esféricos desprovistos de una atmósfera o un campo magnético apreciables, Marte incluido.
>
> James Logan, exjefe de medicina aeronáutica de la NASA y jefe de operaciones médicas del Centro Espacial Johnson

Bien, ya hemos visto que los humanos somos débiles y blanditos. Los emplazamientos a nuestro alcance son tóxicos. Y pinchan. Y hace mucho frío en ellos. Vamos a tener que cultivar verdura con nuestros propios excrementos, criar insectos para comérnoslos y repeler los ataques de los alacranes de la corteza, para luego emborracharnos con vino de remolacha. Este es el nuevo amanecer de la humanidad.

Bueno, suponiendo que seamos capaces de iluminarlo.

La última pieza en el puzle de la supervivencia humana lejos de la Tierra es encontrar la manera de proteger al ser humano y su entorno de todos los horrores del clima lunar y marciano. Se han consagrado considerables esfuerzos a los pequeños detalles, pero hay dos grandes problemas que no podemos soslayar: la energía y el blindaje.

Energía

Según datos de 2020, casi un 60 por ciento de la electricidad del planeta se obtiene de combustibles fósiles. A menos que descubramos algo *muy* sorprendente sobre el pasado de Marte y, de resultas de ello, decidamos prenderle fuego, podemos olvidarnos de cualquier opción que incluya la palabra *fósil*. La mayoría de las energías renovables tampoco nos servirán en el espacio. La energía hidráulica necesita agua corriente. La eólica, viento. Es cierto que, de vez en cuando, se han lanzado propuestas para intentar obtener energía eólica en Marte, pero para poder aprovechar su escasísima atmósfera harían falta unas turbinas descomunales. La energía geotérmica (que aprovecha las altas temperaturas del interior de la Tierra) no sería viable en la Luna, geológicamente inerte. Quizá sí lo sea en Marte, pero requeriría otra obra de construcción gigantesca; además, los mejores emplazamientos para aprovechar la energía geotérmica puede que no sean los más apropiados para los primeros hábitats en Marte.

Eso nos deja dos opciones: la energía solar y la nuclear. Lo más seguro es que utilicemos ambas. Si la segunda os inquieta, estaréis tentados de apostarlo todo a sistemas fotovoltaicos. Pero pensad lo que eso significaría en la Luna o en Marte. En las propuestas más habituales para Marte, las que contemplan tripulaciones de muy pocas personas, se habla de hectáreas y hectáreas de paneles solares para las misiones iniciales de exploración, sin considerar siquiera por un momento el inmenso invernadero subterráneo que haría falta para surtir de salsa para tacos a los bancos locales. Si asumimos que el consumo energético de los marcianos es equiparable al del ciudadano estadounidense medio, una ciudad en Marte de un millón de habitantes precisará unos 130 km^2 de paneles solares.* Los ha-

* Queremos aclarar que a nosotros nos parece una estimación bajísima. Conseguir una cifra precisa resultaría extraordinariamente complejo. Cuando

bitantes de Marte, sin embargo, seguramente necesitarán mucha más energía, ya que estarán obligados a desarrollar toda la actividad agrícola y manufacturera a escala local, lo que incluye la necesidad de generar aire, limpiar el suelo de toxinas para su posterior aprovechamiento y extraer combustibles de la atmósfera.

En la Luna, a menos que estemos en los picos de luz casi casi eterna, los paneles no funcionarán dos semanas de cada cuatro. En Marte, funcionarán de día, pero recordad que allí los días son la mitad de luminosos que en la Tierra. Además, de vez en cuando se levantan tormentas de polvo que ocultan el Sol por completo. En uno y otro emplazamiento necesitaremos baterías para los períodos de oscuridad. El peso total de ellas dependerá de nuestra ubicación y de nuestras necesidades, pero como mínimo estamos hablando de varios miles de toneladas de equipamiento, y puede que de bastante más también. Pero incluso si dispusiésemos de esos enormes sistemas de emergencia, no podemos enchufarlos a los paneles solares que se compran en la ferretería de la esquina. Tendremos que contar con paneles capaces de resistir altos niveles de radiación, impactos de meteoritos, la abrasión causada por el regolito y las demenciales oscilaciones de temperatura. En Marte, en particular, habrá que limpiarlos de polvo, un proceso que, al menos en la Tierra, requiere de mucha agua y mucha mano de obra.

La respuesta habitual a tanto problema suele ser «¡Robots! ¡Robots, rediós!». A nosotros nos gustan los robots, pero no nos convencen. Recientemente, la misión *Mars InSight* hizo uso de una herramienta apodada *el topo,* diseñada para perforar el suelo marciano hasta una profundidad de cinco metros.

---

hablamos del asunto con Manfred Ehresmann, este nos recordó que habría que tener en cuenta cosas como que, en la Tierra, los cargueros son un medio eficiente de transporte porque flotan en agua. Así que la cifra real podría ser diez, o incluso cien veces más elevada.

Consiguió excavar unos dos o tres centímetros antes de estropearse a consecuencia de la escasa fricción, el alto grado de compactación del regolito y el menguante suministro de energía, provocado por el polvo que iba asentándose en los paneles solares del robot. El equipo pasó varios meses intentando infructuosamente recuperar el experimento antes de rendirse. Con esto no estamos queriendo faltar a nadie: quienes escriben estas líneas no son capaces de construir un robot de Lego, y mucho menos uno capaz de funcionar de forma autónoma en el espacio. Y eso por no mencionar otros habitantes mecánicos de Marte que sí están funcionando, como los robots del tamaño de un camión o el menudo helicóptero robotizado que sobrevuela en este instante las rojas colinas del planeta. Pero aún nos falta mucho para tener un sistema robótico autónomo capaz de montar, instalar y reparar cientos de hectáreas dedicadas a la energía solar y construidas sobre un terreno desconocido.

Y por eso vamos a hablar de nuestro querido amigo el átomo.

Energía nuclear espacial: la fuente energética que por regla general no esparce residuos radiactivos sobre Canadá

Los autores seguramente nos sentimos más cómodos hablando de energía nuclear que el lector medio. Somos de esos que en las fiestas comentan que la gestión de los desechos nucleares es una tecnología muy establecida y segura, y que Francia no tiene un brillo verdoso por la noche pese a que las centrales nucleares producen el 70 por ciento de la electricidad del país. Aun así, e incluso si estáis de acuerdo con nosotros, puede que os siga dando un poco de repelús la idea de lanzar *puñaos* y *puñaos* de plutonio al espacio. ¿Serviría de algo que os digamos que es algo que llevamos décadas haciendo? En realidad, a través de dos maneras, bastante diferentes entre sí, pero que a veces se confunden.

Primera forma: puñaos *calientes*

El uso más sencillo de la energía nuclear es la generación de calor en una unidad de calor de radioisótopos. Si queréis, podéis imagináros la como una cajita mágica que nunca* se enfría. La fuente térmica es un metal radiactivo, habitualmente plutonio, americio o polonio.

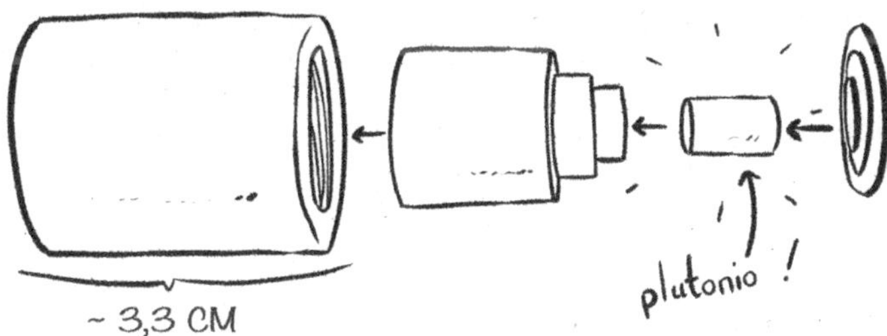

* Bueno, no es del todo cierto: los materiales se desintegran, pero a lo largo de un período de tiempo larguísimo. Por ejemplo, si utilizamos plutonio-238, la cantidad de energía generada se reduce a la mitad cada ochenta y ocho años.

Esas sustancias son radiactivas, es decir, con el tiempo sus átomos empiezan a desintegrarse. Como parte del proceso, generan calor, algo que incluso los robots necesitan para poder funcionar en el espacio. De hecho, hay una larga tradición de robots nucleares en el espacio. Las sondas lunares soviéticas *Lunojod* funcionaban con energía solar durante el día, pero mantenían la temperatura operativa gracias a un pedazo de polonio-210. Incluso en una fecha tan reciente como 2018, la agencia espacial china envió la sonda *Yutu 2* ('conejo de jade') a la nunca hasta entonces sondeada cara oculta de la Luna y utilizó plutonio-238 para que estuviese calentita en su viaje.

Estos sistemas no han estado exentos de incidentes. Puede que el peor sea el que se produjo en 1969, durante el lanzamiento de la primera sonda *Lunojod*: el cohete que la transportaba explotó y diseminó polonio sobre varias regiones de la Unión Soviética.

Hay otro sistema más avanzado, el generador termoeléctrico de radioisótopos. Básicamente, consiste en un sistema de calefacción nuclear al que se le añade algo llamado *termopar*. De este modo, parte del calor que genera el sistema se destina a producir electricidad.

La ventaja de este sistema es que con él tenemos una fuente de energía más o menos permanente y extremadamente fiable. En el pasado se han utilizado como calefactores en el Ártico y también en marcapasos. Las versiones de plutonio-238 alimentaban los equipos científicos que los astronautas del *Apolo* dejaron en la Luna, y también se han usado en las sondas marcianas. Son del todo indispensables para las sondas que lancemos a lo más profundo del espacio, para las cuales el recurso a la energía solar es inviable. Gracias a sus generadores termoeléctricos radioisotópicos, las sondas *Voyager 1* y *Voyager 2*, lanzadas en 1977, han salido ya del sistema solar y continúan transmitiéndonos datos.

Aparatos como estos molan porque son sencillos y funcionan. La principal desventaja, más allá de la oposición de la opinión pública, es que no se obtiene tantísima cantidad de electricidad por unidad de masa. El plutonio rinde unos 500 vatios de calor por kilogramo. Si nuestro sistema de conversión de calor en electricidad es muy bueno, quizá pueda aprovechar una décima parte de esa cantidad. El calor residual también es útil, en particular durante las noches lunares, pero en términos muy generales, por cada dos kilos de plutonio obtenemos la electricidad necesaria para un ordenador portátil. Pocas formas hay más intimidatorias de procesar textos, pero lo cierto es que no es muy eficiente, y además nos saldría por algo así como diez millones de dólares.

Si fuésemos capaces de transferir por arte de birlibirloque cantidades descabelladas de plutonio-238, sería una forma muy cómoda de disponer de energía: calefacción, electricidad... sin el riesgo de los clásicos accidentes nucleares, como fusiones de núcleo y fugas de refrigerante. Pero no podemos. Esos sistemas no generan suficiente energía para su masa. Si se utilizan, será con fines ya habituales, como mantener la temperatura de las sondas.

Segunda forma: los reactores de fisión nuclear de toda la vida

Cuando la gente habla de un reactor nuclear, por lo general se refiere a un reactor de fisión. Los sistemas de los que hablábamos más arriba funcionan con materiales radiactivos que, por así decirlo, se desintegran de forma «natural». Los reactores nucleares de fisión fuerzan a los átomos a desintegrarse rápidamente. El resultado es una cantidad inmensa de energía por masa.

Sin embargo, nos tememos que hablar de reactores nucleares en un libro sobre viajes al espacio os tiene a unos cuantos algo nerviosos. Tened la seguridad de que las agencias espaciales lo han hecho ya en numerosas ocasiones y, como veremos, en el 98 por ciento de esas misiones no se acabó esparciendo accidentalmente material radiactivo sobre Canadá.

La única fuente de energía por fisión que ha entrado en órbita fue el proyecto estadounidense SNAP-10A, un reactor experimental lanzado al espacio en 1965, cuyos componentes eléctricos dejaron de funcionar en el día cuarenta y tres de la misión. Aun cuando parece haber perdido algunas de sus piezas, SNAP sigue en la órbita alta, y con toda seguridad seguirá dando vueltas a la Tierra durante los próximos cuatro mil años, o al menos hasta que los descendientes de la humanidad actual, armados con una tecnología lo bastante avanzada, lleguen hasta él y, con un resoplido entre hastiado y resignado, lo redirijan hacia el Sol.

La Unión Soviética puso en órbita más de treinta reactores de fisión nuclear a bordo de satélites. Cuando todo salía bien, y una vez completada la misión, los satélites nucleares quemaban un poco de propelente para trasladarse a una «órbita de almacenamiento de larga duración», también conocida con el más desasosegante nombre de *órbita cementerio*, donde permanecerán durante siglos; un poco como los anillos de Saturno, si estos estuviesen hechos de desechos radiactivos.

Las cosas, con todo, no siempre salían según lo previsto. Dos de los reactores cayeron accidentalmente a la atmósfera terrestre: uno de ellos, el infausto *Kosmos 954*, esparció accidentalmente (cómo no) residuos radiactivos sobre Canadá. Retomaremos este tema un poco más tarde, cuando hablemos de las leyes que rigen la responsabilidad en el espacio exterior, pero baste con decir por ahora que el incidente no le hizo gracia a nadie.

Ningún reactor de fisión ha viajado más lejos, ni en sondas ni en vehículos espaciales. Pero las pruebas en la Tierra empezaron en la década de 1960 y continúan en la actualidad. En 2015 se puso en marcha el proyecto de creación de un reactor nuclear compacto para su uso en misiones espaciales. Su nombre: Kilopower. El reactor es pequeño y genera energía suficiente para cubrir las necesidades de varios hogares estadounidenses. En 2018, el proyecto (conocido entonces como *Kilopower Reactor Using Stirling TechnologY* o KRUSTY*) fue puesto a prueba, con buenos resultados. Actualmente se está trabajando en una unidad de mayor tamaño que podría generar energía suficiente para treinta hogares, y la NASA tiene previsto efectuar pruebas en la Luna con sistemas similares de generadores por fisión.

Los reactores de fisión tienen sus riesgos. En el lanzamiento están expuestos a lo que los ingenieros aeroespaciales llaman «un desensamblaje rápido e inesperado», también conocido como «¡bum!». Una vez llegan a su emplazamiento, el principal problema que plantean es la radiación que emiten,

* En un artículo científico publicado en 2019 se utilizan otros acrónimos inspirados en Los Simpson, como DUFF (en referencia a una demostración con fisiones planas) y FRINK (un código para la cinética nuclear integrada de los reactores de fisión). Al parecer, D. I. Poston, el autor del artículo, lleva veinte años jugando a esto.

por lo que habrá que protegerse de ellos, seguramente ubicándolos lejos de nuestro hábitat y sepultándolos en regolito. Por supuesto, tampoco se puede descartar el riesgo adicional de una fusión del núcleo, pero recordemos que Marte ya está cubierto de regolito tóxico, así que tampoco es que vaya a destruir las cuencas locales ni nada de eso.

Podemos entender el nerviosismo que los reactores nucleares despiertan en general, y la idea de enviarlos al espacio en particular. Tal como lo vemos nosotros, podemos conseguir que esos sistemas sean todo lo seguros que queramos si nos atenemos a unas pocas reglas básicas. Los reactores nunca deben usarse para impulsar el lanzamiento. Únicamente deberían ponerse en marcha lejos de la Tierra, porque los residuos verdaderamente peligrosos solo se generan cuando comienza la reacción nuclear. En segundo lugar, el material radiactivo del interior del reactor tiene que estar a buen recaudo, de forma que, en el peor de los casos, si el equipo se estrella contra la Tierra el proceso de limpieza abarque un área reducida que no planteará problemas.*

Dicho esto, estamos seguros de que algunos de los lectores de este libro siguen sin estar muy convencidos. Y lo entendemos, pero queremos que entendáis que rechazar la energía nuclear supone dar carpetazo a los asentamientos espaciales hasta que dispongamos de fuentes de energía alternativas inimaginables ahora mismo.

Un reactor nuclear es un generador dentro de una caja que puede ajustarse a voluntad y que puede funcionar durante años sin necesidad de recarga. No le afectan ni la noche

* En teoría, puede que en el futuro podamos extraer combustibles nucleares in situ, porque tanto en la Luna como en Marte hay elementos que pueden utilizarse a tal efecto. El problema es que, al igual que sucede con el helio-3, las concentraciones de esos elementos son bajísimas. Aun así, si lo que nos interesa es extremar las precauciones en la Tierra, técnicamente, la posibilidad existe.

lunar ni las tormentas de Marte. Solo necesita baterías en caso de emergencia. Le hará falta mantenimiento, claro, pero su huella ambiental es una fracción ínfima de la de una planta solar de potencia equiparable en la Tierra, y recordemos además que Marte recibe la mitad de luz solar que nuestro planeta.

Si alguna vez existen asentamientos en el espacio exterior con sistemas locales de fabricación, quizá puedan construir sistemas fotovoltaicos en el mismo emplazamiento para generar energía. En un asentamiento de gran tamaño, la fisión nuclear seguirá siendo la mejor fuente de energía en el espacio.

Blindaje

Es posible que al hablar de *blindaje* imaginéis los campos de fuerza invisibles que protegen las naves espaciales en *Star Trek*. La vida en el espacio no será así. El blindaje preferido en el espacio será la tierra. Nuestro hábitat estará cubierto por una capa, quizá de varios metros de grosor, de ese polvo tóxico y cortante del que hablábamos antes, a fin de protegernos de los meteoritos, la radiación y las fluctuaciones de temperatura, y también para mantener la presión en el interior.

Hay formas más o menos refinadas de afrontar este proceso. Una de las opciones consiste, simplemente, en sepultarse en ese polvo. El problema está en que los aterrizajes de cohetes y las tormentas de polvo podrían desbaratar ese blindaje. Otras propuestas más detalladas contemplan la posibilidad de apilar el regolito en sacos, cocerlo en bloques sólidos o fabricar ladrillos con él. O bien, si estamos construyendo una estación espacial giratoria, cargarlo en contenedores y enviarlo al espacio.

Si conseguimos recubrirlo todo en regolito, habrá que encontrar la manera de que los humanos no lo inhalen. Las experiencias en la Luna permiten adivinar que será un grave peligro para la salud y para los equipamientos. Es un problema que los creadores de hábitats conocen bien, y para el que han propuesto diversas soluciones a lo largo de los años.

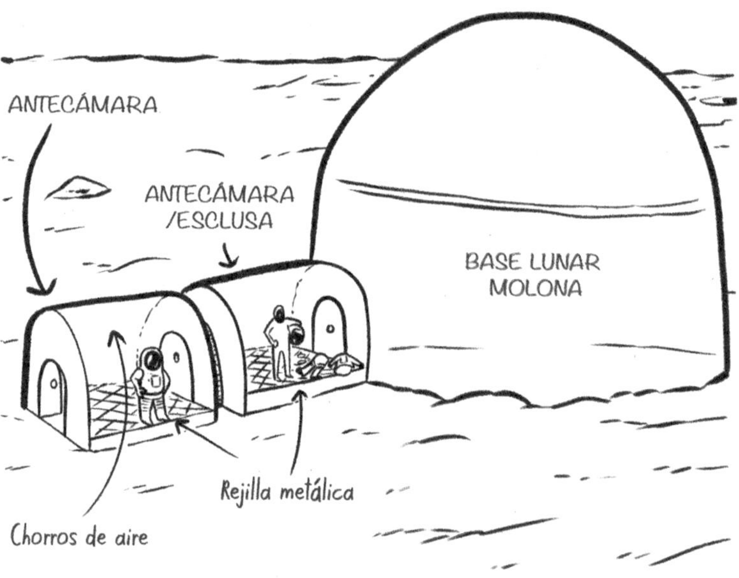

Algunas de ellas son muy sofisticadas, y contemplan trajes capaces de repeler el polvo o antecámaras que lo limpian a uno de arriba abajo antes de acceder al hábitat.

Otra idea consiste en fabricar los trajes de forma que puedan fijarse al exterior del hábitat. Uno se mete en el traje desde dentro del hábitat y lo sella antes de salir de paseo. De este modo, el hábitat nunca está directamente expuesto al polvo. Al concepto, sin embargo, se le pueden poner varias pegas. Para empezar, toda conexión entre los trajes espaciales y el hábitat es, a todos los efectos, otra esclusa que requerirá mantenimiento. Además, de vez en cuando habrá que meter los trajes en casa para comprobar si han sufrido desperfectos y efectuar reparaciones, con lo que seguiremos teniendo que encontrar una solución al problema del polvo.

Puede que la mejor solución sea también la más sencilla. En la Tierra, cuando un operario termina de instalar aislamientos de fibra de vidrio, no lo limpia en una esclusa ni utiliza una armadura antipolvo. Lo que hace es ponerse un mono desechable y tirarlo cuando ha terminado. Sabiendo esto, un experto en diseño propuso que se utilizase una especie de capa por encima del traje espacial. Barato, sencillo y todo el mundo parecerá un jedi. Utilizar materiales desechables no será la mejor opción para el proyecto de reciclaje, pero con un poco de creatividad, quizá seamos capaces de coser unas cuantas hojas de banano para hacer esas capas cuando hayamos recolectado suficiente fruta para hacer vino.

La segunda opción más popular para los blindajes es el agua, que sorprendentemente protege de forma muy eficaz contra la radiación. El agua será un bien escaso, pero al servir de blindaje su función será doble. En términos prácticos, el exterior de nuestro hábitat serían depósitos de agua: es un proyecto más complejo que el de apilar tierra, pero en fin, en algún sitio había que almacenarla, ¿no?

Otra solución sería limitar el uso de regolito recurriendo a materiales más exóticos. Por ejemplo, tenemos el producto del boro hidrogenado favorito de grandes y pequeños:

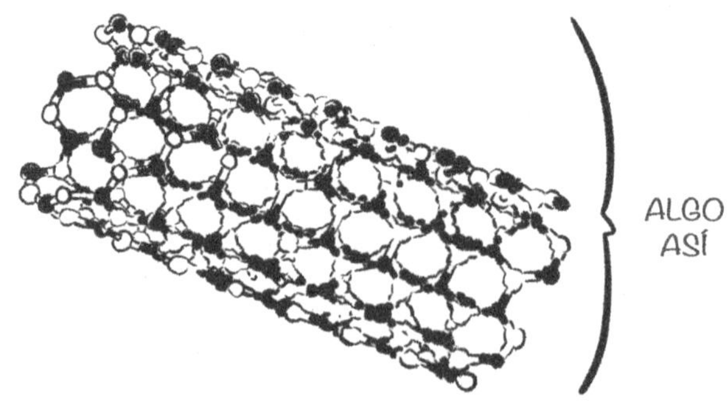

los nanotubos de nitruro de boro hidrogenado. Imaginad un montón de diminutas pajitas moleculares. Fabricarlas no será barato, pero ofrecen una excelente absorción de neutrones y son capaces de absorber también las cascadas de espalación que se generan cuando las partículas chocan con otros tipos de blindaje.

También se pueden bloquear las cargas de radiación con el llamado *blindaje activo*. Imaginemos una serie de torres erigidas en torno a la base que generan poderosísimos campos magnéticos que desvían las partículas cargadas que llegan del espacio. Si combinamos ese sistema con lo de los nanotubos de boro tendremos un sistema antirradiación bastante potente. El problema está en que un campo de fuerza perpetuo de poco sirve ante problemas como los meteoros y las oscilaciones de temperatura. Además, requiere mucha más energía que vivir bajo una pila de sacos terreros.

La idea con la que hay que quedarse es que la cuestión del blindaje es muy complicada, por lo que cualquier representación artística de un asentamiento espacial cobijado bajo una cúpula de vidrio es, con toda seguridad, errónea. El arquitecto espacial Brent Sherwood, al escribir sobre la arquitectura lunar, lamentaba que «esas milagrosas cúpulas cristalinas y

presurizadas que, dispersas sobre la superficie de un planeta, ofrecen a la población de las afueras residenciales espléndidos panoramas del espacio en toda su magnitud son un icono moderno tan carente de base como persistente. Una instalación de esas características recocería a sus habitantes (y la flora con la que conviven) y al mismo tiempo los envenenaría con radiación espacial».

Puede que, en el futuro, la fabricación in situ haga posible un blindaje más estético que un montón de tierra. De momento, si salir de la Tierra es para el ser humano como abandonar la casa paterna, tened por seguro que el ser humano irá directo a vivir al sótano del vecino.

Un hogar lejos de nuestro planeta: clases de hábitats espaciales

Ahora que sabéis a lo que nos enfrentamos y dónde queremos vivir, estamos listos para construir. En el terreno de la arquitectura espacial, los investigadores establecen por lo general tres categorías, imaginativamente bautizadas como *clase I*, *clase II* y *clase III*. Podéis considerarlas las fases por las que muy seguramente pasaremos en el proceso de construcción de nuestros asentamientos.

Clase I: la pecera (para humanos)

Un hábitat de clase I no es más que un trozo de estación espacial que se instala sobre una superficie en el espacio, en lugar de permanecer en órbita. Es un contenedor estanco concebido para caber en la cofia de carga de un único cohete. En el pasado, eso significaba que podía tener un diámetro máximo de unos 4,4 metros. Puede que con cohetes gigantescos esas dimensiones puedan multiplicarse por dos, suponiendo que consigan despegar, pero los espomas de clase I serán siempre estrechitos.

Pero no nos centremos en el tamaño: imaginemos una base cilíndrica depositada en la superficie lunar. La sepultamos en regolito y, ¡tatatachán!, ya estamos viviendo en la Luna. Las cosas serían un poco más fáciles si encontramos un cráter del tamaño adecuado y volcamos regolito por encima. El investigador Manfred Ehresmann lo ha llamado «el tubo de lava a lo barato».

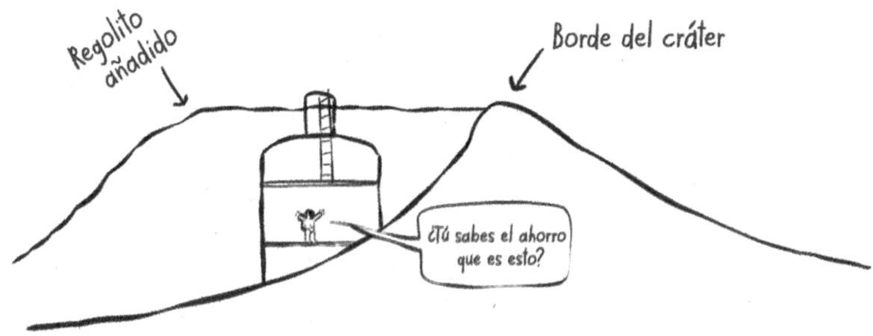

No es precisamente *Star Trek*, pero lo que nos interesa ahora es poder existir, nada más. Si decidimos que la Luna sea nuestro campo de prácticas para los asentamientos espaciales, las bases de clase I serán el escenario en el que escribiremos el manual del colono lunar: cómo gestionar el polvo; cómo afectan al cuerpo humano la gravedad reducida a una sexta parte de la terrestre y la radiación espacial; cómo gestionar todas las necesidades técnicas, médicas, psicológicas y de seguridad que puedan surgir en ese nuevo entorno.

También tendremos la oportunidad de salir de exploración. Una de las propuestas para darle una pátina más científica a los hábitats de clase I es el «Habot», mitad hábitat, mitad robot. Básicamente, una *roulotte* lunar.

La mejor y más obvia manera de materializar este concepto es acoplar un hábitat al sistema conocido como Explorador Extraterrestre Todoterreno de Seis Extremidades (ATHLETE, por sus siglas en inglés), que tiene seis patas articuladas en los extremos. Puede caminar, puede rodar y, lo que es más importante, parece un insecto lunar gigante, lo cual, si somos sinceros, es el principal motivo por el que lo traemos a colación. Si además le ponemos encima unas cuantas capas de jedi, quizás estemos dispuestos a pasar por alto la falta de blindaje eficaz contra la radiación y el hecho de que unas patas gigantes y con múltiples articulaciones quizá no sean el modo óptimo de circular por el regolito que cubre la superficie lunar. Como sugirió muy pragmáticamente Robert Wagner: «¿Qué tal si al insecto gigante del espacio le ponemos unos gigantescos pantalones espaciales para protegerlo del polvo?».

Clase II: con instrucciones de montaje

En un hábitat de clase II, nuestro hogar se construirá todavía con partes llegadas de la Tierra, pero estas serán más complejas y requerirán un proceso de construcción in situ. Puede que este se asemeje a las obras que conocemos en la Tierra, pero el ejemplo clásico es el de un hábitat hinchable. Una estructura hinchable significa que se puede cargar mucho más volumen habitable en la cofia de carga de un cohete.

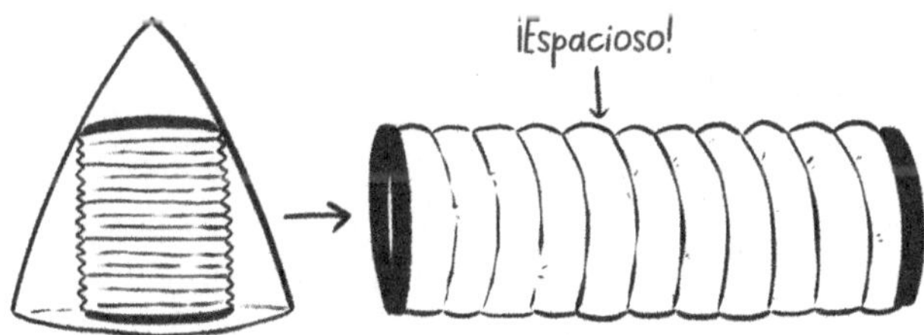

Llegar a la superficie extraterrestre, hinchar y ¡a disfrutar! También sería posible «endurecer» el hábitat con materiales que se solidifican por acción de la temperatura, la radiación ultravioleta u otros medios aún más extraños.

La NASA avanzó mucho en el diseño de un sistema hinchable, el TransHab. Tenía tres pisos que se hinchaban en torno a un núcleo rígido. No os lo imaginéis como un globo: el exterior estaba compuesto por varias capas muy complejas, como un revestimiento exterior para repeler meteoritos, una capa de kevlar con la que resistir la presión interior del hábitat frente al vacío exterior y varias «cámaras redundantes» con las que detener o ralentizar el avance de un posible incendio. Había incluso una «barrera antirrasguños», porque el hecho de vivir sobre un terreno venenoso no significa que tengamos que apechugar con rozaduras en la fachada de nuestra casa.

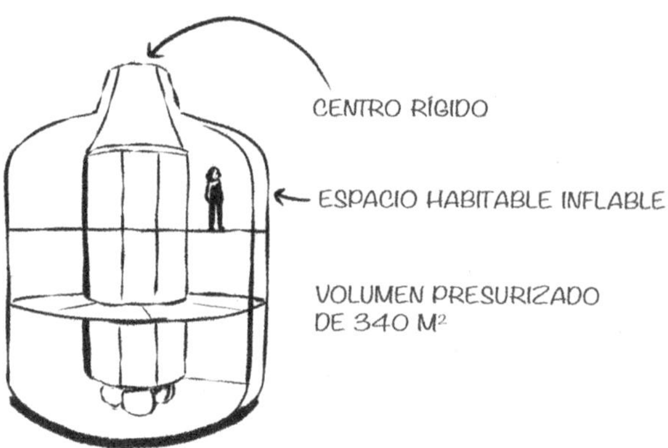

TransHab llegó a ponerse a prueba en la Tierra y, una vez presurizado, soportó la simulación del impacto de micrometeoros. Pero nunca llegó a salir al espacio, y la patente acabó vendiéndose a una empresa privada, Bigelow Aerospace, que creó una versión de menor tamaño, el módulo Bigelow de actividad expansible (BEAM, en sus siglas en inglés). El módulo ha podido hincharse como complemento de la EEI y desde 2016 está en uso como espacio de almacenaje.

Una gran desventaja para las estructuras hinchables ahora mismo es nuestro escaso conocimiento. El acero, la madera, el hormigón... son materiales que conocemos bien. Dejando de lado las cubiertas hinchables de algunos recintos y los castillos de las ferias, no es habitual construir estructuras hinchables en la Tierra, y mucho menos en mundos sin atmósfera y con superficies rocosas constantemente bombardeadas por piedras espaciales. Si optamos por las estructuras hinchables en el espacio, tardaremos bastante más en aprender a utilizarlas adecuadamente, y nos costará mucho más esfuerzo.

Clase III: **bricolaje autosuficiente**

En realidad, la clase III abarca todo lo que va más allá de la clase II. Son el tipo de hábitats a los que aspiran los entusiastas del espacio y todos ellos se caracterizan por utilizar materiales locales para su construcción.

Ha habido muchas propuestas al respecto. El regolito lunar tiene un alto contenido de silicio, el material con el que fabricamos vidrio, y por eso hay quien ha propuesto sistemas de microondas que calentarían el regolito para fabricar ladrillos. Otra propuesta contempla una especie de sistema de microondas sobre ruedas que derretiría el terreno por el que pasa para construir carreteras. También se ha hablado de crear «hormigón lunar», es decir, sustancias similares al hormigón con el regolito como principal componente. Como decimos, se han propuesto muchos métodos: ahora os contaremos cuál es el más estrafalario. En un artículo publicado en 2021 en *New Scientist* se recogía que «Alex Roberts, de la británica Universidad de Manchester, ha extraído junto con su equipo una proteína de la sangre humana (la seroalbúmina, vital para mantener el equilibrio de los fluidos corporales) y la ha utilizado para coagular una simulación de terreno marciano, con el propósito de fabricar un material similar al hormigón». ¡Toma ciencia!

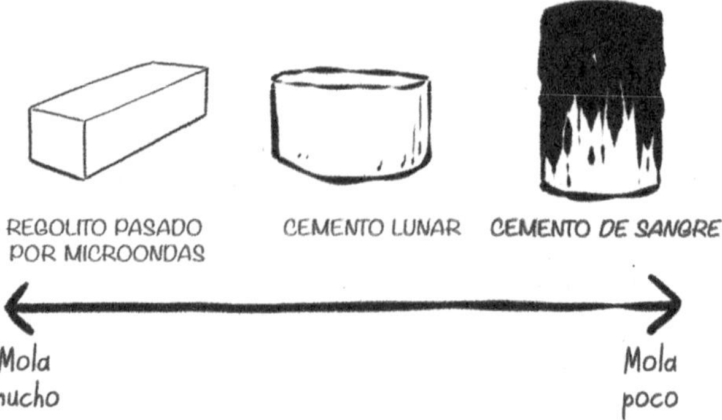

En la Luna y en Marte hay también muchos metales. Pero por si no ha quedado claro: la simple existencia de un elemento no significa que valga la pena utilizarlo. Por ejemplo, un artículo en el que se abogaba por métodos de construcción locales en la Luna proponía utilizar un horno de 1800 °C para fundir titanio. Harán falta unos cuantos reactores KRUSTY para alimentarlo.

A efectos de lo que nos importa, quedaos con que los hábitats de clase III son posibles, pero necesitarán ingentes cantidades de energía. Antes hablábamos de que necesitaríamos pequeños reactores nucleares o varias hectáreas de paneles solares. Para llegar a hábitats de clase III, las necesidades energéticas serán comparables a las de una ciudad o una fábrica muy grande.

Barrios de alto standing

Llegados a este punto, debería estar claro por qué los túneles de lava serán tan tentadores. ¿Qué necesidad hay de apilar regolito si tenemos un agujero inmenso y seguramente estable esperándonos? Además, dentro no habrá mucho polvo, excepto cerca de la entrada. Bastará con entrar, inflar el castillo hinchable, que solo tiene que protegernos de fugas y oscilaciones moderadas de temperatura y ¡*voilà*! Ya tenemos nuestro anhelado asentamiento. Hay otras propuestas más ambiciosas que contemplan recubrir parte del tubo con material sellante, instalar una esclusa en la entrada y presurizar el interior, con lo que en un espacio de tiempo reducido crearíamos un hábitat espacial mucho mayor que cualquier otro que pudiésemos construir este siglo.

Sellar los tubos de lava sería un avance increíble de cara a futuras instalaciones, porque dentro del área sellada se puede construir sin problemas. Sin necesidad de enterrarlo todo en regolito tóxico y pegajoso. Sin tener que conectar las pequeñas zonas habitables mediante largos túneles. Dentro de nuestra inmensa cueva estanca, si tenemos los materiales para construir un chalecito, nos construimos un chalecito. La configuración ideal sería algo parecido a esto:

Si alguna vez hay ciudades en la Luna o en Marte, hay bastantes probabilidades de que las construyamos así. Si somos capaces de convertir los túneles en espacio habitable, habremos completado de forma gratuita una cantidad ingente de procesos de construcción y transporte. Encontrar la manera de construir una ciudad en las profundidades de un agujero desprovisto de aire no será fácil, pero si es factible, el primer grupo que se establezca en ese entorno se hará quizá con una ventaja que perdurará durante décadas.

Eso, por lo menos, en lo que a la geología respecta. Pero la posibilidad de asentarse indefinidamente en algún punto del espacio no depende solo del conocimiento científico. Es también una cuestión geopolítica y de legislación internacional.

Nuestra amiga Astrid cree que todos sus problemas se han solucionado; en realidad, los quebraderos de cabeza legales no han hecho más que empezar.

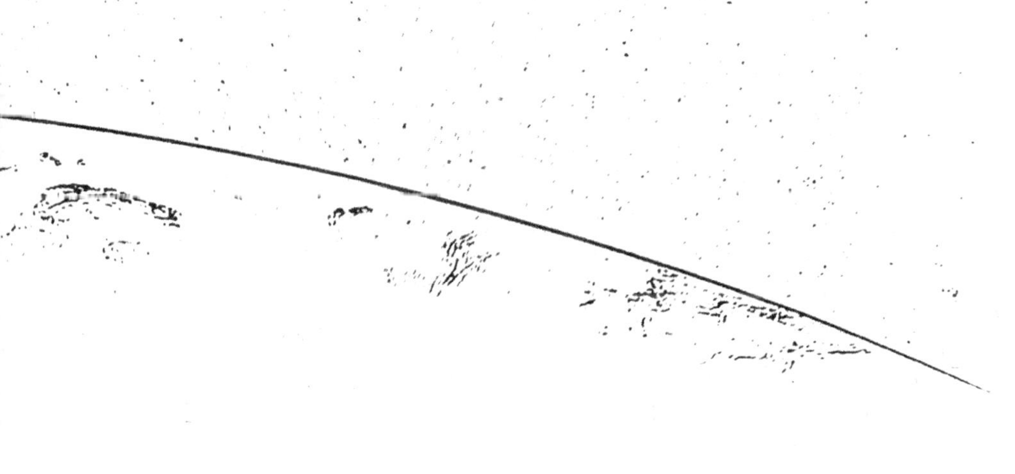

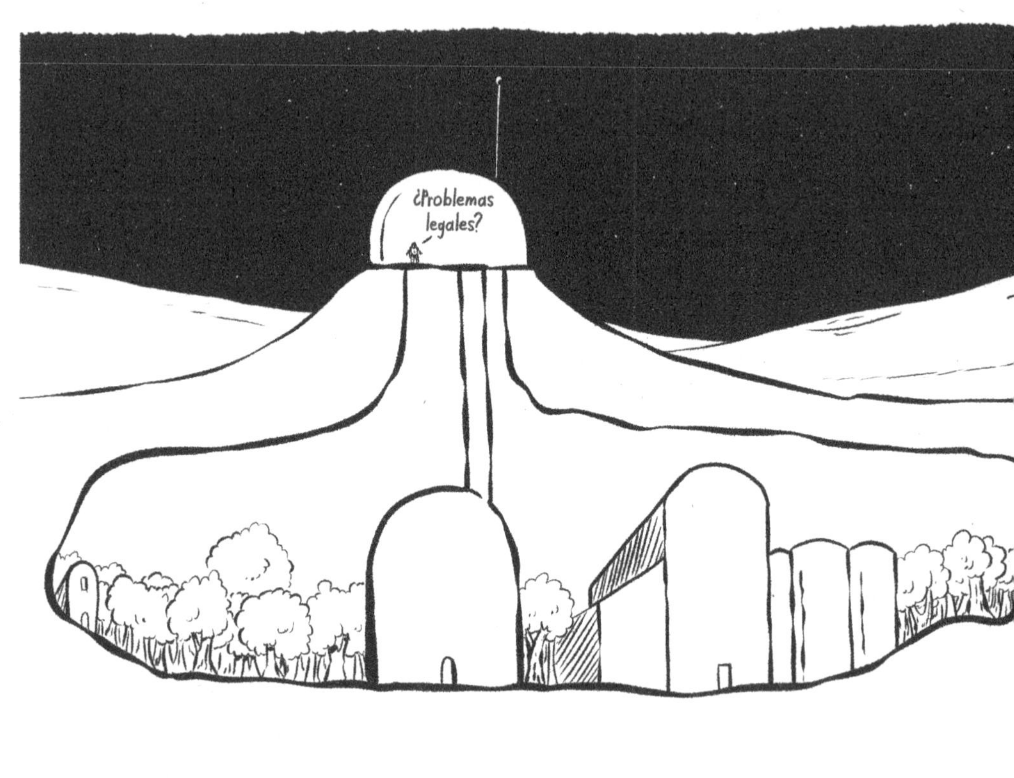
¿Problemas legales?

Nota Bene

EL MISTERIO DE LA BANDOLERA DE TAMPONES

Quizás hayáis oído contar la historia de aquellos ineptos técnicos de la NASA que equiparon a las astronautas de la promoción de 1978 con una cantidad absurda de tampones. Según se cuenta, alguien les pidió a Kathy Sullivan y Sally Ride, astronautas ambas de aquella promoción, que comprobasen el contenido del kit higiénico para el espacio. Ride empezó a sacar una tira de tampones sellados individualmente, un poco como una ristra de salchichas. Y la tira no se acababa. Tampones y más tampones. Sullivan recordaba que «parecía un número cutre de magia. De la bolsa iba saliendo aquella hilera interminable de sabe Dios cuántos tampones». Cuando Ride llegó al final, los técnicos (hombres) le preguntaron: «¿Son cien un número apropiado?». Sally Ride, con la prestancia propia de una astronauta nata, respondió: «Pueden reducirlo a la mitad sin problemas».

Es una anécdota antigua, pero que empezó a circular por internet a finales de la década de 2010 y apareció incluso en un número musical cómico muy popular de Marcia Belsky, titulado: «Proof That NASA Doesn't Know Anything About Women» ('Prueba de que la NASA no sabe nada de mujeres'). La historia es muy buena, y no es técnicamente falsa, pero puede que en ella se omita algo de contexto que alteraría por completo su significado.

La cosa fue así: la doctora Rhea Seddon, la única integrante de la promoción del 78 en la que confluían las condiciones de médico, astronauta y menstruante, fue parte del equipo que decidió cuántos tampones llevar al espacio. Según explicaba en una entrevista publicada en 2010, el elevado número de tampones obedecía a consideraciones de seguridad. Al parecer, «había gente preocupada al respecto. Era una de esas incógnitas. Mucha gente pronosticaba que habría un flujo retrógrado del menstruo, que se introduciría en el abdomen, provocaría peritonitis y, a partir de ahí, todo tipo de horrores».

Según Seddon, las mujeres no estaban muy de acuerdo con esas precauciones y habrían preferido no tratarlo como un problema hasta que efectivamente lo fuese. Pero al final tuvo que ser ella la que tomase una decisión, junto con los médicos de a bordo, y, según contaba:

> Teníamos que ponernos en lo peor. Tampones o compresas, cuántas usaríamos si la regla era copiosa, cinco días o siete de menstruación. Porque no sabíamos si allí arriba las cosas serían diferentes. ¿Cuál es el máximo que usarías?
>
> La mayoría de las mujeres decían que nunca en la vida usarían tantas.
>
> Puede ser, pero otra persona quizá sí. Desde luego, lo que no quieres es preocuparte por si tienes las suficientes.

Dicho de otra manera: la historia quizá no tenía tanto que ver con técnicos varones atontados y sí con la política de la NASA de solventar cualquier problema con más y más equipamiento. Según recuerda Seddon, decidieron partir de la cantidad máxima que, en su opinión, podría necesitar una mujer con una regla muy fuerte, multiplicar esa cifra por dos y, por si acaso, añadirle un 50 por ciento más.

Esa es la actitud general de la NASA. Si llegáis a leeros el manual de diseño para la integración del ser humano de la

NASA (algo que nosotros, por desgracia, hemos hecho), toparéis con la palabra «máximo» hasta 257 veces, como sucede en la página 604, donde se analiza en considerable detalle la cuestión de las aguas menores y se incluye una «ecuación del pis»,

$$V_O = 3 + 2t,$$

en la que V_O es la producción máxima total de orina por tripulante y t es el número de días de la misión.

En el caso de los tampones, es posible que las precauciones excesivas fuesen adecuadas, después de todo. La experimentada periodista Lynn Sherr, amiga de varias astronautas y biógrafa de Sally Ride, cuenta que la primera mujer que menstruó en el espacio tuvo problemas de «pérdidas». Acordaos de que el espacio es un sitio espantoso. No hay una gravedad que atraiga los fluidos en dirección descendente. La sangre, debido al proceso conocido como *actividad capilar* o *capilaridad*, tiende a fluir.* Según Sherr, la astronauta anónima optó por utilizar un tampón, además de una compresa.

Hoy, las astronautas suelen optar por métodos anticonceptivos hormonales. Quizá será necesario retocarlos ligeramente para los largos viajes por el espacio exterior, ya que la mayoría de las mujeres de la Tierra no necesitan píldoras anticonceptivas con una fecha de caducidad superior a tres años y capaces de resistir la radiación espacial. Durante el primer viaje a Marte, todo estará centrado en sobrevivir, con lo que un embarazo sería desastroso. Llegado el momento de establecer

* Vale la pena mencionar que Seddon conocía una versión diferente de los hechos. Según ella: «No estoy segura de quién tuvo la primera menstruación en el espacio, pero la que fuera volvió a la Tierra y dijo: "Periodo en el espacio como periodo en tierra. No os preocupéis"». Jennifer Ross-Nazzal, «Edited Oral History Transcript: Margaret Rhea Seddon», NASA Johnson Space Center Oral History Project, Houston (Texas), 21 de mayo de 2010. Disponible en: <https://historycollection.jsc.nasa.gov/JSCHistoryPortal/history/oral_histories/Seddon-MR/SeddonMR_5-21-10.htm>.

asentamientos permanentes, la concepción será uno de los principales objetivos.

Pedimos disculpas por destripar un poco la historieta del tampón, pero también es cierto que, si de lo que se trata es de demostrar que los ingenieros de la NASA no entienden la anatomía femenina, hay mejores ejemplos. Basta con fijarse en los dispositivos urinarios que en su día propusieron para las mujeres, los cuales, según Seddon, «seguro que están directamente inspirados en el diseño de un cinturón de castidad».

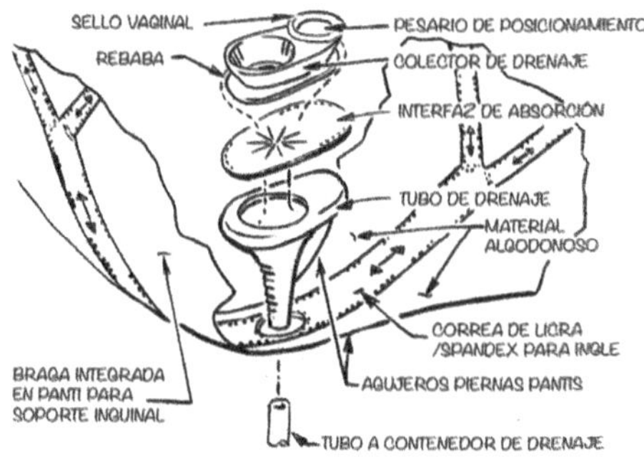

NOTA DEL DIBUJANTE:

LA ILUSTRACIÓN ESTÁ CALCADA DE UN DOCUMENTO DE JPL. NO HAY LICENCIA ARTÍSTICA ALGUNA, PORQUE NO SE CONCIBE QUE SEA POSIBLE MEJORARLA

En lo que podríamos llamar un ejemplo literal de sexismo estructural, los ingenieros intentaron duplicar el sistema en forma de condón que utilizaban los astronautas masculinos. En *Integrating Women into the Astronaut Corps* ('La integración de las mujeres en el programa de astronautas'), Amy Foster cuenta que, «al parecer, ninguno de los ingenieros varones adscritos al proyecto se sentía lo bastante cómodo para consultar el asunto con una mujer». La versión adaptada a la anatomía femenina no llegó a utilizarse nunca en vuelo, y al final las mujeres acabaron utilizando una «prenda de absorción máxima». Un pañal para adultos, a todos los efectos. Esas prendas son ahora de uso habitual en situaciones de despegue y aterrizaje, en las que los astronautas no pueden levantarse cuando quieren para usar el orinal.

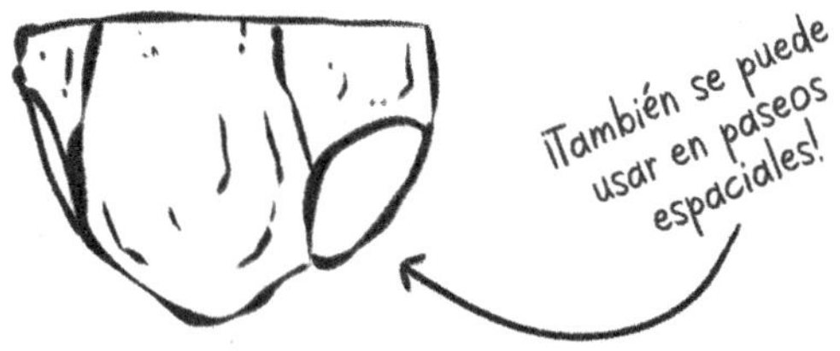

La situación es la misma para los hombres, y menos mal que es así. Para poder utilizar el sistema antiguo, los astronautas debían especificar si necesitaban una talla pequeña, mediana o grande. Algunos de ellos, al parecer, consideraban irresoluble la disyuntiva entre ser sinceros con la enfermera o correr el riesgo de mearse encima en la cuenta atrás para el despegue. Según Michael Collins, el ego de los astronautas de las misiones *Apolo* pudo salvaguardarse por el expeditivo método de sustituir las categorías de pequeño, mediano y grande por «extragrande, inmenso e increíble».

Quizá no sea la mejor anécdota sobre la igualdad y sobre cómo esta nos ayuda a todos, pero puede que sea la más extraña.

Cuarta parte

La ley del espacio aplicada a los asentamientos espaciales: rara, imprecisa y difícil de cambiar

> Las noches a la luz de la Luna no volverán nunca a ser las mismas si, al alzar la vista hacia el pálido círculo, he de pensar «ya veo: eso de ahí a la izquierda es la región rusa, y lo que queda a la derecha es la parte americana. Y lo de encima de todo es el punto que amenaza con provocar una crisis». La Luna inmemorial (la Luna de los mitos, los poetas, los amantes) nos habrá sido arrebatada para siempre.
>
> C. S. Lewis (el de *Narnia*)

Este es el punto donde otros libros dedicados a la colonización del espacio suelen divagar. O por lo menos, cuando empiezan a aportar gran profusión de detalles sobre el funcionamiento mecánico y químico de las naves espaciales, y añaden quizás alguna que otra promesa de grandes riquezas en un futuro próximo.

A nosotros nos parece que soslayar la cuestión de la ley es un error garrafal, sobre todo si queremos saber, siquiera por encima, cuáles son las formas más probables de que se establezcan asentamientos en el espacio. Cuando hablamos con entusiastas de la materia, a menudo dan por sentado que la ley del espacio actual sucumbirá a las increíbles oportunidades que habrán abierto los asentamientos. O que se hará caso omiso de ella, porque nadie tiene derecho a oponerse a Estados Unidos, o a Elon Musk en particular. No hay motivos para creer que vaya a ser así; es más, la ley ya está moldeando las actividades en el espacio. Chris Lewicki, otrora presidente de Planetary Resources, Inc., nos contó que la imprecisión con la que está redactada la ley era un obstáculo considerable para las inversiones y había contribuido al colapso de una empresa que había creado para la explotación minera de los asteroides. Los juristas con los que hablamos expresaron dudas mucho más serias: específicamente, que la ley no está preparada para afrontar los desarrollos más recientes, y que cualquier tipo de pugna por arrogarse (por ejemplo) parte de la superficie lunar podría desencadenar un conflicto. La idea es considerablemente deprimente, sobre todo si, como nosotros, consideráis que el valor económico de la Luna es bastante escaso.

Lo que sí aceptamos es que, en su forma actual, la ley internacional que rige el espacio es demasiado general, lo que deja espacio a que los Estados interpreten lo que está permitido de formas bastante peligrosas. Hay que actualizar la legislación. El problema está en que, si bien cada vez es más fácil lanzar objetos al espacio, introducir cambios en la ley internacional resulta sorprendentemente complicado. El cambio ideal, para nosotros, sería avanzar hacia un régimen de gestión internacional tanto de la actividad en el espacio como de la propiedad espacial. Más *Star Trek* y menos *La guerra de las galaxias.*

Tanto si estáis de acuerdo con nuestra percepción como si no, creemos que deberías aceptar, por lo menos, que esta es una cuestión importante. El marco establecido para regular el comportamiento humano en el espacio conformará los asentamientos tanto o más que la tecnología a nuestro alcance. Comprender el funcionamiento de las leyes internacionales y conocer en qué consiste el espacio nos permite reflexionar sobre la forma en que debería gobernarse el espacio. Por muy rápidos que se sucedan los cambios, seguimos en una fase muy temprana de los asentamientos espaciales. Aún estamos a tiempo de tomar decisiones, las cuales tendrán repercusiones que se prolongarán durante siglos.

Nuestro objetivo en esta sección es explicaros cómo llegamos a la legislación actualmente vigente, qué establece, por qué es peligrosa en su forma actual y cómo podemos aspirar a cambiarla.

11

Una historia cínica del espacio

> Quizá la madurez de la era espacial, como sucede en toda revolución tecnológica, pueda medirse por el grado en que entendemos que estas últimas creaciones del ser humano no cambian, ni cambiarán, al propio ser humano.
>
> WALTER MCDOUGALL, historiador y premio Pulitzer

El programa *Apolo* es lo más cerca que han estado los ingenieros de protagonizar un poema épico. Enfrentados al problema de alcanzar un objetivo tecnológico que la generación inmediatamente anterior consideraba imposible, algunos de los ingenieros más brillantes del mundo construyeron algunas de las máquinas más complejas jamás concebidas para transportar por los aires a hombres (héroes todos ellos en el imaginario popular) y enfrentarlos a peligros varios en aras de salvar la civilización.

Por eso, cuando curioseamos en una librería, la mayoría de los libros que encontramos sobre el espacio tratan principalmente de la carrera hacia la Luna, y del *Apolo 11* en particular. El problema, a efectos de lo que nos interesa en este libro, estriba en que, si solo leemos cosas sobre las heroicidades de los astronautas y las agencias, nos perderemos buena parte del contexto que conformó la ley del espacio en su estado actual.

En este apartado queremos desentendernos de las agencias espaciales y examinar el comportamiento de políticos y militares. De este modo podremos hacernos una idea de las condiciones específicas que dieron pie al Tratado sobre el Espacio Ultraterrestre de nuestros días, y por qué ha sido relativamente difícil alcanzar nuevos acuerdos desde entonces. Al mismo tiempo, esperamos poder demostrar que, por hermosas que hayan sido las aspiraciones de la exploración espacial, también ha sido un instrumento blandido por los militaristas con absoluto cinismo.

La cohetería desde el año cero hasta 1945 d.C.

Los cohetes se han utilizado con fines militares durante milenios, desde el descubrimiento de la pólvora en China hace unos dos mil años. Sin embargo, durante la mayor parte de

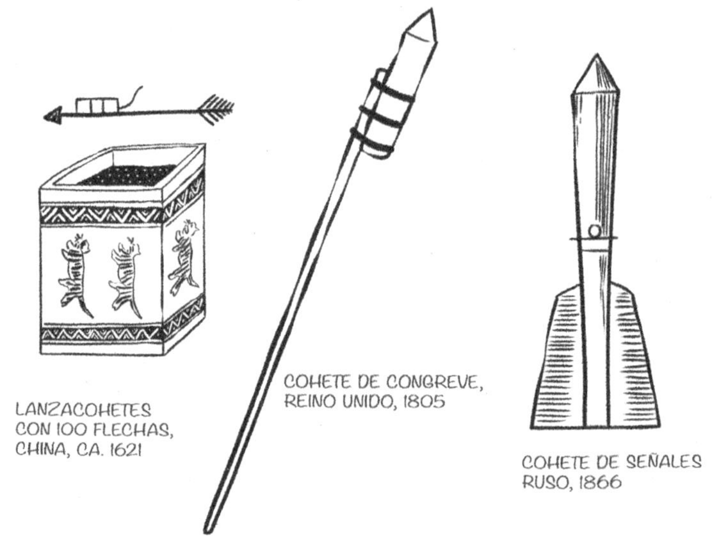

Basado en la imagen de Mike Gruntman en su libro «Blazing the Trail: The Early History of Spacecraft and Rocketry» (American Institute of Aeronautics and Astronautics, 2004).

ese tiempo no han sido un factor destacado en las artes bélicas. Eran pequeños, difíciles de controlar y no especialmente eficientes a la hora de reventar al enemigo. La idea de que un humano pudiese cabalgarlos por los cielos se antojaba tan peregrina como la de que alguien intentase volar a lomos de una flecha.

Hacia finales del siglo XIX, las cosas empezaron a cambiar. La química avanzaba a pasos agigantados, hasta el punto de poder licuar potentes gases reactivos, y se idearon nuevas tecnologías en el campo de la ingeniería; la confluencia de estos factores hizo que, de pronto, los viajes espaciales fuesen (al menos en teoría) una posibilidad. Aún era una de esas cosas que granjeaban fama de pirados a quienes se entusiasmaban por ella, pero por lo menos los cálculos empezaban a cuadrar.

Tradicionalmente se considera que los padres de la tecnología de cohetes moderna son tres hombres, todos ellos extraordinarios: el ruso Konstantin Tsiolkovski (1857-1935), el estadounidense Robert Goddard (1882-1945) y el alemán Hermann Oberth (1894-1989).

Tsiolkovski resolvió buena parte de las dificultades matemáticas del acceso al espacio en torno a 1900 e incluso planteó algunas ideas que aún han de materializarse, como la de «mansiones-invernadero». Sin embargo, vivió casi siempre en el anonimato y las estrecheces de un pobre maestro de escuela. Puede que su principal contribución en términos históricos fuese servir de inspiración a toda una generación de jóvenes ingenieros, entre ellos el arquitecto principal del programa espacial soviético, Serguéi Koroliov. Resultó, sin embargo, que la Unión Soviética estalinista no era el lugar más adecuado para desarrollar este tipo de conocimientos. Muchos de los mejores ingenieros rusos cayeron víctimas de las purgas en la década de 1930. El propio Koroliov se salvó de ser ejecutado en el último minuto, pero tuvo que pasar muchos años en el atroz sistema de gulags, donde perdió casi la mitad de la dentadura.

Estados Unidos tuvo un arranque algo mejor y Goddard sigue siendo conocido hoy por haber alcanzado el primer cohete de combustible líquido en 1926. Pero acabó llevando una vida de ermitaño tras sufrir el escarnio generalizado por sus ideas sobre los viajes a la Luna a bordo de cohetes. Siguió llevando a cabo experimentos a pequeña escala, pero en buena medida se mantuvo al margen de la comunidad científica estadounidense. Por eso, en palabras del físico e ingeniero aeronáutico Theodore von Kármán, del Instituto Tecnológico de California, «no se puede trazar una línea directa desde Goddard a la aeronáutica actual. [...] La suya es una rama extinta».

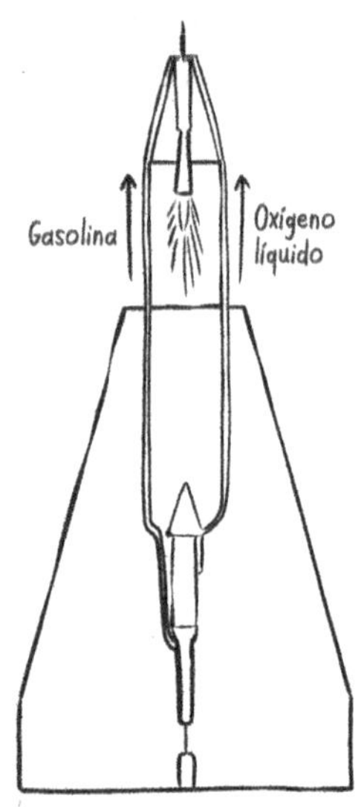

Y así fue como, con Estados Unidos humillando y marginando a sus expertos y la Unión Soviética purgando a los suyos, el estudio de los grandes cohetes solo fue cobrando forma en Alemania, en especial después de que Hermann Oberth (¿os acordáis? El que luego saltaría por los aires por promocionar una película) publicase en 1923 el libro *Die Rakete zu der Planetenräumen* ('En cohete al espacio planetario').

Es probable que el grupo aeronáutico más avanzado del planeta en la década de 1920 y principios de la de 1930 fuese un club de jóvenes aficionados, presidido por Oberth y conocido como Sociedad para el Viaje al Espacio o VfR ('Verein für Raumschiffahrt'). Echaban horas y más horas, sin remuneración, construyendo cohetes con chatarra en el llamado Raketenflugplatz, una zona de pruebas sita en un antiguo almacén de municiones en las afueras de Berlín. Era una actividad peligrosa. Los cohetes a menudo se desviaban de su rumbo o explotaban. Pero la VfR se hizo definitivamente un hueco en la historia cuando se incorporó a ella un brillante joven de diecinueve años, rubio y de mandíbula cuadrada, hijo de una aristocrática familia de Silesia y armado con el porte y el acento correspondientes: Wernher von Braun.

A mediados de la década de 1930, la VfR captó la atención del ejército alemán. La cuestión de trabajar o no para el estamento militar provocó un cisma en el club, pero Von Braun optó por ir a donde había dinero. Posteriormente tendría acceso a recursos casi ilimitados y construiría cohetes de ultimísima generación para el régimen nazi.

Por lo que hemos podido ver, la gente a veces piensa que las armas de Von Braun fueron un elemento central del esfuerzo bélico de Alemania. En realidad, durante casi toda la guerra no pasaron de ser un arma experimental. Una de las historias más curiosas de principios de la década de 1940 concierne la visita de Hitler a Peenemünde, el villorrio en el que se construían los cohetes más avanzados de la época. Von Braun, conocido por su buena planta y su encanto personal, y que más adelante presentaría para Disney una popular serie de programas sobre la exploración del espacio, no consiguió aquel día causar muy buena impresión. Hitler se aburrió hasta la irritación. Llegó un momento en el que preguntó airado por qué eran necesarios dos combustibles líquidos en vez de uno, algo que acababa de explicar Von Braun, quien, pacientemente, reinició su presentación. Más tarde, cuando ya abandonaba las instalaciones, el Malo más Malo de la Historia exclamó (con aparente sarcasmo) un «*es war doch gewaltig*» («¡Qué impresionante ha sido!»).

Hitler solo cambió de idea más adelante, cuando la derrota empezó a parecer probable. Von Braun recibió entonces la orden de tomar los diseños de los cohetes experimentales y convertirlos en armas de producción en cadena. Nació así el temido cohete V-2: la V del nombre, por cierto, corresponde a Vergeltungswaffe, 'arma de represalia'.*

El cohete V-2 ha quedado en el recuerdo como un arma aterradora, pero en realidad era un sistema relativamente primitivo y poco eficaz. De hecho, la mayoría de las muertes directamente vinculadas a los V-2 no se produjeron durante su uso, sino en la fase de construcción, que se cobró aproximadamente veinte mil vidas. La fábrica de V-2 la construyeron los esclavos suministrados por las SS, en unas instalaciones sitas en las inmediaciones de la ciudad de Nordhausen. La mayoría eran presos políticos, forzados a trabajar en un programa concebido para que se matasen trabajando. En una espantosa escena, digna del mejor Tolkien, famélicos y harapientos prisioneros se abren paso con dinamita hasta el interior de una montaña para crear allí las instalaciones de ensamblaje del nuevo y milagroso armamento. El francés Yves Beon sobrevivió a aquel campo y escribió unas memorias, tituladas *Planet Dora*, en las que documenta cómo los prisioneros morían por las palizas, la inanición, las enfermedades y el frío, vestidos con solo unos harapos para enfrentarse a los rigores del invierno alemán. En un pasaje describe la llegada de nuevos prisioneros: «Saben que no saldrán con vida de este purulento grano en el culo mismo del infierno. [...] Como animales atrapados, se revuelven contra la muerte, pero esta se ríe de ellos. La trampa está firmemente cerrada. Nadie puede escapar». Aun cuando Von Braun no fue quien puso en marcha esos trabajos forzados, era perfectamente consciente de su existencia. En sus memorias, Beon escribe: «Han venido los directores del proyecto. Para empezar, está Wernher von Braun, el mismo tipo que, terminada la guerra, será venerado y presentado a las jóvenes generaciones occidentales como ejemplo a seguir».

* Y es el 2 porque el V-1 designaba una especie de primitivo misil de crucero con alas.

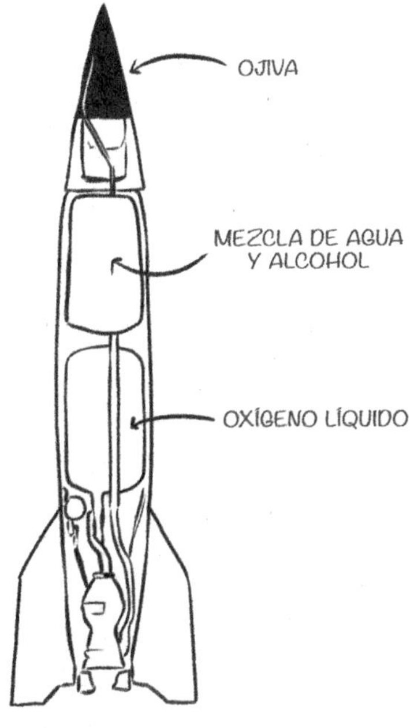

El fin de la guerra

A medida que los ejércitos de Estados Unidos y la Unión Soviética iban haciéndose con el control del imperio nazi, comenzó una carrera por ser los primeros en llegar a Nordhausen: una y otra potencia contaban con ser la primera en hacerse con la tecnología y el talento de los profesionales alemanes. Estados Unidos, sin embargo, contaba sin saberlo con una ventaja: en enero de 1945, meses antes de la caída de Berlín, Von Braun y su equipo, acompañados de sus familiares, abandonaron Peenemünde con la intención de rendirse a las fuerzas norteamericanas. Uno de los miembros del equipo recordaba aquella decisión años más tarde: «Despreciamos a los franceses; los soviéticos nos dan un miedo atroz; no creemos que los británicos puedan permitírsenos; así que solo quedan los estadounidenses». Estados Unidos no solo arrambló con buena parte de los expertos alemanes en cohetes, sino también con la mayoría de las piezas durante la frenética semana previa a la llegada de los soviéticos.

Cuando el Ejército Rojo llegó a Nordhausen se encontró las instalaciones vacías; todo lo que era fácilmente transportable había desaparecido. La fábrica seguía en pie, y fueron capaces de convencer o forzar a los alemanes que aún andaban por allí de que se pasasen a su bando, pero Stalin montó en cólera. Estados Unidos no solo había capturado a Von Braun y se había hecho con (literalmente) toneladas de documentos, sino que había conseguido llevárselo todo a Nuevo México y contaba ahora con suficientes piezas de cohetes como para fabricar un centenar de V-2 en unas instalaciones secretas en White Sands. Se cuenta que, no mucho más tarde, Stalin dijo: «Esto es absolutamente intolerable. Vencimos a los ejércitos nazis, ocupamos Berlín y Peenemünde, y los que se llevan a los ingenieros aeronáuticos son los estadounidenses. ¿Puede haber algo más repugnante, más inexcusable?».

Después de que aviones norteamericanos lanzasen armas nucleares sobre Hiroshima y Nagasaki, Estados Unidos se impuso como la única potencia nuclear mundial. Desde el punto de vista de la seguridad geopolítica, aquello era una pesadilla para los soviéticos. Mientras que la URSS había visto varias ciudades engullidas por completo por la guerra, Estados Unidos tenía a su alcance el armamento más avanzado y una flota de bombarderos sin parangón, mientras conservaba intactas sus infraestructuras nacionales. Los soviéticos, que deberían haber disfrutado de un período de seguridad tras perder decenas de millones de personas en el conflicto más sanguinario de la historia, se encontraron sumidos en un incipiente conflicto postbélico y en clara desventaja, por lo que concentraron sus recursos en dos grandes proyectos: uno, el desarrollo de la bomba atómica, y dos, el diseño de métodos para lanzar esas bombas contra sus objetivos. La exploración humana del espacio no estaba por entonces en la agenda de nadie, pero eso cambiaría cuando el valor de la propaganda en la Guerra Fría se hizo evidente.

En el contexto de ese conflicto global, es importante recordar que en la Tierra había más de dos países. El período más candente de la carrera espacial coincide con la descolonización en todo el mundo, que se desarrolló principalmente entre 1945 y 1975. La velocidad a la que se produjo esta última es tan asombrosa como la celeridad de los avances espaciales en ese mismo período.

En 1919, año de su fundación, la Liga de las Naciones (la predecesora de las Naciones Unidas) tenía 32 Estados miembros (una cifra, por otra parte, ligeramente engañosa, ya que varias de esas naciones estaban bajo control británico). Llegado 1945, 51 Estados conformaban las Naciones Unidas. En 1957, año en el que el primer satélite *Sputnik* entró en órbita, eran ya 82. En 1975, su número ascendía a 144. Hoy en día, la Organización de las Naciones Unidas cuenta con 193 Estados Miembros.

Todos estos países, jóvenes y vulnerables, se constituyeron en un mundo dominado por dos ideologías y una cuestión candente: qué modo de gobierno controlaría el mundo. Uno de los principales instrumentos psicológicos de los que se valieron Estados Unidos y la Unión Soviética fue la aeronáutica espacial. ¿Por qué? Un argumento sería que los líderes de uno y otro país consiguieron alejarse exitosamente de un conflicto bélico trasladando la competición al terreno científico. Es una idea que se postula a menudo, y es bonita, pero no del todo cierta: en ningún momento dejaron de fabricar armamento nuclear en cantidades industriales y, en más de una ocasión, el mundo entero estuvo al borde del apocalipsis. Una forma más adecuada de plantearse la exploración del espacio es en términos de «costosa demostración de poderío».

La teoría es la siguiente: si una nación quiere demostrar ante el mundo que es la más fuerte y la mejor puede, por supuesto, anunciarlo ante Naciones Unidas. Pero no será muy convincente. Las palabras se las lleva el viento. Los programas espaciales, no. Muy pocas naciones son capaces de disparar a una persona a 7,8 kilómetros por segundo, ponerla a dar la vuelta al mundo y luego conseguir que aterrice para embarcarla después en una gira de buena voluntad.* La presencia humana en el espacio es de muy poca utilidad si la medimos por el precio que se paga por ella, sobre todo en comparación con otras opciones como los satélites militares o comerciales. Lo que sí consigue es demostrar capacidad económica, organización y desarrollo tecnológico. Si a eso le añadimos que los primeros cohetes espaciales eran a menudo literalmente idénticos a los cohetes militares, tenemos una magnífica demostración de poderío que obliga a tomarse en serio a esa nación. Evidentemente, nunca oiremos a un político decir que «decidimos ir a la Luna no porque fuese fácil, sino porque nos reportará ventajas geopolíticas a corto plazo», pero esa es, a grandes rasgos, una explicación bastante fundamentada, que concuerda además con el comportamiento de los líderes mundiales del momento.

El lanzamiento del *Sputnik* se produjo en plena carrera por determinar quién sería el primero en poner un satélite en órbita. Koroliov, responsable principal del programa soviético, guardaba recortes de prensa estadounidenses sobre el espacio para espolear a los líderes de la Unión Soviética a invertir más fondos en el espacio. El diseño original del primer satélite

* Alex MacDonald, en su libro sobre el tema *The Long Space Age* (*'La larga era espacial'*), defiende que la tradición de destinar recursos a la exploración del espacio como muestra de poderío es anterior a los cohetes y empezó con la construcción de observatorios. El hecho de que esa investigación difícilmente vaya a generar beneficios es parte de la efectividad de esa demostración de poderío.

de fabricación humana tendría que haber sido un complejo aparato científico conocido como Objeto D. El deseo de ser los primeros en llegar al espacio hizo que el proyecto se abandonase en favor del *Sputnik*, que a grandes rasgos no era más que una pelota grande con una batería y un radiotransmisor en su interior. El por entonces líder de la Unión Soviética, Nikita Jrushchov, se había mostrado reacio a enviar el primer satélite al espacio. No disponía de demasiados cohetes y no quería malgastarlos en un satélite, pese a los beneficios que podría reportar en términos de relaciones públicas. Según el propio Jrushchov, tras el éxito del lanzamiento del satélite en 1957, se limitó a dar la enhorabuena al equipo responsable y se fue a la cama. Solo se involucró cuando empezó a quedar patente la locura que había desatado el *Sputnik* en todo el mundo: a partir de ahí, su escepticismo inicial se transformó de inmediato en una demanda constante de nuevos espectáculos espaciales, preferentemente hitos que coincidieran con días señalados de la historia soviética. Ese fue el motivo de que Laika viajase al espacio no mucho tiempo después. ¿Fue un uso óptimo de fondos para la ciencia? Seguramente no, pero como ejercicio de relaciones públicas resultó fantástico. El propio Jrushchov reconocería muchos años más tarde que se tiraron un farol. Y que les salió bien.

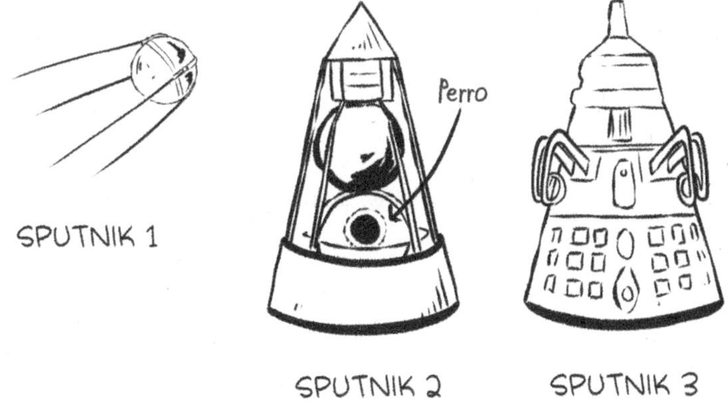

El presidente Eisenhower no quería una carrera espacial, ni por satélites ni por nada. La gente que insistía en que, en respuesta al *Sputnik*, se invirtiesen sumas ingentes en estaciones espaciales y bases lunares le parecían unos «histéricos». Independientemente de consideraciones geoestratégicas, su renuencia afectó a su percepción por parte del público y contribuyó en parte a que John Fitzgerald Kennedy se impusiese en las elecciones de 1960 a Richard Nixon, el vicepresidente de Eisenhower.

Pero Kennedy era muy partidario de la exploración espacial, ¿no? Todos aquellos discursos sobre «nuevas fronteras» y sobre el «nuevo mar» que debíamos surcar... Escuchad una cosa: si juzgáis a un personaje público por sus discursos en público, estaréis cometiendo un gravísimo error. Hay motivos para creer que a Kennedy no le interesaba especialmente el espacio, al menos no en su vertiente científica. En los años posteriores al primer *Sputnik* e inmediatamente anteriores a su presidencia, Kennedy y su hermano Robert se reunieron con el también bostoniano Charles Stark Draper en un restaurante de postín. Draper era el director del laboratorio de instrumentación del MIT y pretendía convencer a los hermanos de que la construcción de cohetes era una cosa muy seria. La reunión no fue bien. Según una fuente, el trato que se le dispensó fue de «bienhumorada mofa». Años más tarde, Draper recordaría en una entrevista que no hubo manera de convencer al por entonces senador de que «invertir en cohetes no era tirar el dinero y que la navegación espacial no resultaba un despilfarro aún peor».

¿Qué cambió entonces? El panorama político. Kennedy tuvo una semana muy, pero que muy mala en la primavera de 1961, apenas tres meses después de asumir la presidencia. El 12 de abril, Yuri Gagarin se convirtió en el primer humano en llegar al espacio y completar una órbita completa del planeta antes de regresar a la Tierra sano y salvo. Cinco días más tarde,

Estados Unidos se embarcó en la desastrosa invasión de Bahía de Cochinos, en la que mil cuatrocientos cubanos exiliados respaldados por la CIA fracasaron estrepitosamente en su intento de derrocar a Fidel Castro.

Kennedy encomendó a sus asesores la tarea de encontrar alguna forma de contrarrestar el vuelo de Gagarin: algo que cambiase las tornas, como un laboratorio espacial o un viaje a la Luna que generase «unos resultados espectaculares en los que los ganadores fuéramos nosotros». A la larga, los resultados llegarían de la mano del equipo de antiguos nazis comandado por Von Braun, que tenía la plena convicción de que un alunizaje era posible a finales de la década de 1960.

Pese a mostrarse partidario en público de la exploración espacial, Kennedy, al parecer, no las tenía todas consigo en la cuestión de la Luna. En la rueda de prensa posterior al lanzamiento de Gagarin, Kennedy habló de la desalinización y afirmó estar convencido de que, si fuese posible completar el proceso de forma barata, «minimizaría cualquier otro avance científico». Y sin embargo, el 25 de mayo (apenas transcurrido un mes de la invasión de la Bahía de Cochinos), Kennedy ofreció una alocución televisada ante el Congreso sobre «las necesidades urgentes de la nación» en la que abogó por una costosísima misión tripulada a la Luna.* En caso de que penséis que hubo ahí un súbito cambio de opinión, tenemos pruebas de que, todavía en 1962, Kennedy no estaba especialmente interesado en el espacio. ¿Que cómo lo sabemos? Porque durante una reunión privada con sus asesores les dijo: «No estoy especialmente interesado en el espacio».**

* La gente a veces asocia este discurso a otro, pronunciado en la Universidad de Rice en 1963, que incluyó el famoso «no porque sean fáciles, sino porque son difíciles».

** La transcripción completa de esa cita se presta a distintas interpretaciones, pero desde luego que está claro que no habla de nuevas fronteras en privado. A continuación reproducimos la cita en contexto: «Porque, ¡por Dios!, llevamos cinco años hablándole al mundo de nuestra preeminencia en el espacio y nadie

El proceso estaba muy avanzado como para no estar especialmente interesado. 1962 es el año en el que John Glenn se calzó el termómetro rectal y efectuó su primera órbita completa. Es el año del primer vuelo espacial «en grupo», en el que la Unión Soviética puso en órbita de forma simultánea distintas naves tripuladas. Si nos fijamos solo en los astronautas y los ingenieros, las cosas parecen heroicas y espectaculares. Pero si nos centramos en el panorama mundial del momento, veremos a un líder soviético blandiendo perras espaciales a modo de farol y a un líder estadounidense que ve en la Luna un grandioso ejercicio de propaganda, una costosísima demostración de poderío en una guerra de percepciones.

Los inicios de la era espacial y el origen de las leyes del espacio

Independientemente de lo inspirador que resultase para el público la conquista del espacio, los profesionales de la diplomacia tenían sobrados motivos para no echar las campanas al vuelo. Y más motivos todavía para preocuparse. La carrera hacia la Luna quizá fue un costoso alarde, pero una y otra nación habían puesto en marcha otra demostración de poderío

se lo cree, porque ellos [los soviéticos] tienen la lanzadera y el satélite. [...] Pero creo que deberíamos dejar muy claro que la política debería ser que este es el programa absolutamente prioritario de la agencia, y una de las dos cosas, excepto la defensa, que son prioritarias para el Gobierno de Estados Unidos. Creo que esa ha de ser la postura. No, puede que no cambie nada en el calendario, pero al menos tenemos que dejarlo claro, de lo contrario no deberíamos estar gastándonos este dineral, porque no estoy especialmente interesado en el espacio. Creo que está bien, creo que tendríamos que conocerlo, estamos dispuestos a dedicarle una cantidad razonable de dinero. Pero estamos hablando de un gasto desaforado, que echa por tierra el presupuesto y un montón de programas nacionales, y la única justificación, en mi opinión, de hacerlo así y ahora es porque queremos ganarles y demostrar que ir por detrás, como hemos hecho durante un par de años... pues por Dios que les hemos sobrepasado». John Logsdon, *John F. Kennedy and the Race to the Moon*, Nueva York, Palgrave Macmillan, 2010, págs. 155-156.

más directa: las pruebas nucleares en el espacio. Uno de esos proyectos fue la operación Pecera, en la que, como parte del programa Starfish Prime, se detonó una bomba de hidrógeno de 1,4 megatones a cuatrocientos kilómetros de altitud. Sucedió el 9 de julio de 1962, y la explosión iluminó el cielo a varios miles de kilómetros a la redonda, afectó a las transmisiones de radio, reventó farolas en Hawái, provocó sobrecargas eléctricas en aviones e interrumpió las comunicaciones telefónicas y radiofónicas. También afectó a seis satélites: cuatro estadounidenses, uno ruso y también al primer satélite británico, *Ariel 1*. El jurista James Clay Moltz defiende incluso que el proyecto Starfish Prime fue la causa de que se ratificase la ley del espacio, principalmente porque acoquinó al mundo entero.

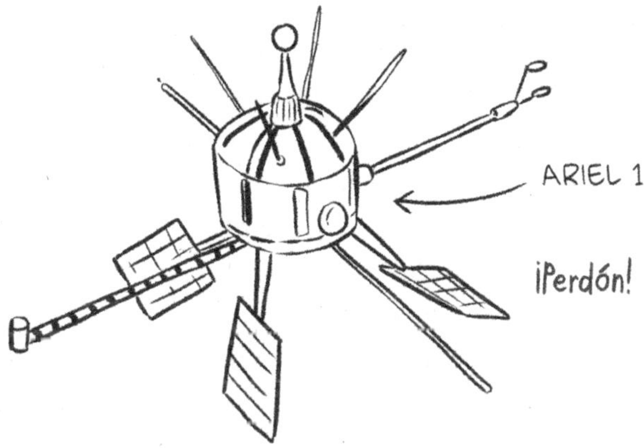

Intentad apreciar el ritmo al que sucedieron las cosas. Imaginad que sois un diplomático cincuentón en 1963. Queréis evitar otra guerra mundial, además de que se desate una arrebatiña por las colonias y el territorio espaciales al estilo de la del siglo XIX. Pero el futuro se os echa encima. En la década de 1910, cuando erais unos niños, los ingenieros intentaban todavía solventar los problemas de diseño de los biplanos. Una década más tarde, Tsiolkovski era un anciano apenas conocido; Goddard, un eremita, y Oberth se estaba dejando la salud promocionando películas. En la década de 1930, unos pocos aficionados entusiastas llevaban a cabo experimentos en ocasiones letales, y los cohetes despertaban solo el interés de los niños y del tipo de intelectual extravagante capaz de comprar libros sobre viajes espaciales.

A mediados de la década de 1940, los cohetes surcaban la atmósfera para caer, letales, sobre el Reino Unido y Bélgica. En 1957 se produce el lanzamiento del primer misil intercontinental y del primer satélite. En 1961 ya hay humanos dando tumbos por el espacio y en 1962 también armas nucleares. Nada de lo vivido hasta ahora indica que los viajes espaciales vayan a mejorar el comportamiento humano. Nada permite imaginar que el uso de cohetes tenga como principal objetivo la ciencia, o la promoción de inspiración y unidad. Habéis asistido durante casi veinte años a una carrera armamentística y, desde hace poco, a unas inversiones salvajes en una batalla de relaciones públicas a escala mundial. Y ahora, de repente, las armas nucleares empiezan a crear soles en miniatura en el cielo, y el mundo asiste sobrecogido a la crisis de los misiles de Cuba.

Esta es la imagen del espacio más relevante para las leyes espaciales. En esa visión, la actividad espacial, particularmente cuando en ella participan humanos, es táctica. Es una cuestión de poder, de supervivencia. No es un mundo de héroes: es un mundo de peligrosas motivaciones a las que hay que poner límite. Pero, en 1962, el espacio apenas ha sido regulado. La buena noticia es que, mientras los héroes completan sus proezas allá en lo alto, juristas y diplomáticos están redactando un ordenamiento legal del espacio, que ha llegado en buena medida intacto hasta la época moderna.

Queremos subrayar los dos aspectos principales que deberíais tener siempre presentes durante el resto del libro. En primer lugar, por mucho que el viaje a otros mundos inspire y conmueva a los flipados, y por muy distinto y fascinante que sea ese nuevo entorno, a efectos sociales no será la panacea. El espacio es otro sitio más en el que el ser humano será humano.

En segundo lugar, la ley vigente en la actualidad surge en una fase muy particular de la historia, un momento en el que solo hay dos actores en el espacio, uno capitalista y otro comunista, y en el que los viajes espaciales son algo muy novedoso que nos acerca muy rápidamente a un futuro desconocido. Sed conscientes del grado de incertidumbre imperante. Vosotros, lectores, sabéis qué ha sucedido en el espacio en los sesenta años posteriores. Los diplomáticos y mandatarios de la década de 1960, no. Aún eran posibles contrafactuales. El mismo Von Braun había propuesto poner en órbita una estación de combate que mantendría la paz en la Tierra y la «supremacía en el espacio». Como dijo en un discurso pronunciado en 1952 en Washington, un misil espacio-Tierra «¡frenaría en seco a cualquier adversario que intentase enfrentarse a nuestra fortaleza del espacio! La estación espacial puede destruir, con absoluta certeza, cualquier nave enemiga antes incluso de que despegue».

Los dos bandos de la Guerra Fría se plantearon la posibilidad de militarizar la Luna, un acto que (cabe suponer) habría conllevado un enfrentamiento de algún tipo para hacerse con el territorio. Estados Unidos desarrolló incluso un programa muy serio, el proyecto Orión, con el propósito de lanzar al espacio naves del tamaño de un crucero mediante una secuencia de explosiones nucleares.

Bien, diplomático cincuentón: estamos a principios de la década de 1960. Los niños nacidos cuando se detonaron bombas atómicas sobre Japón son ya jóvenes adultos. El mundo ha conseguido recomponerse tras un conflicto de alcance planetario, pero las principales potencias parecen abocadas a un extenso conflicto en el espacio, y en este inminente ocaso de los dioses no está claro quién lleva las de ganar. No es un momento especialmente prometedor para la humanidad, pero el hecho de que solo haya dos potencias espaciales en un mundo súbitamente aterrador es un entorno propicio para nuevos reglamentos internacionales.

La creación de las leyes espaciales

1963 fue un buen año para los abogados espaciales. Se promulgó el Tratado de Prohibición Parcial de los Ensayos Nucleares, en virtud del cual Estados Unidos y la Unión Soviética acordaron que interrumpirían sus pruebas nucleares en varios emplazamientos, el espacio exterior entre ellos. Las Naciones Unidas adoptaron también una resolución por la que tanto Estados Unidos como la Unión Soviética se comprometían a no poner en órbita espacial armas nucleares de destrucción masiva. Por último, y tras años de negociación, las Naciones Unidas publicaron una declaración de principios sobre el espacio exterior, que más adelante sería la base de lo que hoy conocemos como Tratado sobre el Espacio Ultraterrestre.* En vigor desde

* El nombre completo es «Tratado sobre los Principios que Deben Regir las Actividades de los Estados en la Exploración y la Utilización del Espacio Ultraterrestre, incluso la Luna y Otros Cuerpos Celestes». Por motivos evidentes, en adelante nos referiremos a él como «Tratado sobre el Espacio Ultraterrestre» o, simplemente, «el Tratado».

octubre de 1967, 112 naciones lo han ratificado hasta la fecha, entre ellas las dos grandes potencias espaciales de la época.

El Tratado genera división de opiniones en cuanto a su significado para la humanidad. Hay quien ve en él el triunfo de la paz y el liberalismo. Un escritor lo expresaba así: «El arranque del más intenso período de competición [...] resultó ser precisamente el momento de reconciliación y progreso a raíz de la ley espacial».

Otros tienen una perspectiva menos edificante del asunto. Everett Dolman, un experto en teoría militar (cuyo estilo como escritor, cabe señalar, se asemeja al de Darth Vader), señaló en su momento que «la tan ensalzada cooperación internacional nacida del Tratado sobre el Espacio Ultraterrestre de 1967 no fue, en realidad, una prueba del reciente auge del universalismo; fue más bien una reafirmación del realismo de la Guerra Fría y de las rivalidades nacionales, una experta maniobra diplomática que permitió ganar algo de tiempo a Estados Unidos y puso freno a la expansión soviética».

Desde nuestra perspectiva actual, sorprende lo mucho que ha cambiado el mundo y lo poco que lo ha hecho la ley en todo este tiempo. La Unión Soviética ya no existe. La nación que la sucedió ha construido la mayor estación espacial de la historia en cooperación con su antiguo rival. Mientras tanto, Europa, China, Japón y la India se han convertido en serios competidores en el espacio, en paralelo al progresivo aislamiento y debilitamiento de Rusia. Lo más extraño de todo, sin embargo, es que el cohete que más veces salió al espacio en 2022 no lo construyó una nación, sino una empresa privada, SpaceX.* Ahora bien: pese a que los lanzamientos y las comunicaciones espaciales se han convertido en actividades comerciales modernas, el Tratado sobre el Espacio Ultraterrestre sigue siendo el resultado de aquel breve instante en el que dos potencias

* Aunque es cierto que recibe una cantidad considerable de fondos públicos.

nucleares rivales empezaron a pavonearse ante la mirada atónita de todo el planeta. Esta circunstancia tiene consecuencias inesperadas para el futuro de los asentamientos espaciales y cualquier plan de establecernos en el espacio deberá tenerlas necesariamente en cuenta. Vale la pena, por tanto, que desempolvemos ese vetusto documento y veamos qué se dice en él. Y lo que es tanto o más importante: lo que no se dice.

12

El Tratado sobre el Espacio Ultraterrestre: una forma magnífica de reglamentar el espacio... hace sesenta años

El Tratado sobre el Espacio Ultraterrestre es la mejor aproximación que existe a un documento que regule el espacio; sin embargo, son muy pocos los libros consagrados a los asentamientos espaciales que lo mencionan en algún momento. Viene a ser un poco como hacer planes para construir una extensa operación minera en la Antártida y preocuparse más por los detalles del transporte o la licuación del hielo que por el hecho de que esa explotación sería patentemente ilegal, hasta extremos tales que concitaría la animosidad inmediata de varias decenas de países.

El problema que le vemos al Tratado sobre el Espacio Ultraterrestre es que, pese a que limita de forma estricta la capacidad de las naciones para arrogarse tierras, puede interpretarse también como que admite todo tipo de actividades, incluido el acaparamiento efectivo de tierras. En un mundo como el nuestro, en el que las naciones planifican viajes a la Luna y magnates dueños de grandes empresas de cohetes prometen asentamientos espaciales, corremos el riesgo de que las principales potencias interpreten las leyes en su favor y nos lleven a una crisis que acabe generando conflictos en la Tierra.

La legislación internacional: existe, de verdad

Antes, sin embargo, queremos señalar (y es importante que lo subrayemos, porque a menudo nos hemos encontrado con que los partidarios de establecernos en el espacio no suelen creérselo) que las leyes internacionales importan. No funcionan como la legislación nacional, no son perfectas, pero existen, definitivamente existen.

A veces se dice de las leyes internacionales que son «anárquicas» porque no existe una autoridad superior que supervise a las naciones o decida si se ha hecho una interpretación correcta de sus propios tratados y obligaciones. Lo más parecido a esa autoridad son las Naciones Unidas, pero podemos considerar la ONU como una especie de poder legislativo con un tribunal, pero escasa capacidad de hacer cumplir sus dictámenes, y cuyas leyes solo resultan vinculantes para aquellos Estados que han accedido a regirse por ellas. La legislación internacional no afecta a las naciones de la misma forma directa y funcional que las leyes de un país afectan a sus ciudadanos; eso no significa, sin embargo, que sea imaginaria. Por lo que hemos podido ver, la gente que cree que las leyes internacionales son una farsa suelen sacar a colación los casos en que se han vulnerado esa legislación. Aun así, como señalaba uno de los juristas con los que nos entrevistamos, eso viene a ser como creer que no existen leyes contra el homicidio porque a veces se producen asesinatos. Existen en la Tierra normas desarrolladas a lo largo de los años y que las naciones, por regla general, respetan.

Otro argumento, algo más matizado, es que las leyes internacionales no son ni más ni menos que lo que las grandes potencias quieren que sean. Y si bien es cierto que las naciones más poderosas pueden influir de manera desproporcionada en la redacción y la interpretación de las leyes, su poder no es ilimitado. Aparte de que, por mucho que creáis que las leyes no son más que la voluntad de los poderosos, creadas en su beneficio, eso no las invalida. Si os para la policía para poneros una multa por exceso de velocidad, no podéis defenderos diciendo que «las leyes relativas a los límites de velocidad son solo la voluntad de los poderosos». Las leyes internacionales restringen de hecho las actividades de las naciones y, por eso, para entender los asentamientos en el espacio, tenemos que comprender cómo funciona la legislación internacional en la práctica.

Las leyes internacionales se establecen de dos maneras diferentes: una son los acuerdos, y otra los llamados *usos* o *costumbres*. Seguramente, cuando oís hablar de las leyes internacionales pensáis en los acuerdos: pactos escritos entre naciones con carácter vinculante, de cuyo cumplimiento se encargan las propias naciones. Los usos son las normas que se establecen a través del comportamiento y que en ocasiones, aunque no siempre, acaban siendo codificadas. El lanzamiento del primer *Sputnik* trajo consigo un beneficio insospechado para el Gobierno de Eisenhower: la Unión Soviética había establecido un precedente para la órbita libre sobre otras naciones. Estados Unidos rápidamente aprovechó la norma para desplegar satélites espía. Pese a que la condición de «cielo

abierto» del espacio seguía siendo objeto de debate en 1963, el uso se ha consolidado y nadie lo pone ya en duda. Vale la pena resaltar que las cosas podrían haber seguido derroteros muy distintos. Tomemos como ejemplo las leyes de la aviación, que desde el Convenio de Chicago estipulan que el espacio aéreo no es una zona de libre tránsito.

Los acuerdos escritos son importantes, pero cobran especial vigor por su aplicación consuetudinaria en todo el mundo: es decir, cuando unas naciones hacen algo y otras lo toleran.

¿Cómo son, entonces, los usos y costumbres espaciales? Pues no están mal. Para el espacio aéreo tenemos un siglo de usos. Para el mar, varios siglos. Con las naves espaciales que vuelan próximas a la Tierra, unos sesenta y cinco años, pero para las situaciones directamente relacionadas con los asentamientos espaciales apenas tenemos nada. Por eso, cuando tratamos cuestiones como la posibilidad de reclamar la propiedad de un asteroide, tenemos que basarnos en acuerdos formales, el más importante de los cuales es el Tratado sobre el Espacio Ultraterrestre.

Breve aclaración antes de entrar en detalles

Tanto en este apartado como en la quinta parte del libro analizaremos en detalle la ley del espacio, y queremos que quede claro: todo lo que digamos es cuestión de interpretación. Si bien es cierto que en la legislación internacional hay toda una serie de normas consensuadas, nuestra experiencia al hablar con juristas es que no todos son siempre de la misma opinión. No es de extrañar, por otra parte, en un terreno como el legal, que en última instancia gira en torno a las opiniones y los comportamientos de unos simios venidos a más, capaces de vestirse y de hablar. Ahora bien, en aras de que la presente sección no sea excesivamente larga, y de dilucidar qué vías serán las que seguramente nos conduzcan a asentarnos en el espacio, a veces nos hemos visto obligados a decantarnos por una de las opciones de una disyuntiva, o a decir que una cuestión legal está pendiente de resolución pese a que algunos expertos consideran que está perfectamente resuelta. Creemos que hemos sido bastante razonables en nuestra interpretación y hemos hecho cuanto estaba en nuestra mano para presentar las opiniones que más consenso concitan; aun así, recordad al leer lo que viene a continuación que también nosotros tenemos nuestro sesgo. Específicamente, nos encontramos en la incómoda posición de defender la particular importancia que tienen las opiniones de Estados Unidos, por una cuestión de poder, cuando nosotros mismos somos ciudadanos estadounidenses. Hemos hecho todo lo posible para recabar las opiniones de expertos y teóricos de trasfondos muy diferentes, y creemos que, en términos generales, nuestra argumentación es correcta, pero los detalles de la interpretación de estas cuestiones siguen siendo muy, pero que muy debatibles.

El Tratado sobre el Espacio Ultraterrestre de 1967

Lo primero que hay que saber sobre el Tratado es que no dice gran cosa. En su versión en español, el Tratado no llega a las dos mil quinientas palabras. Es, además, llamativamente impreciso. A menudo, los tratados incluyen un apartado en el que se definen los términos para evitar ambigüedades. No es el caso del Tratado.

Esto puede dar pie a situaciones muy desconcertantes, que a continuación ilustramos con dos ejemplos.

Primera pregunta: ¿qué es un «astronauta»? Todos creemos saberlo: es alguien que ha estado en el espacio, ¿no? Vale, pero ¿qué hay de los turistas? Lo de «astro» está claro, pero ¿han «nauteado»? Pues resulta que no, al menos según las directrices estadounidenses más recientes. La cláusula 5 de la orden 8800.2 de la Administración Federal de Aviación, relativa al programa Wings sobre astronautas y el acceso comercial al espacio, establece que no basta con volar a ochenta kilómetros de altitud: también hay que tener la categoría de «tripulante de vuelo», para lo que hay que cumplir ciertos requisitos y demostrar que uno «es esencial para la seguridad pública o contribuye a la seguridad humana en los vuelos espaciales» durante la misión. Dicho de otra forma: hay que ser parte de la tripulación y hacer cosas de tripulante, no basta con ser un ricachón con asiento de ventanilla.

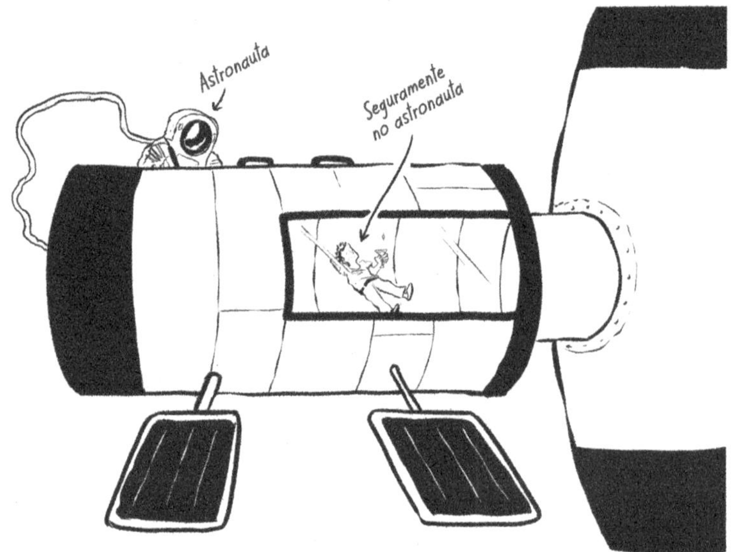

Esta es una cuestión relevante, y no solo para los frágiles egos de los multimillonarios espaciales. En virtud de un texto complementario del Tratado sobre el Espacio Ultraterrestre (el Acuerdo sobre Salvamento, de 1968), los países tienen la obligación de prestar cierto grado de asistencia a los astronautas. Si las circunstancias forzasen a un cosmonauta ruso a aterrizar en Alberta (Canadá), el Gobierno canadiense estaría obligado a repatriar tanto la nave como al cosmonauta en buen estado. Esto tenía una razón de ser en la década de 1960, cuando todos los pioneros del espacio eran profesionales cuyas atribuciones eran en cierto modo las mismas de un embajador. En el Tratado se los llama literalmente «enviados de la humanidad».* Si Jeff Bezos se lleva a un turista a orbitar la Tierra y luego aterrizan por accidente en Rusia, lo más normal es que se considere que es un simple enviado de Jeff Bezos y que no le corresponde la consideración con la que habitualmente se trata a los astronautas.

O eso creemos. Ya decimos que es todo muy impreciso.

Segunda pregunta: ¿dónde acaba exactamente el espacio aéreo y empieza el espacio «espacio»? Esta es una cuestión más política que científica, porque en la atmósfera no hay ninguna demarcación abrupta. Consuetudinariamente se interpreta que el espacio empieza en la «línea de Kármán», la altitud a partir de la cual los aviones no pueden volar y es necesario un cohete. Por lo general se acepta que la línea está a unos cien kilómetros de altitud. Otras propuestas trazan la línea a tan solo veinte kilómetros (lo que conferiría la categoría de astronautas a unos pocos pilotos de globos aerostáticos) o a varios miles de kilómetros, con lo que la lista actual de astronautas quedaría restringida al puñado de ancianos estadounidenses que pasaron por la Luna y regresaron. Posiblemente, la peor propuesta de todas (y también nuestra favorita) la encontramos en un libro de 1952, formulada por John C. Cooper. A muy grandes rasgos: para cualquier país, el espacio es aquello que no puede defender con misiles. La propuesta se hace eco de la antigua ley del mar, que otorgaba a las naciones tres millas (unos cinco kilómetros) de soberanía frente a sus costas, con el argumento de que la artillería podía alcanzar sus blancos a esa distancia.

* Lo de «enviados de la humanidad» tampoco se define en el Tratado, pero por lo general se interpreta como que no tiene ningún significado. Es decir, no confiere inmunidad diplomática, por ejemplo.

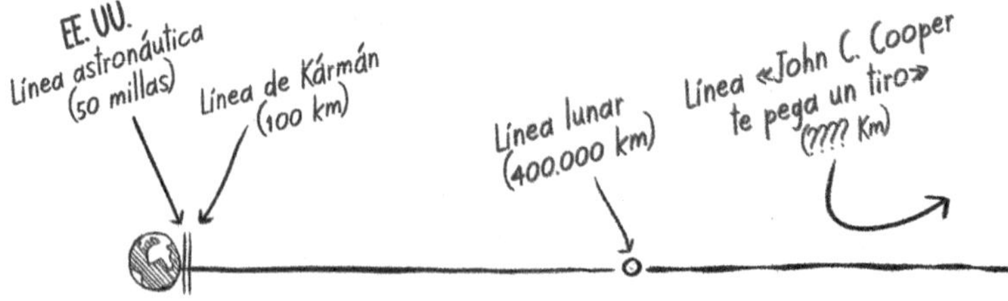

La cuestión de dónde acaba la atmósfera y empieza el espacio puede parecer una disquisición legalista, pero podría tener consecuencias muy reales. Supongamos que SpaceX lleva a la práctica su propuesta de fletar un cohete que vaya, por poner un caso, desde Kiev a Tokio. El cohete empezaría su vuelo en el espacio aéreo, pero sobrevolaría Rusia en el espacio «espacio» y descendería luego por el espacio aéreo de otro territorio amigo. Puede que fuese técnicamente legal, pero mucho nos tememos que Rusia pondría mala cara.

Vemos pues que el Tratado sobre el Espacio Ultraterrestre es poco preciso. De hecho, en nuestras conversaciones con juristas hemos detectado cierta vaguedad respecto a si esa imprecisión es buena o mala. Una ley clara es buena, porque aporta certidumbre, algo bastante valioso a la hora de invertir y también de evitar el estallido accidental de un conflicto armado. Las leyes imprecisas, por otra parte, tienen la ventaja de que permiten adaptar su interpretación a medida que las cosas cambian. En el caso de los viajes espaciales en la década de 1960, seguramente era deseable mantener cierto grado de flexibilidad, tanto para gestionar las incógnitas del futuro como para conseguir que todo el mundo firmase el documento.

Pese a esas ambigüedades, o quizás a causa de ellas, la adopción del Tratado sobre el Espacio Ultraterrestre ha sido multitudinaria. En el momento de escribir estas líneas, 112 países son Partes en el Tratado, entre ellas las grandes potencias con capacidad de acceder al espacio. No menos importante es el hecho de que el Tratado lleva vigente mucho tiempo y, en general, se ha respetado, lo que apunta a que al menos va acercándose a la condición de derecho consuetudinario.

Desde la ratificación del Tratado, otros tres tratados de Naciones Unidas han entrado en vigor y han sido ratificados por las naciones que disponen de la tecnología necesaria para enviar al espacio a sus ciudadanos: el Acuerdo sobre Salvamento (1968), el Convenio sobre la Responsabilidad (1972) y el Convenio sobre el Registro (1975).* Tienen su importancia, pero en realidad son meras ampliaciones de algunas de las

* Estos son sus nombres completos. Intentad decirlos en voz alta de una tacada, sin respirar: Acuerdo sobre el Salvamento y la Devolución de Astronautas y la Restitución de Objetos Lanzados al Espacio Ultraterrestre, Convenio sobre la Responsabilidad Internacional por Daños Causados por Objetos Espaciales y Convenio sobre el Registro de Objetos Lanzados al Espacio Ultraterrestre.

secciones del Tratado. En el tiempo de leer esto ya se os han olvidado los nombres, pero hemos querido mencionar su existencia porque volverán a salir cuando hablemos de las leyes vigentes en la actualidad.

Este libro trata sobre asentamientos espaciales, y por eso nos interesa principalmente la cuestión de qué territorios y qué recursos estamos autorizados a utilizar en el espacio. A efectos prácticos, pues, hay dos ámbitos de la ley del espacio que nos interesan: la propiedad y... bueno, todo lo demás.

Todo lo demás

Cooperación

Una de las partes más imprecisas del Tratado es la cláusula que estipula que las actividades espaciales «deberán hacerse en provecho y en interés de todos los países». La frase ha sido objeto de debate, pero la interpretación más habitual es que no significa gran cosa. Se supone que los países han de actuar de buena fe, pero no hay forma de forzar la cooperación. Además, siempre puede alegarse que casi cualquier actividad es provechosa para todo el mundo. ¿La bandera estadounidense que los estadounidenses plantaron en la Luna para los estadounidenses? Decidme vosotros si no inspiró a todo el mundo.

Dicho esto, los juristas nos han recomendado que no seamos demasiado cínicos. Las conversaciones sobre las obligaciones de los países siguen en curso y, dada la gran cantidad de objetos que hay en el espacio ahora mismo, puede que los usos y costumbres confieran más importancia a las normas que rigen la cooperación y las codifiquen con mayor exactitud.

El Tratado establece también que todos los países tienen que portarse bien, lo que en términos geopolíticos significa actuar con honestidad y dejarlo todo bien recogidito al acabar: permitir que otros países observen nuestros lanzamientos, autorizar a otras personas a visitar nuestras instalaciones y por favor por favor no contaminar el espacio.

Las cuatro grandes potencias han vulnerado abiertamente la prohibición de contaminar el espacio, siempre del mismo modo y con la misma intención: reventar sus propios satélites con misiles. La Unión Soviética y Estados Unidos fueron los primeros en destruir satélites viejos con armas disparadas desde la Tierra. Hoy se considera una torpeza, porque una explosión en órbita disemina trocitos de metal a gran velocidad en todas direcciones, lo que pone en peligro a otros objetos en órbita. El peor caso se dio en 2007, cuando China decidió destruir un avejentado satélite meteorológico y creó infinidad de esquirlas que aún hoy siguen en órbita. La India, otra potencia pujante tanto en la Tierra como en el espacio, se sumó al club de las explosiones espaciales en 2019.

Si no tenéis muy claro por qué los países optan por poner a prueba sus armas antisatélite de esta manera, Narendra Modi, el primer ministro de la India, lo dejó muy clarito tras las pruebas de 2019: «La India se ha inscrito entre las potencias espaciales». Los alardes de poderío de los que hablábamos antes. Tales incidentes suelen generar consternación a escala internacional, pero hasta la fecha no han tenido grandes repercusiones, quizá porque hasta ahora no ha pasado nada demasiado grave.

Responsabilidades

Imaginemos que lanzáis al espacio un objeto* y que este impacta contra un objeto espacial, un avión o una ciudad de otra nación. ¿Qué sucede entonces? De acuerdo con el Tratado so-

* Término tampoco definido.

bre el Espacio Ultraterrestre y el Convenio sobre la Responsabilidad de 1972, la responsabilidad por daños o perjuicios corresponde a algún país.

La cuestión de qué país, específicamente, puede ser rocambolesca. El artículo VII del Tratado dice que la responsabilidad recae sobre el Estado Parte en el Tratado «que lance o promueva el lanzamiento de un objeto al espacio ultraterrestre» y sobre «todo Estado Parte en el Tratado desde cuyo territorio o cuyas instalaciones se lance un objeto». Es decir, que si sois el Estado desde el que se produjo el lanzamiento o la patria de las personas que organizaron el lanzamiento, se os puede considerar responsables si algo sale mal.

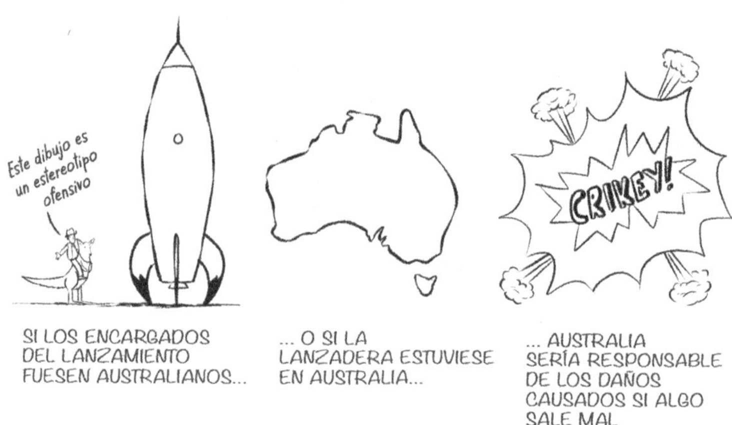

Varias naciones han promulgado leyes para adaptarse a esta norma, pero las leyes nacionales no siempre concuerdan con lo que la norma dice en realidad. Algunos países confieren mayor importancia al territorio físico desde el que se lanzó el objeto. Otros consideran que lo importante es la nacionalidad de quienes efectuaron el lanzamiento.

Se forman así posibles vacíos legales. Pongamos que un grupo de canadienses, con financiación del Gobierno de Canadá, propician un lanzamiento desde Paraguay. ¿Sobre quién recae entonces la responsabilidad? ¿Sobre Canadá o sobre Paraguay? Según lo establecido en el Tratado, es una cuestión que las dos naciones tendrán que resolver entre ellas. Cosas así quizá tengan una enorme relevancia en los asentamientos espaciales del futuro. Por lo que hemos visto, la gente tiene la difusa percepción de que si Elon Musk hace algo en Marte, el problema es de Elon Musk. Pero, en el plano legal, las actividades de Elon Musk son responsabilidad de Estados Unidos, con lo que Estados Unidos tendrá que hacer frente a las repercusiones de lo que Elon haga lejos de nuestro planeta.

Uno de los motivos por los que las cosas no están del todo claras es que los términos del Convenio sobre la Responsabilidad solo se han invocado en una ocasión. ¿Os acordáis de que os contamos que una vez uno de los satélites nucleares de la Unión Soviética cayó sobre Canadá? La operación Luz del Alba, un proyecto conjunto de Canadá y Estados Unidos para limpiar los residuos, costó millones de dólares. Canadá pidió a la Unión Soviética que se hiciese cargo del gasto, alegando (entre otras cosas) los estatutos del Convenio sobre la Responsabilidad.

Registro

En 1975, el Convenio sobre el Registro entró en vigor: básicamente, en él se establece que si vamos a lanzar algo al espacio, hay que registrar ese objeto en un registro apropiado, y que el Estado de lanzamiento notificará a las Naciones Unidas ese registro. A menudo hemos visto que la gente piensa que los multimillonarios lanzan al espacio sus satélites sin encomendarse ni a Dios ni al diablo, quizá tocados con sombrero vaquero, pero solo la segunda parte es cierta, y solo en el caso de Jeff Bezos. El espacio es bastante más aburrido, y las reglas de registro son bastante parecidas a las que conciernen al registro de naves marítimas.

Aun así, siempre hay quien quiere hacer alguna pirula. En el contexto marítimo, una táctica habitual para abaratar costes es la del pabellón de conveniencia. Todo buque está obligado a registrar un Estado de origen, de forma que, si surge algún problema legal, podemos saber bajo qué jurisdicción opera. En la práctica, los buques a menudo navegan bajo el pabellón de los países en los que los impuestos son más bajos y las regulaciones más laxas en todo lo que concierne a las inspecciones de seguridad, las leyes laborales y el impacto medioambiental. Todavía no se ha llegado a esos extremos en el espacio, pero a medida que aumenta el número de satélites en órbita, es posible que la situación cambie. En 2021, por ejemplo, la empresa AST & Science pretendió poner en órbita (a 700 kilómetros de altitud) 243 satélites gigantes, de 450 metros cuadrados de superficie cada uno. La NASA expresó su preocupación ante semejante profusión de satélites, por los riesgos concomitantes de colisiones y generación de residuos. Pero más preocupante que la tecnología empleada por la empresa fue el comportamiento de esta. AST & Science, una empresa con sede en Estados Unidos, obtuvo su licencia de lanzamiento en Papúa Nueva Guinea. ¿Por qué? Seguramente porque el país no ha firmado ni el Convenio sobre la Responsabilidad ni el Convenio sobre el Registro. En un artículo en el que analizaba el tema, James Dunstan recalcó que el valor de los satélites en órbita sería superior al presupuesto de Papúa-Nueva Guinea, lo que hacía temer que el país no fuese capaz de hacer frente a las reclamaciones de daños y perjuicios, incluso *si* se reconociese responsable de ellos.

Armamento

Haciendo honor a su nombre, el Tratado de Prohibición Parcial de los Ensayos Nucleares de 1963 prohibió los ensayos con armas nucleares en la atmósfera o el espacio ultraterrestre.

Ese mismo año, la Unión Soviética y Estados Unidos respaldaron una resolución de Naciones Unidas por la que se comprometían a no poner armas nucleares en órbita espacial. Con el advenimiento del Tratado sobre el Espacio Ultraterrestre cuatro años más tarde, las «armas de destrucción masiva» fueron desterradas por completo del espacio exterior. Pero no os lo vais a creer: tampoco se define qué constituye un «arma de destrucción masiva». Hay una prohibición específica de las armas nucleares, y las leyes internacionales prohíben específicamente las armas biológicas y químicas.

Sin embargo, un país podría (al menos en principio) poner en órbita misiles suficientes como para provocar una destrucción más que considerable y seguramente sería todo legal, siempre y cuando ninguno de esos misiles tuviese una ojiva nuclear. Además, no se puede tener un fuerte en la Luna. Nada de «bases, instalaciones y fortificaciones militares». Tampoco se pueden desarrollar maniobras militares en el espacio, aunque se concede un permiso específico al envío de personal militar al espacio con fines pacíficos, una medida bastante sensata en una época en la que la mayoría de los astronautas y los cosmonautas eran pilotos militares de pruebas.

La titularidad del espacio y activos espaciales

¿Quién puede ser soberano en el espacio?

La esperanza subyacente al entusiasmo de muchos partidarios de los emplazamientos es que acaben formándose nuevas sociedades, nuevos países con leyes completamente nuevas en territorios novísimos. ¿Es posible? La respuesta que ofrece el artículo II del Tratado puede resumirse en un sucinto «no».

> El espacio ultraterrestre, incluso la Luna y otros cuerpos celestes, no podrá ser objeto de apropiación nacional por reivindicación de soberanía, uso u ocupación, ni de ninguna otra manera.

El de «soberanía» es un concepto importante para un asentamiento espacial, y por eso vale la pena dedicarle un par de minutos. Aun cuando es uno de esos términos para los que el Tratado no ofrece definición, la palabra tiene, por lo menos, una larga tradición y está bastante próxima a la percepción que tenéis por sentido común de lo que constituye un Estado moderno. Canadá tiene la soberanía sobre Canadá. Eso quiere decir que Canadá es la única y principal autoridad sobre un territorio particular, que puede establecer normas para las personas y los objetos que entran y salen de sus fronteras y que por lo general otros Estados están de acuerdo con todo ello. El Tratado sobre el Espacio Ultraterrestre establece claramente que no puede haber entidades «canadizantes» en los cuerpos celestes.

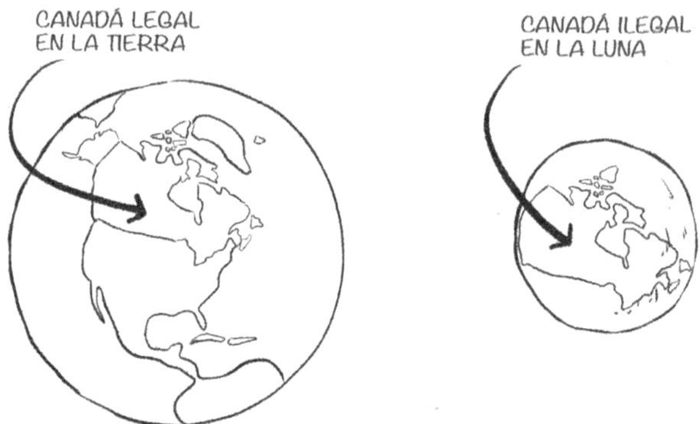

Si tenéis una vena empollona, como nosotros, lo primero que os pasará por la cabeza será intentar encontrar un vacío legal. Por ejemplo: ¿os habéis fijado que solo dice que ninguna *nación* puede reivindicar la soberanía? ¿Podría Kentucky

Fried Chicken reivindicar la Luna para sí? Lo sentimos, amigos nuestros: la Luna se va a quedar sin coronel. La ley internacional establece que las naciones se hacen responsables de sus ciudadanos. Los empleados de KFC que intentasen establecer una pollocracia lunar seguirían teniendo que despegar desde algún sitio y ser de algún sitio. Por eso, si van a la Luna y se proclaman sus soberanos, lo harán bajo la jurisdicción de alguna nación. Además, y esto es ya cuestión de sentido común, la ley no puede permitir que suceda algo así porque privaría de sentido al artículo II. Intentad imaginar cómo se sentiría la comunidad internacional si Estados Unidos diese a Kentucky Fried Chicken diez billones de dólares para arrogarse todo Marte. El cabreo sería monumental. Y lo que es más importante, nadie reconocería el título de propiedad expedido por Estados Unidos a nombre de KFC.

Lo que sí se puede hacer es establecer una base de investigación en la que nuestras leyes soberanas tengan vigencia, de forma análoga a lo que sucede a bordo de un barco en alta mar. Suena razonable, ¿no? Pero recordad que el terreno apetecible es muy escaso, sobre todo en la Luna. Martin Elvis (a quien quizá recordaréis como el experto en recursos espaciales que se apellida literalmente Elvis) y sus coautores subrayan que los picos de luz eterna ocupan aproximadamente «una cien mil millonésima parte de la superficie lunar», lo que significa que «un único país o empresa podría por sí solo ocuparlos completamente y privar así a todos los demás de ese recurso». Por eso, pese a que la «canadización» de la Luna está prohibida, sí podrían crearse bases lunares con poderes «canadizados», las cuales, casualmente, se asientan en los mejores emplazamientos. Canadá tendría la soberanía sobre esas bases y, naturalmente, excluiría a otras naciones de una región lunar concreta. En teoría, las bases podrían estar abarrotadas de soldados, siempre y cuando estuviesen allí con fines pacíficos; por ejemplo, para llevar a cabo tareas de investigación.

Esa no sería exactamente una situación de soberanía, en parte porque Canadá tendría ciertas obligaciones. Pero muy diluidas. Según el artículo XII, el Canadá de la Luna debería permitir la visita de representantes de otras Partes en el Tratado, siempre y cuando «[notifiquen] con antelación razonable su intención de hacer una visita». El problema está en que los imperativos de la ciencia especial siempre permitirían argüir poco menos que «ahora no es buen momento». Como Elvis y sus coautores indican, los picos de luz eterna son un excelente emplazamiento para realizar experimentos de observación solar, los cuales precisan equipos de una sensibilidad extrema. ¿Qué les impediría a los selenocanadienses poner un cartel en la puerta en el que ponga EXPERIMENTO ACTIVO. EL HORARIO DE VISITAS SE REANUDARÁ DENTRO DE 10.000 AÑOS?

En virtud del Tratado sobre el Espacio Ultraterrestre, si de verdad queréis ver qué están tramando los espaciocanadienses, lo mejor es invocar el artículo IX, en el que se establece que, si nos preocupa que alguien pueda estar actuando mal en el espacio, podremos «pedir que se celebren consultas sobre dicha actividad o experimento».

Chupaos esa, selenocanadienses del demonio. Exigimos que os planteéis la posibilidad de discutir el asunto con nosotros, por favor.

Para los futuros colonizadores del espacio, lo que cabe retener de todo esto es que, pese a que la soberanía está prohibida, es posible gozar de muchas de sus ventajas sin vulnerar las normas del Tratado. No podrá haber un Canadá marciano, pero sí un Canadá sobre Marte. A eso nos referíamos cuando decíamos que la ley, en su forma actual, se presta a interpretaciones peligrosas. En principio, nadie puede reclamar territorios para sí, pero todo el mundo tiene derecho a ubicar sus bases en las escasísimas zonas apetecibles. Y si eso os parece caótico, ya veréis cuando os contemos lo que uno puede hacer con el territorio que no ha reclamado para sí pero ocupa de forma efectiva.

Explotación lúdica y belicosa de los recursos espaciales

No podemos tener la soberanía sobre una parcela de tierra lunar; sin embargo, como hemos visto, lo más probable es que necesitemos esa tierra para construir nuestro blindaje antirradiación. ¿Podemos utilizarla? ¿Y qué hay de otros recursos más valiosos? Recordemos que, en el mejor de los casos, en toda la Luna hay tanta agua (helada) como en un lago pequeñito.

Vamos a imaginar que los autores de este libro instalamos una base lunar en el cráter de Shackleton y la bautizamos Base Shackleweiner. Una vez construida, empezamos a convertir el agua en una gigantesca escultura de hielo a nuestra imagen y semejanza, la cual, gracias a la gravedad reducida en la Luna, puede alcanzar una altura considerable. El sueño de la humanidad de contar con una estación de paso en la Luna se ve truncado por la gélida efigie de los Weinersmith de Shackleweiner.

¿Y es esto legal?

Según las interpretaciones modernas... sí, seguramente. No es soberanía, con lo que, pese a no ser ideal, tampoco va exactamente contra las normas. El problema está en que la explotación en ausencia de soberanía puede dar pie a resultados bastante descabellados. Vamos a imaginar que Estados Unidos, que aborrece el transporte público, decide asfaltar casi toda la superficie de la Luna en previsión de futuras zonas de aparcamiento. Otras naciones quizá pongan el grito en el cielo y acusen a Estados Unidos de contaminar la Luna, pero la única obligación para el Gobierno estadounidense es la de prestarse a consultas previas.

¿Es probable que esto suceda? No: le damos como mucho un 30 por ciento de probabilidades. Pero ¿es legal? Seguramente sí. Existen algunos precedentes que permiten la explotación de los recursos espaciales sin interferencia de las leyes internacionales. Las misiones *Apolo* trajeron unos cuatrocientos kilos de rocas lunares de vuelta a la Tierra, que están en posesión de la NASA y se consideran propiedad del Gobierno estadounidense. Distintos presidentes han obsequiado fragmentos de esas rocas como gesto diplomático y, en dos ocasiones, parte de ese polvo lunar ha salido a subasta. En todo este tiempo, nadie ha intentado argüir que las rocas lunares sean un bien no apropiable, ni que se trate de una propiedad especial que toda la humanidad deba compartir. Y esto ha sucedido no solo con los capitalistas Estados Unidos. En la década de 1970, tres de las series de misiones lunares soviéticas recogieron unos pocos cientos de gramos de regolito lunar y lo llevaron a la Tierra. Se consideraron propiedad soviética, y una parte acabó también siendo subastada en Sotheby's. Las mismas reglas se aplicaron en 2010 y 2020, cuando las misiones *Hayabusa* de la Agencia Japonesa de Exploración Aeroespacial llevaron de vuelta a la Tierra muestras obtenidas en meteoritos y la misión china *Chang'e 5* regresó con regolito lunar. En lo tocante a los trocitos de espacio, en términos legales, parece que las cosas son de quien las encuentra. Pero también es cierto que nos faltan usos y costumbres. Hasta ahora, la humanidad solo se ha hecho con una cantidad muy modesta de objetos espaciales y, pese a que unos pocos han terminado en manos de particulares, en todos los casos fueron obtenidos por agencias espaciales nacionales, y no con ánimo de lucro. Si de repente una empresa empieza a acaparar regolito para venderlo en la Tierra, es posible que la comunidad internacional sea menos permisiva con el asunto.

Se plantea entonces la cuestión de quién decide cómo deben interpretarse esas normas. Recordemos que las leyes pueden establecerse mediante acuerdo o consuetudinariamente. Y la costumbre (la de Estados Unidos, al menos) ha sido por lo general la de asumir que todo vale. La NASA ha anunciado recientemente que ha firmado contratos con cuatro empresas para que le vendan regolito lunar. El acuerdo, que podría resultar chocante si no supiésemos del poder del precedente legal, contempla que esas empresas viajen a la Luna y obtengan regolito de forma oficial, para luego *no* llevarlo a la Tierra. En lugar de ello, una vez obtenido, transferirán la propiedad de ese regolito a la NASA por una cantidad simbólica, en este caso un dólar, ni más ni menos.

¿Qué está pasando?

Jim Bridenstine, el administrador de la NASA en el momento de anunciarse el acuerdo, reconoció abiertamente que el objetivo era establecer el precedente de que una empresa privada podía extraer y vender recursos espaciales.

Aun cuando puede parecer que Estados Unidos es la potencia dominante en el espacio, no está sola, ni mucho menos. Independientemente de la interpretación que se le dé al Tratado en relación con la explotación de los recursos espaciales, Estados Unidos, Japón, los Emiratos Árabes Unidos y Luxemburgo han promulgado leyes en las que se afirma específicamente que, de acuerdo con su interpretación, una empresa privada tiene el derecho de explorar, extraer y vender recursos espaciales sin límite. Y por si no quedaba claro, no están diciendo que ellos se lo guisan y ellos se lo comen: lo que dicen es que su interpretación se atiene a la legislación internacional en su forma presente. Rusia se ha mostrado en contra de este enfoque, pero más allá de eso no ha habido una fuerte repulsa. Las Naciones Unidas han establecido recientemente un grupo de trabajo que quizás arroje algo de luz sobre las opiniones de otros países, pero podría argüirse que la interpretación estadounidense pretende sentar un precedente. Pronto saldremos de dudas si, en un futuro cercano, vemos que países y empresas empiezan a viajar a la Luna para aprovechar sus recursos.

Cosas que lanzamos al espacio

Para acabar de enredar el asunto, resulta que la interpretación actual de la situación es que las naciones conservan la soberanía sobre los objetos que lanzan al espacio. ¿Las bolsas de caca de Neil Armstrong? Propiedad de los yanquis. Pero no todo el haber estadounidense es tan glamouroso: además de la mierda literal, hay un montón de mierdas y mierdecillas. Lo que a veces llamamos *basura espacial*: añicos de satélites (resultado de las pruebas con armas), un reactor nuclear inerte... ah, y también los millones de diminutas agujas que se pusieron en órbita como parte del proyecto West Ford.

Independientemente de qué personas fuesen las que pusieron esos objetos en el espacio, los Estados son responsables de ellos y también sus propietarios. ¿Significa eso que un particular puede ser dueño de objetos espaciales? Hay al menos una persona que cree que sí. Richard Garriott, un millonario desarrollador de videojuegos e hijo del astronauta Owen Garriott, es propietario de la nave espacial *Luna 21* y el vehículo lunar

Lunojod 2, que salió de aquella: una y otro se encuentran ahora mismo en la superficie de la Luna. Se las compró en subasta en 1993 a Lavochkin Science and Production Association, fabricante de los dos ingenios, y pagó por ellos 68.500 dólares, aproximadamente lo que cuesta un Ford Bronco bien tuneado. Según Garriott, el Tratado no es aplicable a las personas y, en consecuencia, defiende que el terreno que hay bajo el vehículo le pertenece. Una persona que ha hablado con él cuenta que no solo mantiene su afirmación muy en serio, sino que también cree que el camino recorrido por el vehículo también le pertenece. Ninguno de los letrados espaciales con los que hemos hablado comparte esa opinión.

La ley es muy rara

Puede que las triquiñuelas que hemos descrito en párrafos anteriores os hayan transmitido la impresión de que el Tratado sobre el Espacio Ultraterrestre es puro papel mojado. Sin embargo, en términos generales, las leyes promulgadas entre 1967 y 1975 se observan. Los países registran sus objetos espaciales, anuncian sus lanzamientos y, hasta ahora, nadie se ha atrevido a poner armamento nuclear en órbita. Pese a los extraños vacíos legales detectados por algunos apasionados por el espacio, el Tratado ha conseguido establecer unas normas de comportamiento en el sentido de que el espacio no se toca, y si se toca, se toca poco. Pero puede que ello se haya debido no tanto a la ley como a lo carísimo que fue el acceso al espacio durante cuarenta años. Ha transcurrido una década desde que los precios empezaron a caer de nuevo, y las principales potencias espaciales del momento (Estados Unidos y China) están buscando la forma de alunizar en los terrenos más apetecibles de la Luna. Los juristas expertos han constatado que la tendencia es la de no legislar nada a escala internacional hasta que aparece una crisis. A nosotros, personalmente, no nos haría mucha gracia una crisis entre potencias nucleares. ¿Qué hacemos entonces? ¿Podemos introducir enmiendas en el Tratado o sustituirlo por otro antes de que suceda algo aterrador? Más adelante defenderemos que podría hacerse, pero debéis saber que en la década de 1970 se intentó muy seriamente establecer un régimen legal más claro, que no obtuvo el respaldo de la mayoría de Estados, en particular el de los tres que eran capaces en aquel entonces de poner en órbita a sus ciudadanos. Los motivos de ese fracaso nos servirán para saber qué podremos conseguir en el futuro.

De momento, vamos a suponer que Astrid y su familia son ciudadanos estadounidenses que operan bajo la jurisdicción de Estados Unidos.

13

Asesinato en el espacio: ¿quién mató el Acuerdo sobre la Luna?

> Existe, por supuesto, la tradición de que los exploradores planten una bandera, pero a nosotros, que observábamos con asombro y orgullo y admiración, se nos vino a la cabeza que nuestros dos viajeros eran hombres universales, no nacionales, y que deberían haber recibido el correspondiente equipamiento. Al igual que todo gran río y cada gran mar, la Luna no es de nadie y pertenece a todos. [...] Qué lástima que, en nuestro momento triunfal, no renunciásemos a la conocida estampa de Iwo Jima y, en lugar de ello, plantásemos un instrumento común a todos nosotros: un fláccido pañuelo blanco, quizá, símbolo del resfriado, el cual, al igual que la Luna, nos afecta a todos, es común a todos nosotros.
>
> E. B. WHITE, el de *La telaraña de Charlotte*

El acuerdo sobre la Luna*

En 1979 se alcanzó un acuerdo que no solo habría resuelto la mayoría de los problemas descritos anteriormente, sino que habría establecido un régimen internacional que habría regulado con firmeza el acceso del ser humano a los recursos espaciales. De haber sido ratificado, quizá los aspirantes a mineros de asteroides de hoy en día tendrían que consultar sus derechos de explotación ante una autoridad espacial internacional de algún tipo. Ese marco, que de por sí ya parece una pasada,

* El nombre completo es el de «Acuerdo que Debe Regir las Actividades de los Estados en la Luna y Otros Cuerpos Celestes».

seguramente le habría ahorrado a la humanidad todos los quebraderos de cabeza asociados a una segunda carrera hacia la Luna y los posibles conflictos que se derivarían de ella.

Sin embargo, y pese a que fue ratificado por dieciocho países y, consecuentemente, se considera vigente, el Acuerdo sobre la Luna es, por decirlo en términos técnicos, una filfa. Ninguno de los países capaces de lanzar a personas al espacio a bordo de naves propias ha firmado el Acuerdo, y no se considera que la ley tenga valor consuetudinario, por lo que solo es vinculante para esos dieciocho países, que pronto serán diecisiete (en 2023, Arabia Saudí comunicó su intención de desvincularse del Acuerdo). Entretanto, los países que más probablemente vayan a plantar banderitas en suelo lunar tienen total libertad para vulnerarlo.

Para el futuro colono espacial, entender qué fue lo que mató el Acuerdo sobre la Luna le servirá para entender el tipo de regímenes que *no* vamos a tener en el espacio. De entrada, el Acuerdo sobre la Luna habría convertido el espacio en un bien extremadamente comunitario, algo que no sedujo en absoluto a las principales potencias espaciales. Para entender lo que se pretendía con él y por qué fracasó, hablemos en primer lugar de qué significa la existencia de un régimen de propiedades en el espacio.

¿Socializamos la Luna? Formas de organizar las propiedades en el espacio

En 1953, el abogado Nat Schachner publicó una novelita bastante lamentable titulada *Space Lawyer* ('El abogado del espacio'); en ella, el apuesto e inteligente Kerry Dale consigue dar al traste con los aviesos planes del malo y conquista a la hija de su jefe en el espacio, la guapísima Sally Kenton. ¿Cómo alcanza todo esto? Pues pronunciando, en la escena crucial, las inmortales palabras que reproducimos a continuación:

> Los juristas de la Tierra, desde los albores mismos de la ley terráquea (sobre la que se asienta la ley planetaria), han reconocido la condición de objetos ajenos, como el cometa X; objetos que nunca han pertenecido legalmente a un ciudadano del Estado, ni tampoco al propio Estado. Los legisladores romanos empleaban el término *res nullius*: cosas que no tienen ni han tenido nunca dueño legal. Leed el excelente *Digesto* de Justiniano para consultar las cláusulas pertinentes.

No es exactamente «Non fuyades, cobardes y viles criaturas, que un solo caballero es el que os acomete», pero si tenéis a un abogado curioseando por encima del hombro lo que leéis, es probable que le estén entrando los calores. Y con razón: *res nullius* es uno de esos conceptos importantísimos de la historia de los que casi nadie ha oído hablar.

Tal como señala el leguleyo y guaperas Kerry Dale, la expresión *res nullius* tiene su origen en el derecho romano. Sirve para contextualizar la propiedad y significa algo así como 'la cosa de nadie'. Un ejemplo clásico serían los peces del océano no protegidos por ninguna ley de pesca.* Mientras nadan libres, esos peces no son propiedad de nadie. En cuanto alguien pesca uno de ellos, la cosa cambia. Como si de un encantamiento de Harry Potter se tratara, «*¡res nullius!*» transforma el pez en un tipo determinado de propiedad.

* Hoy en día, la pesca está bastante regulada en todo el mundo, pero imaginad una era de mayor libertarismo ictiológico.

Uno de los juristas espaciales con los que hablamos nos dijo que es importante destacar la diferencia entre la forma en que *res nullius* funciona en la realidad y la forma en que los encantamientos funcionan para ficticios magos adolescentes. Cuando aplicamos *res nullius* a un pez, no es que el universo cambie alguna de las características del pescado.* En realidad, *res nullius* es un marco conceptual que el ser humano puede decidir aplicar a determinados tipos de propiedad. Hoy, por lo general, lo usamos en bienes tangibles, como el pescado, pero no siempre fue así. Tomemos por ejemplo el Oeste de Estados Unidos, después de que los colonos arrebatasen por la fuerza el territorio a los pueblos indígenas. En muchos casos, los colonos podían adquirir la tierra por el simple método de trabajarla y pagar una tasa poco menos que testimonial. De conformidad con la legislación vigente, es posible que el regolito lunar sea *res nullius*, pero que el territorio lunar no lo sea.

La cosa se complica todavía más cuando resulta que hay diferentes entidades con opiniones distintas respecto a qué cosas se engloban en el concepto de *res nullius*. Por ejemplo, supongamos que la familia Weinersmith aluniza en un cráter lunar, extrae toda el agua y la proclama propiedad de la familia para toda la eternidad. Es posible que el Gobierno de Estados Unidos reconociese la transacción, pero que parte de la comunidad internacional se negase a aceptarla. En situaciones así es fácil ver por qué estaría bien disponer de un marco internacional diáfano que permita evitar conflictos internacionales y sentar las bases a las que deberán atenerse los inversores del futuro.

Independientemente del tipo de propiedad que constituya el agua lunar, el Tratado sobre el Espacio Ultraterrestre estipula diáfanamente que el territorio de la Luna no es *res*

* Hay unas pocas personas que creen que en realidad sí sucede algo así, pero de ellos hablaremos más adelante.

nullius. Es *res communis* ('cosa común'), un marco legal en el que algo es propiedad de todos. Por ejemplo, una población puede tener unos pastos comunes en los que todos están autorizados a poner a pacer a sus ovejas. O una playa abierta a todo el mundo. O, a escala planetaria, podemos poner como ejemplo la atmósfera, que todos podemos utilizar y de la que no se puede excluir a nadie. Las propiedades comunitarias por lo general precisan supervisión para evitar una explotación excesiva. En el Oeste norteamericano, por ejemplo, se constituyeron asociaciones ganaderas para evitar el agotamiento de los pastos. También se han establecido regulaciones similares en relación con la atmósfera que limitan el uso de las sustancias que reducen el ozono. Todos podemos utilizar la atmósfera para deshacernos en ella de nuestras sustancias nocivas, pero existen reglas que velan por que la atmósfera pueda seguir siéndonos útil a todos.

Si bien *res nullius* no tiene mucha vuelta de hoja, la gestión de los bienes comunes está llena de matices. Ahí fue donde se enredó el Acuerdo sobre la Luna. La cosa estuvo en que, de haber salido adelante, el Acuerdo habría establecido una forma particularmente comunitaria de *res communis*, conocida en el mundo jurídico internacional como «patrimonio común de la humanidad».

Si bien ha ido evolucionando con el tiempo, la interpretación moderna del término es que se trata de un bien común, cuya propiedad recae colectivamente sobre *el conjunto de la humanidad.* Si la Luna se considerase patrimonio común de la humanidad y quisiésemos utilizar el agua que hay allí, tendríamos que compensar de alguna manera al conjunto de la humanidad. En un principio estaba previsto que la ley sobre los fondos marinos funcionase así; las palabras de Moragodage Christopher Walter Pinto, delegado de Sri Lanka, permiten entender bien sus ramificaciones: «Si ustedes tocan los nódulos* del fondo del mar, están tocando mi propiedad. Si se los llevan, se están llevando mi propiedad». Es algo mucho más restrictivo que decir, simplemente, que cualquiera puede ir a hacer lo que le plazca en el fondo del mar.

Somos conscientes de que estamos manejando mucha terminología nueva, así que, para aclarar conceptos, vamos a imaginar que bajo la superficie de Encélado vive una especie

* Pinto se refiere a los valiosos depósitos minerales presentes bajo el lecho marino.

de peces alienígenas. Una cadena de restaurantes de *fish and chips* recientemente constituida, MuskDonald's, es la primera en llegar hasta allí y quiere poner a la venta un bocadillo en el que usa ese pescado, que escapa a todo lo que hemos conocido hasta ahora. Así serían las cosas en el contexto de los tres marcos descritos:

Marco	Descripción	Dibujito divertido
Res nullius	MuskDonald's captura un pez alienígena que se convierte en propiedad de MuskDonald's. La empresa puede ahora transferiros la propiedad del pez, junto con unas patatas fritas y una Muska-Cola™ por 5,99 dólares.	 ¡Res nullius!
Res communis	Los peces alienígenas son propiedad de un grupo de personas. MuskDonald's tiene que atenerse al marco si quiere acceder a la deliciosa trucha enceladiana.	 ¡Res Communis!
Patrimonio mundial de la humanidad	Los peces alienígenas pertenecen al conjunto de la humanidad, y si os apropiáis de uno de ellos, debéis recompensar a toda la humanidad por todos los bocatas de pescado alienígena que son irrevocablemente suyos.	 ¡La humanidad es una, ya me estás haciendo un cheque!

Ahí está el quid de la cosa. *Res nullius* y *res communis* son conceptos muy antiguos, pero la idea del patrimonio común de la humanidad era novísima, incluso en la época en la que se estaba negociando el Tratado sobre la Luna. La ambigüedad resultante despertó reparos entre los posibles signatarios del acuerdo. Muchos temieron que la consideración de patrimonio común de la humanidad supondría, en palabras de un crítico, «socializar la Luna».

A dónde va el socialismo lunar, o: ¿qué dice el Acuerdo sobre la Luna?

Buena parte del Acuerdo sobre la Luna se limita a repetir lo ya establecido en el Tratado sobre el Espacio Ultraterrestre, además de colmar posibles lagunas legales. También deja claro que los países tienen el derecho explícito a utilizar minerales lunares en apoyo de sus misiones, además de obtener «muestras lunares». Puede que suene poco preciso, pero según la definición de los diccionarios jurídicos, una muestra es «una pequeña cantidad de cualquier bien, que se presenta para su examen o inspección como prueba de la calidad del todo». Es una concesión relativamente permisiva, pero a ver quién es el guapo que construye una estación orbital gigante a partir de muestras.

El infausto artículo XI

A los efectos de lo que nos interesa, esta es la sección más importante. El artículo XI establece que:

> La Luna y sus recursos naturales son patrimonio común de la humanidad. [...] Ni la superficie ni la subsuperficie de la Luna, ni ninguna de sus partes o recursos naturales, podrán ser propiedad de ningún Estado, organización internacional interguberna-

mental, organización nacional o entidad no gubernamental, ni de ninguna persona física.

Traducido: «No, no podéis explotarla. ¡QUE NO! TRIQUIÑUELAS LAS JUSTAS. ¡LAS MANITAS QUIETAS!».

Así, en virtud de este acuerdo, ¿es la Luna una especie de parque natural que nadie debe perturbar excepto con fines científicos? No del todo. En el Acuerdo sobre la Luna se pide el establecimiento de un régimen internacional que supervise la explotación de sus recursos. No se dice gran cosa sobre qué forma adoptaría ese régimen, pero a muy grandes rasgos se prevé que habrá una gran entidad, establecida por los Estados Partes en el Acuerdo sobre la Luna, que lo supervisará todo y se asegurará en particular de que los países en desarrollo se lleven su parte.

Es fácil perderse en los tecnicismos, pero este habría sido lo que podríamos llamar un trato de mil pares de narices. El Acuerdo sobre la Luna concierne específicamente a la Luna, pero habría establecido reglas para todos los cuerpos celestes. De haber sido ampliamente ratificado, ahora dispondríamos de un régimen que regularía la explotación de recursos en todo el sistema solar.

¿Qué mató el Acuerdo sobre la Luna?

Un montón de cosas. Estados Unidos no lo firmó, pese a haber tenido un papel clave en su negociación. A los diplomáticos estadounidenses les gustaba, pero cuando fue presentado ante el Congreso, muchos vieron en él un sistema socialista que no invitaba a la inversión. Parte del problema es que el término *patrimonio común de la humanidad* ha evolucionado y, de ser una difusa afirmación de una aspiración, ha pasado a ser algo muy parecido a una norma significativa y bastante redistributiva.

Pero la cuestión aquí no es solo el capitalismo. La Unión Soviética tampoco firmó el Acuerdo. Es más: no solo se opuso activa y específicamente al Acuerdo sobre la Luna, sino al marco de patrimonio común de la humanidad en particular. En casa de los comunistas, *communis* de palo, por así decirlo. Muy curioso también fue que países supuestamente capitalistas como Italia y Argentina se mostraron a favor de la idea del patrimonio común de la humanidad a la que se oponían los comunistas.

Ya. Pero, entonces, ¿qué pasó?

Hay varios motivos circunstanciales por los que el Acuerdo sobre la Luna no fue capaz de obtener el respaldo de los países capaces de lanzar al espacio naves tripuladas. En paralelo al declive de las ambiciones espaciales en la Unión Soviética y Estados Unidos durante la década de 1970, empezó a extenderse la impresión de que el acuerdo era prematuro. En 1970, la minería espacial parecía algo importante e inminente; en 1980, ese empeño se antojaba costoso e innecesario. El administrador de la NASA Robert Frosch declaró ante el Congreso estadounidense (en un tono más propio de un adolescente) que el Acuerdo sobre la Luna le despertaba una «indiferencia brutal». ¿Para qué ponernos a regular ahora, cuando no sabemos ni siquiera qué estamos regulando?

Peor aún: el documento viene a decir que «la reglamentación se determinará más adelante», lo que muchos consideraron que sería muy disuasorio para los inversores. Básicamente, se estaría diciendo a los emprendedores que habría reglas, posiblemente bastante onerosas, pero que no se las explicarían hasta que hubiesen destinado tiempo y dinero a esclarecer la forma de viabilizar la minería espacial.

Sobre esta base, la Sociedad L-5,* un grupo de entusiastas de las estaciones espaciales muy de la cuerda de Gerard

* En 1987, la Sociedad L-5 se fusionó con el Instituto Nacional del Espacio, y de la fusión surgió la Sociedad Nacional del Espacio, que hoy sigue abogando

K. O'Neill, puso en marcha una gran campaña política (en la que recurrieron incluso a un grupo de presión en Washington) para tumbar la ratificación. Keith Henson, marido de la por entonces presidenta del L-5, Carolyn Henson, dijo por entonces, no sin cierto aire melodramático: «El cuatro de julio de 1979, los colonos del espacio declararon la guerra a las Naciones Unidas de la Tierra». A esto añadió su percepción de que «el Tratado tiene tan poco sentido como dejar que los peces establezcan las condiciones en que los anfibios pueden colonizar tierra firme».*

Más allá de los detalles de cómo salió todo en aquel entonces, tenemos que quedarnos con la visión de conjunto. En 1980, cuando se debatió el Tratado en diversos países, había exactamente dos grandes potencias espaciales con aspiraciones de explotar los recursos naturales: la Unión Soviética y Estados Unidos. Si os preguntáis qué pudo hacer que el país capitalista más poderoso y el país comunista más poderoso coincidiesen en oponerse a un marco que regulase el acceso a los recursos, un motivo más que probable pudo ser el interés. Si bien el Tratado sobre el Espacio Ultraterrestre solo establecía que nadie puede arrogarse la Luna, el Acuerdo sobre la Luna habría obligado a los Estados a compartir cualquier beneficio obtenido de la Luna. Ni una ni otra nación querían dedicar recursos y esfuerzos propios a la consecución de algo que acabaría entregándose al resto de las naciones, entre ellas rivales y enemigos. Y así fue como la ley quedó en lo que quedó.

En 2023, casi ninguna de las grandes potencias espaciales había ratificado el Acuerdo sobre la Luna: ni China, ni Estados Unidos, ni Rusia ni la India. Por lo general no se considera una ley consuetudinaria, aunque sigue contando con partidarios

---

por el establecimiento de asentamientos en el espacio (específicamente, estaciones espaciales giratorias).

* Los expertos no se ponen de acuerdo sobre su influencia real, pero sus actividades forman parte inequívoca de la historia del activismo espacial.

entre la comunidad jurídica espacial. El Tratado sobre el Espacio Ultraterrestre y los tres tratados subsiguientes que lo amplían siguen siendo en la actualidad los principales documentos rectores del tránsito por el espacio, pese a sus limitaciones y vacíos legales.

Nada de todo esto ha supuesto un problema, gracias en parte al coste del acceso al espacio en los años posteriores al fracaso de aquel acuerdo. Pero las cosas están cambiando. En la década de 1960, abocado a una crisis, el mundo se puso de acuerdo para cambiar las reglas. Ahora parece que se avecina una segunda crisis, pero de momento no da la sensación de que pueda alcanzarse un amplio consenso. De hecho, la Tierra avanza en dirección opuesta, a la estela casi siempre de un mismo país.

¿Os acordáis de que al principio del libro avisábamos de que habría partes muy americocéntricas? Pues poneos el sombrero vaquero y servíos una cerveza de aguachirle, porque nos vamos a poner yanquis, muy yanquis.

¡Al asalto (legal)! La ley estadounidense del espacio y los acuerdos de Artemisa

¿Qué sucede cuando no existe un amplio marco internacional con el que todos están de acuerdo? A largo plazo no lo sabemos, pero sí os podemos decir que, ahora mismo, la potencia dominante (Estados Unidos) está propugnando una interpretación legal que se parece mucho a la apropiación nacional del espacio. China, quizá la segunda mayor potencia espacial, parece estar preparándose para lanzarse a la carrera en el espacio. Uno y otro bando están especialmente interesados en las zonas de alto standing de las que hablábamos anteriormente, y parecen tener un interés particular en los cráteres y las cumbres de la Luna.

REGIONES PROPUESTAS POR LA NASA COMO CANDIDATAS PARA EL TERCER ACUERDO DE ARTEMISA. CADA UNA TIENE UNA EXTENSIÓN APROXIMADA DE 15 X 15 KM. LAS ZONAS DE ATERRIZAJE TIENEN UN RADIO DE 100 M.

Es posible que la Tierra avance a pasos agigantados hacia una crisis de algún tipo, y muchos de los actores principales parecen no tener problema con que así suceda. Kelly asistió al Congreso Internacional de Astronáutica de 2019, y el consenso entre muchos de los expertos jurídicos y normativos estadounidenses allí presentes era que intentar canalizar las cosas a través de las Naciones Unidas sería un error. Scott Pace, del Consejo Nacional Espacial estadounidense, dijo que los tratados de la ONU son demasiado lentos, y por eso sería mejor crear una orientación no vinculante y a continuación intentar que las naciones se atuviesen a ella a través de la legislación nacional.* Eso es exactamente lo que se está haciendo en virtud de los llamados Acuerdos de Artemisa.

* Si lo vemos por el lado positivo, la aprobación de leyes nacionales sobre el espacio a veces da pie a titulares tan magníficos como el que encabezaba un artículo publicado en el *National Post* en 2022: «Los astronautas canadienses ya no pueden robar y matar impunemente en el espacio y la Luna». Otra cabecera menos atractiva pero quizá más precisa habría sido «La ley canadiense también es de obligado cumplimiento para los canadienses cuando están en el espacio».

***Nullius ilimitado:* ¿la ley espacial estadounidense conquista la Luna?**

En 2015, el presidente estadounidense Barack Obama firmó la Ley sobre la Competitividad de los Lanzamientos Espaciales Comerciales. Independientemente de lo que el Tratado sobre el Espacio Ultraterrestre diga acerca de lo que los humanos podemos hacer en el espacio, la ley de 2015 deja muy claro lo que pueden hacer los ciudadanos estadounidenses: «El ciudadano de Estados Unidos que emprenda la recuperación con fines comerciales de un recurso asteroidal o espacial [...] conseguirá los derechos sobre los recursos asteroidales o espaciales obtenidos, entre ellos los derechos de propiedad, tenencia, transporte, uso y venta de los recursos asteroidales o espaciales obtenidos, de conformidad con la legislación vigente».

Dicho de otra manera:

Como norma, es bastante amplia. Acordémonos además de que hay asteroides que superan en tamaño a las lunas de Marte. De acuerdo con esta interpretación, un minero del espacio no puede reclamar para sí la soberanía sobre un asteroide gigante, pero sí cortarlo en pedacitos y venderlo a peso en el súper. Aunque eso vulneraría las disposiciones del Tratado sobre apropiación, ¿no? El Congreso de Estados Unidos no lo interpreta así. Y lo sabemos porque en la ley puede leerse que «es interpretación del Congreso que, al promulgar la presente ley, los Estados Unidos no afirman su soberanía». Ahí lo lleváis.

En 2020, el presidente Donald Trump (cuya escasa afinidad con su predecesor es de sobras conocida) firmó una orden ejecutiva por la que se reiteraba la interpretación de 2015 y se rechazaba el Acuerdo sobre la Luna: «Estados Unidos no considera [el espacio ultraterrestre] un bien común. [...] Consecuentemente, la Secretaría de Estado se opondrá a todo esfuerzo impulsado por cualquier Estado u organización internacional para tratar el Acuerdo sobre la Luna como reflejo o expresión de la ley consuetudinaria internacional».

Dicho de otra manera:

ATENCIÓN: EL TRUMP DEL ESPACIO SOLO PUEDE ALEGAR *RES NULLIUS* RESPECTO A LA ROCA, NO AL TERRITORIO LUNAR

Tal como están las cosas ahora mismo, la ley de Estados Unidos permite a sus ciudadanos interpretar de manera extraordinariamente laxa las disposiciones del Tratado sobre el Espacio Ultraterrestre y, en virtud de esa interpretación, explotar sin limitaciones los recursos espaciales y asumir la propiedad sobre ellos. Independientemente de si Estados Unidos se equivoca o no respecto a lo que permite el Tratado, el Gobierno de Estados Unidos mantiene una interpretación muy constante de lo que los ciudadanos estadounidenses pueden hacer. La adición más reciente a este enfoque son los Acuerdos de Artemisa de 2020. El documento forma parte del programa *Artemisa*, bautizado así en alusión a la hermana de *Apolo*, y podéis ver en él un intento por parte de Estados Unidos de establecer nuevas reglas para la Luna.

Nuevas reglas para la nueva carrera hacia la Luna: ¿en qué consisten los Acuerdos de Artemisa?

Los Acuerdos de Artemisa no pretenden solo darle una vuelta de tuerca a las normas, y hay mucho en ellos que recuerda al Tratado sobre el Espacio Ultraterrestre: cosas sobre la paz, la ayuda a otros astronautas, etcétera. Sin embargo, a nosotros nos interesan en particular dos secciones. En primer lugar, los Acuerdos reiteran lo que ya se establece en la ley estadounidense sobre extracción de recursos espaciales: básicamente, «el que lo encuentra se lo queda». En segundo lugar, introducen el concepto de «zonas de seguridad».

A grandes rasgos, la idea de las zonas de seguridad es que si estáis haciendo algo en la Luna, podéis designar un área en torno al lugar en el que trabajáis en la que es peligroso entrar. ¿Qué tamaño puede tener esa área? De momento no se ha definido. Seguramente no lo sabremos hasta que tengamos un poco de práctica, pero por si acaso nos atrevemos a pronosticar con algo de fundamento. La ley del mar establece zonas de seguridad con un radio de 500 metros en torno a las operaciones marinas. Las reglas de protección del patrimonio de la NASA proponen una zona de exclusión de dos kilómetros

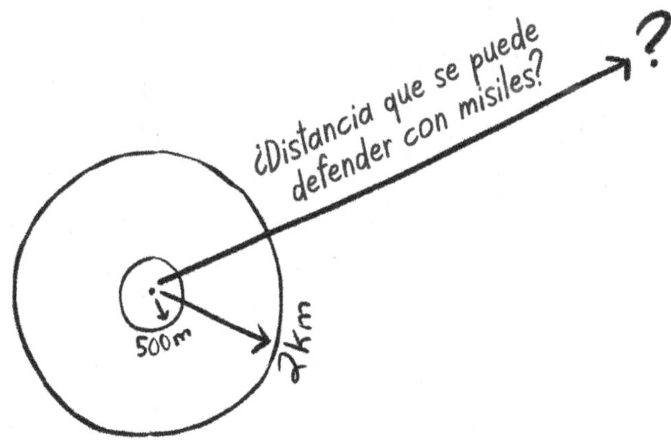

alrededor del punto de alunizaje de las misiones *Apolo*. En esas cifras se moverán seguramente las posibilidades, aunque si los módulos del futuro levantan nubes de regolito mucho mayores al alunizar, es posible que la definición de zona de seguridad se expanda considerablemente.

Lo interesante de las zonas de seguridad es que, si bien no equivalen exactamente a una nación arrogándose una porción de la superficie lunar, sí parecen ser un pasito en esa dirección. Cuando un país designa una «zona de seguridad» en la Luna, lo que le está diciendo al resto del mundo, a todos los efectos, es: «Mirad, si alunizáis en esta área, podríais correr peligro y no nos hacemos responsables de vuestra seguridad. Además, si alunizáis aquí nos estáis poniendo en peligro. Así que, antes de entrar en este círculo, hablad con nosotros». No es exactamente una apropiación de terrenos y, desde luego, no es una proclamación de soberanía... pero sí es un trazado de lindes.

La cuestión se pone verdaderamente interesante cuando pensamos en el uso de la zona de alto standing para un asentamiento. Acordaos de que los picos de luz eterna ocupan una porción ínfima de la superficie lunar.

No nos malinterpretéis: no estamos diciendo que las zonas de seguridad sean un mecanismo encubierto para obtener derechos soberanos. Tienen una utilidad real. Recordad que en la Luna la gravedad es tenue, y su superficie consiste en esquirlas de piedra y vidrio cargadas de electricidad. El alunizaje de una nave provoca que esos materiales salgan volando en todas direcciones, y la escasa gravedad provoca que recorran grandes distancias. Insistir en que haya algún tipo de protocolo con el que proteger los hábitats o las explotaciones mineras de la Luna es más que razonable. Además, en los Acuerdos de Artemisa se puntualiza que las zonas de seguridad son temporales. Pero «temporal» se define como un plazo que termina cuando concluye la operación.

Por bienintencionados que sean los Acuerdos de Artemisa, el resultado es que, si los países se avienen a ellos, tendrán derecho a reclamar derechos sobre porciones más extensas de terreno que un simple hábitat construido en la superficie. Para entender por qué podrían derivarse problemas de ello, imaginemos que Estados Unidos establece una base lunar en un valioso cráter y declara una zona de seguridad de dos kilómetros de extensión en torno a la base. Mantienen esa base durante muchos años, y generación tras generación de investigadores pasa por ella. Construyen equipos, mejoran parte de la superficie para hacer un mejor uso de ella y llevan a cabo estudios muy detallados. Puede que incluso dispongan de espacios en los que tradicionalmente desarrollan actividades determinadas: no hablamos de laboratorios o bares favoritos, sino más bien de lugares de cierta importancia religiosa o nacional. Consideremos qué pasaría, por ejemplo, si una camarada muriera y se le enterrase en el interior de la zona de seguridad. Llegados a ese punto, no estaríamos hablando de soberanía estadounidense, pero tampoco de una abstracción: se trataría de un lugar con significado para la identidad nacional, por motivos que son profundamente humanos.

En virtud de los Acuerdos de Artemisa, todo esto es, técnicamente, transitorio. Pero ahora imaginaos que un país rival (especialmente uno como China, que ya tiene una relación complicada con Estados Unidos) les dice que se vayan de allí. Insistimos, la zona de seguridad estadounidense no es una declaración de soberanía territorial; Estados Unidos no dice que una región lunar específica forme parte del país. Pero poco le falta. Si a eso le sumamos la falta de emplazamientos óptimos en la Luna, que no hay límite al número de bases que los países pueden establecer, que la nación que aboga por la nueva interpretación es la que mayor capacidad de acceso al espacio tiene y que los dos países más interesados en los mejores emplazamientos lunares son también potencias nucleares... el peligro está servido. Si a las naciones les preocupa quién se va a asentar en la Luna, tienen que saber que los Acuerdos de Artemisa permitirían actividades rayanas en la apropiación de terrenos lunares, y que la gente con más capacidad ahora mismo para hacerse con ellos es estadounidense.

¿A alguien más (aparte de Estados Unidos) le parece bien todo esto? Pues sí, sorprendentemente. A fecha de octubre de 2022, veinte países (además de Estados Unidos) habían firmado los Acuerdos, entre ellos potencias como Australia, Brasil, Canadá, Francia, Israel, Japón y el Reino Unido. Las ausencias más notables son las de la Agencia Espacial Europea, China, Rusia y la India.

La ausencia de China no significa necesariamente que exista un rechazo: la ley estadounidense prohíbe a la NASA firmar acuerdos bilaterales con China. Pero es posible que China tenga objetivos similares a los de Estados Unidos y puede que Rusia acabe subiéndose a ese carro. China ya ha declarado su intención de acceder a las reservas lunares de titanio, agua y (seguro que os acordáis de él) helio-3. El país oriental, desde luego, no es partidario de establecer allí un patrimonio común de la humanidad; es más, ha manifestado su intención de establecer una economía lunar lucrativa.

La carrera por los cielos: seguramente no sea buena idea

El Tratado sobre el Espacio Ultraterrestre rige el espacio, pero es bastante impreciso. El único intento serio por aclarar las cosas, Naciones Unidas mediante, fue un fracaso. Cuarenta años después, Estados Unidos está intentando aprovechar una oportunidad y quizá consiga que el mundo siga su estela. Voluntaria o involuntariamente, hay muchos números para que esto acabe en conflicto.

De nuestras conversaciones con los apasionados por el espacio nos queda la sensación de que a más de uno se le hace la boca agua con la posibilidad de una nueva carrera espacial. Lo justifican diciendo que, en la década de 1960, cuando la Unión Soviética y Estados Unidos pugnaban por ser los primeros en llegar a la Luna, se destinaron fondos inagotables a proyectos científicos y tecnológicos que, a sus ojos, han sido valiosos para la humanidad, o por lo menos *chulísimos* para la humanidad. No estamos tan seguros de que este sea un beneficio innegable: aun aceptando que la carrera hacia la Luna de la década de 1960 supusiese un beneficio neto para los humanos, eso no significa que una carrera hacia la Luna en la década de 2020 tenga las mismas consecuencias. Con su paseo lunar, Neil Armstrong y Buzz Aldrin no cerraron el paso a que los cosmonautas soviéticos hiciesen lo propio. Según las directrices propuestas en los Acuerdos de Artemisa, una base estadounidense ubicada en el cráter de Shackleton posiblemente coartaría la capacidad de otras potencias de instalar una base cerca de allí. Puede que lo que se avecine no sea una carrera, sino una arrebatiña en la que el beneficio de uno será a costa de las pérdidas de otro. Hay quien dice que ya hemos llegado a ese punto.

En un informe de 2022 firmado por integrantes de la Fuerza Espacial, el Departamento de Innovación en Defensa y el Laboratorio de Investigación de la Fuerza Aérea de Estados Unidos se afirmaba que:

> Si bien la base de la industria espacial de Estados Unidos mantiene su trayectoria ascendente, los participantes se mostraron preocupados por la trayectoria de la República Popular China, cuya tendencia ascendente es aún más acusada; [...] el país gana terreno a marchas forzadas, lo que hace necesaria la adopción inmediata de medidas. El mensaje general debe ser que es necesario movilizar esfuerzos aún mayores, al tiempo que se ensanchan las miras y se amplía el marco normativo, como ya hiciera

> la nación en 1962. En concreto, Estados Unidos carece de una visión clara y cohesionada a largo plazo, una estrategia general para el espacio que sustente un liderazgo económico, tecnológico, medioambiental, social y militar (defensivo) durante al menos el próximo medio siglo. La visión que ha de orientar el desarrollo económico y el asentamiento de los humanos en el espacio debería contar con el apoyo de ambos partidos y ser multigeneracional, amén de inspirar a todos aquellos que hacen suyos los valores estadounidenses.

Si aspiramos a que los asentamientos espaciales sean realidad algún día, puede que este no sea el mejor de los enfoques. ¿Por qué? Como decíamos anteriormente, no es posible construir asentamientos espaciales a corto plazo sin un montón de avances científicos y tecnológicos muy significativos. El Tratado sobre el Espacio Ultraterrestre permite trabajar ya hacia esos avances. Incluso el muy restrictivo Acuerdo sobre la Luna seguramente habría permitido la adquisición de los conocimientos y la experiencia relevantes.

Si, al igual que nosotros, creéis que no hay un argumento económico evidente a favor de la explotación minera lunar, y que todos los avances en materia de asentamientos pueden alcanzarse en el marco ya existente, la carrera actual hacia la Luna no hace sino abocarnos sin necesidad a una situación de crisis, cuando no a un conflicto. Y si creéis como nosotros que, para establecernos en el espacio de manera segura y sostenible, es necesaria una amplia armonía entre los humanos, un conflicto en torno al cuerpo celeste más próximo en nada sirve al propósito de poblar el espacio.

En nuestra opinión, la humanidad en general y los proyectos a largo plazo de asentamiento en el espacio en particular saldrían ganando con un sistema de gestión internacional que regulase lo que se puede hacer para establecerse fuera del planeta y lo que se puede hacer con los recursos locales una vez llegados a destino. No sería un proceso dinámico ni se parecería a las novelas de ciencia ficción y, si somos sinceros, sería muy lento, burocrático y tedioso. Pero mantendría la paz mientras la humanidad encuentra la manera política y tecnológica de hacer viables los asentamientos en el espacio.

¿Es probable que se establezca un régimen así en nuestra dividida Tierra? No lo sabemos, y no está de más señalar que, en el momento de escribir estas líneas, Estados Unidos y China están construyendo las naves y los módulos necesarios para acelerar la carrera espacial. Aun así, la posibilidad de que se establezca una regulación internacional persiste. Desde la Segunda Guerra Mundial ha habido otras dos ocasiones en las que se han reglamentado territorios inmensos: la Antártida y los fondos marinos. Ni uno ni otro han motivado un gran conflicto ni una pugna por sus territorios, porque ambos están reglamentados como bienes comunes. Las leyes actuales relativas a su propiedad son mucho más restrictivas que las que afectan a la Luna en virtud de los Acuerdos de Artemisa. Por eso vale la pena tenerlos en cuenta como maneras de regular el espacio con visos de llegar a convertirse en leyes internacionales consensuadas.

No es mío, pero
¡NI OS ACERQUÉIS!

Nota Bene

EL CANIBALISMO ESPACIAL DESDE UNA PERSPECTIVA LEGAL Y CULINARIA

¿Qué hacer cuando alguien muere en el espacio? Nos encantaría poder daros una respuesta, pero no hay un verdadero precedente. Las muertes de astronautas en servicio han sido siempre rápidas y en grupo, con lo que nunca se ha dado la situación de que unos pocos astronautas se hayan congregado en torno a un compañero y se hayan preguntado cuál es la forma más adecuada de disponer de sus restos. El resultado es que, más allá de mencionar que si lo lanzamos al espacio por una esclusa sería necesario registrar el cadáver como satélite (¡gracias, Convenio sobre el Registro!),* poco podemos deciros al respecto.

Por eso, aunque hemos tenido que descartar un capítulo que teníamos pensado sobre la muerte en el espacio, nos interesó un concepto relacionado con nuestra investigación sobre el alimento en el espacio: la comida espacial prohibida. La única opción en un largo viaje a Marte que siempre está fresca y contiene exactamente los nutrientes que necesita el cuerpo humano.

* Aunque seguramente no sería un satélite durante mucho tiempo. En sus memorias, Terry Virts señala que, si fuese necesaria esta especie de «entierro en el mar», lo más probable es que los astronautas dirigiesen los restos mortales de su compañero de tripulación hacia la Tierra, de forma que en un futuro no muy lejano acabasen calcinados al entrar en contacto con la atmósfera.

No os vamos a engañar: la bibliografía astronáutica relativa a cómo comerse una tripulación es bastante escasa. Los lectores del manual de diseño para la integración del ser humano de la NASA buscarán en vano mención alguna a la «carne humana». Al parecer, lo de «integrar» el ser humano lo dicen en un sentido muy restringido.

Sí hemos encontrado un artículo autopublicado sobre el tema y casi nos atreveríamos a llamarlo un clásico caído en el olvido: «Survival Homicide in Space» ('El homicidio de supervivencia en el espacio'), de Robert A. Freitas (1978), quizá tenga las respuestas que buscamos. ¿Qué es un homicidio de supervivencia? Es una situación en la que un individuo, o un grupo, solo puede sobrevivir si matan a alguien. El ejemplo clásico es el de la ley del mar. Pero no la que analizaremos en el próximo capítulo. La otra ley del mar, la que dice que la cosa se echa a suertes y al que saca la pajita más corta, se lo comen los demás.

Freitas no menciona la vertiente gastronómica del asesinato espacial, pero sí plantea una situación hipotética, basada en la novela *El desafío del espacio*, en la que tres astronautas se ven atrapados en una cápsula que no contiene oxígeno suficiente. Gracias a los precisos datos de los que disponen, los astronautas saben que el oxígeno solo será suficiente para que sobrevivan dos de ellos hasta que llegue el equipo de rescate. Lógicamente, uno de ellos debería morir. Y, lógicamente, podemos ampliar esa situación hipotética para que incluya el alimento prohibido: basta con imaginar que todos los grillos de la despensa han muerto y que se están acabando los deliciosos cubos alimenticios.

¿Se puede matar a un miembro de la tripulación? Según Freitas, el Tratado sobre el Espacio Ultraterrestre tiene, más o menos, una respuesta a esa pregunta. En virtud del artículo VIII, la jurisdicción recae sobre el Estado de registro. Cada nación tiene sus propias normas concernientes a la «ley de la necesidad»,* de modo que, en realidad, basta con saber qué es lo que permite hacer el código legal pertinente. Si estáis en una nave canadiense, llamad a un juez canadiense y explicadle lo de la carne de persona.

Pero ¿qué pasa cuando hay opciones? Freitas escribía en 1978, cuando nada de todo esto era viable: hacía tiempo que ninguna tripulación visitaba la estación *Skylab* y la lanzadera espacial todavía no había echado a volar. Las únicas tripulaciones espaciales iban a bordo de naves soviéticas lanzadas desde territorio soviético. Lo que Freitas no podía haber anticipado es la futura EEI, en la que hay territorios soberanos adyacentes de muchas naciones. En principio, uno podría intentar enterarse de cuál de esas naciones tiene leyes más indulgentes con el canibalismo, pero lo más probable es que la mejor jugada sea comerse a un compatriota en un módulo propiedad de vuestro país de origen. No hace falta ser un caníbal espacial y, encima, provocar un incidente internacional. La otra opción es no hacer nada. Enfrentados en la vida real a una situación similar a la de *El desafío del espacio* en un emplazamiento de Marte, lo más normal es que muriésemos y ya está. Freitas ofrece una larga lista de ocasiones en las que un grupo podría haber prolongado su vida extinguiendo la de otras personas: en submarinos hundidos, en el hundimiento de una mina, en barcos a la deriva... Normalmente, esa gente opta por afrontar juntos el fin. Resulta que la mayoría preferimos morir antes que matar.

Aunque hemos encontrado una excepción.

Erik Seedhouse, catedrático, prolífico escritor y triatleta, es también el autor de un análisis del canibalismo en el espacio titulado *Survival and Sacrifice in Mars Exploration* ('Super-

* Hemos optado por no entrar en demasiados detalles a propósito de las normas exactas, pero a los futuros estudiantes de derecho que nos estén leyendo les interesará saber que los dos precedentes legales más relevantes son *Regina vs. Dudley y Stevens*, y *Estados Unidos* vs. *Holmes*. Por lo que nos han contado, uno y otro se utilizan para hacer creer a los estudiantes de derecho que la carrera será interesante.

vivencia y sacrificio en la exploración de Marte'). No conocemos al señor Seedhouse en persona y tampoco ha respondido a nuestros mensajes de correo, pero nos parece justo señalar que en el índice de su libro hay una única mención de «problemas de comportamiento», un tema muy importante, pero cinco pasajes sobre criterios gustativos en la confección de una tripulación.

Seedhouse pregunta: «Imaginad que estáis atrapados en el planeta rojo con otros tres compañeros de tripulación. Disponéis de suficientes fungibles para manteneros con vida, pero solo hay comida suficiente para que una única persona sobreviva hasta que llegue la partida de rescate. ¿Qué hacéis? [...] Un día, mientras preparáis el café del desayuno, os daréis cuenta de que tenéis tres paquetes de carne rica en proteínas viviendo con vosotros». Su argumento es que las personas más corpulentas deberían ser las que primero se sacrificasen, ya que son las que más alimento consumen y las que más alimento aportarían. No sabemos qué posición ocuparía Seedhouse en ese bufé, ya que no hemos sido capaces de descubrir ni su estatura ni su peso en internet, y la verdad es que nos da miedo llegar a enterarnos, sobre todo porque su libro incluye una desasosegante guía sobre cómo descuartizar un ejemplar de *Homo sapiens*. Además, en la página 144, el lector encuentra una foto de una decena de astronautas flotando alegremente en el espacio, junto con este pie de foto: «En circunstancias no idóneas, una nave espacial es una plataforma llena de gente hambrienta y rodeada de tentaciones. ¿Está mal desaprovechar una comida tan convenientemente empaquetada?».

Esa, como suele decirse, es cuestión para los filósofos. Pero sí tenemos un consejo muy pragmático para todo posible colono en Marte: *aseguraos de que Erik Seedhouse se queda en la Tierra.*

Quinta parte

¿De camino a una Caroluna del Norte?

Hemos de reconocer que hasta ahora hemos tirado de mucha terminología jurídica. Por eso, ahora que pasamos a especular con distintas posibilidades, vamos a sacar unas pocas conclusiones: las reglas de las que disponemos son poco precisas. Alguna nación las interpreta en el sentido de que permiten la explotación ilimitada de los recursos y una apropiación encubierta del territorio, pero sin soberanía. Las potencias nucleares están moviendo ficha para afianzar sus aspiraciones en un entorno muy poco regulado en el que quizá no se pongan de acuerdo en lo que la ley permite o no.

Una de dos: o esperamos a que llegue la crisis para ver qué sale de ella, o apostamos ya mismo por algún marco jurídico consensuado para el espacio. Ahora bien, ¿qué marco escoger? En términos generales, se abren ante nosotros dos opciones. Podríamos crear un régimen internacional con el que gestionar las actividades en el espacio e impedir que una nación, o una alianza de naciones, reclame para sí todos los emplazamientos apetecibles. O bien podríamos encontrar una manera de gestionar la apropiación del espacio por las naciones, de forma que en el futuro haya allí arriba partes de China, Estados Unidos o la India o incluso de naciones nuevas. Esta última opción por lo menos aclararía las cosas, pero nos cuesta imaginar la forma de llegar a esa situación sin que antes estalle el conflicto.

Más adelante entraremos en detalle sobre cómo podrían funcionar esas dos posibilidades, pero lo que tenemos que entender es que el camino que emprendamos en este siglo probablemente tendrá efectos muy duraderos sobre el futuro del ser humano. Buena parte de las modernas leyes del mar se basan en tradiciones que ya eran antiguas en el siglo XVII, cuando las leyes internacionales (tal como las entendemos en la actualidad) estaban aún en pañales. La ley del espacio de 2020 podría afectar profundamente a que en 2200 haya asentamientos espaciales.

14

El cosmos, ¿espacio común?

Desde mediados del siglo XX, la tecnología nos ha abierto las puertas de regiones terrestres anteriormente inaccesibles. De especial interés para nosotros son la Luna, los fondos marinos y la Antártida. Si hace cien años hubiera sido posible acceder en esas regiones a recursos valiosos, es muy posible que se hubiese desencadenado un conflicto en torno a ellos.

Hasta donde sabemos, hay mucha gente que espera (desea incluso) que se desate una pugna similar en el espacio. Sin embargo, en el mundo posterior a la Segunda Guerra Mundial, las cosas casi nunca han funcionado así. Siempre que hemos reglamentado nuevos y gigantescos territorios (entre ellos el espacio), estos se han convertido en un bien común. No hay cuatreros antárticos ni ladrones de tierras en la fosa de las Marianas. Las disputas que surgen se dirimen no con violencia, sino a través de negociaciones y procesos burocráticos de una parsimonia (apropiadamente) glacial. Parte de ello se debe a lo difícil que resulta sacar provecho de esos territorios, pero, como veremos, también se rigen por acuerdos sobre el uso de los recursos que, en comparación con el Tratado sobre el Espacio Ultraterrestre, son muy claros y específicos.

Hay quien piensa que esto es desastroso. Cuántos recursos, cuántos espacios que el ser humano podría haber habitado, desarrollado y comercializado, dejados de lado en detrimento del progreso de la humanidad. Otros lo ven como un éxito innegable: durante la primera mitad del siglo XX hubo varias proclamas y contraproclamas sobre la propiedad de la Antártida que bien podrían haber desembocado en un conflicto armado. Y, sin embargo, tanto la Antártida como los fondos marinos han seguido siendo bienes comunes, cuya propiedad está reglamentada de forma bastante diáfana, aunque algo restrictiva. Si funcionó en la Tierra, cabe imaginar que también pueda hacerlo en el espacio.

No es la opción más romántica ni la más maravillosa. Tampoco es la que propicia el desarrollo más rápido. Como veremos, no es ni siquiera especialmente equitativa. Pero es una opción que permitiría una amplia actividad espacial y al mismo tiempo evitaría un conflicto innecesario entre las potencias nucleares. De pasada os hablaremos de los bebés tácticos y de la vez que los nazis de la Antártida saludaron brazo en alto a un pingüino y, si sois muy pacientes, al final de esta sección tenemos para vosotros una nota sobre asesinatos y alcohol en las bases polares.

Sentido «común»

Lo primero que hay que saber sobre los bienes comunes es que, si se establecen correctamente, funcionan. Antes argumentábamos que el espacio no será más que otro lugar en el que el ser humano seguirá siendo humano, y puede que lo hayáis interpretado en el sentido de que «los humanos somos ogros diabólicos que infligirán su monstruosidad al cosmos». Pero a veces somos capaces de compartir las cosas. Tenemos bienes comunes, y es algo que funciona razonablemente bien. Hemos podido comprobar que hay mucha gente convencida de que los bienes comunes no son viables debido a un concepto económico conocido como «la tragedia de los bienes comunes». La expresión fue acuñada en 1968 por Garrett Hardin en un texto centrado en la economía de los bienes comunes, pero la lógica que lo sustenta se remonta por lo menos a Aristóteles: «Lo que es común a un número muy grande de personas obtiene mínimo cuidado».

El argumento es el siguiente: imaginemos un invernadero en Marte en el que se ha reservado un terreno para criar grillos como alimento. Todos tienen derecho a utilizarlos, vosotros también. Cada vez que soltáis vuestros grillos en ese terreno, este se deteriora. Pero a vosotros no os importa, porque el beneficio lo recibís vosotros y los daños los sufraga el conjunto de criadores de grillos. Si todos son igual de egoístas, el bien común muy pronto será una ruina.

La gente a veces cree que es inevitable que algo así suceda con todo bien común y propone la privatización como solución al problema. Dividamos los pastos grilleros de manera que cada persona tenga que asumir el daño que cause en su parcela.

Resulta, sin embargo, que no todos los bienes comunes están condenados al fracaso. De hecho, hay ejemplos de ellos en todo el mundo. Elinor Ostrom, economista galardonada con el Premio de Economía Conmemorativo de Alfred Nobel, se hizo famosa por los estudios en los que documentaba las formas en que se gestionan eficazmente los recursos pese a la ausencia de propiedad privada o de una autoridad superior encargada de hacer cumplir las normas.* Los criadores de grillos, por ejemplo, pueden ponerse de acuerdo para usar el terreno común por turnos, para limitar el número de grillos por miembro o para restringir la cantidad de criadores. O bien los miembros que deseen criar un número superior de grillos podrían compensar a los demás miembros, quizá con vino casero de remolacha o con unos deliciosos cubitos alimenticios rojos.

Puede que los bienes comunes carezcan del dinamismo que aporta la privatización de la tierra. Es posible, por ejemplo, que no estéis especialmente dispuestos a dedicar vuestro propio tiempo a mejorar la vegetación del terreno común, porque el trabajo lo pondréis vosotros y tendréis que compartir los beneficios. Y si queréis que el grupo asuma el coste de las mejoras, tendréis que propiciar el consenso entre todos los criadores de grillos, lo que quizá no resulte fácil.

Aun así, hay más objetivos, además de la eficacia. Cuando imaginamos el futuro de la Luna, o de Marte, la meta quizá no sea la de extraer la mayor cantidad de valor de inmediato.

* En su labor tuvo que hacer frente a las objeciones de no pocos economistas que insistían en que se equivocaba, porque los modelos de la época no corroboraban ese concepto. Existe una «ley de Ostrom», en ocasiones atribuida a la propia Elinor, que dice que «una gestión de los recursos que funciona en la práctica puede funcionar también en la teoría».

Quizá los objetivos se cifren en preservar un medio prístino, o en evitar que la humanidad se aniquile a sí misma en la disputa de un territorio. En la medida en que esos sean los objetivos, reglamentar el espacio como hemos hecho con la Antártida sería una buena opción.

El Sistema del Tratado Antártico

Un somero repaso a la historia, con pingüinos y nazis

El ser humano atisbó por primera vez la Antártida en el siglo XIX, pero el continente siguió siendo terreno vedado incluso cuando la exploración del Ártico empezó a ser posible. Hubo que esperar a 1911 para que el noruego Roald Amundsen y su equipo alcanzasen el Polo Sur. Aun así, en la década de 1950 había extensas regiones del territorio todavía por cartografiar. ¿Por qué se tardó tanto? En resumidas cuentas, porque la Antártida es un asco. Es un rasgo que comparte con el espacio. En el interior del continente, las temperaturas invernales oscilan en torno a los -60 °C y en ocasiones caen hasta los -80 °C. El viento alcanza a veces la categoría de huracán, pero las precipitaciones son tan escasas que, pese a la placa de hielo que lo recubre, el continente es, técnicamente, un desierto. Hasta 1957 no hubo en él una población estable.

Dado que la Antártida, como continente, es una mierda pinchada en un palo (y recubierta de hielo), quizá penséis que ninguna nación se molestaría en reclamar su territorio. Os equivocaríais. Al comienzo de la Segunda Guerra Mundial eran ya siete* los países que se habían arrogado extensas porciones triangulares del continente austral.

* Argentina, Australia, Chile, Francia, Noruega, Nueva Zelanda y Reino Unido.

A mediados de siglo no estaba nada claro que la Antártida fuese a ser un territorio de paz. En un momento dado, la Alemania nazi intentó hacerse con parte del continente y lo bautizó como Nueva Suabia. Según cuenta el geógrafo Ernst Hermann, los superhombres arios fueron recibidos a su llegada por uno de los «nativos» de la zona: un pingüino. «¡Heil, Hitler!», gritaron. Por algún motivo, aquello «no impresionó al pingüino». Pese a este revés, tropas alemanas y también sudamericanas ocuparon parte de la Antártida durante la Segunda Guerra Mundial.

Algo más serias fueron las escaramuzas en las que se embarcaron el Reino Unido, Argentina y Chile por el control de la península Antártica, algo más cálida que el resto del continente. En 1952 llegó a haber un intercambio de disparos cuando varios buques británicos intentaron desembarcar para reconstruir una base consumida por el fuego. No hubo muertos, y Argentina presentó disculpas, pero las condiciones no eran precisamente las más propicias para la paz.

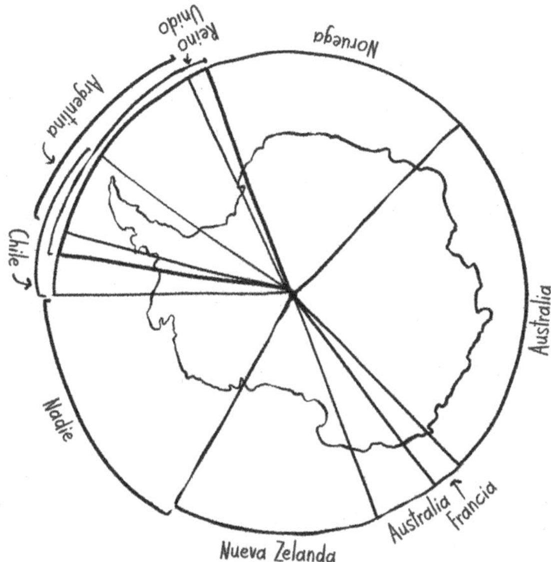

Por si esto fuera poco, los dos grandes titanes de la geopolítica de mediados del siglo XX, Estados Unidos y la Unión Soviética, no habían reclamado territorio alguno, pese a que nadie había reclamado aún un 15 por ciento del territorio. ¿A qué se debía esa contención? En parte, seguro, al miedo de que se desencadenase accidentalmente la Tercera Guerra Mundial por culpa de un continente que, recordemos, es una mierda pinchada en un palo y recubierta de hielo. Quizás os suene de algo.

Durante el Año Geofísico Internacional (1957-1958), las naciones dedicaron considerables medios a la exploración de la Antártida.* Doce participantes** trazaron planes para establecer bases antárticas, cuyo propósito declarado era abiertamente la

* Un detalle curioso: el otro gran proyecto de exploración de aquel año fue la exploración espacial. De ahí que el *Sputnik 1* se pusiese en órbita ese mismo año.

** Argentina, Australia, Bélgica, Chile, Estados Unidos, Francia, Japón, Noruega, Nueva Zelanda, el Reino Unido, Sudáfrica y la Unión Soviética.

ciencia y la paz. Esas doce naciones fueron las que negociaron el Tratado Antártico, el cual, ampliado con distintos acuerdos, se conoce en la actualidad como Sistema del Tratado Antártico, y también por las siglas STA.

El Tratado original entró en vigor en 1961 y, desde entonces, otros diecisiete países se han sumado a él como «Partes consultivas» por el expeditivo método de pagar por sus propios equipos de investigación. Otros veinticinco Estados más son «Partes no consultivas», lo que significa que no han apoquinado un céntimo para tener una base antártica y por eso solo pueden escuchar, pero no tienen ni voz ni voto.

¿Qué dice el STA?

En términos muy resumidos: no se permite la explotación minera, al menos de momento. No se permiten bases militares. No se pueden depositar residuos nucleares en el continente ni hacer estallar armas nucleares. La ciencia mola y las naciones han de cooperar entre sí. Y lo de las aspiraciones territoriales... Pues...

Un arreglo cogido con alfileres: **algo así como una especie de territorio en el continente austral**

El STA establece un régimen de soberanía territorial tan único como estrafalario. El asunto, en términos muy básicos, es que, al firmar el acuerdo, las Partes no renuncian a pretensiones territoriales anteriores ni permiten otras nuevas. Sus aspiraciones... se quedan en el limbo. ¿Os acordáis de la disputa territorial a tres bandas entre Chile, Argentina y el Reino Unido? Sigue siendo una disputa a tres bandas. ¿El 15 por ciento de territorio que no reclama nadie? Ahí sigue, sin ser de nadie. Al mismo tiempo, cualquiera está autorizado a erigir centros de investigación más o menos donde le plazca.

A simple vista, uno pensaría que esto no puede funcionar. Es como tener tres compañeros de piso convencidos de que

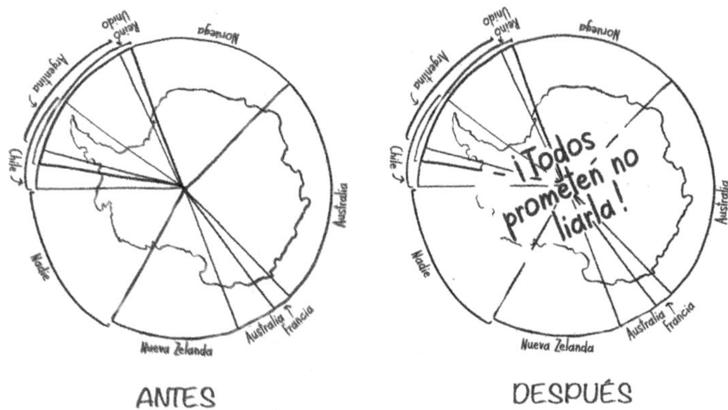

son dueños del mismo apartamento y que, en vez de resolver la disputa, se prometen unos a otros convivir y compartir algunas de las tareas domésticas. Y sin embargo, desde 1961, la paz reina en la Antártida, y lo más cerca que se ha estado de una guerra han sido los ocasionales gestos de cara a la galería con los que los países intentan afianzar su postura pensando en posibles conflictos futuros.

Y esos gestos no son particularmente belicosos. La táctica más habitual es la construcción de más y más bases científicas, cabe suponer que para que, llegado el momento, en una futura conferencia internacional, los representantes británicos puedan gritar: «!Nuestros ancestros vivieron en esta base tomando muestras de hielo o yo qué se qué, y nunca traicionaremos su legado renunciando a nuestros intereses!».

Hay otros métodos. En 1953, Argentina construyó la base Esperanza y, en la década de 1970, la convirtió en unas instalaciones abiertas al público. Varias familias han sido trasplantadas hasta allí desde entonces, entre ellas la de una mujer embarazada de siete meses que dio a luz a Emilio Marcos Palma en 1978 dentro del territorio reclamado por Argentina. ¿Para qué? Cabe suponer que para que, llegado el momento, en una futura conferencia internacional, Argentina pueda decir: «Los británicos dicen que la península es suya, pero ¿qué hay de Emilito?». Desde entonces se han registrado al menos otros diez nacimientos. Sin embargo, la idea de ganar prioridad mediante partos se ve algo menoscabada por el hecho de que, a la larga, nadie quiere quedarse en la Antártida. El lema de la base Esperanza («Permanencia, un acto de sacrificio») explica claramente el porqué.

Al menos uno de los adversarios de Argentina se ha tomado en serio su maniobra. En 1984, Chile construyó Villa Las Estrellas, una base de mayor tamaño que Esperanza que cuenta con un gimnasio, una emisora de radio, una escuela, una iglesia, una oficina de correos y una tienda de souvenirs. Ese mismo año, en lo que constituye una de las triquiñuelas más curiosas que se ha visto en la escena internacional, Juan Pablo Camacho fue concebido y traído al mundo en la misma base, cabe suponer que para que, llegado el momento, en una futura conferencia internacional, etcétera. En su libro *The Antarctica: The Battle for the Seventh Continent* ('La Antártida: la batalla por el séptimo continente'), Doaa Abdel-Motaal describió el contragolpe de Chile como «contraparto». Nosotros preferimos «contracigüeña» como en la frase «el Reino Unido todavía no ha iniciado una maniobra similar, pero se cree que posee capacidad de contracigüeña».

Todo esto es muy extraño, pero también simpático, e incluso un poco tedioso. Sí, hay alardes de poderío, pero se desarrollan en laboratorios y salas de maternidad, lo que en términos geopolíticos no está nada mal.

Pretensiones sobre el hielo: **la normativa sobre los recursos de la Antártida**

La paz está muy bien. Y la ciencia también. Y los bebés. Pero ¿qué hay de los materiales? Algunos indicios apuntan a que bajo la Antártida se ocultan minerales valiosos, pero es que además estamos hablando de un territorio con una superficie que duplica la de Australia y que nadie ha aprovechado para la minería. Algo bueno tiene que haber ahí dentro. Cierto, lo recubre la capa de hielo más gruesa que hay en el planeta, pero con el avance de la tecnología y el recalentamiento de la Tierra no es difícil imaginar un mundo ávido de recursos relamiéndose ya al pensar en un rico entrante congelado.

Pero se va a tener que aguantar las ganas, porque no puede. Y los motivos por los que no puede son indicativos de cómo podría avanzar la exploración del espacio en el futuro.

A finales de la década de 1980 surgió una propuesta, conocida como la Convención para la Reglamentación de las Actividades sobre Recursos Minerales Antárticos (CRAMRA, por sus siglas en inglés), que habría autorizado claramente la extracción de recursos en la Antártida, si bien por conducto de protocolos burocráticos bastante cautelosos. La CRAMRA fracasó, principalmente por tres motivos. En primer lugar, preocupaba que el convenio pudiese reavivar las disputas sobre la soberanía. Una cosa es que Estados Unidos establezca una base de investigación pacífica en el territorio pretendidamente francés y otra muy distinta que se ponga a buscar petróleo en el subsuelo. En segundo lugar, a las Naciones Unidas no les hacía especial gracia la idea; las decisiones sobre la reglamentación del bien común recaerían exclusivamente sobre los Estados Parte del STA, lo que a efectos prácticos excluiría a los Estados menos ricos que no pudiesen costearse una base de investigación. Y en tercer lugar, los ecologistas, con Jacques Costeau a la cabeza, iniciaron una multitudinaria campaña internacional para oponerse a ella.

En 1998 entró en vigor una moratoria de cincuenta años: eso significa que no puede haber explotación minera e incluso que no se permite siquiera la prospección en busca de minerales valiosos. Puede que no sea vuestra opción favorita, pero por lo menos deja las cosas claras. En términos gráficos, podríamos trazar el siguiente diagrama:

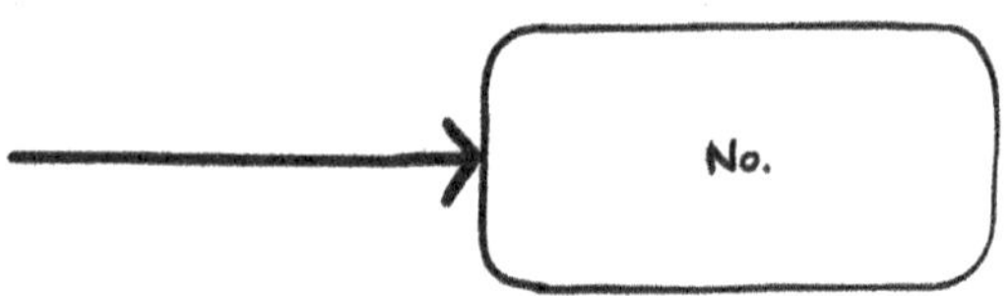

El acuerdo no volverá a la mesa de negociaciones hasta 2048, e incluso entonces solo podrá anularse por unanimidad.

Para las teorías sobre el asentamiento del ser humano en el espacio, esto sienta un precedente importante. No os imagináis la de veces que uno de los entusiastas del espacio nos ha dicho que las leyes espaciales son una chorrada, porque se quedarán en papel mojado en el preciso instante en que alguien descubra algo de valor en la Luna, Marte o donde sea. Si de verdad creen eso, tendrán que explicar por qué no ha sido ese el caso en la Antártida, donde tenemos constancia de que existen metales valiosos que podríamos extraer y vender con mucha más facilidad que cualquier cosa que podamos encontrar en la Luna.

¿Qué aspecto tendría una norma similar para el espacio? Sería bastante restrictiva, eso seguro. Cabe imaginar, por ejemplo, que dispondría que nadie puede utilizar los depósitos de hielo de la Luna, excepto a escala muy reducida y con fines científicos. O que las bases de la Luna o de Marte solo pueden utilizar los recursos locales que necesiten para su funcionamiento. Tampoco es la más atractiva de las opciones, pero creemos que sería menos negativa de lo que a primera vista podría parecer.

Argumentos a favor de un espacio de estilo antártico

Si queremos asentamientos en el espacio, podría decirse que los dos grandes objetivos serán evitar conflictos y completar las investigaciones necesarias para aprender cómo podemos establecernos en el espacio. Si hubiese minerales valiosos en la Luna, un régimen minero no restrictivo propiciaría un desarrollo más rápido. Sin embargo, es probable que en la Luna no haya nada que valga la pena vender en la Tierra, con lo que sacrificar la posible explotación comercial de nuestro satélite en aras de una paz a medio plazo es un muy buen negocio para la humanidad.

Evidentemente, esta no es la vía llena de aventura que anhelan los fanáticos de los asentamientos en el espacio, pero es la que ha preservado la paz en la Antártida a lo largo de dos generaciones. Durante ese tiempo se ha llevado a cabo una cantidad ingente de investigación, que entre otras cosas ha estudiado la manera de vivir en los gélidos confines del planeta. Los dos principales problemas que hemos mencionado en relación con nuestra presencia en el espacio son los niños y los invernaderos: uno y otro han sido resueltos (a pequeña escala) en la Antártida.

Otra lección que podemos extraer del STA es que fuimos capaces de convertir la Antártida en un bien común *después* de que varios países manifestasen sus pretensiones territoriales, algunas de las cuales se solapaban, además. Una de las preocupaciones que suscita la Luna es que las pretensiones de los países se afiancen, lo que pondría trabas a cualquier tratado futuro. En ese sentido, el STA ofrece ciertas garantías. Incluso si alguien da el pistoletazo de salida y las naciones llegan a desarrollar la percepción de que determinadas partes del espacio les pertenecen, el STA nos demuestra que el camino hacia el establecimiento de un bien común permanece abierto. Como solución está cogida con alfileres, pero ha servido para mantener la paz durante sesenta años.

Si lo que os interesa es la ciencia de cómo establecernos en el espacio, lo que más os preocupará del STA es que un régimen tan restrictivo en lo tocante a la explotación de minerales coartaría la investigación básica necesaria para el uso de recursos ultraterrestres. Para un asentamiento futuro, aprender a usar el agua de la Luna sería importantísimo, pero un acuerdo similar a la CRAMRA prohibiría utilizarla. Es igualmente posible que nosotros, los Weinersmith, nos estemos equivocando, y que haya recursos valiosos que valgan la pena. Puede que los asteroides de platino valgan realmente una fortuna. Además, incluso si estamos en lo cierto, los promotores parecen dispuestos a invertir lo que haga falta, y ese dinero podría resolver algunas de las dificultades técnicas que entrañan los asentamientos espaciales. ¿Hay alguna forma de establecer un régimen parecido al STA que, sin embargo, permita cierto grado de explotación de los recursos? Por supuesto: el Acuerdo sobre la Luna. Pero, como fracasó, vamos a echarle un vistazo a otro modelo que quizás ofrece las mayores garantías posibles de poder avanzar.

Reglamentar los fondos marinos

Desde 1994, el fondo del mar se rige por la Convención de las Naciones Unidas sobre el Derecho del Mar (CNUDM). ¿Por qué ha tardado tanto la humanidad en reglamentarlo? Después de todo, los fondos marinos existen desde hace unos cuantos miles de millones de años, deseosos sin duda de que una especie de simios parlantes se los apropiasen al grito de «¡MÍO!». La cosa está en que, al igual que sucedía con la Luna, cualquier propuesta de explotación minera del fondo del mar se habría antojado tan plausible como intentar recolectar polvo de hadas. Pero en la década de 1960, tanto la Luna como los lechos marinos empezaron a antojarse como posibles nuevas fuentes de activos. Se hacía necesario, pues, establecer unas reglas que permitiesen su explotación y evitaran conflictos. Sin embargo, así como apenas un 10 por ciento de los Estados Miembros de las Naciones Unidas han ratificado el Acuerdo sobre la Luna, casi un 90 por ciento han ratificado la CNUDM. Esto reviste especial interés para el espacio, porque la forma en que la CNUDM reglamenta los fondos marinos es a grandes rasgos la misma en que el Acuerdo sobre la Luna habría reglamentado el espacio. El acuerdo preserva el fondo de los océanos como un bien común y, al mismo tiempo (al menos en principio), permite a la humanidad acceder a sus riquezas minerales.

Cavar hoyos en el fondo del mar: ¿cómo funciona la CNUDM?

De acuerdo con los términos de la CNUDM, las naciones tienen jurisdicción sobre una «zona económica exclusiva» frente a sus costas. Es un área muy grande, que se extiende doscientas millas náuticas mar adentro, aunque a veces puede ser considerablemente más larga en función de una serie de detalles técnicos en la confluencia entre la oceanografía y el derecho. Puede parecer mucho, pero según los últimos cálculos científicos, los océanos son muy, pero que muy grandes. En el marco de la CNUDM, el área que se extiende más allá de esas aguas costeras se conoce como... «el área». No está de más subrayar que, por algún motivo, la CNUDM se emperra en bautizar una serie de cosas con nombres que parecen títulos de películas malas de terror. Comoquiera que sea, el área abarca aproximadamente el 50 por ciento de la superficie del planeta (una superficie considerablemente superior a la de la suma de la Luna y Marte) y, según lo estipulado en la CNUDM, es parte del patrimonio común de la humanidad. A diferencia de la Antártida, sin embargo, sí se puede intentar explotar los recursos minerales de los fondos marinos. De forma similar a lo que habría estipulado el Acuerdo sobre la Luna, la CNUDM creó un régimen internacional para la explotación de recursos.

Ahora bien, ¿por qué las naciones desarrolladas están a favor del socialismo en el fondo del mar, con lo opuestos que estaban cuando era la Luna lo que estaba en juego? Lo cierto es que, al principio, no estaban de acuerdo. El marco se formuló por primera vez en 1982, pero se interpretó que era demasiado favorable a los países en desarrollo. Por ejemplo, el acuerdo original estipulaba que quienquiera que explotase los fondos marinos debía transferir la tecnología utilizada, de forma que los países en desarrollo pudiesen adquirir la tecnología necesaria para explotar por su cuenta el fondo del mar. Para los países desarrollados, aquello atentaba contra sus intereses económicos y de seguridad y se opusieron. Al igual que sucedió en el caso del Acuerdo sobre la Luna, los países, por regla general, no estaban dispuestos a renunciar a sus ventajas a cambio de nada.

En 1994, sin embargo, los países desarrollados se mostraron dispuestos a firmar la Convención, gracias a un «acuerdo relativo a la aplicación» más favorable para ellos. La transferencia de tecnología, en particular, pasó a ser una recomendación, en lugar de una condición. Si queremos un Acuerdo sobre la

Luna Revisado, seguramente necesitaremos algo parecido: un marco que, a grandes rasgos, sea lo bastante igualitario como para evitar la arrebatiña por los nuevos territorios y concite además la participación de las naciones en desarrollo, y que al mismo tiempo sea percibido como beneficioso por las naciones desarrolladas.

Una carrera de fondo(s)

La explotación de los recursos de los fondos marinos es un proceso complejo, pero a grandes rasgos funciona así: una empresa se alía con uno de los Estados signatarios de la CNUDM y presenta una solicitud para explorar o explotar los fondos marinos. Para excavar en... *el área*, hay que pedir permiso a... *la Autoridad*. Específicamente, la Autoridad Internacional de los Fondos Marinos. Con independencia de cualquier teoría sobre lo bueno o malo que esto fuese para el espacio, creemos que todas las personas de buena fe estarán de acuerdo en que contar con una institución llamada Autoridad Internacional del Espacio es algo objetivamente deseable.

¿Cómo han ido las cosas hasta ahora? La Autoridad ha extendido más de dos decenas de contratos de exploración. Para poner en marcha la explotación, las empresas tienen que hacer varias cosas: lo primero es solicitar permiso para explotar una parcela del fondo marino. La Autoridad da su aprobación. La empresa, entonces, puede «pedirse» la mitad de esa parcela de fondo marino. La otra mitad va a manos de... *la Empresa*. Genial. La Empresa es un sistema gestionado por la Autoridad de tal manera que, idealmente, redunda en beneficio de las naciones en desarrollo.

Si extrapolamos este modelo a la Luna, sería algo así: Weinersmith Incorporated, con el respaldo del pueblo luxemburgués, solicita derechos de exploración minera en el cráter de Shackleton. La Autoridad Internacional del Espacio dice que sí y a continuación nos cede la mitad del terreno. Empezamos a montar paneles solares y a excavar en los cráteres de oscuridad eterna para obtener agua para nuestros jacuzzis lunares. Mientras tanto, la Autoridad del Espacio pone en marcha la Empresa del Espacio. Esta, sin descuidar los principios del libre mercado, hace cuanto está en su mano para integrar a las naciones menos desarrolladas en el proceso de explotación de su mitad del cráter.

Si los detalles parecen un poco vagos es porque todavía no se ha concretado nada. Pero la Autoridad sigue trabajando en la confección de las reglas, y el tiempo se acaba. En 2021, el presidente de Nauru comunicó a la Autoridad que estaba colaborando con una empresa que se dispone a explorar los fondos marinos profundos, lo que da a la Autoridad un plazo de dos años para intentar concluir sus deliberaciones sobre las leyes que rigen la explotación de esos fondos. Sin embargo, los grupos medioambientales se oponen, alegando que dos años no es tiempo suficiente para estudiar suficientemente los fondos marinos y estar seguros de que podemos iniciar actividades mineras en ellos sin causar una catástrofe ecológica. Se avecinan años interesantes, y el mundo espera atento el anuncio de cuáles serán las reglas de explotación del patrimonio común de la humanidad.

La buena noticia, para aquellos que se ilusionan pensando en los recursos espaciales, es que en última instancia apareció una vía para establecer un marco normativo que permitía la explotación de los recursos. Los países en desarrollo firmaron el acuerdo, al igual que muchos países desarrollados, entre ellos China, Rusia, Japón, la India, la Unión Europea, Francia, el Reino Unido, Alemania e Italia.

Llegados a este punto, tenemos que reconocer que hay una abstención importante, la de un país con cierta relevancia en el espacio y firmemente opuesto a todo aquello que tenga visos de socialismo. ¿Sabéis ya de quién hablamos? Efectivamente: Estados Unidos, que ha firmado (pero no ratificado) la CNUDM, pese a algún que otro esfuerzo interno por empujarnos a dar el paso. ¿Por qué? Bueno, para empezar, como dijo Donald Rumsfeld a propósito de la CNUDM en 2012 durante una reunión en el Senado, «es concebible que se convierta en precedente sobre los recursos del espacio ultraterrestre». Es decir, que si empezamos a compartir todo lo que hay en los fondos marinos, acabaremos haciendo lo mismo con todo lo que hay en el sistema solar. Dicho esto, y aunque no es en absoluto partidario del socialismo marino, Estados Unidos sí defiende su zona económica exclusiva y, a grandes rasgos, se atiene a la CNUDM. ¿Cómo? Interpretando la CNUDM como una ley consuetudinaria. Hay quien ve en ello un golpe diplomático maestro; otros definen esta estrategia como la forma de conseguir toda la responsabilidad de la ley internacional sin ocupar un asiento en la mesa en la que se adoptan las soluciones. La buena noticia, en cualquier caso, es que, a efectos pragmáticos, la CNUDM funciona, mal que bien. Paz, cooperación y acceso reglamentado a los recursos. Exactamente lo que queremos para el espacio.

Y ahora ¿qué?

Si el objetivo es asentarnos en el espacio, creemos que un acuerdo como el de la CNUDM es la vía más conveniente, porque reduciría el riesgo de conflicto a partir de una pugna espacial sin sentido y al mismo tiempo permitiría que continuasen las investigaciones más pertinentes. Los países podrían seguir teniendo laboratorios en el espacio y podrían aprender a valerse de los recursos presentes in situ, y las empresas podrían emprender las prospecciones si considerasen que valía la pena. Las grandes potencias espaciales no estarían obligadas a «socializar» sus ventajas y las naciones en desarrollo sacarían algo de tajada del asunto. Es un acuerdo viable que abre la puerta a la posibilidad de que el ser humano avance hacia el asentamiento en el espacio sin necesidad de que estalle una crisis.

Ya imaginamos que, para muchos lectores, esta idea resulta algo decepcionante. Las naciones en desarrollo no se irán con las manos vacías, pero tendrán que actuar conforme a los parámetros establecidos por las potencias ya existentes. Los planes para una rápida expansión espacial quedarán en las parsimoniosas manos de la burocracia internacional. ¿Y de verdad tenemos que renunciar al ideal del pionero en Marte y sustituirlo por miles de tediosos juristas perorando sin cesar con muletillas como «de conformidad con», «en lo sucesivo» y «en lo que a ello respecta»? Es como una pesadilla en la que todo infunde aburrimiento en vez de terror.

Aunque... ¿sería tan terrible?

En su ensayo de 1952, titulado «Who Owns the Universe?» ('¿De quién es el universo?'), el experto jurista Oscar Schachter expresaba su preocupación por la posibilidad de que se repitiesen los errores cometidos en siglos pretéritos en las disputas por el territorio, y la guerra y el colonialismo que de ellas se siguen. Cinco años antes de que el *Sputnik 1* entrase en órbita, Schachter escribió: «Los primeros alunizajes conllevarán todo tipo de acciones con las que se pretenderán apuntalar pretensiones soberanistas. Evidentemente, se plantará una bandera y con toda seguridad comenzará la asignación de nombres a diversos lugares de la Luna». Es posible que los Gobiernos «ejerzan su control, e incluso extiendan permisos, y se arroguen el derecho de excluir a quienes carezcan de esos permisos. Todo esto sería una repetición de las historias de rivalidad territorial, extendidas en esta ocasión hasta los mismísimos cielos». Gracias en parte a los esfuerzos de Schachter fue posible dar al traste con ese hipotético futuro. En las cuatro décadas posteriores a la publicación de su ensayo, en el espacio y otros entornos similares se establecieron nuevos regímenes sobre la propiedad de un cariz básicamente pacífico y orientado a la tenencia compartida. No hay pioneros en Marte, claro, pero también es cierto que, si el mundo estuviese ahora sumido en un invierno nuclear a consecuencia de aquel conflicto, se nos habrían aguado también los planes en el espacio.

Estos regímenes tienen también otra virtud nada baladí: existen. Puede que prefiráis que en el espacio se imponga un modelo de privatización de la propiedad, pero en el mundo posterior a la Segunda Guerra Mundial, siempre que la humanidad ha tenido que reglamentar un territorio inmenso y previamente inaccesible, ha optado por considerarlo un bien común. Si nos guiamos por el precedente, y teniendo en cuenta que el espacio ya es de por sí un bien común, la apuesta más segura es que el futuro del espacio será comunal.

Pero existen alternativas. Hay formas de que el espacio sea mucho más parecido al 40 por ciento de la Tierra que no es ni la Antártida ni «el área». En eso depositan sus esperanzas los partidarios de asentarnos en el espacio. A continuación presentamos algunas de esas ideas, junto con nuestros motivos para creer que seguramente no pueden funcionar.

Astrid no está de acuerdo con nosotros, sin embargo.

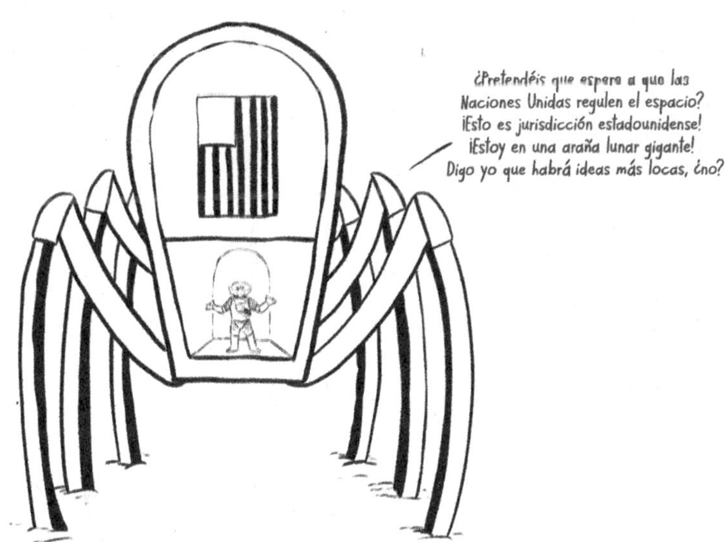

15
Dividir los cielos

¡DesbLOCKEemos el potencial de la humanidad!

Los partidarios de la privatización del espacio a menudo defienden la llamada percepción «lockiana» de la propiedad, bautizada así en alusión a John Locke, filósofo político británico del siglo XVII. En su célebre *Dos tratados sobre el gobierno civil*, aparecido en 1690, Locke explica que:

> Aunque la tierra y todas las criaturas inferiores sean a todos los hombres comunes, cada hombre, empero, tiene una «propiedad» en su misma «persona». A ella nadie tiene derecho alguno, salvo él mismo. El «trabajo» de su cuerpo y la «obra» de sus manos podemos decir que son propiamente suyos. Cualquier cosa, pues, que él remueva del estado en que la naturaleza le pusiera y dejara, con su trabajo se combina y, por tanto, queda unida a algo que de él es, y así se constituye en su propiedad.

Dicho de otra manera: *res nullius*. En el contexto de un territorio, eso significa que el que lo trabaja se lo queda. O bien, como el comisionado adjunto de Tierras Joel David Wolfsohn le dijo en 1946 a un periodista a propósito del establecimiento de colonias en la Luna: «Lo mejor sería ir con la mujer y los niños. Y un par de vacas, además, para que ese empeño tenga visos de permanencia».

Entre los *lockianos* del espacio, La Ley de Asentamientos Rurales estadounidense de 1862 es un precedente particularmente popular. La ley, rubricada por Abraham Lincoln durante la guerra de Secesión estadounidense, establece que, a cambio de una modesta cuota de inscripción, los colonos blancos y los esclavos libertos* podían hacerse con una parcela de 160 acres (64,75 hectáreas) en los territorios del Oeste, y si la trabajaban durante cinco años, la magia del *res nullius* les conferiría el título de propiedad sobre la tierra.

En algunos casos, la arrebatiña por las tierras fue literalmente una carrera, como sucedió en 1889 cuando el territorio de Oklahoma se abrió a los colonos. El 22 de abril al mediodía sonaron varios cañonazos y salvas, y jinetes y carromatos, parodiando casi la historia del colonialismo, se adentraron en el territorio empuñando banderolas con las que reclamar los terrenos como suyos.

Si lo que queremos es que haya una nutrida presencia humana en el espacio, ese grado de entusiasmo sería muy bienvenido. Eso nos lleva a otra idea muy arraigada entre los privatizadores del espacio: la de que establecer un régimen de propiedad privada en el espacio permitiría la explotación casi inmediata de los recursos espaciales y el establecimiento de asentamientos. Rand Simberg, conocido partidario de que el ser humano conquiste el espacio, expresó el sentir de muchos al decir que «los derechos de propiedad transferibles y los mercados libres conforman el núcleo de un sistema que ha permitido a miles de millones de personas salir de la pobreza en los dos últimos siglos, y seguirán cumpliendo esa función en el sistema solar».

* Los pueblos indígenas desposeídos por Estados Unidos no pudieron acogerse a este programa.

De acuerdo con este planteamiento, el Tratado sobre el Espacio Ultraterrestre, independientemente de su utilidad durante la Guerra Fría, ha entorpecido el progreso de la humanidad al bloquear el desarrollo en el espacio. No es fácil decir si esta percepción es correcta o no: no es fácil desarrollar nada en el espacio, y puede (puede) que las leyes de la física supongan un obstáculo más insalvable que las leyes *leyes*. Pero a medida que la humanidad va consiguiendo controlar mejor las leyes de la física, las leyes *leyes* se convierten en un problema de mayor calado.

Para privatizar el espacio es necesario posicionarse ante el Tratado. Los partidarios de la privatización pueden dividirse en términos generales en tres grupos: 1) los que buscan vacíos legales en el Tratado; 2) los que cuentan con encontrar la manera de modificar el Tratado de forma que permita la propiedad privada, y 3) los que proponen anular por completo el Tratado. En las páginas siguientes veremos algunos ejemplos de cada grupo.

Planteamiento 1: **Vulnerar solo el espíritu de la ley**

Si queremos un espacio privatizado, ¿de qué sirve debatir eternamente posibles enmiendas a la ley o esperar a que los torpones Gobiernos del planeta se decidan de una vez por todas a echar cincuenta años de precedente legal al receptáculo de residuos? Si lo enfocamos adecuadamente, ¡podríamos reclamar la propiedad de partes del espacio ahora mismo!

Son muchas las propuestas de este tipo, y todas tienen en común que no funcionan, a menos que lo que pretendáis con ellas sea hacer llorar a los expertos juristas. No nos parece que haya que darles mucho pábulo, pero son ilustrativas de una rama de pensamiento común entre los partidarios de los asentamientos espaciales, quizá también entre algunos particularmente poderosos.

Vacío legal 1: liberación marciana

¿Y si nos basamos exclusivamente en el asombro? ¿Y si un asentamiento en Marte fuese tan extraordinariamente alucinante que los habitantes de la Tierra no fuésemos capaces de vincular esa nueva rama de la humanidad con las habituales miserias terráqueas? Esa es la propuesta de Jacob Haqq-Misra, quien argumenta que podríamos soslayar el Tratado sobre el Espacio Ultraterrestre aceptando que no cabe aplicar el Tratado a los marcianos.

¿Qué nos llevaría a hacer algo así? Según Haqq-Misra, estaríamos actuando de acuerdo con una especie de esclarecido interés propio. Marte será una fuente de «valor transformador» para toda la humanidad que a la larga redundará en nuestro beneficio. Pero para obtener todos esos beneficios habrá que cortar lazos y dejar que Marte haga su vida.

A priori, el planteamiento no se sostiene porque es directamente ilegal. La ley internacional se aplica a los humanos y, por lo tanto, también a los humanos de Marte. Pero incluso de no ser así, ideas como esa plantean problemas considerables.

Para empezar, desentenderse de la legislación internacional conlleva una serie de efectos secundarios poco deseables. ¿Significa esa ruptura, por ejemplo, que se abandona la

Convención de Ginebra? ¿O las leyes y normas que prohíben las guerras de agresión? ¿Qué derechos humanos tiene previsto Marte descartar? Por supuesto, los marcianos podrían optar por reproducir en el planeta las normas de comportamiento internacional que con tanto esfuerzo han podido establecerse, pero, en ese caso, si no están generando unas novedosas perspectivas de la moralidad humana, ¿para qué estamos pausando las leyes internacionales por ellos específicamente?

En segundo lugar, basarlo todo en el asombro es una mala estrategia a largo plazo. Unos seis meses después del primer alunizaje de la misión *Apolo*, las televisiones se negaban a retransmitir en directo nuevas llegadas a la Luna. ¿Que por qué? Pues porque, aunque un alunizaje es algo objetivamente interesante, hacer cosas en la Luna no lo es. Consiste en ver como una serie de personas montan equipos de laboratorio mientras hablan con términos muy técnicos, solo que a cámara lenta debido a la falta de gravedad y a los engorrosos trajes espaciales. No cabe duda de que un asentamiento en Marte le pondría a más de uno la cabeza del revés, pero ¿sería suficiente para conseguir que los líderes mundiales accediesen a comprometerse por toda la eternidad al tiempo que se construye un asentamiento en Marte al margen de las leyes internacionales? Si resulta que vivimos en un mundo tan rutilantemente altruista, no nos queda muy claro para qué necesitamos un visionario asentamiento en Marte para mejorarlo. Y recordemos que esa nueva nación no saldrá de la nada. Estará compuesta de personas con unas normas culturales y unas lealtades propias. Puede que esté integrada por representantes de un consorcio de naciones, pero ¿qué pasa si solo son estadounidenses o chinos? ¿Cuánto duraría entonces el asombro internacional?

En tercer lugar (y quizás el más importante), si los marcianos no consiguen mantener el apoyo de la Tierra tras la independencia, lo más probable es que mueran. Un especialista en la sustentación de la vida nos contó que en la EEI se registra una avería cada cuatro o cinco meses que hace necesario transportar hasta ella nuevos equipos para repararla. Ejemplos de ello son el retrete y el sistema de eliminación de dióxido de carbono, uno y otro elementos que más vale mantener en condiciones óptimas. El número de habitantes de Marte y empresas marcianas que harían falta para (probablemente) no morir es algo que examinaremos más adelante, pero baste con decir que una declaración de independencia es algo muy distinto a una independencia real y funcional. Incluso si pensásemos que cortar vínculos con la Tierra fuese algo deseable o legalmente viable, no es factible en términos tecnológicos, y pasará mucho tiempo antes de que lo sea.

Vacío legal 2: el cambiazo, con el precedente inverso del Acuerdo sobre la Luna

Alan Wasser, presidente del Comité Ejecutivo de la Sociedad Nacional del Espacio a principios de la década de 1990, propuso una Ley de Recompensa de los Asentamientos en el Espacio con la esperanza de que el Congreso estadounidense la hiciese suya. No ha sido el caso.

Se trata de una ley profundamente lockiana, que a efectos prácticos viene a decir que si una entidad privada puede construir un asentamiento espacial con una población permanente y sistemas de transporte de ida y vuelta para todo pasajero comercial, esa entidad debería poder poseer terrenos. Llega incluso a especificar el tamaño de la parcela: si hablamos de Marte, se podrán reclamar unos 9.300.000 kilómetros cuadrados, un poquito menos que una China de terreno. En la Luna, donde establecerse será comparativamente más sencillo, el límite se cifra en 1.500.000 kilómetros cuadrados, o apenas dos Texas y cuarto.

En el marco concebido por Wasser, el segundo pretendiente a propietario de un cuerpo celestial solo podrá aspirar a un 15 por ciento de la cifra anterior, y el tercer aspirante a un 15 por ciento, y así sucesivamente. En muy poco tiempo apenas podremos acceder a un rancho del tamaño de España, así que hay un incentivo bastante importante para ser el primero en mover ficha.

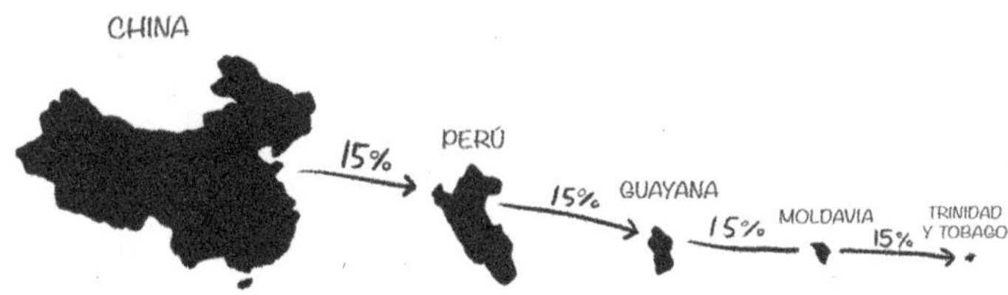

¿En qué se basan esas pretensiones territoriales? En la ley natural, lo que, según Wasser, significa que «los particulares mezclan su trabajo con el suelo y crean derechos de propiedad independientemente del Gobierno. El Gobierno se limita a reconocer esos derechos». Dicho de otra forma, la realidad es fundamentalmente lockiana.

En este libro no nos vamos a posicionar respecto al origen de los derechos sobre la propiedad, pero estamos firmemente convencidos de que existen leyes que la regulan. Tanto da si las leyes sobre la propiedad emanan de la naturaleza, del Estado o de la aprobación personal del señor Wasser, la interpretación anterior vulnera directamente el artículo II del Tratado sobre el Espacio Ultraterrestre.

Un momento, alega Wasser, quien apunta que en el fallido Acuerdo sobre la Luna había un pasaje que prohibía explícitamente la propiedad privada de terrenos lunares. Eso implicaría que el Tratado sobre el Espacio Ultraterrestre permitía la propiedad privada, después de todo.

Usemos una analogía para ilustrar esa lógica. Imaginemos que un hombre y una mujer firman un contrato matrimonial que incluye una cláusula que estipula «nada de infidelidades». Más adelante, el hombre, en un arranque de paranoia, le pide a la mujer que firme un anexo en el que se estipula que no habrá «nada de infidelidades específicamente con el buenorro de David, el vecino de al lado». Por motivos diversos, ese segundo acuerdo no se firma de inmediato. Pocos años más tarde, la mujer interpreta que, atención, el contrato matrimonial original no prohibía un revolcón con el vecino, porque de lo contrario el segundo acuerdo no lo habría mencionado.

Dejando de lado la ridiculez *prima facie* de ese argumento, este «vacío legal» plantea problemas de carácter más técnico. Para empezar, buena parte del Acuerdo sobre la Luna no intenta inventar nada nuevo, sino clarificar algunos términos poco precisos. Por ejemplo, en él se especifica que las naciones están autorizadas a recoger muestras del suelo lunar. Cabe imaginar que Wasser y sus acólitos no argumentarían sobre esa base que el Acuerdo sobre el Espacio Ultraterrestre no permitía la recogida de muestras.

En segundo lugar, fijaos en que Wasser no está defendiendo la absurda propuesta de que son las naciones las que pueden apropiarse de las tierras. Lo que dice es que las personas sí que pueden. Según la interpretación de Wasser, Estados Unidos no puede reclamar como suyo un territorio, pero Bob el Yanqui, sujeto a la legislación estadounidense, protegido por la fuerza estadounidense y fanático del queso industrial estadounidense, sí que puede. No es así, en absoluto. Bob es ciudadano estadounidense, y Estados Unidos es responsable de Bob. Este puede hartarse a decir que su derecho a los terrenos lunares es una cuestión de ley natural, pero a menos que Estados Unidos esté dispuesto a dinamitar el Tratado sobre el Espacio Ultraterrestre, Bob no es propietario de terreno alguno en la Luna. Bob no es más que un tío que habla por hablar.

Aun suponiendo que Wasser estuviese ofreciendo una interpretación plausible de lo que se dice en realidad en el Tratado, geopolíticamente no hay por dónde cogerlo. ¿De verdad creemos que el resto de las naciones se quedarán de brazos cruzados mientras un millón de americanos se apropia de la Luna, siempre y cuando dejen claro que el terreno del que se han apropiado no es, técnicamente, Estados Unidos? Seguramente no, como tampoco creemos que el hombre de la analogía anterior vaya a felicitar a su esposa por su astuta triquiñuela.

Wasser, una vez más, se adelanta a esa objeción y señala que, en realidad, no importa nada de eso, porque mientras el país más poderoso del mundo (esto es, Estados Unidos) reconozca el título de propiedad, no hay problema. Esa es una asunción digamos que ligeramente presuntuosa respecto a la continuada preponderancia de Estados Unidos. Pero incluso si aceptamos la perpetua hegemonía estadounidense, estaríamos en la misma situación que si la esposa dijese: «Me da igual que no te guste mi maniobra legal, David está como un queso y nos queremos». Por funcionar, funcionaría. Pero, llegados a ese punto, el matrimonio está en crisis. Sustituid a marido y mujer por las potencias nucleares y entenderéis por qué deberíamos preocuparnos.

Vacío legal 3: el consorcio multilateral

Durante la Conferencia Astronáutica de 2019, Rand Simberg presentó una ponencia en la que resaltaba el hecho de que el Tratado sobre el Espacio Ultraterrestre solo prohíbe a las naciones reclamar para sí el espacio exterior. No dice nada de un acuerdo multilateral entre varias naciones dispuestas a reconocer títulos de propiedad en el espacio. La apropiación no es «nacional» si los apropiadores son *multi*nacionales, ¿no?

Es una afirmación, de entrada, desconcertante. Es como si un cura dijese que en los Diez Mandamientos se afirma «no matarás», pero se guarda silencio respecto a «no mataréis», con lo que el asesinato es perfectamente lícito siempre y cuando haya dos personas apretando el gatillo.

El argumento tampoco se sostiene por un motivo que ya conocemos: la gente que antes o después viaje al asentamiento lunar procederá de alguna parte. Supongamos que Estados Unidos y Luxemburgo deciden embarcarse en un proyecto de apropiación de la Luna sobre la base de este vacío legal y crean a tal efecto la Alianza Luxonorteamericana: en algún momento, al asentamiento llegarán ciudadanos luxemburgueses o estadounidenses, y la responsabilidad sobre estas personas recae sobre sus países de origen. Una vez más, esto vulnera el sentido y el espíritu del Tratado sobre el Espacio Ultraterrestre.*

* Este intento por vulnerar el espíritu de la ley se ha observado también en otros bienes comunes. Está el caso de Travis McHenry, por ejemplo, conocido

Reclama, que algo queda

Es muy fácil burlarse de esas teorías legales, y por eso lo hemos hecho, pero nos apresuramos a añadir que no pensamos que quienes las defienden sean bobos. Es más que probable que esas teorías y otras similares tengan una función táctica, la de desviar el debate. En 1967, la cuestión de si una nación podía recoger y conservar piedras lunares estaba todavía por dirimir. Cinco años más tarde, dos naciones lo habían conseguido y ninguna de las dos contemplaba en sus políticas compartirlas. Así es como se establecen los precedentes. Un supuesto vacío legal, repetido tantas veces como haga falta para que las personas en el poder acaben creyéndoselo, puede configurar el futuro de forma significativa, sobre todo si llega a oídos del político o el empresario adecuados.

Vale la pena recordar que, como parte de su campaña presidencial de 2012, Newt Gingrich prometió la construcción de una colonia en la Luna en un plazo de ocho años.* No lo dijo sin pensar: Gingrich es un apasionado del espacio. Ya en 1981, siendo todavía un congresista novato, había propuesto una «ordenanza noroccidental para el espacio», en la cual se establecía, a propósito de los asentamientos en la Luna, que «en el momento que una comunidad de esas características sume tantos habitantes como los que residan en cualquiera de los es-

también como el Gran Duque de Occidantártica, que afirmó sus derechos sobre parte de la Antártida alegando que el Sistema del Tratado Antártico prohíbe a las naciones nuevas reclamaciones territoriales, pero no dice nada sobre personas particulares. No os sorprenderá saber que la comunidad internacional no reconoce sus pretensiones.

* A lo que Mitt Romney respondió, en un debate televisado: «He trabajado en la empresa privada durante veinticinco años. Si un ejecutivo se me acercase para decirme que necesitaban varios cientos de miles de millones para construir una colonia en la Luna, mi respuesta habría sido: "Está despedido"». Stephanie Condon, «Romney Tells Gingrich: I'd Fire You for Your Moon Proposal», CBS News, 27 de enero de 2012. Disponible en: <https://www.cbsnews.com/news/romney-tells-gingrich-id-fire-you-for-your-moon-proposal/>.

tados menos poblados de Estados Unidos, esa comunidad será acogida como estado en el Congreso de Estados Unidos en pie de igualdad con los estados originales».

Esto seguramente no habría sido tecnológicamente posible ni en 1981 ni en 2012, ni siquiera con una inversión descomunal. El estado menos poblado de Estados Unidos es Wyoming, que suma unos seiscientos mil habitantes. Tampoco es fácil saber si, de haber accedido a la presidencia, Gingrich habría querido arrostrar la condena internacional resultante, incluso si hubiese sido viable convertir la Luna en un estado norteamericano. Pero no es impensable que algo parecido a los «vacíos legales» que veíamos anteriormente se invocase para justificar la apropiación de un territorio mientras las autoridades insistían en que era del todo legal. Si tienen la antigüedad suficiente, las reclamaciones al estilo de las zonas de seguridad parecerían incluso razonables a ojos de muchos estadounidenses. Geopolíticamente hablando, no sabemos qué podría suceder a partir de ahí.

Planteamiento 2: **los mendas enmiendan**

Otros grupos de presión son un poco más precavidos. Pese a compartir la opinión de que, muy probablemente, el Tratado sobre el Espacio Ultraterrestre ha ralentizado el asentamiento en el espacio, por lo general no son partidarios de la barra libre de estilo lockiano. Sin embargo, tampoco están a favor de la amplia burocracia internacional que preferimos nosotros. ¿Cuál es la alternativa? Modificar el artículo II del Tratado para permitir la posesión pero, al mismo tiempo, crear reglas e instituciones para proteger otros valores, como la ecuanimidad y la ecología. Aquí os presentamos unos pocos ejemplos.

Enmienda 1: propiedad con impuestos

¿Y si, en vez de la barra libre lockiana optamos por una tasa de uso lockiana? Sería un híbrido entre el concepto de «patrimonio común de la humanidad» y la teoría de la propiedad de Locke: uno puede hacerse con la tierra trabajándola, pero si obtiene réditos de esa tierra, debe compensar al resto de la humanidad.

Una de las virtudes de este impuesto marciano estriba en que limitaría las reclamaciones territoriales de los colonos a los terrenos que pudiesen utilizar constructivamente, una meta con la que el propio John Locke habría estado muy de acuerdo. A medida que los colonos se hacen con nuevos territorios, compensan a la humanidad pagando impuestos cada vez más altos a la Tierra. Pero hay que considerar también que, si llega a establecerse un asentamiento permanente en Marte, tendríamos una situación en la que los marcianos pagan una especie de «tasa de existencia» al planeta de origen. No es que creamos, sinceramente, que un asentamiento en Marte vaya a tener en algún momento la capacidad de emprender una revolución contra la Tierra, pero con estrategias como esta les estaríamos dando motivos para ello.

Enmienda 2: posesión limitada

Otra propuesta contempla permitir la barra libre de la que hablábamos antes, pero con la condición de que parte del territorio deseable se excluya a fin de reservarlo para reclamaciones futuras. Parece un método razonable, aunque cabe imaginar que para determinar la forma exacta de dividir el espacio será necesario un esfuerzo político considerable.

La historia nos enseña que el acuerdo al que se llegue muy probablemente beneficiará a los más poderosos. Los expertos que presentan estas propuestas son razonablemente generosos con la extensión del territorio que reservan para los pretendientes que lleguen en el futuro, pero puede que no sean sus propuestas las que acaben llevándose a la práctica. Pensad que el sistema de posesión limitada, o algo muy similar, se aplica ya a las valiosas órbitas geoestacionarias.

Ahora mismo se dispone de unas dieciocho mil órbitas geoestacionarias para satélites. De acuerdo con la legislación internacional vigente, cada país tiene exactamente una órbita reservada para sí. Si cada planeta obtiene un pedazo equivalente en un lugar como la Luna, equivaldría a un cuadrado de aproximadamente 144 kilómetros de lado. Habría que ver si ese es un buen o un mal acuerdo para todos los participantes: dependerá de las áreas de la Luna que se les reserven.

Enmienda 3: posesión, pero con lindes

Una idea similar a la anterior contempla la posibilidad de permitir que la gente reclame directamente territorios específicos, pero dentro de unos límites, de forma análoga a la Ley de Asentamientos Rurales de 1862. En algunas propuestas, esto se traduciría en que una persona o grupo de personas podrían reclamar para sí un círculo con un radio de cien kilómetros, lo que les conferiría unos espaciosos 31.400 kilómetros cuadrados de terreno. Si llega el día en el que la población es demasiado grande para el círculo designado, tendrán derecho a hacerse con nuevos terrenos. De esta forma se incentiva la posesión sin permitir que grupos reducidos se apropien de golpe de todo un planeta.

Un problema importante que vemos es que, dado que no todas las regiones de la Luna o de Marte son igualmente deseables, el que llegue primero tendrá una ventaja muy considerable, lo que significa que en este marco las naciones con capacidad espacial saldrían enormemente privilegiadas. El cráter de Shackleton, que contiene las cimas de luz eterna y los depósitos de agua congelados, tiene un diámetro aproximado de veinte kilómetros. A propósito de esto: hemos leído por ahí que sería posible establecer tácticamente un montón de comunidades pequeñas, separadas entre sí por cien kilómetros, para así reclamar inmensos territorios pese a disponer solo de una población muy exigua.

Enmienda 4: posesión y parques

Habrá a quienes los marcos anteriores seguirán pareciéndoles demasiado explotadores, y para ellos tenemos otra opción: conservemos parcialmente el Tratado sobre el Espacio Ultraterrestre de forma que solo sea aplicable a ciertas regiones. En un contexto de creación de parques, parte del territorio se preserva de forma similar a como se protegen las reservas naturales, mientras que el resto se abre a la explotación. La cantidad exacta de territorio que se destinaría a parques depende de quien tome la palabra: en algún artículo se aboga por preservar hasta siete octavas partes del espacio. Los partidarios de esta opción defienden no solo la protección de grandes extensiones del espacio ultraterrestre, sino también la garantía de que en esos parques se incluirán regiones de particular interés estético o científico, como el monte Olimpo de Marte, la montaña más alta del sistema solar.

En un marco como este se plantea la cuestión de cuál será la extensión de los parques, quién decide dónde se instalan y hasta qué punto puede explotarse la parte explotable. Si resulta, por ejemplo, que solo una octava parte del espacio es lockiana, sería un sistema bastante restrictivo, pero todavía mucho menos que el Tratado.

¿Y si los mendas no enmiendan?

El principal obstáculo para las enmiendas de este tipo es que es necesario obtener una amplia aprobación internacional para sacar adelante un nuevo marco que solo beneficiaría directamente a unas pocas naciones. Los partidarios del sistema pueden alegar hasta aburrirse que, a la larga, los beneficios se harían extensivos a toda la humanidad, pero, si queremos una enmienda, necesitamos las firmas ahora.

En las modernas Naciones Unidas, son muchas las Partes y muy pocos los países ricos capaces de lanzar al espacio vehículos interplanetarios. Lo más probable es que la ONU no dé su aprobación a que las pocas potencias espaciales se repartan entre ellas el espacio, a menos que el acuerdo conlleve tremendos actos de generosidad para con las naciones incapaces de salir del planeta. De ser así, existe una opción más.

Planteamiento 3: **¡me lo pido!**

El otro marco es aquel en el que *no hay marco*. Tomamos el Tratado sobre el Espacio Ultraterrestre, lo expulsamos por la esclusa y observamos cómo ese imperfecto instrumento, fruto del trabajo de miles de esperanzados diplomáticos, se calcina al entrar en contacto con la atmósfera terrestre. Y luego nos apresuramos a privatizar el espacio.

La de cancelar por completo el Tratado no es la propuesta más popular, pero tiene sus partidarios. Sin embargo, incluso en el caso de que fuese factible, sería solo el primer paso de todo un proceso. A menos que defendamos una versión (basada en la ley natural) de las tesis de Locke sobre el territorio espacial, en la que unos colonos apátridas se apropian de la tierra, la trabajan y la defienden, será necesario un proceso formal. Tiene que haber alguna entidad que, a ojos de muchísimos humanos, tenga la autoridad necesaria para otorgar títulos de propiedad. Podría ser algo como una Oficina de Gestión del Territorio a escala planetaria, que llevaría el registro de los títulos de propiedad y recomendaría a la gente que comprasen un par de vacas para mantener las apariencias. Pero el tipo de gente partidaria de una política de «¡MÍO! ¡ME LO PIDO! ¡MÍO!» no quiere necesariamente sustituir el Tratado sobre el Espacio Ultraterrestre por un inmenso aparato burocrático. La alternativa más probable es que las naciones se apropien de partes del espacio y posteriormente gestionen los derechos de propiedad de los particulares. Ahora bien, ¿qué países se quedan qué partes? ¿Y cómo se decidirá esto?

Se ha propuesto que el terreno se asigne a cada país en proporción a su población o su superficie, de modo que Marte se convierta en una especie de Tierra en miniatura. Un poco como el centro EPCOT de Disney World, solo que el planeta es puro veneno y si vemos a un gigantesco ratón parlante, será a causa de un terrible accidente en un laboratorio biomédico. Se nos hace muy difícil creer que algo de todo esto obtenga mucho respaldo en una conferencia diplomática: sospechamos que Rusia y Canadá defenderían «casualmente» que la superficie nacional es en realidad el factor determinante, mientras que a China y la India les parecería mucho más decisivo el factor demográfico. Estados Unidos, mientras tanto, insistiría en la importancia de la riqueza nacional.

Aun en el improbable caso de que llegase a establecerse un marco semejante, las cantidades no son lo único que está en juego. Estados Unidos tiene el 4,25 por ciento de la población terráquea y aproximadamente un seis por ciento de su superficie. En el contexto de cualquiera de esos marcos, con eso le bastaría para reclamar la mayor parte de los territorios de alto standing de la Luna.

Pero incluso si las naciones no tienen interés en hacer nada de todo esto, ¿podrían verse arrastradas a ello por una persona? Uno de los argumentos que oímos más a menudo es que, en última instancia, toda ley es irrelevante, porque si Elon Musk tiene un asentamiento en Marte, ¿quién se lo va a impedir? Uno de los autores tiene un hermano que defiende esta opinión. Se llama Marty *y se equivoca*. Vamos a denominar a este argumento «la teoría de la casita en el árbol». Imaginaos la situación siguiente: un grupo de niños construye una casa en lo alto de un árbol muy alto. La escalera es demasiado endeble para que un adulto trepe por ella, con lo que, una vez en la casa, nadie puede llegar hasta los niños. Su padre sale y les grita: «¡Niños! ¡A casa! ¡La cena está lista!». Los niños sonríen, ufanos, y responden: «¡Jamás! ¡En la casa del árbol no se obedecen las leyes paternas! ¡Tus intentos por oprimirnos son en vano!». En este ejemplo, ¿qué creéis que hará el padre? Efectivamente, dejará de suministrar comida y bebida a los niños, les confiscará todas sus cosas y esperará a que decidan cambiar de opinión.

Uno de nuestros lectores señaló, con razón, que en esta teoría se está asumiendo que mamá no esté pasando comida a los niños de tapadillo. O lo que es lo mismo, que incluso si la comunidad internacional intenta ponerle trabas a Elon Musk, este saldrá de rositas en esta situación hipotética si mantiene vínculos comerciales con Estados Unidos. Eso es cierto, claro, pero, de acuerdo con la ley del espacio vigente, Estados Unidos estaría defendiendo a efectos prácticos una serie de reclamaciones ilegales, y ahí es donde entraríamos en una verdadera crisis.

Cómo ir de A a B

Si preferís un régimen de propiedad privada, una estrategia podría ser oponeros a cualquier actualización de la ley y esperar a que estalle una crisis. Ram Jakhu, uno de los expertos de referencia en derecho espacial, y sus coautores lo explicaban así en su libro *Space Mining and Its Regulation* ('La minería espacial y sus regulaciones'), aparecido en 2016: «En casi toda institución que crea nuevas leyes, convenciones y especialmente tratados internacionales, la tendencia es la siguiente: "Esperemos a que haya un problema claro al que haya que dar respuesta y entonces démosle respuesta"». Esto era una advertencia, no un consejo, pero por probar que no quede. Podríamos esperar a que SpaceX proclame la libertad de Marte o a que el presidente Gingrich dé la bienvenida a Estados Unidos al nuevo estado de Caroluna del Norte;* de repente, muchas de las ideas descabelladas que veíamos antes nos parecerán muy juiciosas.

Uno de los motivos por los que preferimos el modelo de bien común gestionado es porque creemos que hay al menos una posibilidad de que se llegue a hacer realidad. Sucedió con la ley del mar, y hay motivos para creer que pueda ocurrir de nuevo. Incluso si el régimen que se establece no es perfecto, la simple aclaración de las reglas para evitar una nueva carrera hacia la Luna sería muy deseable.

Vemos dos buenas objeciones a nuestra opinión. En primer lugar, si efectivamente hay materiales valiosos en el espacio, un

* Ese es el nombre más ingenioso que se nos ha ocurrido para un estado. Las alternativas: Dacráter del Norte, Marteyland y (vayan de antemano nuestras disculpas) Oregolitón.

régimen muy restrictivo con los derechos de explotación de minerales estaría hurtando posibilidades al futuro de la humanidad. Y quizá seguiría siendo justificable si con ello se pusiese fin a las guerras; cuando menos, sería debatible. En segundo lugar, tenemos los casos filosóficos: en la introducción examinamos un par de ellos, pero hay mucha gente, de orientaciones políticas muy diversas, que ve en el espacio la oportunidad de volver a empezar de cero. Para ellos, por muy permisivas que sean las leyes internacionales con muchos comportamientos, sigue sin satisfacerse su necesidad perentoria de poner en marcha nuevos países y nuevas formas de existir.

Creemos que difícilmente sucederá nada parecido en un futuro próximo, porque supone una profunda violación de la legalidad vigente. Sin embargo, en la Tierra se crean nuevos Estados. No muy a menudo, y frecuentemente en un contexto de violencia, pero sucede. Esa, pues, es la última pregunta sobre las leyes espaciales: ¿existe alguna circunstancia en la que un grupo de personas pueda vulnerar la legislación internacional, crear un Estado soberano en el espacio y salirse de rositas?

16

El nacimiento de los Estados en el espacio: como el nacimiento de un bebé espacial, pero más complicado

En 2016 vio la luz el Estado espacial de Asgardia. Eso al menos dicen los asgardianos. Bautizada en alusión a Asgard, el hogar de los dioses de la mitología nórdica, Asgardia es una entidad sorprendentemente bien organizada cuya existencia se circunscribe a internet y cuyo comportamiento se asemeja mucho al de un Estado. Cuenta con una Constitución, un Parlamento y un tribunal asgardiano, y publican decretos redactados con un tedioso estilo por lo demás característico de cualquier otra burocracia estatal. Sirva como ejemplo el «Decreto 60 sobre la aceptación de la Ley de Gobierno de Asgardia», que informa al público sobre la ley parlamentaria aprobada los días 8 a 10 de Capricornio en el año 0005, fecha que para vosotros y nosotros equivale a los días 10 a 12 de diciembre de 2021.*

¿Van en serio? Desde luego, el dinero que se gastan es muy real. Asgardia inició su andadura gracias a un adinerado ingeniero aeronáutico ruso-azerí, Igor Ashurbeyli. En 2017,

* Los asgardianos tienen un calendario propio porque, como explican en su página web, el mundo sufre ya las consecuencias de que existan cuarenta formas distintas de consignar el paso del tiempo, un problema que, al parecer, creen que se resolverá con la creación de la forma número cuarenta y uno de hacerlo.

Asgardia lanzó al espacio lo que a sus ojos era un territorio soberano, bautizado como Asgardia-1. Las estaciones espaciales suelen ir escasitas de espacio, pero Asgardia se mueve a otro nivel: el país entero cabe en un disco duro del tamaño aproximado de una cabeza humana. Según Ashurbeyli, a diferencia de otros planes para asentarnos en el espacio, Asgardia va muy en serio: «No es una fantasía. Lo de ir a Marte, viajar por las galaxias y todo eso... es falso. Yo estoy trabajando en algo más real».

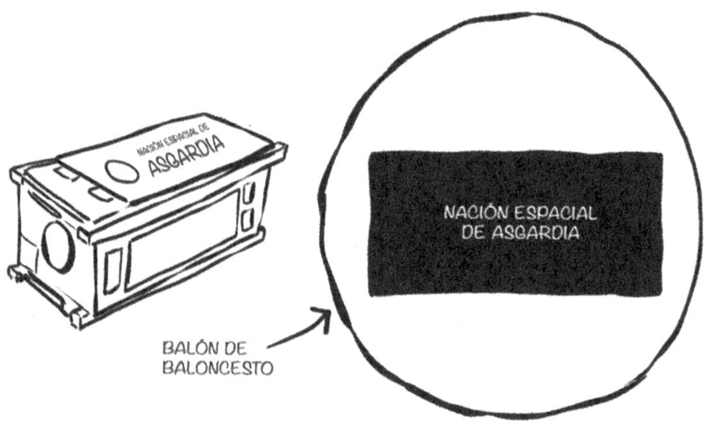

Surge entonces la pregunta (bueno, en realidad muchas, pero vamos a centrarnos en esta): ¿qué lleva a esta gente a dedicar tanto dinero y esfuerzo para proclamar que son un Estado, y no un club de internet con un microsatélite?

La respuesta, en parte, es filosófica. Para mucha gente, el objetivo principal de un asentamiento en el espacio es poder independizarse de la Tierra. El presidente de la Sociedad de Marte, Robert Zubrin, explicaba recientemente en Reddit que «el propósito de viajar al espacio es crear nuevas naciones». Esa filosofía explica el deseo de que existan Estados espaciales, pero ¿cómo ha acabado ese deseo manifestándose en un aparato de tres kilos que orbita la Tierra? Resulta que la palabra *Estado* tiene un significado específico en la legislación internacional: los asgardianos están intentando (de forma bastante estrambótica, es cierto) cumplir con los criterios relevantes. Esos criterios serán el punto en el que empezaremos nuestro viaje hacia la creación de Estados en el espacio.

¿Qué es un Estado, y se puede considerar como tal un satélite de tres kilos?

Por muy futuristas que se consideren los asgardianos, también ellos están sujetos a la Convención de Montevideo de 1933, casi desconocida para el común de la población, pero de sobras analizada por los juristas y por todos los pirados que han querido poner en marcha su propio país. Muy por encima, la cosa es en que en 1933 los Estados americanos se reunieron en Montevideo y el resultado fue lo que hoy en día se consideran los criterios consuetudinarios que definen qué constituye un Estado. A efectos de lo que nos ocupa, lo importante se afirma en el artículo 1:

> El Estado como persona de Derecho Internacional debe reunir los siguientes requisitos:
>
> I. Población permanente.
> II. Territorio determinado.
> III. Gobierno.
> IV. Capacidad de entrar en relaciones con los demás Estados.

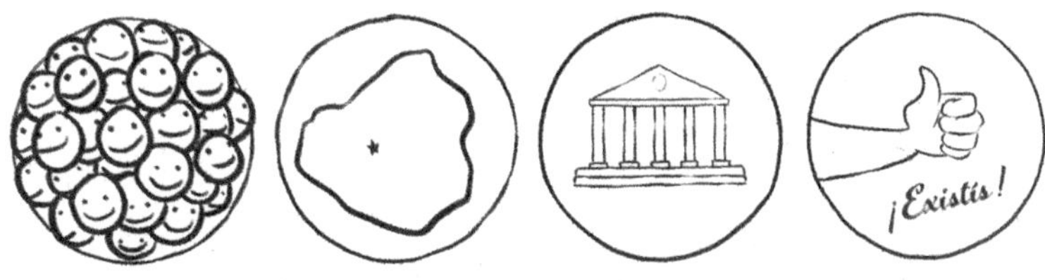

¿Qué tal lo está haciendo Asgardia? En cierto sentido tiene una «población» permanente, por cuanto en 2022 afirmaba contar con unos trescientos mil miembros y más de un millón de seguidores. Dicho esto, esa gente no vive en la caja de zapatos actualmente en órbita que llaman territorio. Qué raro sería si así fuera. Si el número de miembros fuese suficiente para cumplir el criterio de «población permanente», el club de fans de Taylor Swift sería a Asgardia lo que China a Liechtenstein.

El criterio II (la necesidad de contar con un territorio determinado) explica el disco duro en órbita. Es cierto que tres kilos queda un poco por debajo de lo que se espera de un imperio espacial, pero al parecer las leyes internacionales no estipulan dimensiones territoriales mínimas para aceptar la legitimidad de un Estado. La Santa Sede, el Estado de menor tamaño, ocupa apenas 0,4 kilómetros cuadrados, menos incluso que uno de los aparcamientos del Reino Mágico de Disney World. Sin embargo, *territorio* se ha entendido tradicionalmente como una porción definida de la Tierra, y no como un disco duro.*

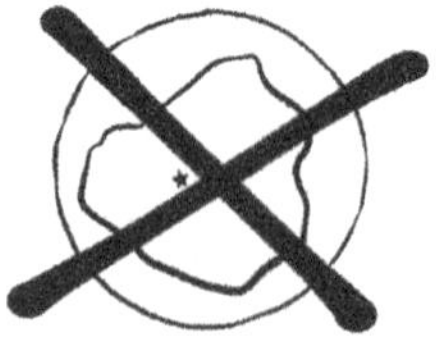

* Si somos justos, Asgardia tiene previsto expandirse en el futuro.

En cuanto al criterio III, el Gobierno, Asgardia cuenta con órganos constituidos que adoptan decisiones, pero podría decirse lo mismo de Disney World. Uno de los motivos por los que no consideramos que Disney World sea un Estado (más allá de la falta de territorio soberano) es que en todos ellos están en vigor normas vinculantes. Si le damos un puñetazo a Mickey Mouse, el problema lo tendremos con el gobierno local, y no con la dirección del parque. Cuando hablamos con Frans von der Dunk, uno de los expertos más destacados sobre legislación del espacio, este comentó que Disney World probablemente tiene más medios para sancionar a su «población» que Asgardia.

Aunque la Convención de Montevideo solo estipula que hay que tener «Gobierno», el criterio habitual es lo que se llama *Gobierno efectivo*. Si existe un territorio en el que impera el caos y su supuesto Gobierno no es capaz de velar por el cumplimiento de sus normas, ese no es un Gobierno efectivo. Pueden darse excepciones cuando se tienen en cuenta condicionantes geopolíticos, como en el caso de Taiwán, que claramente posee un Gobierno efectivo pero no es reconocido mayoritariamente como un Estado. En otras ocasiones, un Estado ha obtenido reconocimiento antes incluso de que se constituyese un Gobierno efectivo. Pero ni los criterios tradicionales ni las disquisiciones terrenales apuntan a que Asgardia vaya a ser considerado un Estado en un futuro próximo.

Y llegamos así a la gran carencia de Asgardia: el criterio IV, la capacidad de entablar relaciones con otros Estados. Disney World no puede mantener relaciones diplomáticas con Alemania porque no está mayoritariamente reconocido como Estado. Asgardia se encuentra en la misma desafortunada posición y, como veremos, muy probablemente seguirá en ella durante mucho tiempo.

Si vuestro único objetivo es asentaros en el espacio y declarar la existencia de un Estado, podríais argüir que todo este galimatías técnico es irrelevante, y que Asgardia bien puede afirmar su condición de Estado mientras los países «de verdad» en el sentido de la Convención de Montevideo se miran unos a otros exasperados. Y no os faltaría razón. Existe desde hace tiempo en las publicaciones jurídicas un debate en torno a la cuestión de si un Estado es algo que necesita ser reconocido para existir o si el término *Estado* no es más que una descripción de una realidad. Dicho de otra manera, si el continente perdido de la Atlántida reaparece de un día para otro y el club de fans de Taylor Swift se apresura a declararlo suyo antes de que se alcance un acuerdo internacional, puede que no se reconozca ampliamente la legitimidad del Estado, pero aun así este podría adoptar los comportamientos de los Estados constituidos de la manera habitual. Tendrían una población, un territorio, un sistema de gobierno y una cuenta de Instagram de lo más popular. Lo único que les faltaría sería la «capacidad para entrar en relaciones con otros Estados», con la posible excepción de Asgardia, al que podrían, por decirlo en las palabras de la señora Swift, «querer hasta la Luna y hasta Saturno».

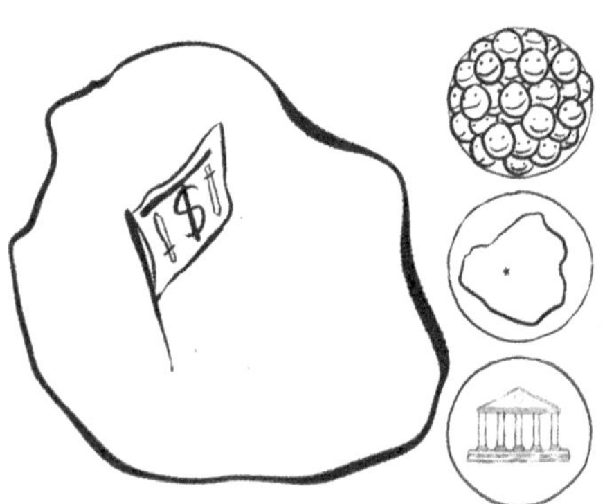

Ese uso eminentemente descriptivo de «Estado» quizá resultase más útil en el pasado, pero hoy el reconocimiento de otros Estados es bastante valioso, pues trae consigo toda una serie de importantes ventajas, como un asiento en la Asamblea General de las Naciones Unidas y el derecho a mantener relaciones diplomáticas de igual a igual con otras naciones. También se obtiene la protección que las normas internacionales otorgan a los Estados, la cual incluye detalles muy apetecibles, como la norma que prohíbe que os arrebaten el territorio por la fuerza.

Dado lo difícil que será simplemente sobrevivir fuera de nuestro planeta, el acceso a todas esas cosas resultará seguramente clave para la supervivencia. Quizá sea ese el motivo por el que los asgardianos han trazado un plan a largo plazo para obtener reconocimiento y un asiento en las Naciones Unidas. Todo esto plantea varios problemas bastante evidentes, entre ellos la escasa probabilidad de que el mundo altere sus normas para permitir que un disco duro en órbita propiedad de un club de cerebritos pueda votar en la Asamblea General. Pero el problema de fondo con el que tendrán que lidiar si pretenden crear un Estado en el espacio y obtener legitimación internacional es que, por decirlo a las claras, el Tratado sobre el Espacio Ultraterrestre dice claramente que no se puede. La Convención de Montevideo dice que hay que tener territorio, y el Tratado dice que no se puede tener territorio en el espacio. Esta es la ecuación: Montevideo + Tratado = no a los Estados espaciales.

Seguramente.

La verdad es que hay formas de legitimar un Estado espacial, y que unas son mejores que otras.

Para empezar, la legislación podría cambiar en el futuro. Durante el próximo siglo es posible que las naciones de la Tierra se pongan de acuerdo para establecer los criterios que permitirían a los habitantes del espacio crear Estados independientes propios y legales. Por motivos que ya hemos analizado, creemos que será un empeño complicado, pero no imposible, sobre todo si el acceso generalizado al espacio provoca una crisis internacional de algún tipo.

Luego están las habituales propuestas de soslayar la cuestión con triquiñuelas. Asgardia, por ejemplo, cuenta con convertirse en una nación reconocida, ingresar en las Naciones Unidas, *no* firmar el Tratado sobre el Espacio Ultraterrestre y, por último, lanzar su asentamiento desde un país terráqueo que tampoco haya firmado el Tratado.* Sin embargo, desde el punto de vista legal, las estaciones espaciales no son equiparables a un territorio en la Tierra. De nuevo, la interpretación tradicional de las leyes internacionales es que esas propuestas no cumplirían los criterios relevantes.

Pero incluso si consiguiesen superar de alguna manera ese obstáculo formal, seguirían teniendo que enfrentarse a un problema práctico. Sinceramente, dudamos mucho que las Naciones Unidas vayan a permitir que se siente a su mesa un disco duro de 0,1 metros cuadrados de superficie, propiedad de un Parlamento con sede en internet que ha declarado entre sus propósitos el de hacer caso omiso de los tratados internacionales más comúnmente aceptados.

Otros planes contemplan la posibilidad de que un Estado que ya forme parte de las Naciones Unidas se retire del Tratado para permitir la creación de Estados independientes. No nos quedan muy claros los motivos que llevarían a un Estado con capacidad de acceder al espacio a retirar su firma del Tratado para que otra entidad pueda formar un Estado rival. Pero pongamos que lo consiguen. Si un solo país se echa atrás, todos los demás podrían argumentar que el Tratado es una ley consuetudinaria que no están autorizados a violar. Si es un Estado débil el que lo intenta, los demás le pondrán en su sitio. Si el que lo hace es un Estado poderoso, o un consorcio de Estados, puede que consigan sacarlo adelante, pero a efectos prácticos estarán dinamitando el Tratado y nos meterán de lleno en una crisis.

* Así interpretamos su plan, por lo menos. Kelly se puso en contacto por correo electrónico con los administradores de Asgardia para intentar confirmarlo, pero no obtuvo respuesta.

Hay muchas más ideas como estas, pero, como explicábamos anteriormente, el aprovechamiento de los vacíos legales no suele funcionar en la práctica, y es difícil conseguir la aprobación de enmiendas. Mientras tanto, la ley que nos rige parece prohibir la creación de Estados en el espacio y las dificultades que conlleva el asentamiento allí permiten suponer que los actores que con mayor probabilidad fundarán esos asentamientos serán grandes Estados ya existentes.

Así pues, ¿va a haber nuevas naciones en el espacio? Después de todo lo que hemos escrito hasta ahora, quizás imaginéis que nuestra respuesta será que no, que no hay forma de llegar a ello. No es del todo cierto. De vez en cuando aparecen Estados nuevos en la Tierra y la manera en que se han formado a lo largo del último siglo es el mejor modo que tenemos de entender cómo podría crearse un Estado nuevo y legítimo en el espacio.

Vamos a hablar de dónde vienen los ~~bebés~~ Estados

De acuerdo con las leyes internacionales modernas, una de las normas más firmes es la de la integridad territorial, que establece que los Estados no deben, en principio, perder territorios por la fuerza. Esta fue una de las razones de que, cuando Rusia intentó recientemente apropiarse de parte del territorio de Ucrania, el mundo entero pusiera el grito en el cielo. La integridad territorial es uno de los principios básicos del derecho internacional, y por eso, para recalcarlo, lo dibujamos aquí como un gigantesco pilar.

Durante el último siglo, sin embargo, han aparecido más de un centenar de nuevos Estados. Desde el punto de vista jurídico, ¿de dónde han salido? La respuesta (que quizá será muy relevante en el futuro para el espacio) es que la integridad territorial no es el único gran principio.

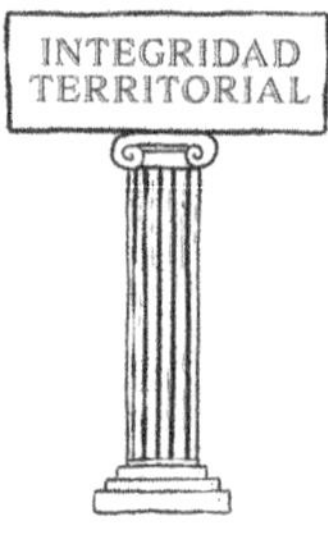

Si nos retrotraemos cien años en el tiempo no eran tantos los Estados. Sí había, como ahora, muchos «pueblos»; es decir, grupos identitarios como los judíos, los zulúes, los romaníes, los cheroquis, los persas, etcétera, pero en los niveles superiores de gobierno había solo un número reducido de imperios que controlaban inmensas posesiones coloniales. Eso ha cambiado.

A lo largo del siglo XX se sucedieron tres períodos clave de creación de Estados. En primer lugar, el hundimiento de los «imperios centrales» tras la Primera Guerra Mundial. En segundo lugar, la descolonización de los imperios, que se produjo casi íntegramente entre 1945 y 1975. Y, en tercer lugar, la liberación de los Estados controlados por la Unión Soviética, que se disolvió entre 1988 y 1991. La norma moderna que ha ido evolucionando en ese período es que grupos reconocibles de personas tienen derecho a la autodeterminación. En términos muy generales, eso quiere decir que un pueblo que se reconozca a sí mismo como tal tiene derecho a voz y voto en su forma de gobierno. Ese es el segundo gran pilar que habrá que tener en cuenta en este debate.

Los Estados tienen derecho a mantener su integridad, pero los pueblos reconocibles como tales tienen derecho a no ser oprimidos. Cuando surge tensión entre ambos derechos, el resultado es a veces un nuevo Estado, que en ocasiones obtiene incluso el pleno reconocimiento internacional. Desde la perspectiva actual, es difícil imaginar un período de asidua formación de Estados en el espacio, porque no hay todavía imperios que disolver. En un futuro muy distante, cuando las comunidades espaciales estén más que asentadas, cabe imaginar incluso algo parecido a un proceso de descolonización. De momento nos limitaremos a examinar las circunstancias especiales en las que un Estado ha pasado a existir al margen del colapso de un imperio. Por eso, la primera etapa en el camino hacia la independencia nacional de Marte es... ¿Canadá?

La autodeterminación y vuestra base en Marte - *L'autodétermination et votre base Martienne*

La explicación más clara de la norma moderna sobre la autodeterminación la tenemos en el documento *Reference Re Secession of Quebec*, un dictamen emitido por el Tribunal Supremo de Canadá en 1998.* El Tribunal debía pronunciarse sobre la naturaleza del federalismo canadiense, y la cuestión más importante (para nuestros propósitos) era saber si Quebec podía separarse unilateralmente de Canadá, de acuerdo con la Constitución canadiense o con el derecho internacional.

* Si os preguntáis por qué un caso del Tribunal Supremo canadiense es relevante para el derecho internacional, baste con decir que porque en él se hizo un espléndido trabajo. Se mantuvieron entrevistas con muchos expertos pertinentes y, lo que es muy importante, hubo voluntad de abordar de frente toda una serie de cuestiones sobre la legalidad general de la secesión, algo que la mayoría de tribunales superiores tienden a evitar. Posteriormente, varios grupos internacionales han invocado este dictamen, y así es como pasó de ser una decisión de alcance nacional a convertirse en norma internacional.

Los jueces escucharon argumentos de preeminentes abogados de todo el mundo. Su dictamen está lleno de sutilezas, pero a la pregunta de si Quebec podía decidir unilateralmente su secesión, la opinión básica fue que no, que no podían. ¿Por qué? Porque, pese a que generalmente se considera que los quebequeses forman un pueblo reconocible, con un territorio, una lengua, unas costumbres propias y una sopa de guisantes buenísima, no sufren la opresión del Gobierno canadiense. Pueden ocupar cargos públicos, pueden votar y no se les encarcela ni se les asesina, ni se está suprimiendo activamente su cultura. Qué duda cabe de que algunos quebequeses se sienten perseguidos, pero su situación no es comparable a la de los judíos europeos en las décadas de 1930 y 1940. El derecho de los quebequeses a la autodeterminación se da por cuanto pueden tomar decisiones, en pie de igualdad, sobre la forma en que se gobiernan.* Si el Gobierno estuviese sometiendo a los quebe-

* Estamos queriendo daros una visión de conjunto, pero el asunto encierra matices muy serios. Por ejemplo, el tribunal destacó que Quebec podría convertirse en Estado independizándose ilegalmente y luego obteniendo de algún modo un amplio reconocimiento internacional. También dijo que si un refe-

queses a un genocidio, estos podrían invocar la autodeterminación para obtener lo que se ha dado en llamar una *secesión de reparación*, el equivalente a escala nacional del cónyuge que huye de un matrimonio abusivo.

Por eso, si vuestro asentamiento espacial pretende separarse de una nación terráquea simplemente porque considera que tiene una identidad propia, no lo conseguirá. En cambio, veamos ahora un caso en el que la secesión se aceptó ampliamente, pero en buena parte debido a una serie de condiciones que nadie quiere que se repitan.

Bangladés y el poder de la autodeterminación

El Estado original de Pakistán tenía una porción oriental y otra occidental, separadas por miles de kilómetros de territorio indio en medio.

La separación no era solo física: había también diferencias lingüísticas y culturales muy arraigadas. Y también de poder. El Gobierno y el ejército se concentraban en el Pakistán occidental, y las tiranteces entre el este y el oeste del país habían sido patentes desde el principio.

En las décadas siguientes las condiciones fueron deteriorándose y alcanzaron su punto más bajo en 1970, cuando el ciclón Bhola causó la muerte de más de doscientas mil personas en el Pakistán oriental. La opinión generalizada fue que el

réndum formulado en términos inequívocos mostraba que una clara mayoría quería la secesión de Quebec, el Gobierno canadiense estaría obligado a negociar la manera de enmendar la Constitución nacional a fin de crear una vía para la secesión, lo que iniciaría un proceso muy peliagudo. Pensad, por ejemplo, en qué pasaría si los pueblos indígenas de Quebec quisieran seguir formando parte de Canadá. O pensad en términos presupuestarios: ¿qué parte de la deuda nacional corresponde a Quebec? Además, la obligación de negociar no significa necesariamente que la enmienda sobre la secesión acabe incluyéndose en la Constitución. Lo único que significa es que todas las partes deben participar de buena fe en conversaciones, sobre la base de principios muy específicos, como la democracia y el respeto de las minorías.

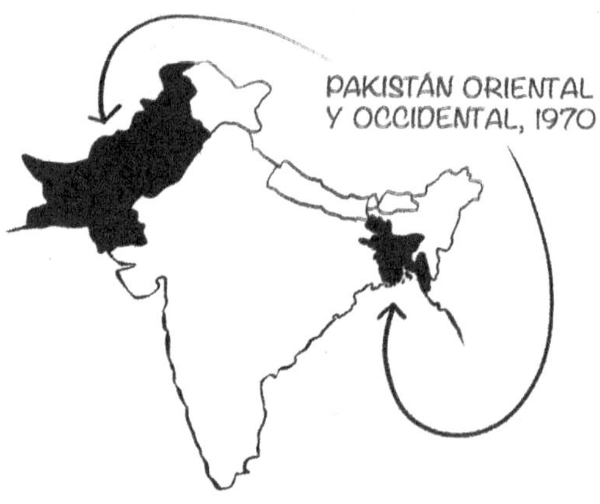

Gobierno del Pakistán occidental no había sabido afrontar la crisis. Ese mismo año, el Pakistán oriental votó por un partido político, la Liga Awami, defensor de una mayor autonomía local. El Pakistán occidental respondió con la suspensión indefinida de la asamblea y emprendió una campaña que algunos expertos consideran que fue un genocidio.

Fijaos en que, a través de una serie de espantosos motivos, se dan ahí las condiciones para la creación de un Estado. Tenemos un grupo con una identidad definida que ve restringido su acceso al gobierno y sufre una persecución. Llegados a ese punto, puede argumentarse que el grupo tiene derecho a recurrir a la secesión de reparación, pese a que con ello se estaría violando la integridad territorial de Pakistán. La única cuestión pendiente era saber si serían capaces de imponer su independencia.

Finalmente, esa independencia fue posible gracias a la intervención de la India, que envió a su ejército al Pakistán oriental, en una clara violación de la norma de la integridad territorial. Así nació el Estado conocido hoy como Bangladés.

En 1974, Bangladés era ya un Estado ampliamente reconocido y formaba parte de las Naciones Unidas. Dos cosas lo hicieron posible: uno, la norma moderna sobre la autodeterminación legitimó la independencia bangladesí. Y dos, Pakistán era un Estado débil, por lo que tuvo que aceptar ese resultado.

La ruta seguida por Bangladés no es la más agradable para establecer un Estado en el espacio, cierto, pero es una vía en la que el proceso legal está bastante claro. La norma de autodeterminación se vulneró hasta tal extremo que se aceptó mayoritariamente que se violase la norma sobre la integridad territorial para poner remedio a la situación.

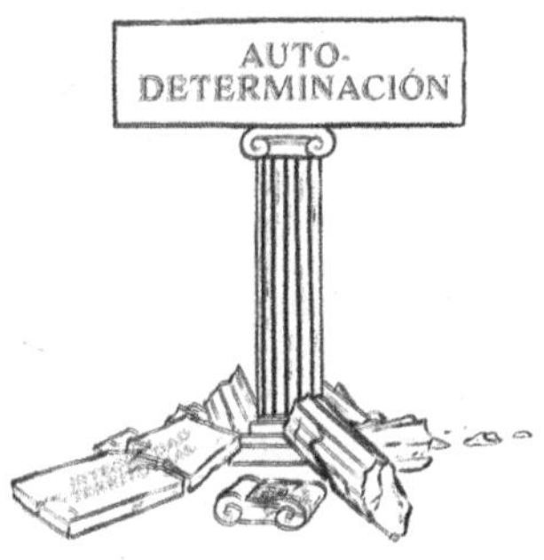

Desde la perspectiva de los asentamientos en el espacio, es una situación fascinante: se vulnera una norma principal y, sin embargo, la norma se mantiene. Nace un nuevo Estado sin necesidad de una nueva legislación internacional.

Pero tampoco fue fácil y, por favor, no os quedéis con la idea de que lo único que tiene que hacer un asentamiento en Marte es decidir que está oprimido para que se le permita la secesión. Uno de los casos más destacados de un intento infructuoso de crear un Estado reconocido se produjo en Chipre del Norte.* Pese a escindirse de Chipre y de contar con un Gobierno propio desde 1983, Chipre del Norte no tiene asiento en las Naciones Unidas, apenas ha obtenido reconocimiento y carece casi por completo de la capacidad de entablar relaciones

* También conocido como la República Turca de Chipre del Norte.

con otros Estados. La suya es una situación que, para cualquier tipo de asentamiento espacial que seamos capaces de crear en un futuro cercano, resultaría muy desfavorable.

Chipre del Norte y los límites de la autodeterminación

Chipre es una extensa isla al sur de Turquía que obtuvo la independencia del Reino Unido en 1960. Al igual que otras antiguas colonias durante aquel período de descolonización generalizada, pronto se incorporó como miembro a las Naciones Unidas y obtuvo un amplio reconocimiento de su condición de Estado. Internamente, sin embargo, las cosas eran algo más complicadas.

Por aquel entonces, aproximadamente el 80 por ciento de la población de la isla era de ascendencia helena y estaba adscrita a la Iglesia ortodoxa griega, mientras que casi el 20 por ciento eran turcos, en su mayoría musulmanes suníes. Ni uno ni otro grupo tenía particular interés en obtener la independencia como chipriotas. En su gran mayoría, los griegos habrían preferido que la isla se integrase en Grecia; los turcos, que se incorporase a Turquía. En uno de los muchos desbarajustes provocados por la descolonización, el Reino Unido, Grecia y Turquía crearon Chipre como un Estado independiente, con una Constitución que protegía los derechos de las minorías y cuyas reglas permitían, en caso necesario, la intervención de las tres partes.

La Constitución resultó problemática desde el primer momento. Los habitantes griegos y turcos se mostraron insatisfechos en diversos períodos con la Constitución que se les había otorgado, y la situación fue deteriorándose con el tiempo. En 1974, los comandantes de la Guardia Nacional grecochipriota depusieron al presidente de Chipre, de etnia griega, y pusieron en su lugar a un «enosista», es decir, alguien convencido de que las regiones del mundo con una población predominantemente griega deberían formar parte del Estado griego.

Turquía respondió con el envío de tropas y, para no alargar demasiado la historia, en 1983 la región norte de la isla se autoproclamó Estado independiente.

La «República Turca de Chipre del Norte», sin embargo, no ha conseguido recabar un amplio reconocimiento. De hecho, solo la reconoce un Estado, Turquía, lo que no tiene mucho mérito, la verdad. Mientras tanto, muchos Estados reconocen un único Estado llamado Chipre, que incluye la región norte. Así, pese a que Chipre del Norte reúne varias de las condiciones contempladas en la Convención de Montevideo (territorio, Gobierno, población y relaciones con al menos otro Estado), no tiene un asiento en las Naciones Unidas. Su capacidad para entablar relaciones diplomáticas internacionales es muy limitada y, al menos en principio, no está protegido por las normas internacionales, ventajas todas preferibles si está creando un Estado vulnerable lejos del planeta.

¿Por qué se consideró que su caso era diferente del de Bangladés? Seguramente porque no se interpretó que su situación fuese tan extrema. Eran más Quebec que Pakistán oriental. La autodeterminación es una norma internacional real, pero la experiencia de Chipre del Norte revela que los requisitos que permiten acogerse a ella para apropiarse de un territorio son bastante severos.

Puede que resulte más difícil invocar la norma desde un asentamiento espacial.

Los poco comunes problemas de la creación de Estados en el espacio

Para poder optar a la autodeterminación y, de ese modo, abrir un camino hacia la condición de Estado, primero hay que tener un pueblo. Lo de ser «un pueblo» parece un concepto bastante difuso, pero en la práctica no suele serlo tanto. Y puede producirse con relativa rapidez. Una gran mayoría de personas, independientemente de sus sentimientos hacia el Estado de Israel, reconocen que existe un pueblo israelí, pese a que el país se fundó en una fecha tan cercana como 1948. En documentos de principios de la década de 1950 se habla ya del «pueblo israelí» como una entidad con características culturales distintivas. Parece probable que los colonos que se establezcan en Marte rápidamente serán percibidos como una cultura diferenciada y reconocible, por ejemplo, en el uso de salsa para tacos como moneda y la costumbre de acoger el nacimiento de un bebé con la fórmula «y ahora, que la evolución siga su curso».

¿Podrán adquirir el derecho a la autodeterminación? En los ejemplos históricos vemos que solo los pueblos muy perseguidos lo consiguen, mientras que los primeros asentamientos espaciales probablemente estarán respaldados, cuando no poblados, por los muy adinerados, con lo que quizá no se alcancen los mínimos de persecución necesarios.

Recordemos además que el espacio es espantoso. Cuando vivís en una minúscula burbuja de salvamento, expuestos a la muerte desde todas direcciones y muy lejos de vuestro planeta de origen, toda restricción o privación os va a parecer un acto hostil. Si el Tratado sobre el Espacio Ultraterrestre se mantiene tal y como lo conocemos, es posible que los colonos de Marte carezcan realmente de algunos de los derechos que nos asisten a los moradores de la Tierra. Imaginaos, por ejemplo, a un marciano de cuarta generación en un mundo en el que el Tratado sigue vigente. Se ha criado en la espoma que su abuelito limpiaba con primor cada día a cepillo de peligrosas sustancias químicas y que ha ido pasando de padres a hijos a lo largo del tiempo. Ese, para él, es su hogar. Sin embargo, en virtud del Tratado, puede que ese sea su hábitat, pero no tiene derecho a mantenerlo permanentemente en el lugar en el que se encuentra ni puede tener la propiedad del terreno sobre el que se asienta. Además, tendría que asumir una serie de obligaciones poco habituales, como permitir que representantes de otros Estados se plantasen en su casa de vez en cuando, sobre todo si estaban en peligro. También podría argumentarse que carece de representación adecuada. Supongamos que el asentamiento se encuentra sobre el papel bajo jurisdicción estadounidense, pero que ninguno de los colonos tiene una oportunidad real de ocupar un cargo público en su distante planeta de origen.

Por supuesto, es igualmente posible que en asentamientos de mayor tamaño y más... *asentados* se den formas de persecución mucho menos ambiguas. ¿Se darían entonces las condiciones más ventajosas para la privatización del espacio, esto es, la posibilidad de establecer una única reclamación territorial en el espacio manteniendo casi intacto el Tratado sobre el Espacio Ultraterrestre?

En teoría esto podría suceder, pero sería difícil. Llegar hasta una secesión de reparación es geopolítica y legalmente un asunto peliagudo. En la Tierra, la formación de un Estado en tiempos modernos suele producirse cuando se desgaja parte del territorio de un país existente para convertirse en un país nuevo. Pero el espacio no es un país. Según el Tratado, el espacio es un gigantesco bien común. En principio, si un asentamiento espacial proclama su condición de Estado, no estará hurtándose a un país: se estará hurtando a todos los países, quizás incluso a todos los seres humanos.

Para el derecho internacional se estaría sentando un precedente apabullante. Si se puede proclamar sin más un Estado en el bien común del espacio, por lógica se podrá proclamar también uno en el bien común marino, ¿no? Recordemos que Donald Rumsfeld se opuso a que Estados Unidos firmase la moderna ley del mar argumentando precisamente que se estaría sentando un precedente para el espacio.

Puede que todo esto os parezca muy rebuscado, puro postureo o el tipo de cosas que solo se les ocurren a los diplomáticos: tened por seguro que para los países es una cuestión importantísima. El mejor ejemplo de ello es el del estatus de Kosovo, que por lo tanto será nuestra última etapa en este mágico recorrido por los grandes pifostios geopolíticos.

Kosovo: por qué la autodeterminación quizá no importe cuando geopolíticamente las cosas vienen mal dadas

En 1991 comenzó la fragmentación de la República Federal Soviética de Yugoslavia, un proceso a menudo violento del que surgieron varios pequeños Estados independientes establecidos por lo general atendiendo a criterios étnicos. Algunos de esos países os resultarán familiares: Croacia, Eslovenia, Serbia... En esta última había una región semiautónoma llamada Kosovo.

La situación que se daba allí quizás os empezará a sonar familiar: en la región convivían dos grupos étnicos, los serbios y los albaneses. Pero el primer presidente de Serbia era un etnonacionalista serbio llamado Slobodan Milosevic que, al poco de llegar al poder en 1990, desposeyó a Kosovo de su autonomía. En 1996 se había formado ya un robusto movimiento separatista albanés, el Ejército de Liberación de Kosovo, que mantenía un conflicto directo con las autoridades locales. Serbia, bajo la batuta de Milosevic, inició un proceso de limpieza étnica contra los albanokosovares a la que solo pusieron fin las tropas de la OTAN en 1999. El complicado acuerdo de paz hizo que las Naciones Unidas se ocupasen de administrar Kosovo durante algún tiempo.

En 2008, Kosovo proclamó su independencia, y tanto Estados Unidos como varios países europeos se apresuraron a reconocerlo como Estado. Pero nunca ha llegado a ser miembro de pleno derecho de las Naciones Unidas, porque son muchas las potencias internacionales que se niegan a otorgarle ese reconocimiento.

Nos interesan en especial las posturas de tres Estados: Grecia, China y España. Grecia se opone al reconocimiento de Kosovo en parte debido a su posición sobre Chipre del Norte. Si los kosovares obtienen el reconocimiento que desean, ¿no tendría que ser Chipre del Norte la siguiente? China alberga reservas parecidas en relación con la situación de Taiwán. A España le preocupa el movimiento independentista catalán. Fijaos en que las motivaciones de esos Estados nada tienen que ver con Kosovo en sí.

Es poco probable que el estatus político de un pequeño grupo de albaneses tenga consecuencias directas para la economía o el poderío militar de China, y sospechamos que no es una cuestión que preocupe en exceso al ciudadano chino de a pie. Lo que les inquietará más bien es el precedente que se sentaría con el reconocimiento de Kosovo, y cuáles serían las repercusiones en los asuntos locales.

El argumento a favor de la independencia de Kosovo, por lo tanto, no radica simplemente en si los albanokosovares fueron objeto de persecución; era evidente que sí. Pero su posible acceso a la secesión de reparación y a un amplio reconocimiento choca con los deseos de otros Estados más poderosos de no tener que reconocer los movimientos secesionistas que tienen en casa.

Lo más seguro es que la relación entre la Tierra y el espacio sea idéntica. Incluso en una situación en la que, con las normas internacionales en la mano, los marcianos tengan argumentos legales sobrados para la secesión de reparación, surgirán cuestiones de precedente. La cosa se complica además porque, en la práctica, todo asentamiento espacial tendrá unas características geopolíticas particulares. Los partidarios de que nos asentemos en el espacio hablan a menudo de que los asentamientos serían una especie de hoja en blanco. No hay motivos para pensar que esto vaya a ser así y, de hecho, los detalles específicos serán muy importantes. Si el Gobierno y la cultura del nuevo país se alinean con los de Rusia, la diferencia geopolítica será considerable en comparación con una cultura alineada con Estados Unidos. Incluso si todas las naciones de la Tierra estuviesen dispuestas a dar su aprobación a un Estado espacial en términos generales, muchas se opondrían a la creación en particular de un Estado específico. Al igual que sucede en España con Kosovo y Cataluña, por muy aceptable que resulte la creación de una nueva entidad de acuerdo con las normas internacionales, puede que existan consideraciones de realpolitik que empujen a las naciones poderosas a decir individualmente que no.

El espantoso espantoso camino que conduce a los Estados espaciales

Visto lo visto, ¿cómo lo tienen los asgardianos? Bastante crudo. Si no consiguen soslayar el Tratado sobre el Espacio Ultraterrestre, tienen otra vía para alcanzar la condición de Estado, pero está plagada de obstáculos, uno de los cuales es, por así decirlo, que necesitan ser perseguidos. Puede que ni siquiera eso sea suficiente, porque muy probablemente habrá unas cuantas naciones en la Tierra que no querrán sentar precedentes en el bien común. Hay una manera de crear los Estados espaciales que contempla gente como Robert Zubrin o Elon Musk, pero para que se materialice hará falta un político excepcional, una serie de circunstancias poco probables y, muy probablemente, una combinación de esos dos elementos.

Uno de los motivos por los que queríamos tratar la cuestión de la creación de los Estados es porque, a menudo, la gente cree que hay una vía clara por la que avanzar. No es así. Las opciones pasan por destruir el Tratado, conseguir que se hagan cambios muy improbables en él o superar la carrera de obstáculos legales y geopolíticos que hemos descrito anteriormente.

¿Y si...? ¿Y si esta es otra de esas situaciones en la que lo mejor sería esperar para poder hacerlo más adelante a lo grande? No hay motivos para apresurarnos a crear Estados en el espacio. Ya podemos llevar a cabo toda la investigación científica y toda la exploración que queremos. A poco que establezcamos un régimen legal internacional algo más detallado, podremos conseguir todos esos objetivos y permitir al mismo tiempo un cierto grado de explotación del espacio.

Creemos que la situación ideal, si fuese imprescindible tener naciones en el espacio, sería conseguir el consentimiento de toda la Tierra para la creación de un nuevo Estado espacial. La idea no está exenta de peligros, que analizaremos al final del libro, pero por lo menos no tendríamos una carrera contrarreloj entre naciones ya existentes. Como hemos visto, el hecho de que un Estado funcional pase a ser un Estado reconocido tiene mucho que ver con los posibles efectos que su existencia pueda tener sobre los Estados ya existentes. Eso significa que, si queréis conseguir un Estado espacial independiente, necesitaréis una Tierra en cierta armonía. Puesto que todo apunta a que pasará mucho tiempo hasta que sean posibles los grandes asentamientos en Marte, trabajar en pos de un régimen que evite los conflictos es seguramente mejor que intentar forzar deprisa y corriendo la creación de Estados en el espacio.

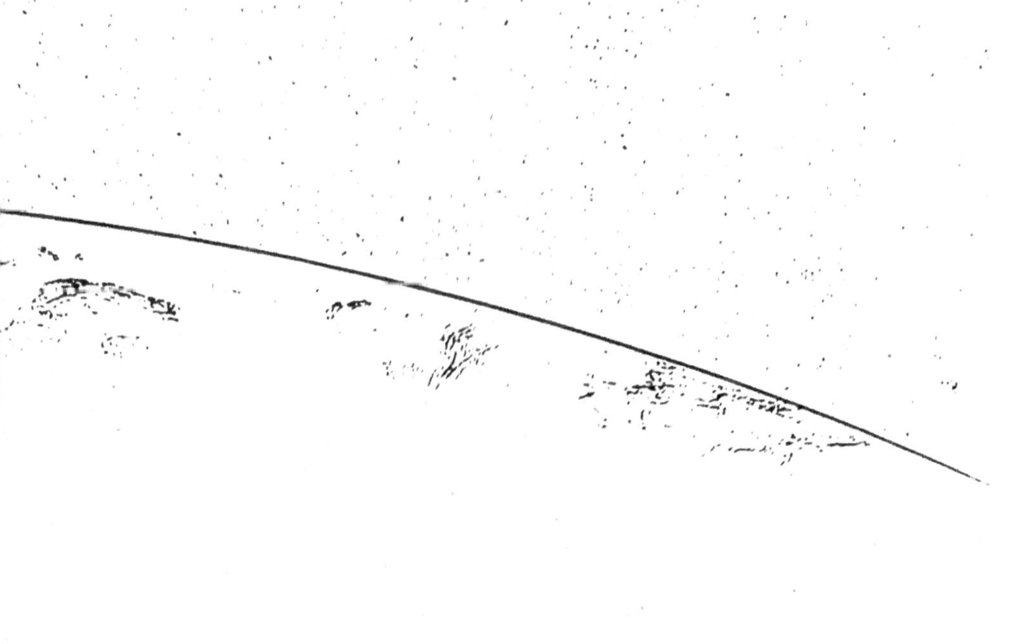

¡La Tierra nos oprime!
¡Queremos libertad!
Pero, por favor,
¡seguid enviando dinero,
víveres y ayuda!
ASTRIDALIA

Nota Bene

VIOLENCIA EN LA ANTÁRTIDA, O: CUCHILLADAS INICIALES CON FINAL FELIZ

En una versión preliminar de este libro consagramos una sección bastante extensa a incidentes curiosos acaecidos en bases polares. Acabamos descartándola, principalmente porque incidentes de ese tipo son poco habituales y también porque entrar en detalles (a veces verdaderamente cruentos) nos pareció innecesario. Además, al igual que sucede con el espacio, buena parte del material publicado no parece recoger una versión veraz de los hechos. Hay una historia que aparece bastante, incluso en la bibliografía especializada, y que básicamente cuenta lo siguiente: en 1959, en la estación de Vostok, dos rusos se pelearon a causa de una partida de ajedrez. Uno de ellos atacó al otro con un piolet, de resultas de lo cual se prohibió de forma permanente el ajedrez en la estación.

Amigos, hay varios motivos para que estéis con la mosca detrás de la oreja. Para empezar, no se da el nombre de los protagonistas. Además, en algunas versiones, el ataque con el piolet es letal, y en otras solo provoca heridas. En tercer lugar, la historia repite el clásico estereotipo de los rusos, a un tiempo brutales e intelectuales. En cuarto lugar, y aun reconociendo que nunca hemos estado en una base antártica... ante un ataque con un pico de escalador, en nuestra respuesta como gestores no habría figurado la pregunta «¿a qué juego de mesa estaban jugando?».

Os confesamos que, cuando leímos la historia por primera vez, nos la creímos. Cuando buscamos las fuentes originales, sin embargo, nos encontramos con un bucle de habladurías que nunca parecían conducir a ningún ciudadano ruso específico empuñando un piolet. Le preguntamos a un amigo ruso si sería capaz de encontrar alguna referencia al asunto en su idioma: su respuesta nos llegó por correo electrónico y en ella podía casi oírse el resoplido exasperado ante lo que llega a publicarse en los medios anglófonos.

Pero, bueno, nunca se sabe. Al final, Kelly se puso en contacto con Vladimir Papitashvili, de la Fundación Nacional de la Ciencia, quien muy amablemente le respondió por escrito, en lugar de apagar el ordenador y respirar hondo unos minutos. Lo que sigue es un extracto de su mensaje:

> Hasta donde yo sé, la historia a la que alude no es cierta. Trabajé con la expedición soviética a la Antártida desde la década de 1970 [...] y visité por primera vez la estación de Vostok en 1983. Desde 1957, solo se registró una muerte en toda la historia en la estación de Vostok: la de un mecánico que murió durante el incendio de los generadores en abril de 1982.

Eso no quiere decir necesariamente que la historia sea falsa, pero podría pensarse que alguien que se pasó décadas junto con los científicos soviéticos en los polos y estuvo en la estación en cuestión habría oído hablar, siquiera de pasada, de los ajedrecistas armados y de las estrechas restricciones en el apartado lúdico.

Que quede claro: si leéis lo suficiente sobre la vida en los polos, encontraréis historias muy bien documentadas. Por ejemplo, la del asesinato del vino de pasas o la de aquella vez que dos rusos tuvieron un altercado violento sin ajedrez de por medio.

In Vino Violentia

Mario Escamilla estaba hasta las narices de Porky. Escamilla llevaba más de un mes atrapado en el Ártico con Donald Leavitt (alias «Porky»), quien se estaba portando como un capullo integral. Específicamente, Porky era un capullo de esos que le roba el alcohol a la gente blandiendo un machete de carnicero. El 16 de julio de 1970, el compañero de habitación de Escamilla le llamó para contarle que un Porky bastante borracho les había robado el vino. Escamilla se armó con un rifle y fue en busca de Porky, a quien encontró bebiendo un cóctel de alcohol etílico, zumo de uva y vino de pasas con el gerente de la estación, un tal Bennie Lightsey. Lightsey y Escamilla acabaron manteniendo una acalorada conversación a propósito de la actitud de Porky respecto del vino de pasas de los demás residentes de la base, en el transcurso de la cual Escamilla empezó a gesticular con el rifle. En un momento dado, se le disparó y mató involuntariamente a Lightsey.

Los hechos causaron cierto revuelo en el mundo jurídico, ya que propiciaron un considerable debate en torno a quién tenía jurisdicción sobre un trozo de hielo flotante en el océano Polar Ártico. El caso se llevó finalmente a los tribunales de Estados Unidos, país del que el muerto y el agresor eran ciudadanos, y Escamilla fue absuelto.

A los polos puñalás

En el invierno de 2018, uno de los ocupantes de la base de Bellinghausen apuñaló a otro en repetidas ocasiones en el pecho. Por lo visto, los rusos son superhombres, ya que el apuñalado (evacuado de inmediato a Chile para recibir atención médica) sobrevivió al ataque.

Puede que siguieseis la historia en las noticias. Los primeros reportajes resaltaron un detalle curioso: Serguéi Savitski, al parecer, habría apuñalado a Oleg Beloguzov porque este se dedicaba a reventarle a Savitski el final de los libros que este último estaba leyendo. Una vez más, el estereotipo ruso de machote violento con una pátina de intelectualidad.

En versiones posteriores de la historia se descartó esta explicación y salió a la luz que, durante el tiempo en el casquete polar, Beloguzov se había dedicado a insultar a Savitski en repetidas ocasiones. La cosa llegó al extremo el día que Beloguzov instó a Savitski a subirse a una mesa y bailar por dinero, momento en el que la puñalada en el pecho hace acto de presencia en la historia.

¿Qué pasó entonces: se prohibieron los chistes sobre bailar en las mesas? No. Curiosamente, parece que Savitski comprendió de inmediato que se había excedido y tuvo un comportamiento adecuado tras el hecho. Reconoció lo que había hecho, voló de vuelta a casa sin escolta y entró en arresto domiciliario. Se le acusó de asesinato en grado de tentativa mientras se encontraba en estado de enajenación, y colaboró plenamente. Beloguzov le perdonó y, dado que Savitski no tenía antecedentes y parecía arrepentido, se retiraron los cargos contra él.

No vamos a elucubrar sobre lo que podríais, o deberíais hacer, o simplemente haríais, en una situación equiparable en el espacio, pero sí os decimos que si os estáis planteando asentamientos a largo plazo, *hacedlo a lo grande*. Fijaos cuántas cosas que tenemos en la Tierra fueron necesarias para tratar la historia de ese apuñalamiento: no solo un sistema de transporte, sino también un sistema legal, un sistema penitenciario y un sistema médico traumatológico. No nos parece que esa historia hubiese podido tener un final igual de feliz en un minúsculo asentamiento espacial.

Sexta parte

Plan B o no plan B: la sociedad espacial, la expansión y el riesgo existencial

Hasta ahora, en este libro nos hemos ocupado de cuestiones de viabilidad. ¿Son los asentamientos espaciales viables desde el punto de vista biológico? ¿Y técnico? ¿Y legal? Llegados a esta última sección, vamos a suponer que, de un modo u otro, los asentamientos (e incluso los Estados) espaciales son posibles, para así poder plantear cuestiones de carácter demográfico.

En primer lugar, examinaremos la forma de organización social en el espacio que se propone más a menudo y que seguramente será la más probable: las ciudades de empresa. Es un proceso que puede desarrollarse de múltiples formas, pero vamos a centrarnos en la bibliografía generada en torno a las ciudades de empresa que ha habido en la Tierra para hacernos una idea de cómo serán, quizá, las ciudades de empresa del espacio. Por lo que hemos podido comprobar, el modelo que más a menudo sale a colación cuando hablamos con un entusiasta de los asentamientos en el espacio es el de las ciudades de empresa en Marte. Eso seguramente preocupará a quienes lean «ciudad de empresa» y de inmediato piensen en un malvado capitalista de esos que se atusan los bigotes aviesamente. La cosa no es tan en blanco y negro, eso ya os lo decimos nosotros, pero tampoco está tan claro que sea la más deseable. La gran cantidad de reflexiones al respecto nos da además la oportunidad de considerar los insospechados peligros de echar a rodar una economía a 225 millones de kilómetros de la Tierra.

En segundo lugar, examinaremos cuestiones de población, asumiendo que el objetivo es la independencia respecto de la Tierra. Desde un primer momento hemos defendido que habría que hacer las cosas a lo grande, y esta es nuestra oportunidad de hablar sobre lo que eso entrañaría. Como veremos, en términos biológicos los números son bastante aceptables. En términos económicos, hay mucho escamoteo y mucho juego de manos, aunque es cierto que las manos manejan cifras mareantes.

Por último, abordaremos una cuestión a la que ya aludíamos en la introducción: la guerra. ¿Será la guerra menos probable en el espacio? En caso de que no sea así, ¿cabe imaginar que resultará especialmente peligrosa? Si aplicamos el análisis de los expertos en teorías bélicas, en lugar de recurrir a cualquier teoría de moda para explicar por qué estallan las guerras, nos encontramos con que, como en tantas otras facetas de la conducta humana en el espacio, deberíamos contar con que el ser humano se comportará igual que en la Tierra. Y si resulta que las guerras espaciales pueden ser especialmente peligrosas, tenemos un problema.

17

Poca mano de obra en Marte: el espacio exterior como ciudad de empresa

Cuando Elon Musk anunció que tenía previsto crear una nueva ciudad en el sur de Texas, a la que llamaría Starbase, en varios artículos de prensa se alertó sobre la posibilidad de que se convirtiese en una «ciudad de empresa». La idea es preocupante, porque para mucha gente las ciudades de empresa son sinónimo de abusos laborales. En el caso específico de Starbase, sin embargo, las posibilidades de que se produzca una explotación empresarial generalizada nos parecen bastante escasas. Una ciudad de empresa explotadora suele ser propiedad de una única empresa y se encuentra muy alejada de la civilización, mientras que Starbase está a unos veinte minutos de Brownsville, una población con ciento ochenta mil habitantes y al menos tres Starbucks. En Starbase, los trabajadores no tendrán que vivir en las barracas de la empresa, ni comprarlo todo en un supermercado controlado por Musk. Habrá otras oportunidades de empleo en la zona y no les resultará difícil abandonar la región si quieren buscar mejores condiciones laborales. Starbase quizá se ajuste a la definición formal de una ciudad de empresa, en el sentido de que una única entidad proporciona empleo a casi todos sus habitantes, pero no nos parece que vaya a ser el escenario de un entorno corporativo de pesadilla.

Al considerar la posibilidad de las ciudades de empresa en el espacio, detalles como este son importantes. Lo cierto es que las ciudades de empresa no son, en sí mismas, malas: a menudo son simplemente villorrios bastante anodinos en los que todo gira en torno a la minería o la industria maderera. A veces, la forma de gestionar las cosas de la empresa es bastante popular. Alguna vez ha sucedido que las familias de la ciudad se oponen abiertamente a todo intento por reducir la paternalista influencia de la empresa sobre sus vidas. En otros casos, como en la infausta batalla de Blair Mountain, las disputas sindicales han desembocado en el bombardeo de civiles desde aviones.

El peligro más relevante para el espacio es que las ciudades de empresa más recónditas tienden a otorgar un enorme poder a la empresa, lo que deja a los empleados en situación vulnerable. Si una empresa pone en marcha una explotación minera lejos de la civilización, tendrá que proporcionar servicios de todo tipo: alojamiento, saneamiento público, avituallamiento y, en algunos casos, incluso iglesias y hospitales. No por amor al prójimo: es lo mínimo que las empresas deben ofrecer para encontrar a gente dispuesta a trasladarse al fin del mundo. El resultado, sin embargo, es que si los trabajadores quieren ir a la huelga o simplemente entablar una negociación, tienen que hablar con un jefe que es además su casero, su concejal, su proveedor de servicios sanitarios, etcétera.

La estructura fundamental de una ciudad de empresa crea un enorme desequilibrio de poder entre propietarios y empleados, incluso si aceptamos que aquellos no son el estereotípico malo de la película. Y si lo son, las cosas se pueden poner muy, pero que muy feas. Por muy mala que fuese la situación en una ciudad minera de los Apalaches, uno siempre podía subirse a un tren y escapar. En un asentamiento marciano, esa opción será mucho más complicada, y la sociedad propietaria controlará mucho más de lo que las empresas de la Tierra han dominado nunca: no solo el alojamiento y la comida, sino la biosfera misma.

Si resulta necesario tener ciudades de empresa en algún punto del espacio, habrá que ver cómo conseguimos apartarlas de los modelos hipotéticos más aterradores y hacer de ellas una población tranquila y aburrida que pueda prosperar, evolucionar y, en última instancia, dejar de estar gestionada por una empresa, en la medida de lo posible sin que sea necesario bombardear a sus habitantes en el proceso. Por lo visto, hay al menos unas cuantas decisiones que podrían adoptarse en un asentamiento empresarial para mejorar los resultados. Hay también algunas situaciones que son inevitables y potencialmente muy perniciosas, y que tendrían que preverse.

¿Qué es una ciudad de empresa?

A los efectos que nos ocupan, una ciudad de empresa es cualquier población en la que el principal proveedor de empleo es una única compañía. Los ejemplos más relevantes para nosotros son ciudades como Corner Brook, establecida a comienzos del siglo XX en los bosques de Terranova. ¿Qué sentido tiene construir una ciudad desde cero en una de las regiones más gélidas del planeta? La abundancia de madera, el excelente acceso a energía hidráulica baratísima y la escasez de mano de obra en la zona. Fue necesario construir una ciudad con todas las comodidades urbanas para atraer a gente dispuesta a trabajar en la región. En todo el mundo se han construido instalaciones similares en torno a minas de cobre y yacimientos petrolíferos, por ejemplo. Es posible que los asentamientos espaciales sigan un patrón similar si en algún momento se determina que hay un activo verdaderamente valioso. De lo contrario, tendrán que orientarse hacia el turismo, los medios de comunicación o la investigación.

No todas las ciudades de empresa están en manos de empresas privadas. Sirvan de ejemplo las «monociudades» construidas por la Unión Soviética. Al igual que Corner Brook, su razón de ser eran los recursos naturales de su entorno. La diferencia, que puede ser relevante si los asentamientos en el espacio resultan ser sobre todo un alarde gubernamental, es que las monociudades tenían también un propósito político. Stalin las puso en marcha en parte porque estaba convencido de que las ciudades estaban superpobladas y en decadencia, y porque quería que los urbanitas llevasen la cultura al medio rural. También pretendía trasladar la industria soviética hacia el este, en prevención de un ataque alemán: visto lo visto, fue una buena decisión. Si bien es cierto que durante la época estalinista las monociudades se poblaron principalmente con prisioneros del gulag, tras las reformas acometidas en la década de 1960 esas ciudades tuvieron que hacer lo mismo que las ciudades de la empresa privada: proporcionar alojamiento y servicios para atraer a los trabajadores. Krasnokamensk fue una ciudad típica de este sistema. Al igual que Corner Brook, fue erigida en un lugar inhóspito, que los pastores de la región conocían como «el Valle de la Muerte». ¿Que por qué se construyó una ciudad entera en el Valle de la Muerte? Por los valiosos depósitos de uranio.

Luego está otro tipo de ciudad de empresa, uno que podríamos llamar utópico. Son sitios con nombres como Hershey, Pullman y Fordlandia, bautizados en honor de los señores Hershey, Pullman y Ford, respectivamente, y fueron creados para hacer negocio y al mismo tiempo perfeccionar las relaciones sociales. A menudo, esa perfección brilló por su ausencia. Pullman y Fordlandia fueron escenario de violentas huelgas y en última instancia fracasaron. Hershey tuvo sus problemas también, entre ellos la que quizá sea la única batalla de la historia entre lecheros contra chocolateros, y es hoy una ciudad pequeñita muy convencional, si bien hay en ella una gran abundancia de dulces y un coqueto parque de atracciones.

En esas ciudades utópicas era habitual que los fundadores impusiesen sus idiosincrasias a los empleados. Henry Ford, por ejemplo, creó una serie de instituciones sorprendentemente paternalistas. En sus fábricas había departamentos de sociología que controlaban a los empleados para detectar comportamientos que Ford desaprobaba, como el adulterio y el consumo de alcohol. También se celebraban allí ceremonias en las que los trabajadores inmigrantes subían a un estrado ataviados con trajes típicos de su país, para luego entrar en un «crisol» de atrezo y aparecer finalmente con un atuendo norteamericano. En la historia general de las ciudades de empresa, las ciudades utópicas de este estilo son, como mucho, una anécdota interesante, pero puede que tengan una relevancia especial para los asentamientos en el espacio, ya que sus más destacados defensores se caracterizan también por sus idiosincrasias y aspiraciones utopistas.

Un elemento interesante para todo aquel que quiera diseñar un asentamiento es la más que probable tentación de emprender ejercicios de ingeniería social. Quizá recordéis el cuarto capítulo, centrado en la psicología del espacio, y las distintas propuestas para gestionar de forma automatizada la armonía entre los humanos. No creemos que sea el mejor método de gestionar a las personas, aunque le reconocemos cierta lógica. Un hábitat espacial será una burbuja de vida inmersa en un mundo hostil. Cuanta más gente haya en él, mayores serán las probabilidades de que alguien haga algo peligroso. Puede que lo del departamento de sociología os parezca un caso claro de paternalismo propio de principios del siglo XX, pero no hay que descartar que ese mismo afán de perfección social vuelva a manifestarse bajo otra guisa.

Sin embargo, los problemas «clásicos» de las ciudades de empresa son bastante más vulgares y tienen que ver con quién es dueño de qué y el porqué de ello.

Cuidado y alimentación del personal espacial

Una de las primeras cosas que hay que saber sobre las ciudades de empresa es que no parece que las empresas *quieran* estar a cargo del alojamiento. Por lo que hemos podido comprobar, la gente piensa a menudo que lo del alojamiento es una táctica de control que las empresas aplican activamente, pero si nos guiamos por la información disponible y las historias transmitidas oralmente, las empresas a menudo parecen más que reacias a proporcionar un hogar a sus empleados. Price Fishback es el autor de un análisis económico de las ciudades nacidas en torno a las minas de carbón de los montes Apalaches a comienzos del siglo XX, *Soft Coal, Hard Choices* ('Carbón blando, elecciones duras'), en el que señala que las empresas que podían externalizar la provisión de alojamiento por lo general recurrían a esa opción. No es fácil cuadrar ese dato con la percepción de que el alojamiento en esas ciudades se construía con fines específicamente siniestros.

Hay también buenos motivos, en teoría, para explicar por qué una empresa podía construir viviendas y alquilárselas a sus trabajadores. Pongamos que Elon Musk construye una ciudad en el espacio, llamada Muskú. Tras buscar (juiciosamente) el asesoramiento del Weinersmith que tuviera más a mano, Musk decide que no debería ser el propietario de las viviendas de sus empleados, al pensar en los riesgos que podría acarrear el desequilibrio de poderes. Se pone entonces a buscar empresas de construcción y se encuentra de inmediato con un problema: hay muy pocas capaces de ofrecer sus servicios en Marte. Vamos a imaginar un caso en el que solo una empresa esté dispuesta a hacerlo.

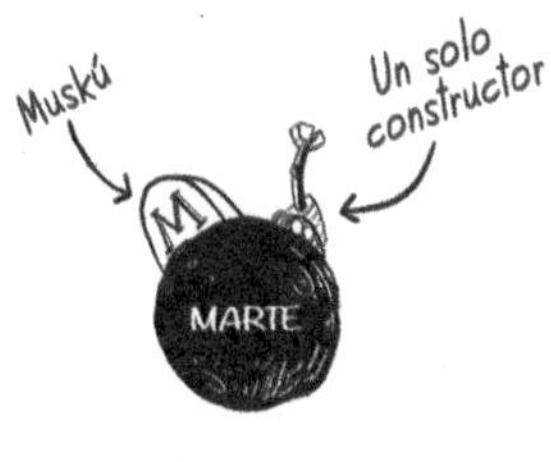

Nunca lo adivinaríais: esa empresa tiene ahora un poder monopolista. Puede subir el precio del alquiler o reducir la calidad de los alojamientos, con lo que Muskú es ahora menos atractiva para la potencial mano de obra. Musk solo puede remediar la situación subiéndoles el sueldo a los trabajadores; es decir, pierde dinero y al mismo tiempo llena los bolsillos del proveedor de vivienda.

OPCIÓN 1:
EL COSTE DEL MONOPOLIO RECAE SOBRE LOS TRABAJADORES, CON LO QUE A ELON-MONIGOTE LE RESULTARÁ MÁS DIFÍCIL ATRAER A EMPLEADOS A MUSKÚ

OPCIÓN 2:
ELON-MONIGOTE ASUME LOS COSTES DE MONOPOLIO, LO QUE ENTRISTECE MUCHO A ELON-MONIGOTE

Para evitar ese extremo, lo mejor que puede hacer Musk es atraer a más empresas de construcción para que compitan entre ellas. Cuando eso no es posible (algo habitual en el caso de las remotas ciudades de empresa del pasado), la única alternativa es construir esas viviendas uno mismo. Con eso obtiene resultados, pero a cambio se encuentra con que ahora, además de gestionar su negocio principal, tiene también que ocuparse de la gestión de la vivienda. Además, ha adquirido un enorme control sobre sus empleados. Para que se dé esta situación no es necesario que Musk sea un cabrón ansioso de poder: basta solo con que necesite atraer mano de obra a un emplazamiento en el que no hay competencia en el negocio de la construcción de viviendas.

Históricamente, los contratos de alquiler (que por lo general vinculan la vivienda al empleo) son el apartado que más problemas genera. Pero también esto puede explicarse, al menos en parte, como decisiones racionales adoptadas, sin aviesas intenciones, por alguien que no es un cabrón. Los trabajadores de las minas eran a menudo temporales. Las minas también lo eran, pues permanecían abiertas hasta que dejaban de ser rentables. Desde ese punto de vista, ser propietario de una vivienda no era particularmente atractivo para el trabajador. ¿Por qué? Por dos motivos. El primero es que, si existe la posibilidad de que una ciudad se venga abajo en un plazo de quince años, porque la mina de cobre que la sustenta deja de ser rentable, comprar una casa es una mala inversión. En segundo lugar, el propietario de una vivienda lo tiene complicado para irse sin más. Y eso es un problema, porque la amenaza de irse ha sido tradicionalmente una buena forma de reforzar la posición del trabajador en la mesa de negociaciones.

A partir del momento en el que la vivienda del trabajador está ligada a su empleo, la posibilidad de que se abuse de esa circunstancia es enorme, sobre todo durante una huelga. Los contratos de alquiler a menudo estaban vinculados al puesto de trabajo, por lo que ir a la huelga o incluso sufrir una lesión, podía suponer la pérdida del hogar. Cuando vuestro jefe es además vuestro casero, tiene muchísimas posibilidades de amenazaros a vosotros y a vuestras familias, y de hecho se sabe de casos en los que se ha desahuciado por la fuerza a familias enteras, niños incluidos. Si los empleados fuesen los propietarios de sus viviendas o si sus contratos de alquiler fuesen más garantistas, tendrían mucho más poder. Podrían ir a la huelga para reclamar salarios más altos o mejores condiciones, y bloquearían además el uso de esas viviendas, con lo que el patrón tendría problemas para encontrarles un sustituto.

Resulta tentador intentar ver esta situación como un problema puramente capitalista, pero en las monociudades soviéticas la vivienda provocó situaciones similares. Por lo general, los empleados accedían a alojamientos más que adecuados de la ciudad de empresa; si perdían su empleo, tenían que acudir al sóviet local, que les facilitaba un alojamiento mucho más precario. Esta cita lo explica muy bien: «Y así, la asignación de vivienda se convirtió en el método de control del trabajador por antonomasia». Esto permite intuir una dinámica estructural muy arraigada: cuando el patrón es el dueño de vuestra vivienda, es más que probable que la use en vuestra contra en algún momento.

En el espacio no será posible expulsar a la gente de sus hogares, a menos que estemos dispuestos a matarlos o a pagar el elevado coste de repatriarlos. En Marte, puede que la mecánica orbital impida ese viaje, incluso si pudiésemos permitírnoslo. En nuestros debates con los partidarios de los asentamientos espaciales, la cuestión de la vivienda se trata a menudo en términos binarios: «A ver, no van a matar a los empleados, ¿no? Así que tendrán que tratarlos bien». Lo cierto es que hay toda una gama de cabronadas a disposición del patrón. El mandamás de una ciudad de empresa en Marte podría facilitar comida de peor calidad, reducir la superficie disponible, limitar el flujo de vino de remolacha, denegar acceso al preñódromo... También podrían ajustar la atmósfera. Hemos leído la crónica del tripulante de un submarino británico en la que afirma que se ajustaba la cantidad de oxígeno o de dióxido de carbono en el aire en función de si se quería a la gente más aletargada o más activa. Habrá que ver si sale a cuenta recurrir a esos extremos para construir el asentamiento a costa de cabrear a una plantilla que al patrón le cuesta, como poco, una millonada.

La lógica general (las empresas deben proporcionar una serie de servicios, a través de los cuales adquieren poder) se repite en ciudades de empresa de muy distintos contextos. Para atraer a personal cualificado que quizá tenga familia, la empresa, además de vivienda, deberá aportar otras ventajas habituales en otras ciudades: ocio, compras, festivales, sanidad, carreteras, puentes, urbanismo, escuelas, templos, iglesias. Cuando una empresa controla las tiendas, establece los precios y sabe lo que compráis. Cuando controla el ocio y el culto, tiene mucho poder sobre el comportamiento y la capacidad de expresión de los empleados. Cuando controla las escuelas, decide qué es lo que se enseña. Cuando controla los hospitales, controla también la cantidad y calidad de la atención que se dispensa.

Pero incluso si la empresa lo hace más o menos bien en todos esos frentes, puede que siga encontrándose con reparos, básicamente porque a la gente no le gusta que una misma entidad tenga tanto control sobre sus vidas. Fishback argumenta que, pese a todas sus complicaciones, la reputación de las ciudades de empresa era mucho peor que la situación real en ellas. Para intentar dar con el motivo, propuso un efecto teórico, que podríamos llamar *efecto del omniantagonista*. Pensad en todos los grupos que os pueden exasperar en el transcurso de vuestra vida adulta. ¿El casero? ¿Los técnicos de reparación? ¿El comercio local? ¿Las empresas de suministros? ¿La asociación de vecinos? ¿El gobierno local? ¿Los servicios de asistencia médica? Seguro que ahora mismo, mientras leéis este libro, se la tenéis jurada a algún miembro de esa lista. Bueno, pues imaginaos a todos sus integrantes condensados en una sola entidad, que es también vuestro patrón.

En el espacio, para no variar, las cosas serán peores: los responsables de las infraestructuras y los suministros no solo se ocupan de que haya electricidad y los retretes funcionen; son también los que deciden cuánto CO_2 hay en el aire, y quienes controlan el transporte de entrada y salida a la ciudad. Incluso en el caso de una empresa bienintencionada, será difícil mantener buenas relaciones con ella, incluso cuando todo salga rodado.

Y las cosas no van a salir siempre rodadas.

Cuando las ciudades de empresa se tuercen

Sindicalización

El 3 de septiembre de 1921, Associated Press publicó el siguiente boletín sobre la huelga de mineros que se desarrollaba por entonces en Virginia Occidental:

> El señor Blizzard, presidente de subdistrito de los Trabajadores Mineros Unidos. [...] afirma que desde el condado de Logan despegaron cinco aviones que lanzaron bombas fabricadas con tuberías y explosivos sobre el terreno que ocupaban los mineros, sin que se registrasen víctimas. Una de las bombas, cuenta el señor Blizzard, cayó en un patio entre dos mujeres sin que llegase a explotar.

«Sin que llegase a explotar» es mejor que la alternativa, pero, en fin, la intención es lo que cuenta.

La mayoría de las huelgas no conllevaron crímenes de guerra en grado de tentativa, pero aquella en concreto (que formó parte de las bien llamadas *guerras del carbón* de comienzos del siglo XX en Estados Unidos) se produjo en el contexto de una situación asociada con el incremento de un peligro: el intento de establecer un sindicato.

Desde un punto de vista puramente económico, no es de extrañar. A ojos de la empresa, una vez que sus trabajadores se organizan en un sindicato se abre una gran incógnita. Decisiones que anteriormente habrían sido directas ahora tienen que pasar el filtro de un nuevo comité potencialmente hostil. La compañía perderá flexibilidad en los salarios y los despidos en caso de un revés económico. Puede que pierdan competitividad frente a otra empresa sin organización sindical. Puede incluso que tengan que renegociar todos y cada uno de los salarios.

Independientemente de si un sindicato sería bueno o no por sí mismo en un asentamiento espacial, dado el coste y los peligros que conllevaría cualquier tipo de disputa sindical, quizá lo más sensato sea *empezar* el asentamiento con algún tipo de entidad de negociación colectiva que permita evitar una transición peligrosa. Un sindicato, además, reduciría en parte el desequilibrio de poderes, ya que daría a los trabajadores la capacidad de actuar colectivamente en interés propio. Sin embargo, puede que esto no llegue a materializarse si los jefes de las ciudades de empresa futuras en el espacio son los mismos grandes capitalistas espaciales de nuestros días: tanto Elon Musk como Jeff Bezos evitaron la formación de sindicatos en su época como consejeros delegados de sus respectivas empresas.

Caos económico

Otro problema básico con el que nos encontraremos es que las ciudades de empresa, al estar centradas en un único producto, son particularmente vulnerables a las aleatoriedades económicas. Varios expertos han destacado que las ciudades de empresa son menos propensas a experimentar acciones sindicales cuando los márgenes de beneficio son mayores. No es casualidad que el incidente del bombardeo se produjese durante una drástica caída del precio del carbón a principios del siglo XX. La caída de precios y un contexto económico generalmente desfavorable pueden conllevar una renegociación de contratos en un momento en el que la empresa lucha por no desaparecer. Las cosas se pueden poner muy feas.

Si Muskú hace del turismo su negocio, puede que salga perdiendo en cuanto Apple abra un complejo hotelero algo más chulo dos cráteres más allá. O puede que se produzca otra Gran Depresión en la Tierra, lo que reduciría el deseo de invertir en costosas vacaciones espaciales. Si sois un consejero delegado del espacio, ¿qué hacéis? En las ciudades de empresa terráqueas, una de las opciones es simplemente dejar que la ciudad se hunda. No es agradable, pero al menos hay trenes para salir de la ciudad o carreteras en las que ponerse a hacer dedo. En Marte habrá períodos específicos en los que será posible que despeguen las naves: estos llegarán una vez cada dos años.* Pero incluso para ir desde la Tierra a la Luna hace falta recorrer 380.000 kilómetros a bordo de un cohete, lo que nunca va a resultar barato.

* Los más perspicaces de entre vosotros habrán entendido que la situación es un poco más compleja. Esos períodos óptimos de lanzamiento pueden ampliarse a costa de gastar muchísimo combustible y muchísimo dinero. Al mismo tiempo, es posible que uno de esos períodos sea impracticable, por problemas técnicos persistentes, por ejemplo, o porque estalla una gran tormenta en el lugar y el momento más inoportunos.

Los cohetes de mayor tamaño que se están diseñando ahora mismo podrían quizá transportar a un centenar de personas en cada viaje. Incluso en el caso de un asentamiento de tan solo diez mil personas, habrá que contar con una enorme infraestructura de transporte en caso de que se haga necesaria una evacuación. Añádasele a ello que (por lo menos en este momento) no sabemos siquiera si la gente nacida y criada en la Luna o en Marte será fisiológicamente capaz de «regresar» a la Tierra; como veis, la cosa se pone interesante.

El resultado es que sobre quienquiera que ponga en marcha ese proyecto recaerá una enorme responsabilidad ética. No solo tendrá que disponer de ingentes reservas de capital, suministros y transporte, de forma que pueda acometerse el rescate o la evacuación de la población cuando resulte necesario, sino que también tendrá que haber hecho de antemano los cálculos necesarios para determinar si es siquiera posible llevar a la Tierra a personas nacidas en un entorno de gravedad reducida.

Hay algunos precedentes de Gobiernos que se prestaron a mantener a flote ciudades de empresa. Muchas de las antiguas monociudades soviéticas reciben en la actualidad asistencia económica del Gobierno ruso. Hay que señalar, sin embargo, que mantener con vida un pueblecito ruso siempre será más barato que mantener una flota entera de megacohetes de suministro y transporte.

Cuando las ciudades de empresa no se tuercen tanto

La reputación importa

Cuando hemos hablado con economistas sobre las ciudades de empresa en el espacio, una de las cuestiones que salía siempre en la conversación era la de la reputación. Puede que, en un primer asentamiento en Marte, pueda atraerse a los trabajadores con solo decir: «¡MARTE! ¡DEJAD A VUESTRAS FAMILIAS Y VENID A MARTE!». En última instancia, sin embargo, si queréis atraer a personas que (recordemos) tienen la opción de quedarse en un planeta en el que hay aire, tendrán que estar convencidos de que se les va a tratar bien. Creo que la estrategia general para adquirir esa reputación es precisamente tratar bien a los empleados. Aunque hay otras opciones.

Una de las ciudades de empresa más conocida en Estados Unidos, Oak Ridge (Tennessee), fue en sus orígenes un proyecto secreto del Gobierno donde se refinaba el uranio de las bombas atómicas. Dentro de la ciudad se erigió un cartel con la siguiente admonición:

Lo ideal sería que no abordásemos así las cosas en el espacio, pero las empresas quizá tengan la opción de hacerlo. Puede que el número de enlaces por satélite a Marte sea limitado, lo que permitiría a las empresas o las naciones limitar el flujo de información. En aquellos casos en los que el éxito de un asentamiento espacial esté vinculado al prestigio del país, sus creadores quizá sentirán la perentoria necesidad de controlar la verdad.

Cuando la ley favorece al trabajador

Si el Gobierno es más garantista de los derechos laborales, algunos analistas consideran que los trabajadores recibirán un mejor trato. Una cuestión interesante que se plantea en las ciudades de empresa en el espacio: ¿cuál, exactamente, creéis que será el régimen legal en el que operarán? Si se rigen por el derecho del espacio actual, la legislación laboral del asentamiento emanará en última instancia de alguna de las naciones de la Tierra. Si lo que se pretende es que sean estables, seguramente querréis una legislación laboral sólida. Sin embargo, como ya hemos visto, las leyes actuales permiten recurrir a los pabellones de conveniencia para emprender actividades en el espacio. Una empresa que desee maximizar sus beneficios podría establecer su sede en países donde la legislación sea más laxa.

Si de alguna manera llega a proclamarse un Estado independiente en el espacio, la naturaleza de las leyes que rijan allí el trabajo dependerá de lo que decidan los habitantes de ese Estado, y esa decisión podría tener efectos duraderos sobre la evolución de la cultura lunar o marciana. Un Estado independiente que en sus orígenes haya comenzado como un consorcio internacional será quizá muy distinto del surgido de una explotación minera controlada por una empresa.

La economía de las burbujas humanas alejadas de la Tierra y rodeadas de un vacío mortal

Hemos optado por analizar las ciudades de empresa porque nos parecen una posibilidad bastante probable en el espacio, y también, si os somos sinceros, porque en los círculos de entendidos y aficionados se habla mucho de ellas. Además, se han estudiado a fondo, lo que nos permite plantear sugerencias reales a los aspirantes a caciques corporativos. Lo que estamos queriendo subrayar, con todo, es que si tomamos una estructura económica conocida y la reubicamos en un ponzoñoso entorno de pesadilla habrá problemas. Un factor determinante en la gravedad de todos esos problemas será la «movilidad laboral», esto es, la capacidad de los empleados de buscar otros empleadores. Cuando tenéis la opción de trabajar en otra parte, no solo os beneficiáis de un cambio de aires cada cierto tiempo, sino que además mejoráis la capacidad de negociación ante vuestra empresa actual. Si bien es cierto que la movilidad laboral puede variar en función de dónde viváis, rara vez es nula.

En Marte, puede que las vacantes más cercanas se encuentren al otro lado del Sol. E incluso si hubiese más oportunidades de empleo en el planeta, la situación seguiría siendo bastante mala.

Pongamos que Elon Musk, tras consultar una vez más con los Weinersmith, decide invitar a otras cuatro empresas a que construyan ciudades en Marte, razonando que una mayor movilidad laboral redundará en la satisfacción de los trabajadores o que por lo menos le permitirá colarle el personal más zángano a la empresa de Bezos. Esa sería una posibilidad algo mejor (aunque tampoco mucho) que la de una nula movilidad laboral.

En la Tierra, si trabajáis en Taco Bell y queréis dejarlo para entrar a trabajar en un almacén de Amazon, seguramente no pensáis siquiera en si esta última pone a vuestra disposición un suministro adecuado de atmósfera y grillos comestibles. En el espacio, una empresa no podrá contrataros a menos que pueda ofreceros alimento y aire respirable in situ, al tiempo que recicla o desecha todos vuestros fluidos corporales. Los asentamientos reales tendrán solo capacidad para un volumen determinado de población.

De ahí que no nos asuste la idea de Starbase: está próxima a una ciudad grande y con una amplia población. La gente podrá salir de allí, y buena parte de los trabajadores estarán muy cualificados y tendrán la opción de buscar empleo en otra parte. Incluso en las ciudades mineras de comienzos del siglo XX tenía que haber necesariamente trenes con una cierta regularidad. Nada de todo esto sucederá en el espacio, a menos que los medios de transporte y los hábitats locales estén desarrolladísimos. De resultas de ello, la capacidad de los empleados de cambiar de empleo estará muy limitada, y los patrones serán muy conscientes de ello.

La única buena noticia es que las empresas deberían ser reacias a tener disgustada a su plantilla, visto el coste de transportarlos hasta su lugar de trabajo. La huelga de brazos caídos podría ser muy efectiva si vuestro tiempo cuesta varios millones de dólares al día. Además, históricamente, las ciudades de empresa han tratado a los trabajadores muy cualificados mejor que a los simples currelas. No es un detalle agradable, pero augura buenas cosas para las élites que poblarán los primeros asentamientos. La desventaja, claro, es que esto no es exactamente armonía: es un acuerdo entre dos partes que apuntan una pistola a la cabeza de la otra.

Ya sabemos que se hace raro que en un estudio de los asentamientos espaciales preguntemos cuál será el coste del alquiler o cuánto nos van a cobrar en la tienda de la esquina por una lata de conservas, pero esos son los detalles de los que se compone una vida normal. Las propuestas de asentamiento en el espacio tienden a pasar esto por alto, porque dan por sentado que nuestros heroicos viajeros espaciales estarán muy centrados en su misión y en la gloria concomitante al propio acto del asentamiento. No está de más recordar de vez en cuando que esos pioneros serán gente corriente y moliente, y que lo que tiene ocupadas a las personas normales en su quehacer cotidiano no es el espléndido relato en el que viven, sino sus hogares, el trabajo y la lista de la compra.

Si os somos sinceros, no sabemos qué le deparará el futuro a una ciudad de empresa espacial ni a cualquier otra estructura económica. Para un escritor es muy fácil vaticinar una gobernanza corporativa o denostarla, pero lo cierto es que los detalles importan mucho. Un gran asentamiento en Marte en el que coexistan numerosos empleadores, cada uno de ellos dotado con los recursos suficientes para contratar nuevos trabajadores y mantenerlos con vida, y en el que exista una infraestructura de transporte lo suficientemente desarrollada como para poder evacuar a la población del planeta, no será una versión a escala aumentada de un asentamiento pequeñito. Un asentamiento de esas características tendría la diversidad económica suficiente para sobreponerse a una recesión. Ofrecería también un cierto grado de movilidad económica. Y, además, los trabajadores tendrían mayor capacidad de maniobra en sus negociaciones con los patronos y los comercios locales.

Carecer de todo eso, evidentemente, es malo para los trabajadores y malo para la supervivencia del asentamiento, pero también podría serlo para quienes nos quedemos en la Tierra. Antes hablábamos de que nos preocupaba que una sociedad fundada sobre la decisión de dejar a los hijos al albur de la evolución no sería la más tranquilizadora de las opciones en un futuro en el que las sociedades lo tendrán cada vez más fácil para lanzar objetos de gran tamaño por el espacio. Cualquier sociedad con esas capacidades es muy parecida a una sociedad con armamento nuclear en la Tierra. Por eso es aconsejable reflexionar, y mucho, sobre los sistemas de gobernanza que se adopten en los primeros asentamientos. Si dejar que una única empresa controle un asentamiento espacial propicia que este acabe siendo abusivo o autocrático, a largo plazo representará un peligro a largo plazo para todos. Si optamos por asentarnos en el espacio y nos interesan las estructuras económicas, deberíamos (una vez más) optar por esperar hasta poder hacer las cosas a lo grande, aguardar hasta poder construir una sociedad que desde un primer momento pueda proporcionar las condiciones económicas básicas que en los Estados desarrollados de la Tierra asumimos como normales.

18

¿Cómo de grande es «grande»? Asentamientos alternativos sin desastres genéticos o económicos

En la introducción afirmábamos que los asentamientos espaciales no son la solución a ningún problema a corto plazo. Ahora bien, si estáis dispuestos a considerar el asunto a largo plazo, el espacio ofrece una genuina oportunidad de construir un segundo refugio para la especie humana, uno, además, capaz de sobrevivir a la pérdida de contacto con la Tierra. Pero ¿podría una sociedad espacial sobrevivir durante mucho tiempo sin el comercio y la inmigración del planeta de origen?

A la hora de considerar las dimensiones del asentamiento, y teniendo en cuenta la posibilidad de su independencia, se plantean dos cuestiones: ¿cuántos humanos harán falta para evitar problemas de incesto y cuántos se necesitarán para mantener la tecnificadísima vida en el asentamiento sin asistencia de la Tierra? Enseguida veremos los detalles, pero, para resumíroslo, la cantidad de humanos que va a hacer falta es *la leche de ellos.*

Cómo hacer niños en el espacio sin casarnos con nuestro primo

Al parecer, Adán y Eva no serán suficientes para darle un nuevo inicio a la humanidad. Muy pronto, el árbol genealógico empieza a parecer un nudo celta: estéticamente, es muy agradable, pero las reuniones familiares pueden resultar muy incómodas. O quizá no lo suficientemente incómodas. En cualquier caso, ¿cuántos humanos necesitamos para que la cuestión biológica no se nos vaya de las manos?

No es fácil responder a esa cuestión. Para empezar, no busquéis «procreación humana grupos» en Google si estáis en una cafetería. Os van a mirar raro. En cualquier caso, no puede decirse que haya una simple cifra, como «4.268 humanos». ¿Cómo lo sabemos? A través de dos áreas de investigación. Una de ellas es la biología conservacionista, el estudio de cuestiones como la forma de preservar las especies en riesgo de extinción. La otra es lo que vamos a llamar *arcaeología*, que estudia la forma de conseguir que una nave interestelar pueda sustentar varias generaciones de seres humanos.

La hipótesis del crecimiento sostenible: **lecciones aprendidas de la biología conservacionista**

Suponiendo que el tema de crear bebés espaciales vaya viento en popa, desde el punto de vista demográfico vamos a necesitar tres cosas: diversidad, cantidad e inmigración.

En lo que a la diversidad y la cantidad se refiere, el parámetro habitual es el de «población efectiva», distinto del simple concepto de población, que no es más que un recuento de personas. Lo ilustraremos con unos cuantos ejemplos ridículos.

Vamos a suponer, por ejemplo, que queremos fundar un asentamiento en la Luna. En el proceso de búsqueda de candidatos, cometemos un error y solo contactamos con fraternidades universitarias. Pronto tenemos cien mil voluntarios, todos hombres, todos en su plenitud reproductiva. Pero entonces, después de trasladarlos a todos al cráter de Shackleton, descubrís con horror que, según los biólogos, vuestra población *efectiva* es de cero personas. Los universitarios se pasan el día poniéndose hasta las trancas de vino de remolacha y cazando pollos salvajes por Biosfera 3 como parte de un ritual de novatadas sorprendentemente específico, pero no dedican ni un instante a la importante tarea de engendrar humanos in situ. Porque no pueden. Población real: 100.000. Población efectiva: 0.

Pero también pueden surgir problemas incluso si tenemos una población con la edad y la proporción entre sexos adecuadas. Ahí es donde la diversidad resulta importante. Supongamos que, tras el fiasco con los universitarios, decidimos empezar de nuevo en Marte. Nos hemos pillado los dedos intentando crear humanos a la antigua usanza, y por eso decidimos empezar con un buen Adán y una buena Eva, y fabricar cincuenta mil clones de uno y otra. La población efectiva, en este caso, dependerá de cómo la queráis calcular, pero al menos podremos decir que es mejor que la del campo de nabos de la Luna. Ahora tenemos la posibilidad de combinar genes, pero la diversidad genética brilla por su ausencia. Todos y cada uno de los miembros de la siguiente generación serán hermanos en términos genéticos. Esa falta de diversidad puede ser muy peligrosa para la salud de la progenie, sobre todo si nuestros clones tienen alguna enfermedad genética hereditaria. Una vez más, la población *efectiva* es mucho menor que el recuento demográfico.

Hemos buscado ejemplos extremos hasta la estupidez, pero lo que queremos que quede claro es que para tener una población sostenible en Marte seguramente hará falta contar de entrada con una amplia y diversa base de individuos. A la larga, lo mejor que os puede pasar es un suministro frecuente de variedad genética, proporcionado por la inmigración terráquea. Mientras se mantenga una conexión con la Tierra y se siga animando a gente muy diversa a viajar a Marte, el riesgo de tener problemas de incesto será a grandes rasgos el mismo que en la Tierra.

Sin embargo, para muchos entusiastas del espacio, el objetivo es tener la capacidad de sobrevivir para siempre a la muerte de la Tierra. Es posible, literalmente, pero no será fácil.

La población como plan B de la Tierra

Si el objetivo es crear un repositorio seguro para la humanidad, necesitáis saber qué es lo que los biólogos conservacionistas llaman «población mínima viable». Explicado un poco por encima, si una población queda reducida a un Adán y una Eva, tiene un problema. Quizá consiga procrear durante unas pocas generaciones, pero el incesto acabará haciéndose notar y afectará negativamente a la salud y la fertilidad.

Así que ¿cuál es la población mínima viable de la humanidad? No lo sabemos. «Ser muy pocos» es un problema con el que no nos hemos encontrado desde hace mucho tiempo. Alguna vez hemos leído en libros sobre asentamientos en el espacio la cifra de quinientos individuos, porque ese es el número estándar en la biología conservacionista. Pero en un modelo hipotético realista de humanos en el espacio, seguramente no sea el correcto. ¿Que cómo lo sabemos? Gracias a un minúsculo grupo de *arcaeólogos* que se han pasado varias décadas considerando la cuestión.

Algunos estudios preliminares llevados a cabo en la década de 1990 parecían indicar que solo hacían falta entre ochenta y ciento cincuenta humanos para conseguir una población sostenible. El cálculo se basaba en observaciones antropológicas: los grupos tribales a menudo eran reducidos en número y homogéneos. El razonamiento era que si habían conseguido sobrevivir durante miles de años con poblaciones tan exiguas, las tribus del espacio podrían hacer lo mismo.

Por desgracia para todos los entusiastas del espacio que se han ilusionado al oír cifras tan bajas, el análisis resultó ser incorrecto. Si bien es cierto que en todo el mundo sobreviven pequeños grupos tribales, también lo es que esos grupos se cruzaban con otros. Puede que en las culturas preindustriales proliferasen las tribus pequeñas, pero los integrantes de estas mantenían contactos con miembros de otros grupos próximos y se apareaban con ellos, por lo que la población total sería en realidad de varios miles de individuos.

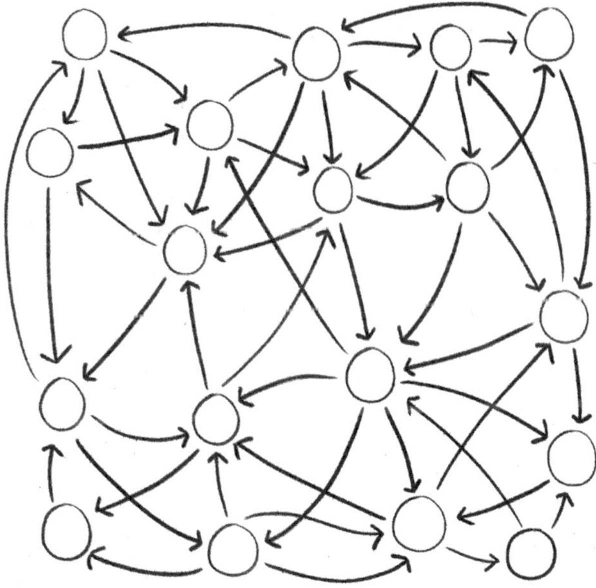

Además, y pese a que no siempre coinciden, otras modelizaciones más avanzadas hechas por ordenador parecen indicar que hacen falta grupos mucho más amplios para alcanzar la población mínima viable. Esto es especialmente cierto a poco que tengamos en cuenta los riesgos que entraña el espacio. Por ejemplo: Cameron Smith, quizás el experto más preeminente en el ámbito de la antropología espacial, se permite suponer que antes o después se producirá al menos una catástrofe. Tomando como referencia la peste negra, que en el siglo XIV se llevó por delante a un 30 por ciento de la población de Europa, Smith incluye en su modelo la posibilidad de que, al menos en una ocasión, un 30 por ciento aleatorio de la población desaparezca a causa de una enfermedad, una colisión planetaria o una guerra dentro del vehículo espacial. Sobre la base de ese modelo, propone que, para planificar simplemente cinco generaciones en aislamiento, hará falta una población *efectiva* de diez mil individuos, para lo cual, según él, es preciso contar con una población *real* de treinta mil individuos. Otros modelos mencionan cifras más modestas, algunas de tan solo cuatro dígitos. Es un rango de variación muy amplio, pero no está de más señalar que si los modelos difieren entre sí es principalmente porque hacen suposiciones muy distintas sobre lo que se necesita. Pero la idea básica es que, si lo que buscamos es la plena independencia, estaremos hablando al menos de una población de varios miles, o incluso de decenas de miles de personas.

Soluciones tecnológicas

Igual, en vez de hacer las cosas a lo grande, lo que deberíamos hacer es optar por métodos más insospechados. Una de las ideas que se han propuesto es la de ultracongelar gametos o cigotos. ¿Para qué transportar machos enteros, cuando basta con enviar el gramito de ellos que más importa a efectos evolutivos? Los gametos ultracongelados son pequeños, ligeros y permiten almacenar una enorme población efectiva para nuestro hábitat. Y nunca lo adivinaréis: como parte de un reciente estudio, se envió esperma de ratón ultracongelado a la EEI, el cual, transcurridos tres años, se empleó para fertilizar ovocitos en la Tierra. Fue posible «fabricar» ratoncitos, aunque las crías engendradas con el esperma espacial ultracongelado no tuvieron una vida tan larga como la que habitualmente tenían los ratones de esa cepa en particular. Dicho esto, esos ratones posteriormente procrearon en la Tierra, y sus crías, con el tiempo, tuvieron crías también, sin problema aparente. Los gametos masculinos ultracongelados serían una especie de depósito de reserva de inmigrantes, que llegarían al espacio, eso sí, por una vía desacostumbrada. A poco que combinemos el muestrario de esperma local con la matriz artificial antirradiación del barrio, no nos harán falta casi adultos.

Lo más seguro, con todo, será delegar toda la autonomía corporal en un sofisticado programa informático. Esta opción se exploró a través del modelo HERITAGE, que analizó cuál sería el volumen de población ideal en una nave presta a emprender un viaje interestelar. No os llevéis una idea equivocada: los programadores del modelo no presentaban una propuesta seria, sino que intentaban saber cuál sería el mínimo absoluto de población viable, y descubrieron que una población humana podría sobrevivir durante miles de años con un grupo inicial de noventa y ocho individuos. Es una cifra bastante similar a la optimista previsión de población de principios de la década de 1990, pero tiene trampa: las opciones de apareamiento las establece un ordenador con un complejo sistema de reglas con el que conserva la diversidad genética. El programa determina también cosas como cuántos hijos tendrá una mujer, incrementando el número cuando la población empieza a flaquear y reduciéndolo en el momento en que las cifras remontan. No os vamos a negar que obedeciendo a un robot seguramente tomaríamos mejores decisiones en la vida de las que tomamos por nuestra cuenta, pero muy probablemente esa opción no concitará demasiadas simpatías.

Lo que nos preocupa sobre todo de las soluciones tecnológicas a los problemas biológicos (una constante en el debate en torno al espacio) es que, incluso si funcionasen, seguramente despertarían un enorme rechazo en caso de que fuesen de obligado cumplimiento en el espacio. Los bancos de esperma, las pruebas genéticas y recursos de ese estilo son muy útiles en la Tierra para la planificación familiar, amplían nuestras opciones y están muy bien. Ahora bien, ¿hacerlos obligatorios para todos? Incluso en el supuesto de que la primera generación de colonos se prestase a firmar ese descargo de responsabilidades, ¿qué probabilidades hay de que todos sus hijos (siquiera la mayoría de ellos) estuviesen también de acuerdo con ello? Un asentamiento espacial ético no debería conllevar opciones reproductivas dictadas por el grupo. Una vez más, nos encontramos con que sería mejor esperar para poder hacer las cosas a gran escala. No hace falta instalar aparatejos raros para poder arrancar enseguida. Lo mejor será esperar a poder enviar una población extensa y diversa, que cuente además con los recursos necesarios para velar por que las decisiones personales sean eso, personales.

El estudio de la *arcaeología* es interesante, porque nos ayuda a entender cuál es el número mínimo de humanos necesario para la supervivencia biológica. Aun así, es poco probable que la mínima población viable sea suficiente para sobrevivir a la muerte de la Tierra sin una tecnología ahora mismo inimaginable. Para entender el porqué, consideremos la cuestión de la autarquía.

Aquí un arca autárquica, aquí unos amigos

En la introducción de este libro mencionábamos que Elon Musk había afirmado que un asentamiento independiente podría ser realidad a mediados de siglo. La fuente de esa cita es una conversación por Twitter en la que un usuario, Pranay Pathole, preguntaba: «Elon, ¿cuánto tiempo crees que tardaremos en crear una civilización autosuficiente en Marte? ¿Veinte años? Por autosuficiente entendamos que no necesita suministros de la Tierra ni depende de ellos». Elon respondió: «De veinte a treinta años desde el primer amartizaje humano si el incremento de lanzamientos es exponencial. Suponiendo ~100.000 personas en cada contacto y una necesidad total de ~1.000.000 de personas».

Eso es muy ambicioso, incluso para las propuestas a las que nos tiene acostumbrados Elon Musk. En una declaración anterior, Musk calculaba que el primer humano llegaría a Marte en 2029. En el momento de escribir estas líneas, el vehículo en cuestión está todavía en fase de ensayos, muy lejos todavía de la parte en la que alguien amartizará en la enrarecida atmósfera de Marte y se las arreglará para no morir durante un par de años. En esta sección, sin embargo, lo que nos interesa es ese «~» en «~1.000.000 de personas», que parece que no dice nada y en realidad dice mucho.

El término técnico que define la total independencia económica es *autarquía*, compuesta de dos raíces que significan 'uno mismo' y 'gobierno'. El físico Casey Handmer hizo una valoración bastante superficial (nosotros diríamos incluso que muy generosa) de lo que haría falta para llevar Marte hasta la autarquía plena. Handmer destacó que lo más parecido que hay en la Tierra es Cuba (con una población de aproximadamente once millones de personas), que todavía tiene que importar productos industriales avanzados, y Corea del Norte (población aproximada: veintiséis millones de personas), donde periódicamente hay carestías de petróleo y alimentos. Es decir: que los dos países más autárquicos del planeta tienen poblaciones muy superiores a un millón de personas, están muy lejos de ser los lugares más apetecibles de la Tierra y, curiosamente, preferirían ser menos autárquicos. La autarquía ya es complicada en esos países, pero lo será mucho más fuera de la Tierra, donde la dependencia de la tecnología será absoluta.

Un ejemplo importante lo encontramos en la fabricación de chips informáticos. En la Tierra es un negocio muy costoso que requiere grandes cantidades de agua. También precisa muchos especialistas. Martin Elvis señala que los casi ocho mil millones de habitantes de la Tierra obtienen sus ultrasofisticados chips de tan solo tres fabricantes. Incluso si tuviésemos el personal y la capacidad tecnológica para fabricar esos chips en Marte, seguiríamos teniendo el factor económico en contra. Los chips pesan muy poco. Se pueden meter muchos en un cohete. Puede que sean lo último que queramos fabricar in situ, a menos que estemos segurísimos de que vamos a perder el contacto con la Tierra muy pronto.

¿Cuál es la cifra a la que llegó Handmer? Según él, hará falta un millón de personas (el mismo número que decía Elon Musk), pero advierte que podría equivocarse en un orden de magnitud por arriba o por abajo, en función de lo muy avanzados que supongamos que serán los robots del futuro. A nosotros nos parece una estimación a la baja. El autor de ciencia ficción dura Charles Stross propone una cifra más próxima a los cien millones, e incluso a los mil millones. Corea del Norte no es autárquica con una población de veintiséis millones y, aunque se le pueden reprochar muchas cosas al país, tiene acceso a una atmósfera, un océano y un territorio no compuesto por sustancias químicas tóxicas.

Será más difícil todavía si el emplazamiento lo ubicamos en un sitio que no sea Marte. Elvis recalca que las grandes estaciones espaciales nunca llegarán a reciclar sus residuos por completo. Incluso si somos capaces de reutilizar algo como el agua hasta el 99 por ciento, esa pérdida de un 1 por ciento de masa, sumada a lo largo de cincuenta años, se convierte en el 40 por ciento de la masa total. Querremos que haya comercio: lo necesitaremos.

Somos conscientes de que al dar cifras que oscilan entre cien mil y mil millones de personas no estamos quedando como unos genios. Lo que queremos que quede claro es, simplemente, que hará falta *muchísima* gente. Dada la cantidad de problemas todavía por resolver para un posible asentamiento, y dado que las gigantescas naves espaciales que necesitaremos no están siquiera en órbita todavía, y que no hay un buen motivo económico para seguir la ruta de la independencia, no cabe esperar que a corto plazo se establezca una base en Marte capaz de sobrevivir a la muerte de la Tierra.

Vale la pena resaltar también que, cuanto menor sea esa cifra de población, más necesario será contar con algún tipo de robots superavanzados. Y no es que esté mal, pero si nos preguntáis a nosotros, es un poco un compromiso. Si llega a ser posible que cada ser humano tenga a su disposición cuarenta androides que le atiendan, no os vamos a mentir, preferiríamos tenerlos aquí en la Tierra, abanicándonos, llevándonos en silla de mano y sirviéndonos copas de un vino que no sea de remolacha.

¿Qué hacemos con el plan B?

Decíamos al principio de este libro que no hay un «plan B a corto plazo» en el espacio. Muchos son los obstáculos científicos, tecnológicos y éticos para materializarlo, pero la dificultad de alcanzar la autarquía quizá sea el más arduo de todos. Si creéis que la Tierra está agonizando y queréis salvar a la humanidad, una de dos: o trasladáis un volumen ingente de población a Marte (y estamos hablando de centenares de millones de personas) en un breve período de tiempo o disponéis de una tecnología robótica evolucionadísima. Es difícil predecir lo que sucederá en el futuro, pero, tal como lo vemos nosotros, si mejoramos tanto en robótica y ecología como para poder construir una burbuja permanente en un planeta sin océanos en la que pueda vivir un millón de personas, seguramente seremos capaces también de retirar algo de dióxido de carbono de la atmósfera, ¿no?

Luego hay otra cosa, y es que intentar poner en marcha un plan B podría provocar una calamidad en la Tierra. Puede que haya muy buenos motivos para no construir nunca una copia de seguridad del planeta: no porque no podamos hacerlo, sino porque convertirnos en una especie multiplanetaria quizá no haga más segura la existencia humana.

Estamos un poco estrechos, pero mis hijos sabrán apreciar las oportunidades laborales y procreativas.

19

Otros medios políticos en el espacio: la posibilidad de la guerra espacial

> Quien controla las órbitas terrestres bajas controla el espacio próximo a la Tierra. Quien controla el espacio próximo a la Tierra domina el planeta. Quien domina el planeta determina el destino de la humanidad.
>
> EVERETT C. DOLMAN, profesor de estrategia militar

En 1999, el republicano Roscoe Bartlett, congresista estadounidense por Maryland, negociaba un acuerdo que pusiese fin a la guerra en Kosovo. En la reunión participaba también el ruso Vladimir Lukin, antiguo embajador en Estados Unidos y vicepresidente de la Duma. No estaba contento. Rusia, transcurrido apenas un decenio desde el colapso de la Unión Soviética y desposeída de su condición de superpotencia, había sido invitada a las negociaciones en una fase muy avanzada del proceso. En un momento particularmente tenso se volvió hacia Bartlett y, según este último, le espetó: «Si quisiéramos haceros daño sin miedo a las represalias lanzaríamos un misil balístico desde un submarino. [...] Detonaríamos un arma nuclear sobre el cielo de vuestro país y tumbaríamos la red eléctrica durante al menos seis meses». Otro de los rusos presentes en la reunión añadió que tenían repuestos, por si no lo conseguían a la primera. Según Bartlett, la cantidad de repuestos de los que hablaban era de unos siete mil.

La respuesta de Bartlett ante esta información fue bastante curiosa: luego la veremos. Independientemente de si Rusia tuvo o no alguna vez el propósito de usar armas de ese tipo, podría haberlo hecho perfectamente. Tanto Estados Unidos como la Unión Soviética efectuaron pruebas nucleares en el espacio, y uno y otro país tuvieron que aprender por las malas que armas como esas pueden hacer grandes destrozos en infraestructuras muy importantes. La Unión Soviética consiguió tumbar parte del suministro eléctrico en Kazajistán, mientras que Estados Unidos, como hemos visto, provocó el apagón de las farolas de Hawái y causó desperfectos en satélites en órbita.

Los satélites modernos prestan en la actualidad servicios esenciales de navegación y comunicación, pero raro es el que está pertrechado para hacer frente a un ataque físico. Tanto si el espacio es un posible escenario para una guerra como si no, los objetos electrónicos en el espacio son extremadamente vulnerables. Y además, por si lo habíais olvidado, todos los humanos que vivan en el espacio dependerán del buen funcionamiento del instrumental electrónico.

Al principio de este libro decíamos que los mejores argumentos a favor de los asentamientos espaciales eran: uno, la preservación de la especie a largo plazo, y dos, porque molaría mucho y quizá no haya motivos para no hacerlo. Ambos argumentos se vienen abajo con la misma celeridad que una red eléctrica próxima a una explosión nuclear si las actividades espaciales hacen más probable que estalle una guerra.

La guerra en el espacio a corto plazo

La paz hasta ahora

Afortunadamente para la humanidad, y desafortunadamente para quienes fantasean con destructores espaciales y rayos de la muerte, el espacio exterior sigue siendo en términos generales un lugar pacífico. El dato sin duda sorprendería a los expertos del espacio de la década de 1960, que habrían asistido a la rápida evolución desde los V-2 de muy escasa carga explosiva a las armas nucleares estacionadas en el espacio. Sin embargo, pronto quedó muy claro que las explosiones descomunales en el espacio no le hacen ningún bien a nadie. La radiación, y los trozos de metal orbitando a toda velocidad, ponen en peligro los satélites civiles y militares, y tampoco son del agrado de los humanos que van a bordo de una nave espacial. Esa es una de las principales razones por las que se firmaron los tratados en la década de 1960: para poner coto a la militarización del espacio.

A grandes rasgos, los tratados han cumplido su cometido. Es cierto que Estados Unidos mandó machetes al espacio, y que la Unión Soviética envió pistolas, pero técnicamente eran piezas del equipo de supervivencia, por si acababan cayendo a la Tierra en territorio muy aislado, y no, como le habría gustado a más de uno, para librar tremendas batallas de machetes contra pistolas en el espacio. Y sí, es verdad, los soviéticos hicieron pruebas con un cañón desde la *Salyut-3* en 1974, pero solo dispararon una vez, y fue cuando la estación no estaba tripulada, por si acaso algo salía mal.

Dado que los principales casos de uso de las órbitas son militares y comerciales, que los satélites no están diseñados para resistir ataques y que casi nadie vive en el espacio, las guerras espaciales (entendidas como emocionantes duelos aéreos entre naves) son muy poco probables a corto plazo. El principal riesgo radica en que el incremento de las actividades en el espacio pueda ser la causa de guerras en la Tierra. Si bien nunca se han usado satélites con armas cinéticas contra el planeta, los satélites militares orbitan la Tierra desde finales de la década de 1950. Desde entonces, el número de activos militares espaciales ha ido aumentando a un ritmo regular, aunque las cosas se aceleraron con la Primera Guerra Espacial.

¿La Primera Guerra Espacial? ¿No os suena? Será porque la conocéis como la primera guerra del Golfo, librada entre 1990 y 1991, pero para los estudiosos del espacio militar fue un punto de inflexión en la historia, en el que los activos espaciales fueron determinantes para aplastar rápidamente el ejército iraquí. El número de satélites militares ha seguido aumentando desde entonces y, pese a que la mayor cantidad de ellos sigue en manos de Estados Unidos, Rusia tiene muchos y China está ganándoles terreno.

Ahora bien: no es fácil determinar con exactitud hasta qué punto se ha militarizado el espacio, porque los satélites son de «uso dual». A casi cualquier objeto que orbite la Tierra se le puede dar un nuevo uso por motivos tácticos, algo que pudo verse en los albores mismos de las teorías sobre los viajes espaciales, cuando Hermann Oberth imaginó un espejo gigante en el espacio que tanto podía servir a propósitos agrícolas como crear un rayo de la muerte. El ejemplo más reciente lo tenemos en los miles de satélites Starlink de SpaceX. Lanzados inicialmente para la transmisión de datos de internet, se convirtieron en pieza integral de la resistencia ucraniana a la invasión rusa después de que Elon Musk aprobase el envío de varios miles de terminales. Poco después, la Federación de Rusia se sintió obligada a anunciar que «las infraestructuras cuasi civiles podrían pasar a ser un objetivo legítimo de represalias».

Nadie ha destruido todavía una nave espacial enemiga en vuelo, pero varias naciones han demostrado que pueden derribar satélites desde la Tierra. Si tenemos en cuenta la capacidad de perturbarlos mediante ciberataques, el número de combatientes es bastante alto y seguramente está creciendo. La gestión y la protección de los satélites corría anteriormente a cargo de la Fuerza Aérea de Estados Unidos, pero hoy es una de las principales tareas encomendadas a un ente de reciente creación, la Fuerza Espacial. Países como Rusia, China y Francia cuentan con organizaciones similares que protegen sus activos espaciales. A medida que el desarrollo avanza en el mundo, y que más y más naciones y empresas despliegan satélites, esta modalidad tan específica de hacer la guerra será cada vez más común.

Por eso, aunque hay motivos para creer que en el espacio en sí se mantendrá la paz a corto plazo, deberíais tener diáfanamente claro que el ser humano no se va a transformar por el mero hecho de comerciar en el espacio. Uno de los motivos por los que son tan poco habituales las explosiones en el espacio es que los ejércitos terráqueos necesitan que reine la paz ahí arriba para poder guerrear aquí abajo. No es el mejor de los motivos para la paz, pero, considerando las alternativas, preferimos que la Tierra no esté rodeada de puestos de combate erizados de misiles. ¿Aguantará la situación así cuando el acceso al espacio sea más barato? No lo sabemos, y los expertos no se ponen de acuerdo.

La buena noticia es que, en gran parte, la renuencia a poner armas en el espacio se debe a una de las cualidades humanas más persistentes: el interés propio. El espacio es crucial para comerciar, para espiar, para recolectar datos medioambientales, para vigilar que se cumplen los tratados y para muchas otras cosas que importan mucho a las personas y las naciones. La mala noticia es que, si el espacio no se ha convertido en escenario de guerra, también se debe a que las armas espaciales han sido, históricamente, una mierda.

Hablemos del engorro que son los cañones espaciales

Vamos a dejar de lado la cuestión de qué pensaría la gente al respecto: plantar un cañón sobre la Tierra parecería a simple vista una maniobra militar bastante potente. Los analistas no lo ven así, necesariamente. Ilustraremos el problema suponiendo que estamos en guerra con la Antártida. Nosotros seremos Estados Unidos, porque ¿quién si no iba a lanzar misiles contra un desierto helado y prácticamente deshabitado?

Tras la secesión de Marte de 2063, un ejército de graduados de la Universidad del Polo Sur decide que se ha abierto la veda de los bienes comunes mundiales y se apropian de la península Antártica pese a todos los bebés paridos en ella por chilenas y argentinas. Afortunadamente, contamos en nuestro arsenal con varios misiles tierra-tierra. Esto es lo que sucede si lanzamos un primer ataque:

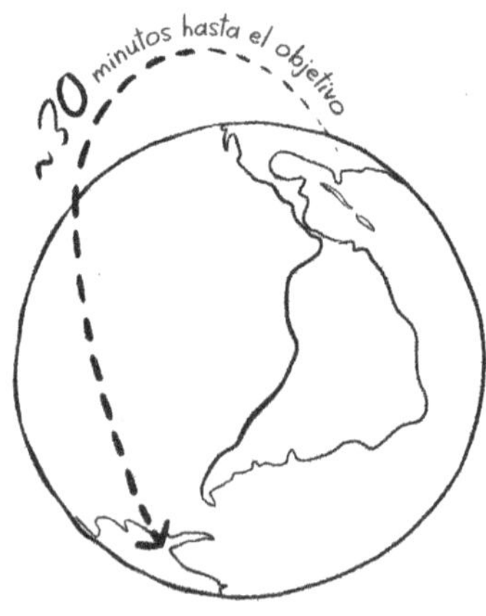

No está mal. Los misiles impactan rápidamente contra su objetivo y se minimiza el número de bajas colaterales entre los pingüinos. Ahora bien: imaginemos que queremos lanzar el misil desde un satélite espacial muy molón. Esto es lo que pasaría:

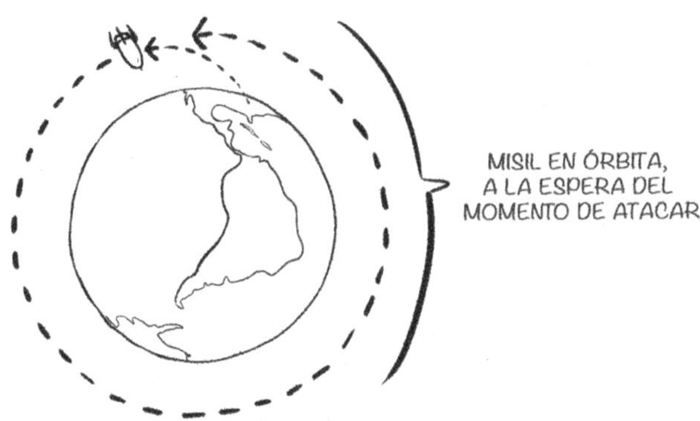

Queda claro que no será la opción más barata. Fijaos en que ya habremos tenido que financiar el coste de enviar un misil más allá de la atmósfera, pero ahora nos enfrentamos a la dificultad añadida de llevar ese misil a velocidad orbital y conseguir que se mantenga ahí, pese a los enormes cambios de temperatura en el espacio y a las fortísimas dosis de radiación, de forma que, con un poco de suerte, siga funcionando cuando decidamos eliminar finalmente la amenaza antártica.

La mayoría de las veces, ni siquiera podremos hacerlo. Los satélites no son como un bombardero, que puede dirigirse siempre hacia el objetivo. Sí, podríamos ubicarlos en órbita geoestacionaria sobre un enemigo ecuatorial, pero ahora los misiles tienen un trecho considerable hasta poder cumplir su función: 35.000 kilómetros cuesta arriba y luego otros tantos de vuelta, antes incluso de que se haya atomizado a un solo graduado levantisco.

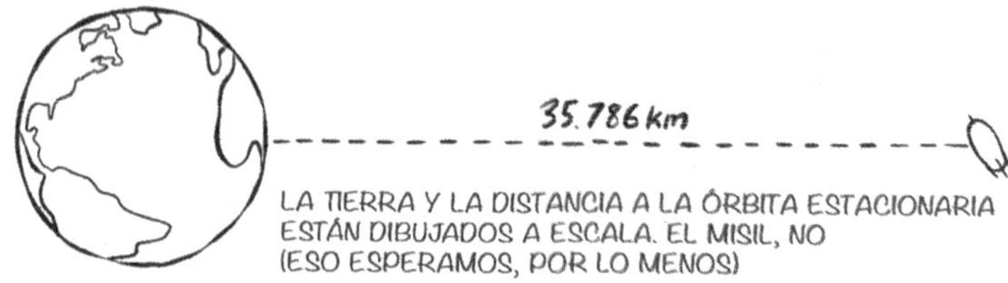

Ante esa situación, decidimos poner los misiles en la órbita terrestre baja, pero entonces casi nunca están sobre la amenaza antártica. La mayor parte del tiempo, solo podremos sembrar el caos y la destrucción sobre las aguas del océano. ¿Cuál es la solución? Poner muchísimas armas en el espacio.

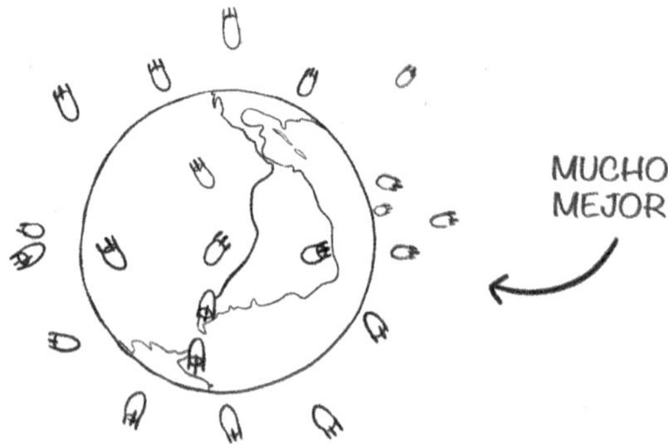

Es como la cobertura de GPS, pero con la muerte. Eso sí: para poder responder siempre que sí a la pregunta de «¿podemos matarlos ya?» hará falta una flota entera de carísimos satélites armados. ¿Hemos tomado la decisión más inteligente?

De entrada, habremos irritado a buena parte del planeta. Hasta el momento en el que disparemos el misil orbital, nada de lo que hemos hecho es abiertamente ilegal: el Tratado sobre el Espacio Ultraterrestre prohíbe claramente las bases militares en los cuerpos celestes, así como las armas nucleares en el espacio, pero poner en órbita un misil convencional o un rayo de la muerte no vulnera explícitamente las reglas. Además, la

Carta de las Naciones Unidas permite la legítima defensa, así que podríamos argumentar que los hemos instalado en órbita por si acaso los necesitamos.

Olvidémonos por un momento del cabreo que hemos despertado en todo el mundo: ¿nos está saliendo a cuenta? Por lo que hemos leído de distintos estrategas militares, no está muy claro para qué querríamos tener armas cinéticas en órbita apuntando a la Tierra, aun en el supuesto de que fuesen operativas. En su mayor parte duplicarían la capacidad actual de lanzar cohetes contra el enemigo, pero saldrían mucho más caras, y no hablamos solo de desplegarlas, sino también del mantenimiento necesario para que sigan funcionando. Además, sería muy fácil rastrearlas y disparar contra ellas, ya que seguirían una trayectoria newtoniana. Para nuestros enemigos, si están dotados de la tecnología adecuada, sería coser y cantar reventar o desactivar nuestras armas orbitales. «Caro y vulnerable» no es la descripción más prometedora de un sistema de ataque.

Esa es la teoría sobre las armas especiales, pero es que también tenemos algo de experiencia real. Durante la era Reagan, como parte del programa llamado «Iniciativa de Defensa Estratégica», conocido popularmente como «guerra de las galaxias», Estados Unidos exploró una serie de ideas para su armamento espacial, muchas de las cuales, siendo generosos, eran demenciales. La más descabellada fue quizás el proyecto Excalibur, que contemplaba una detonación nuclear en el espacio para generar la energía necesaria para un sistema de láseres de rayos X con los que se interceptarían en vuelo los misiles nucleares disparados contra Estados Unidos. ¿Por qué desde el espacio? Por la velocidad. El mejor momento para interceptar un misil enemigo es durante la fase de aceleración, inmediatamente después del despegue. Si os preocupa la posibilidad de un ataque nuclear del enemigo, contar con una flota entera de armas capaces de alcanzar sus objetivos a la velocidad de la luz no es mala jugada.

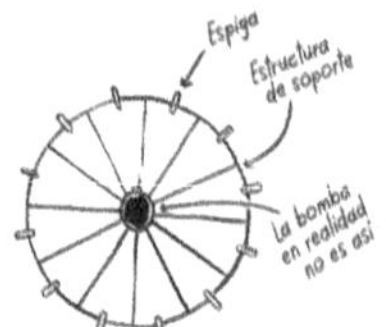

PASO 1: SE PONE UNA BOMBA NUCLEAR EN ÓRBITA, RODEADA DE ESPIGAS DE HIERRO ESPECIALES

PASO 2: EL ENEMIGO LANZA UNA SALVA DE MISILES

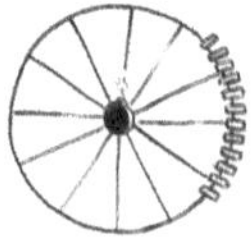

PASO 3: LAS ESPIGAS DE HIERRO SE MUEVEN EN TORNO A LA BOMBA Y SE ALINEAN CON LOS OBJETIVOS

PASO 4: SE DETONA LA BOMBA NUCLEAR. LAS ESPIGAS ABSORBEN LA ENERGÍA DE LA EXPLOSIÓN, EMITEN POTENTES RAYOS X. MISILES DESTRUIDOS. TODOS VIVIMOS FELICES Y COMEMOS PERDICES (?)

Uno de los defectos de Excalibur, y de otras ideas de ese jaez, es que no funcionaban. Construir esos sistemas y desplegarlos era demasiado complicado. Controlar una explosión nuclear en el espacio para crear un rayo láser conlleva unas complicaciones tecnológicas inmensas, por no hablar de la incómoda situación que se daría en Naciones Unidas cuando quede patente que habéis vulnerado tanto el Tratado sobre el Espacio Ultraterrestre como el Tratado de Prohibición Parcial de los Ensayos Nucleares, y por no hablar tampoco del efecto desestabilizador que tendría ser el único país capaz de blandir armas nucleares y protegerse frente a ellas.

En resumidas cuentas: el ser humano tiene buenas razones políticas, económicas, militares y tecnológicas para no poner armas en el espacio. La pregunta que sigue cerniéndose sobre el tiempo que vivimos es si las cosas cambiarán ahora que acceder al espacio es más barato. No tenemos ni idea, pero sí sabemos deciros que algunos expertos están preocupados.

En la bibliografía militar moderna que hemos consultado encontramos a mucho norteamericano arguyendo que la contención será peligrosa para Estados Unidos a largo plazo. Los argumentos varían, pero el tenor general es que, en su opinión, el espacio va a militarizarse y, con el tiempo, acabará habiendo armamento en órbita. En consecuencia, según ellos, Estados Unidos debería adelantarse al resto del mundo para evitar una situación en la que un país como China controle la posición de ventaja en el aire. No sabemos si es cierto, o si estratégicamente es lo mejor, pero a estas alturas ha quedado claro que es una profecía que, por el mismo hecho de haberse formulado, podría acabar cumpliéndose, y de forma explosiva, además. El futuro va a ser más multipolar, y en él habrá más actividad espacial y, quién sabe, quizá la ventaja que unos ganen en la carrera hacia la Luna se obtendrá a costa de las pérdidas de otros. Lo que sí os podemos decir, al intentar descifrar qué nos deparará el futuro, es que nada en el entorno espacial actual parece estar insuflando un espíritu de paz en el ser humano. Razón de más para crear en un futuro próximo un órgano regulador del espacio.

La guerra en el espacio a medio plazo

Vamos a suponer que no se avanza en el terreno del derecho internacional y que las cosas siguen moviéndose como parece que se mueven ahora: un puñado de naciones poderosas se adentran en el espacio y establecen puestos de avanzadilla, o incluso explotaciones mineras y estaciones de repostaje lunares, en las que viven familias enteras a tiempo completo. Varias naciones o grupos multinacionales mantienen cierta presencia en la Luna o en Marte y quizá, *quizá*, a alguien le pica el gusanillo de iniciar una guerra de independencia.

¿Qué creemos que pasará entonces? No gran cosa, seguramente. El conflicto entre las potencias espaciales sería posible, desde luego, pero el conflicto entre la Tierra y el espacio seguirá siendo extremadamente improbable. Si hablamos de una guerra espacial, en el sentido de que un asentamiento en la Luna, en Marte o en una estación espacial giratoria declare la guerra a una nación (o a todas las naciones) de la Tierra, casi con total certeza no será algo que suceda durante este siglo. ¿Por qué? Porque el asentamiento espacial sería aniquilado. Antes explicábamos que resultará muy difícil que nadie alcance la autarquía en el espacio a corto o medio plazo. Los rebeldes lunares tendrán que mantener algún tipo de relación comercial con la Tierra simplemente para sobrevivir. Además: ¿os acordáis de los ataques con armas nucleares que tanto preocupaban a Bartlett? Bien: perder el suministro eléctrico en la Tierra no tendrá ninguna gracia, pero perderlo en la Luna dejará a sus habitantes con el culo al aire. Es posible diseñar armas capaces de desactivar redes eléctricas con un fortísimo flujo electromagnético. También se pueden utilizar métodos informáticos para inhabilitar esas redes. Y ahora intentad imaginar que se va la luz en la Luna justo antes de que empiecen las dos semanas de noche. En un futuro más o menos cercano, pensar que un emplazamiento espacial declarará la guerra a la Tierra es como pensar que Malta declarará la guerra a Europa.

El único riesgo adicional serio en los albores de los asentamientos espaciales será el terrorismo. Si llegamos a construir un sistema impulsor de masa en la Luna, no está de más recordar que será posible usarlo para impulsar masa hacia el campo gravitatorio de la Tierra. Aunque también es cierto que, dado lo fácil que resultaría destruir un gigantesco sistema eléctrico en la Luna, el terrorista que esté sopesando un plan de este tipo hará bien en hacer las paces con su creador antes de pulsar el botón.

Resumiendo: incluso en una era con muchas más opciones en el espacio, un espacio en el que las cuevas de la Luna estén ya habitadas, haya cilindros gigantes en órbita y el monte Olimpo se haya convertido en una atracción turística, la guerra entre cuerpos celestes seguirá siendo muy poco probable.

La guerra en el espacio a largo plazo

A lo largo de este libro hemos procurado no elucubrar demasiado acerca del futuro muy lejano, porque si nos guiásemos por las predicciones de los libros de antaño sobre el espacio, ahora mismo ya tendríais vuestra furgoneta espacial en el garaje, lista para salir a explorar. Dicho esto, plantearse el futuro a largo plazo de la guerra en el espacio es importante, específicamente porque los partidarios de los asentamientos en el espacio a menudo defienden que la presencia multitudinaria de seres humanos en el espacio propiciará la paz para toda la humanidad. Si bien este es un argumento que habla de un futuro muy lejano, se usa frecuentemente para justificar una inversión masiva en el presente, y también para no pensar demasiado en lo que el acceso masivo al espacio significará para la supervivencia de nuestra especie.

Es un argumento, además, que se presenta en diversas versiones. La teoría más habitual postula que la guerra, fundamentalmente, es consecuencia de la escasez, por lo que, si el acceso al espacio resuelve la escasez, solucionará también la guerra. Por ejemplo, en su libro *Ciencia y guerra*, Avis Lang y Neil deGrasse Tyson alegan que «lo que nos disputamos en la Tierra por su escasez es, a menudo, muy abundante en el espacio. [...] Incluso si el control [del acceso a los recursos espaciales] está en manos de gente de la que ningún modo querríais que estuviese a cargo de nada, los recursos, en sí mismos, no escasearán, y es la escasez la que engendra el conflicto». Otros autores han teorizado también que la causa de la guerra está en las tierras, con lo que los nuevos territorios del espacio pondrán fin a la guerra. Otra afirmación algo más alambicada defiende que la guerra estalla no por los recursos, sino más bien porque la gente cree que la guerra estalla por los recursos, un problema que se solucionará con la ubérrima abundancia del espacio. Otras teorías postulan que la capacidad de abstraernos de la civilización y hacer lo que nos plazca en el espacio traerá la paz.

Un argumento muy claro en contra de todas esas ideas es que en su día se propusieron nociones muy similares cuando los colonos blancos se adentraron en el Oeste norteamericano. No estamos muy convencidos de que el espacio vaya a traer abundancia para todos, pero es evidente que la expropiación genocida de las poblaciones indígenas sí benefició, y mucho, a los colonos. Y, aun así, la conquista de esas tierras, y la cuestión de si los estados que iban a formarse en ellas serían esclavistas o libres precipitó el estallido de una guerra civil en Estados Unidos que se saldó con la muerte del 2 por ciento de los habitantes de la nación.

Eso debería servirnos como indicación de que la guerra no es solo cuestión de carestías. ¿De qué, entonces? Ahí le cedemos la palabra a Chris Blattman, que se ha especializado en las causas de la guerra y que en su libro *Why We Fight* ('Por qué luchamos') enumera lo que él llama «falsos motivos»: «pobreza, escasez, recursos naturales, cambio climático, fragmentación étnica, polarización, injusticia y armas». Esos factores, dice, son «horribles, pero por otros motivos. Y echan leña al fuego. Pero seguramente no fueron la chispa que hizo estallar el conflicto».

Lo cierto es que la guerra es un comportamiento humano muy complejo, y quienes la estudian no se ponen de acuerdo ni siquiera en sus causas más fundamentales, ni en si la guerra es algo inherente al ser humano, un factor cultural o incluso una cuestión ecológica, en cuanto que depende del entorno. No pretendemos convenceros de ninguna teoría en particular: de hecho, queremos persuadiros de que la guerra puede darse por motivos que nada tienen que ver con el espacio, la abundancia o cualquier otro parámetro objetivo del bienestar de las naciones. Para ello, examinaremos dos formas en las que puede comenzar una guerra.

Situación 1: dificultad para comprometerse y la trampa de Tucídides

La «trampa de Tucídides» es una expresión popularizada por el politólogo Graham Allison que alude al análisis que Tucídides, historiador de la Grecia clásica, hizo de la guerra del Peloponeso. En términos muy resumidos: a la conclusión de las Guerras Médicas, en las que habían sido aliadas, las ciudades-Estado de Esparta y Atenas vieron cómo sus relaciones empeoraban, debido sobre todo a que la segunda empezó a florecer de una forma que para la primera resultaba aterradora.

¿Por qué la probabilidad de guerra es mayor en esas circunstancias? En las teorías de guerra a menudo se habla de la guerra en términos de negociación. Las naciones negocian sobre todo tipo de cuestiones: recursos, fabricación de armas, comercio, el trato que se dispensa a grupos minoritarios... El tipo específico de acuerdo que cada nación pueda alcanzar con otras depende de diversos factores. Por ejemplo: ¿cuál es la más poderosa, económica y militarmente hablando? ¿Hasta qué punto estamos seguros de la fuerza relativa de nuestro país? Puesto entre la espada y la pared, ¿hasta qué punto estaría dispuesto nuestro adversario a combatir?

El deterioro de la paz es, por así decirlo, otra fase de las negociaciones, una en la que obtenemos información muy clara sobre lo que nuestro oponente es capaz de hacer. La mayoría de nosotros preferiríamos quedarnos en fases de negociación en las que no haya balas de por medio. ¿Cómo conseguir esto? Lo ideal sería un compromiso honesto entre ambas partes que garantice la paz. Pero en una situación en la que el equilibrio de poderes cambia rápidamente, alcanzar un compromiso puede ser difícil.

Para ilustrar este extremo, imaginaos que en la Luna hay dos países: Bezostralia y Muskú.

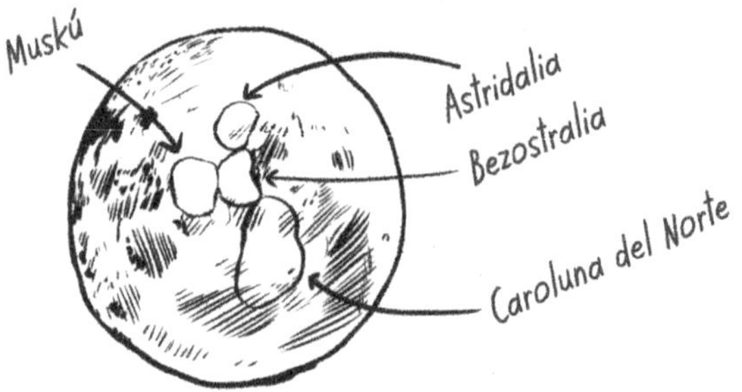

Uno y otro han coexistido en relativa armonía desde la rebelión lunar de 2144, pese a la perenne disputa territorial sobre el cráter de Shackleton. Sus economías y aparato militar son, a grandes rasgos, parejos. Pese a las suspicacias que puedan existir entre ellos, ambos se han comprometido a resolver pacíficamente sus diferencias. Pero algo cambia de pronto. Durante varias generaciones, nadie se ha molestado en explotar las reservas de helio-3 porque los Weinersmith dijeron en su día que era mala idea. Ahora resulta, sin embargo, que es un material muy preciado y que hay grandes reservas en el subsuelo de Bezostralia. Su economía se dispara. La gente empieza a emigrar allí desde Muskú. Hay más dinero para invertir en infraestructuras, y posiblemente en su ejército. Los políticos bezostralianos empiezan a hablar sin tapujos de aprovechar su creciente poder para tomar por la fuerza la porción de cráter que consideran suya. En esta situación, ¿cuál sería la respuesta lógica de Muskú?

Los expertos en cuestiones bélicas dirían que, llegados a este punto, a Muskú se le abre una «ventana de oportunidad». En ese preciso instante tiene la oportunidad de ganar una guerra con Bezostralia. Si se demora, Bezostralia llegará a ser tan poderosa que Muskú tendrá que plegarse a todos los deseos de su adversario.

¿Puede alcanzarse un acuerdo? Ahí, precisamente, es donde está la trampa. Supongamos que pactan mantener la paz a perpetuidad. Es un acuerdo que claramente beneficia a Bezostralia, ya que solo tiene que rubricarlo y sentarse a esperar hasta ser lo suficientemente poderoso como para quebrantarlo. Lo preocupante en esta situación es que, incluso si las dos partes quieren la paz, la incapacidad de encontrar garantías para el compromiso indica que, para Muskú, lo más sensato sería torpedear el auge de Bezostralia y asegurarse una posición de ventaja cuando todavía no es demasiado tarde. Eso no tiene por qué resultar en una guerra. Podría traducirse simplemente en una situación de opresión o incluso en un lúcido acuerdo de paz. Los expertos en cuestiones bélicas insisten una y otra vez en que, pese a lo que puedan decir los canales de noticias las veinticuatro horas, la situación por defecto en casi cualquier entorno es la paz. Queremos resaltar, con todo, que el mayor riesgo de guerra en esta situación hipotética no emana de una evaluación objetiva del bienestar de las naciones o los individuos, sino del hecho que una de las potencias ha percibido el considerable y acelerado incremento de las capacidades relativas de un posible rival. Es algo que sucede en la Tierra, y no hay motivos para que no ocurra también en el espacio.

Situación 2: **Los cabrones del espacio se hacen con el poder. Alineación de las naciones con sus líderes**

Si os imagináis a las naciones como criaturas racionales obsesionadas con la supervivencia y la obtención de posiciones ventajosas, no iréis del todo desencaminados. Tenemos que recordar, sin embargo, que las naciones tienen al frente a personas, y que casi ninguno de nosotros cree que nuestros líderes sean completa, perfecta y perennemente razonables. Es más: incluso cuando actúan de forma racional, puede que lo estén haciendo no por el bien de la nación, sino en beneficio propio. James Madison, uno de los redactores de la Constitución estadounidense, reflexionaba así sobre esta problemática en 1793:

> En la guerra se crea una fuerza física, y es el poder ejecutivo el que la dirige. En la guerra se abren las arcas públicas y corresponde a la mano ejecutiva repartir esos fondos. En la guerra se multiplican los honores y emolumentos de los cargos electos, que se disfrutan bajo el patronazgo del poder ejecutivo. En la guerra, por último, se cosechan laureles, que adornarán las sienes del poder ejecutivo. *Las más intensas de las pasiones y las también más peligrosas flaquezas: la ambición, la vanidad, el deseo honorable o vacuo de fama... todas ellas se conjuran contra el deseo y el deber de paz.*

Por algún motivo que se nos escapa, a Madison se le olvidó añadir: «Es muy probable que en la Luna pase lo mismo», pero nosotros creemos que se puede aplicar la misma lógica. A menos que creáis que, al abrirnos el espacio, Bezos y Musk pondrán fin a toda forma de ambición y vanidad, los miedos de 1793 seguirán siendo igual de válidos en 2093 y también más adelante.

Es especialmente probable que un líder se comporte mal cuando viva desconectado del coste de la guerra, como sucede en las naciones no democráticas. La reciente invasión de Ucrania por una de las grandes potencias espaciales constituye un ejemplo particularmente vívido de esto.

Hay que tener en cuenta que la guerra no estalla solo porque un pueblo o una nación decida que quiere más. Las guerras pueden estallar simplemente porque serán beneficiosas para los líderes. No hay motivos para creer que haya nada en el espacio que vaya a cambiar esa circunstancia, por muchos beneficios económicos que (improbablemente) genere.

La conclusión que sacamos de todo esto es aterradora: salir al espacio no pondrá fin a las guerras, porque la causa de estas no recae en nada que los viajes espaciales vayan a cambiar, ni siquiera en las más optimistas hipótesis. Y eso nos lleva a la cuestión definitiva: la llegada multitudinaria de seres humanos al espacio no reducirá la probabilidad de que estallen guerras, pero no deberíamos olvidar que quizás haga que aumente la posibilidad de que estas sean espantosas.

Guerra interplanetaria: lo más seguro es que mole poco

En un futuro muy muy a largo plazo, si se declara un conflicto interplanetario, quizá sea uno de los eventos más tremebundos de la historia de la humanidad. Y no solo porque, en esta hipotética situación, el ser humano tendrá la capacidad de disparar asteroides. Un problema al que se presta menos atención de la debida es que nunca ha habido una guerra entre dos potencias situadas en campos gravitatorios distintos.

El hecho de que en la actualidad no se lleven a cabo periódicamente pruebas con armas nucleares en la Tierra se debe en parte a que, en la década de 1950, los científicos empezaron a analizar dientes de leche y comprobaron que contenían peligrosos residuos procedentes de explosiones nucleares, y en particular estroncio-90, que el cuerpo procesa como si fuera calcio. Dicho de otro modo: parte de la reticencia actual a utilizar armas nucleares en situación de guerra es que con ellas se contamina la pecera que llamamos Tierra. Marte es una pecera distinta. No compartimos con el planeta rojo una atmósfera

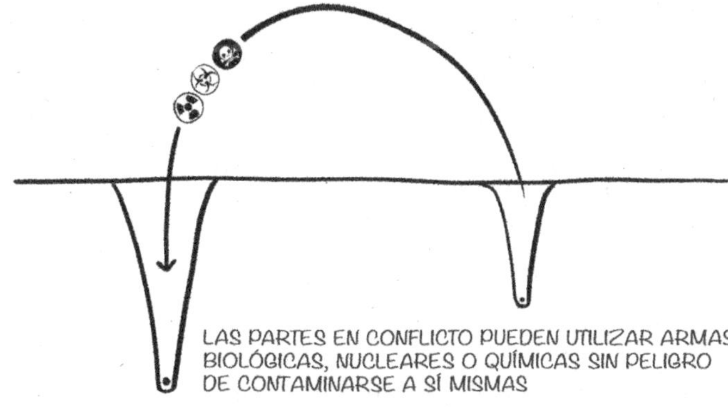

que pueda cargarse de isótopos peligrosos. Si a eso vamos, no hay tampoco un viento que nos devuelva a la cara las armas químicas ni una interacción global que transmita enfermedades infecciosas de regreso al punto de origen.

Existen motivos no necesariamente tácticos para no usar esas armas, claro: miedo a las represalias o una simple afinidad de base con el resto de los seres humanos. No sabemos si en un futuro muy lejano llegarán a emplearse en el transcurso de una guerra espacial, pero sí podemos decir que al menos uno de los motivos que hoy nos impiden utilizar las armas más atroces al alcance del ser humano habrá desaparecido, por una simple cuestión de física universal.

Los asentamientos en el espacio no pondrán fin a las guerras, pero las guerras en un mundo de asentamientos espaciales pueden ser particularmente mortíferas.

¿Guerra espacial? ¡No, gracias!

Pese a que a menudo se les llama teóricos de la guerra, los expertos que estudian los conflictos humanos centran buena parte de su actividad en el mantenimiento de la paz. No existe un consenso generalizado en torno a si la guerra es parte inextricable de nuestra especie o si es algo de lo que podemos escapar gracias al raciocinio. Los problemas de la guerra espacial existentes en toda escala temporal se concentran en la intersección entre las leyes de Newton y la naturaleza humana. No parece que las leyes de la física vayan a cambiar en un futuro cercano, así que, si aspiramos a evitar los conflictos en el espacio, tendremos que tomar medidas para reprimir la naturaleza humana y encauzar la paz futura.

Por cierto: quizás os preguntéis cómo encauzó su futuro el congresista Bartlett tras oír un comentario casual sobre la posibilidad de un ataque ruso desde el espacio. Pues se convirtió en activista y durante años se dedicó a reclamar redes de defensa contra ataques nucleares. Tras una larga carrera en la política, decidió bajarse en marcha de la civilización. Hoy vive en una granja, apartado del mundo. Suena bonito. Hay un lago con dos cisnes y, según Bartlett, la única confirmación que le llega de que el mundo exterior sigue en marcha son las estelas que dejan los aviones a su paso. Puede que para Bartlett esa sea la solución correcta, pero no todo el mundo tendrá acceso a algo semejante, ni en este mundo ni en otros planetas.

20

Breve coda para explorar una alternativa pocas veces examinada: esperar sin ir a ninguna parte

Antes mencionamos a Daniel Deudney, el experto en relaciones internacionales que se ha granjeado la enemistad de muchos entusiastas del espacio con su propuesta de que, existencialmente hablando, la mejor estrategia para el ser humano pasa por no establecer nunca una presencia humana importante en el espacio.

Deudney no se opone a las actividades en el espacio en sí mismas: simplemente cree que deberían circunscribirse a actividades nada peligrosas, como la ciencia, la vigilancia medioambiental y la comunicación. No es la expansiva meca de explotación del espacio de las fantasías de más de uno, claro, pero es justo señalar que en un planeta muerto la economía será bastante floja.

Es una opinión que muy pocos aprecian entre quienes aspiran a establecerse en el espacio. Deudney participó recientemente en un encuentro virtual sobre sus ideas, organizado por la Sociedad Nacional del Espacio de Estados Unidos, y resultó ser un todos contra uno. Tras un debate entre Deudney y Mark Hopkins, representante de la Sociedad, se abrieron mesas redondas en las que ponente tras ponente se dedicaron a atacar sus ideas. No se le invitó a unirse a esas mesas redondas para ofrecer su réplica. En un momento dado, uno de los ponentes le llamó poco menos que estúpido.

Deudney es uno de los quetalsinoistas, pero otras voces recomiendan también que avancemos con muchísima prudencia. Linda Billings, por ejemplo, consultora especialista en astrobiología y defensa planetaria, quiere que haya «una coexistencia colectiva pacífica en la nave Tierra» antes de que nos planteemos seriamente la expansión por el espacio. Carl Sagan y Steven J. Ostro publicaron conjuntamente un artículo en 1994 titulado «Dangers of Asteroid Deflection» ('Los peligros de la deflexión de un asteroide'), en el que recalcaban que una humanidad lo suficientemente avanzada para salvarse a sí misma del impacto de un meteorito está también lo suficientemente avanzada como para desviar un asteroide en su propia dirección.

A todo esto deberíamos añadir también las preocupaciones que ya hemos expresado sobre la creación de una sociedad inmoral, especialmente en lo que a la reproducción humana y la economía se refiere. El propio Deudney señala que, en un mundo donde el acceso a armamento apocalíptico es muy sencillo, basta una sola sociedad autocrática y perversa para crear una situación de pesadilla. Si el asentamiento en el espacio conlleva la posibilidad de que aumente esta posibilidad, el argumento resulta mucho más preocupante.

Los fanáticos del espacio gustan de citar al escritor de ciencia-ficción Larry Niven: «Los dinosaurios se extinguieron porque no tenían un programa espacial. Y si nos extinguimos por no tener un programa espacial, lo tendremos merecido». Sin embargo, como bien señala Deudney, los asteroides gigantes son muy poco habituales. Los humanos existen desde no hace mucho tiempo, mientras que la era de los dinosaurios fue muy muy larga. «Dadas esas posibilidades, quizás el motivo por el que los dinosaurios sobrevivieron durante casi doscientos millones de años es que no tenían un programa espacial.»

Nosotros hemos llegado a la conclusión de que, a menos que se emprendan reformas legales muy amplias, lo más seguro es que asistamos a una fase de expansión a la que seguirá una crisis. Si esa expansión se fundamenta en ideas erróneas sobre la reproducción humana, la sociología o la economía, los peligros que expone Deudney serán más y más probables.

Las cosas se están moviendo muy rápidamente ahora mismo y no sabemos con qué fin. Pero sí creemos que a los opositores habría que darles un poco más de espacio para que puedan oponerse.

Nota Bene

NOMBRES GRACIOSOS DE ASTRONAUTAS Y LA TENDENCIA SOVIÉTICA A OBSESIONARSE CON DETALLES RAROS

Menudo bajón esto último, ¿no? Lo bueno es que nos hemos guardado la historieta más divertida para el final.

En uno de los borradores de este libro dedicamos mucho tiempo a explorar cuestiones interculturales en situaciones de aislamiento y confinamiento para el capítulo sobre psicología espacial. Al final renunciamos a esa sección porque la imagen de conjunto no aportaba demasiada información: las interacciones entre culturas suelen ser buenas cuando quienes participan en ellas son profesionales de élite con formación cultural que se esfuerzan por mostrar sus mejores modales. Es una cuestión más relevante para los recursos humanos que para la conquista del espacio. Había alguna que otra anécdota, pero eran más o menos tan interesantes como la de aquel tipo que pensaba que tenía dolor de muelas y al final no era así.

Aun así, hay unas pocas historietas casi olvidadas de curiosidades interculturales, acontecidas todas en el marco del programa Interkosmos de la Unión Soviética, a través del cual, a partir de la década de 1970, se intentó formar a cosmonautas no rusos procedentes del bloque soviético. La mejor de todas es la historia de Kakalov.

Es más que probable que no hayáis oído hablar nunca del búlgaro Georgi Kakalov. Seguramente se debe a que no os apasiona la historia de la cosmonáutica en Bulgaria. Aunque quizás el motivo esté en que nunca voló con su nombre real. En ruso, Kakalov suena a lo que suena.* Podríamos transcribirlo literalmente como Jorge Cagarrov. O en plan escocés: George McCaca. O, asumiéndole una cierta nobleza prusiana, Georg von Zurull. Comoquiera que sea, y a instancias de la agencia espacial soviética, Kakalov fue rebautizado como Georgi Ivanov, en alusión a su padre Ivan. Curiosamente, menos de diez años más tarde, la persona al frente de la formación de los cosmonautas era el comandante Vladimir Shatalov («Kagamuch», vaya).

La misma situación se repitió con un candidato a cosmonauta procedente de Mongolia, pero su historia apenas se conoce porque la persona en cuestión no llegó a salir al espacio. Sin embargo, nosotros, los Weinersmith, le tenemos bastante cariño** y por eso queremos contaros lo que pasó: según una de nuestras fuentes en el programa Interkosmos, «surgió un problema de naturaleza inusitada. A Maidardzavyn Aleksandr Ganjuyag se le comunicó que tendría que cambiar su apellido para no ofender a los rusohablantes ni provocar su hilaridad. El apellido Ganjuyag es una palabra mongola que significa 'armadura', pero las dos últimas sílabas son muy similares a una palabra que en argot ruso alude al órgano sexual masculino. Tras insistir mucho los soviéticos, el candidato cambió su nombre a Ganzorig». El autor de esas líneas no entró en más detalles, así que acudimos a esa amiga nuestra y vuestra, Wikipedia: resulta que la palabra juy significa en ruso 'pene', 'polla' o, en un registro coloquial equivalente, 'rabo'.

Queremos que sepáis que, imbuidos de un profundo sentido de la ecuanimidad, hemos hecho ímprobos esfuerzos para encontrar un astronauta estadounidense con un nombre gracioso, pero ha sido en vano. El mejor de todos no era especial-

* Y en español también, claro. *(N. del T.)*

** Weiner (deformación de *wiener*) es uno de los muchos eufemismos con los que en Estados Unidos se alude al miembro viril. *(N. del T.)*

mente gracioso, aunque sí molaba bastante: Bill McCool. Por lo menos podemos ofreceros el nombre del primer astronauta neerlandés. No es escatológico, pero sí tiene la virtud de sonar como el pseudónimo que un niño de seis años inventaría para intentar escurrir el bulto: Wubbo J. Ockels.

Conclusión

De jacuzzis y el destino de la humanidad

¿Entonces qué? ¿Lo hacemos?

No es esa la pregunta que pensábamos que íbamos a plantear al empezar este proyecto. La suposición inicial era que el asentamiento espacial iba a realizarse en breve y que la cuestión sobre la que habría que reflexionar sería la de la gobernanza. Ahora, en cambio, pensamos que los plazos van a ser considerablemente más largos, el proyecto muchísimo más difícil, y que la labor de gobernanza estará más centrada en regular el comportamiento de los habitantes de la Tierra y menos en diseñar una democracia para Marte.

Pero un momento, un momento. Vosotros, gallardos lectores, habéis llegado hasta aquí: os habéis preocupado por el sino de los bebés de Marte, os habéis planteado cómo sería vivir en una cueva lunar, habéis analizado la labor de los juristas espaciales, habéis imaginado formas de establecer una sociedad lejos de nuestro planeta y habéis contemplado un futuro poco halagüeño. Con todo eso en mente, recuperemos los dos argumentos a favor de los asentamientos en el espacio que planteamos al principio del libro. ¿En qué se nos han quedado?

Argumento 1: La catedral de la supervivencia

¿Debería la humanidad emprender el proceso de asentamiento en el espacio meramente porque de ese modo somos menos vulnerables a la extinción de la especie?

A Stephen Hawking le gustaba este argumento. A Elon Musk le gusta este argumento. Nosotros ya no estamos tan seguros de que sea un buen argumento. Si la humanidad estuviese magníficamente gobernada, al punto de no haber conocido la guerra o el terrorismo en una eternidad, entonces deberíamos construir esa catedral. Si la humanidad dispusiese de la tecnología necesaria para levantar un campo de fuerza del estilo de *La guerra de las galaxias* que nos permitiese controlar perfectamente qué objetos pueden atravesar nuestra atmósfera, entonces deberíamos construir esa catedral. Si pudiésemos construir un asentamiento en una estrella remota, de forma que el conflicto interplanetario fuese casi imposible, entonces deberíamos construir esa catedral. Pero no hemos salido de la situación de conflicto. Nuestra capacidad de hacernos daño supera con mucho la capacidad que tenemos de protegernos. Asentarnos en el sistema solar no hará sino aumentar el peligro, y nadie cuenta con partir hacia lejanos sistemas solares en un futuro próximo. En los últimos cien años, la humanidad ha ido añadiendo a su arsenal al menos media decena de métodos nuevecitos de autoaniquilación. ¿En serio hace falta sumar otro más a la lista?

El único argumento válido a favor de la catedral de la supervivencia se daría si pudiésemos demostrar que, pese a que el asentamiento en el espacio genera nuevos riesgos, los beneficios los compensan con creces. De momento, sin embargo, los beneficios son magros y los riesgos parecen considerables. Sin la seguridad de que la expansión por el espacio aporta un beneficio neto a la humanidad a corto o largo plazo, la creación de la catedral de la supervivencia se convierte, muy apropiadamente, en un acto de fe.

Argumento 2: El jacuzzi

¿Tenemos los humanos derecho a anclar a nuestros congéneres a la Tierra?

Decíamos al principio del libro que lo que hay que plantearse en este sentido es si la decisión de asentarse en el espacio es más parecida a la decisión personal de comprarse un jacuzzi o a la decisión (mucho más reglamentada) de comprar un misil nuclear. Puesto que no parece que los asentamientos espaciales vayan a rendir grandes beneficios de inmediato, que los caminos que se abren a ese asentamiento podrían propiciar un caos legal, que la actividad espacial no reducirá la probabilidad de las guerras y, posiblemente, hará que se incremente en determinadas circunstancias... La verdad, se hace difícil argumentar que se trata solo de una cuestión de preferencia personal. ¿Es una opción meramente personal? Después de analizarlo todo mucho, creemos que la respuesta, lisa y llanamente, es que no.

Muchas de las voces que defienden con mayor empeño la colonización de Marte parten de una filosofía libertaria: se trata de gente que cree que la Tierra es excesivamente burocrática, demasiado reglamentada, demasiado opresiva. Pero ni siquiera los más fervorosos libertarios están a favor de que aumente la existencia de armas nucleares en manos privadas. Si estáis de acuerdo con nosotros en que la presencia multitudinaria de humanos en el espacio plantea una amenaza para la humanidad equiparable (en cierto modo) a la de un arma nuclear, pensaréis también que casi cualquier planteamiento político o filosófico debería estar a favor del derecho colectivo a decidir qué sucede más allá de nuestro campo gravitatorio.

Mirad, somos unos entusiastas del tema. Se supone que en este libro deberíamos estar contándoos que sí, que viviréis en una rueda gigante en el espacio, en una biocúpula en Marte o en una cueva lunar, con una maravillosa familia espacial, y que quienes digan lo contrario son de la misma ralea que quienes afirmaban que los aviones no volarían nunca o que no es posible hacer fuego frotando dos palitos.

Eso es lo que nos gustaría estar contándoos. Kelly asistió en una ocasión a un taller sobre asentamientos en el espacio y, cuando anunció que su próximo libro sería sobre asentamientos espaciales, la sala entera la ovacionó. Fue un momento desconcertante, porque cuando se apuntó al taller tenía una percepción mucho más optimista de las oportunidades a corto plazo. Para cuando se vio aceptada entre aplausos como parte del movimiento, ya no estaba tan segura.

Le tenemos cariño a esa gente. Y nos gustan los aplausos. Nos gusta la solidaridad entre personas afines a nosotros. Nos flipa la ciencia. Nos flipa la tecnología. Nos quedamos despiertos hasta tarde con nuestros niños para ver el despegue de un cohete y en las noches claras de invierno sacamos el telescopio al patio. Creemos que el progreso tecnológico será fundamental para crear un futuro maravilloso para la humanidad.

Pero no somos capaces de convencernos a nosotros mismos de que los argumentos habituales a favor de los asentamientos en el espacio sean buenos. Asentarnos en el espacio será un empeño mucho más complicado de lo que se suele decir y no tendrá beneficios económicos evidentes. Intentar ahora asentarnos en el espacio quizás exacerbe las posibilidades de que estalle un conflicto en la Tierra a corto plazo y, en última instancia, de que aumente el riesgo para la supervivencia de la especie. Ni siquiera la majestuosidad de un hábitat en Marte hace que eso valga la pena.

Los cosmonautas rusos tienen un himno, titulado «La hierba de nuestro hogar». Es una balada profundamente ochentera, y en sus interpretaciones nunca faltan una guitarra-teclado y al menos tres chaquetas de hombreras kilométricas. Pero la letra es sorprendentemente conmovedora y habla desde la perspectiva de alguien que observa la Tierra desde el espacio.

El estribillo dice así:

Soñamos no con el fragor del cosmódromo
ni con este glacial espacio azul.
Soñamos con la hierba, la hierba de nuestro hogar.
*Verde, verde hierba.**

Tras dedicar todo este tiempo a intentar obtener una imagen más realista del asentamiento humano en el espacio, una de las pocas cosas que podemos decir sin miedo a equivocarnos es que ahora apreciamos mucho más la hierba de nuestro hogar. Es más: no solo la hierba, sino también el hogar en sí, y toda la gente que hay en él.

Las fantasías sobre los viajes espaciales a menudo guardan relación con una huida. En ocasiones puede ser la fuga de un único personaje de una historia, pero en otras tantas puede abordar la forma en la que la humanidad escapa a instituciones y tradiciones percibidas como represivas, repulsivas, moribundas o tediosas. Hay un problema, sin embargo: no podéis escapar. No del todo. No a tiempo de impedir una catástrofe próxima o el declive social que consideráis inminente. Y, además, si pudieseis huir y construir una nueva civilización, ¿sabéis qué es lo primero que haríais? Empezaríais a recrear la Tierra tal y como la conocemos. Y no hablamos solo de la biosfera, sino también de las instituciones que hemos conseguido instaurar a despecho de nuestros peores instintos: el Estado de derecho, los derechos humanos y las normas de comportamiento entre sociedades.

* La canción fue compuesta por el grupo Zemlyane ('Terrícolas').

El mayor miedo que teníamos al escribir este libro era que la misma gente que tanto nos ha ayudado a aprender sobre el asentamiento en el espacio se sienta defraudada o se enfade por la forma en que lo hemos enfocado. Porque no sería justo, caramba. Es una comunidad a la que le tenemos un inmenso cariño y hemos hecho todo lo posible para hacernos eco de su discurso. Creemos que los asentamientos en el espacio son posibles y que quizá algún día podrán construirse en condiciones de total seguridad. Pero emprender algo tan grande nos obliga a evaluar las dimensiones del reto. En los foros de intercambio de ideas constructivos, la gente que se queda en un rincón negando con la cabeza y amonestando al mundo en general con el dedo no son obstáculos en el camino del progreso: son las barreras de protección que bordean ese camino.

La Tierra no es perfecta pero, tal y como están los planetas, es uno de los buenos. No decimos que haya que renunciar a la ilusión de vivir un día en el espacio: es un sueño demasiado hermoso como para renegar de él. Lo que decimos es que, si queréis hacerlo realidad, tenéis que ser conscientes de los problemas tal como son: reales, profundos y presentes a todos los niveles, desde el molecular hasta el sociológico. Esperamos, por lo menos, que cuando leáis un artículo o escuchéis una conversación que tenga como tema los asentamientos espaciales, seréis capaces de interpretarlo como un problema multifacético que no puede resolverse simplemente con ambiciosas fantasías o un cohete gigante.

VALE, VALE, PERO... O: una coda modestamente esperanzadora

Si nuestras conclusiones os desagradan, tenemos buenísimas noticias para vosotros: no somos gente importante. Zach es un tío que dibuja monigotes en internet. Kelly es la presidenta de una sociedad regional de estudio de gusanos parasitarios. El mundo no se estremece a nuestro paso.

Aun cuando no creemos que la humanidad deba comprarse todavía el metafórico jacuzzi del que hablábamos al principio del libro, ya hay toda una serie de agencias espaciales y ricachones echando cuentas sobre cuántos chorros de agua (metafóricos) deberían masajear el culete (metafórico) de la humanidad. Por eso, al cierre de este libro, en lugar de valorar qué debería hacer la humanidad en términos generales, queremos centrarnos en lo que debería hacer si ya está decidido de antemano que habrá una expansión por el espacio. Vamos a imaginar, pues, que a raíz de una serie de desafortunadas circunstancias se encomienda a los Weinersmith la tarea de dirigir la agencia responsable de nuestro asentamiento en el espacio y que se les asigna un presupuesto de veinte mil millones de dólares. Así nos gastaríamos esos fondos:

Tramo 1: **Biología, reproducción y ecología**

Las ciencias naturales plantean problemas muy serios para la supervivencia en el espacio, de los cuales además sabemos muy poco. Las principales respuestas que necesitamos conciernen a los efectos a largo plazo de la vida en el espacio: no solo en estaciones espaciales, sino en situaciones de gravedad parcial. También necesitamos respuesta a la pregunta de cómo reproducirnos de forma segura lejos de la Tierra. Puede que todo sea a grandes rasgos como en nuestro planeta, o quizá será necesario un gigantesco preñódromo giratorio sobre Marte. Se ha avanzado muy poco en esta dirección, aunque, en el momento de escribir estas líneas, nos ha llegado la noticia de que China está haciendo planes para enviar a monos al espacio para que tengan momentos de intimidad en su estación espacial. Desde aquí queremos desearles toda la suerte del mundo en sus esfuerzos por conseguir que unos primates se pongan a la faena en una estación espacial del tamaño de un apartamento y acompañados por una tripulación de tres taikonautas.

Por absurdo que pueda parecer, ese es en términos generales el enfoque correcto. La investigación con animales sobre diversas cuestiones biológicas a largo plazo, entre ellas la reproducción en el espacio, es una medida importante, y no solo para producir más humanos en Marte, sino para hacerlo de forma ética. Nos encantaría ver que se envían satélites más allá de la magnetosfera, satélites que, girando en gravedad parcial, alberguen varias generaciones de roedores aparentemente sanos y felices. Y también estaríamos encantados con que esos estudios se desarrollen en la Luna, si alguna vez tenemos allí una base de investigación. A nosotros nos parece un buen comienzo. El hecho de que la ciencia no haya avanzado mucho en este sentido se debe en parte a que las agencias espaciales tienden a distanciarse de todo lo que guarde relación con la palabra sexo. ¡Es la ocasión perfecta para que las empresas privadas demuestren lo que valen! Jeff Bezos (bueno, Amazon) tiene una inmensa flota de furgones de reparto, todas ellas bastante espaciosas. Elon Musk es responsable de un porcentaje nada desdeñable de los niños nacidos en la Tierra. Podemos trabajar hombro con hombro. Podemos conseguirlo.

La otra pieza del rompecabezas es la ecología. Biosfera 2 estuvo a punto de demostrar que con hectárea y media de terreno se puede mantener con vida a ocho personas durante dos años. Con lo que costó la actual Estación Espacial Internacional se podrían haber construido quinientas instalaciones similares. O mejor aún: cinco mil de tamaños muy diferentes, para así probar nuevas combinaciones y determinar cuáles son los parámetros mínimamente indispensables que no tengan a la tripulación con una dieta a base de algas durante años. A propósito: dado el calentamiento de nuestro planeta, no nos vendrían nada mal un conocimiento muy profundo de los ecosistemas y nociones de cómo establecer versiones funcionales de esos ecosistemas en emplazamientos poco habituales.

A su debido tiempo, deberíamos intentar construir un ecosistema completo en otro lugar, quizás en uno de los túneles de lava de la Luna o cerca de los polos perpetuamente iluminados. Cuando dispongamos de un sistema autosuficiente para la supervivencia que no se estropee durante años, y de sistemas KRUSTY que nos den calor durante las largas noches lunares; cuando un humano adulto pueda pasar años en la Luna sin perder la vista o la chaveta; y cuando sea seguro parir y criar niños en el vecino más próximo a la Tierra, entonces será el momento de trasplantar esos sistemas a Marte. En el entretanto podemos y debemos visitar Marte para resolver la cuestión de cómo eliminar los percloratos del suelo y verificar los recursos locales, pero hasta que no sepamos cómo garantizar la supervivencia a largo plazo del ser humano, esos viajes no deberían progresar más allá de la fase de investigación. Llegará el momento, cuando por fin dispongamos de la tecnología adecuada, en el que podremos aunar todos esos esfuerzos para establecer un inmenso asentamiento en Marte en un espacio de tiempo muy corto.

Eso, claro, suponiendo que seamos capaces de conseguir el consenso general sobre una forma pacífica y legal de poner en marcha un asentamiento.

Tramo 2: **El derecho internacional**

Las normas legales humanas son considerablemente más confusas que la situación de un par de monos enamorados en el espacio. Creemos que la legislación espacial adecuada ya existe, y que sería algo como la CNUDM o el Acuerdo sobre la Luna, pero calibrada de forma que las grandes potencias espaciales estén dispuestas a firmarla. Por supuesto, este es un ámbito que se presta a la investigación, pero buena parte del trabajo serán tareas de concienciación: conseguir que la gente entienda qué conlleva exactamente establecerse en el espacio. Por qué importa, por qué es necesario, qué plazos son razonables y cómo avanzar a partir de ahí. Eso, en parte, es lo que hemos pretendido hacer con este libro. La mayoría de quienes se interesan por los asentamientos espaciales quieren estudiar aeronáutica espacial y construir cohetes. Pero esta es otra vía de investigación no menos importante y, desde luego, debería interesar a cualquier joven que aspire a cambiar el mundo. El derecho internacional es uno de los pocos terrenos en los que, con una buena comprensión de la historia y el derecho, y con la habilidad para escribir sobre ello, podríais tener un profundísimo efecto sobre el futuro de la humanidad. Si queréis que los asentamientos espaciales que conocéis de la ciencia ficción se hagan realidad, necesitamos un régimen legal que limite con leyes la posibilidad de disputas territoriales a corto plazo, que permita la colaboración científica pacífica a medio plazo y quizás, quizás, en un futuro muy lejano, haga posible la creación pacífica de naciones independientes lejos de la Tierra. Del mismo modo que los escritos de Oscar Schachter en la década de 1950 contribuyeron a dar forma a las leyes que rigen hoy el sistema solar, los expertos de los años 2020 pueden configurar con su trabajo las leyes que regirán el mundo de aquí a treinta años y más allá.

Tramo 3: **Geopolítica, sociología y economía**

Al ser este un libro concebido para un público muy amplio, que no quiere leer ladrillos que pesan más que ellos, nos hemos visto obligados a saltarnos algunos temas sobre los que quizá convendría saber algo más en el futuro: el diseño de las Constituciones, los efectos de la religión, la influencia que tiene la geografía sobre la cultura y una evaluación detallada de factores económicos como el efecto que seis meses de tránsito puede tener sobre el valor de los productos objeto de comercio. Por lo visto, nuestros amigos economistas habrían preferido análisis exhaustivos de cualquier planteamiento hipotético, algo que, imaginamos, habría puesto a prueba la paciencia de incluso los más entregados consumidores de productos de divulgación científica. Aun así, si la humanidad ha de establecerse en el espacio, esos detalles no solo serán importantes, sino que habrá que tomar decisiones prácticas al respecto, y no solo especular sobre ellos. Hay auténticos expertos (no nos lo inventamos) especializados en el estudio de las características de las Constituciones que más tiempo sobreviven, pero en muy contadas ocasiones (por no decir ninguna) los entusiastas emperrados en iniciar naciones espaciales han buscado su consejo. Uno de los motivos por los que no hemos tratado a fondo ese tema es porque nos parece que depende en exceso de detalles muy difíciles de predecir. Pero si estuviésemos al frente de una agencia encargada de crear asentamientos en el espacio y contásemos con el presupuesto adecuado, con mucho gusto dedicaríamos parte de esos fondos a contratar personal capaz de entender tanto los detalles técnicos de la creación de un asentamiento espacial como también la mejor forma de que los humanos que habitarán en él sean capaces de coexistir en paz. Algunos científicos, como Charles Cockell, están intentando que este debate arranque ya y nos encantaría ver que más gente se suma al debate. Con el paso del tiempo, el conocimiento resultante podría combinarse con experimentos en ecología lunar que nos permitan dilucidar cuál será la mejor manera de gestionar sociedades pequeñas y remotas con una economía parcialmente desvinculada de la de la Tierra.

La buena noticia para los que se flipan con el tema

Hay algo que nos gustaría dejar claro, y es que todo esto es de lo más entretenido. El pesimismo con el que contemplamos la posibilidad de que haya asentamientos espaciales a corto plazo no ha afectado en absoluto a la fascinación que despierta el tema en nosotros. ¿Qué otro proyecto nos exige saber de todo, desde el funcionamiento de una órbita hasta ecología, historia, derecho y guerra? Los estudios centrados en el asentamiento en el espacio a menudo se concentran en cuestiones muy específicas, de forma que los técnicos tienen un conocimiento muy superficial de la ley, mientras que los juristas apenas tienen nociones de lo que es factible desde el punto de vista técnico. Los jóvenes investigadores tienen ante sí la posibilidad de desarrollar un trabajo maravilloso: solo tienen que leerse una pila de libros sobre las dimensiones de Asgardia-1, redactar sus conclusiones y presentarlas a alguna de las revistas especializadas pertinentes. Algunos de los mejores artículos que hemos leído al documentarnos para este libro los habían escrito expertos en terrenos muy dispares, como el astrofísico Martin Elvis, el filósofo espacial Tony Milligan y la politóloga Alanna Krolikowski.

¿Por qué no hay más gente así? Estamos hablando de un terreno en el que, con solo leer una bibliografía tan fascinante como desconocida, podríais contribuir al futuro de la humanidad, despertar el interés de la opinión pública, ampliar el conocimiento científico en decenas de ámbitos especializados y conocer a algunos de los mayores pirados que puede ofrecer la Tierra. Si Daniel Deudney está en lo cierto y nos enfrentamos a unos cielos oscuros, tendríais ocasión de abrir claros entre las nubes y de pasároslo de cine haciéndolo. Y eso es especialmente cierto si creéis que nos equivocamos. Si os parece que nuestra especie debe habitar otros mundos y no limitarse a ser, como lo describía el antropólogo y filósofo Joseph Campbell, «una especie de roncha recientemente aparecida en la epidermis de uno de los satélites menores de una estrella anodina en el extremo de una galaxia mediocre», deberíais entender este libro no como una serie de motivos para quedaros en la Tierra, sino como la enumeración de los problemas que habrá que superar en el camino hacia el espacio.

Aún no sabemos cómo, pero seguimos creyendo que algún día, cuando sepamos lo suficiente, Marte puede ser nuestro. Y que otro día más lejano aún podremos alcanzar otros sistemas solares. Pero tendremos que ganárnoslo, incrementando nuestros conocimientos, por una parte, pero también mutando en una especie más responsable y pacífica. Llegar a las estrellas no nos hará más sabios. Tenemos que ser sabios para llegar hasta las estrellas.

Agradecimientos

Lo tradicional en los agradecimientos es decir que ninguna de las personas que han colaborado en un libro son responsables de los errores que puedan aparecer en él. A nosotros nos gustaría ir un poco más allá. Al ser este un libro algo controvertido (por lo menos para la gente lo suficientemente friki como para alterarse sobre cuestiones de legislación internacional relativas al espacio), queremos afirmar categóricamente que ninguna de las personas que vamos a mencionar a continuación comparte necesariamente nuestras opiniones.

Nosotros creemos que una comunidad científica funcional debería acoger con alegría voces disidentes con argumentos fundamentados, pero en la comunidad de partidarios de los asentamientos espaciales, quienes tienen una visión negativa de determinados aspectos del asentamiento en el espacio son tratados de «idiotas», «anti-humanidad» o cosas peores. Por eso queremos aplaudir a aquellos de nuestros lectores que optaron por el correcto espíritu académico de la investigación y nos ayudaron en la redacción de este libro, incluso cuando nuestras conclusiones resultaron ser opuestas a las suyas. En otros ámbitos, esa habría sido una actitud normal. En este caso, cabe hablar de valentía.

La investigación espacial es de una extensión y una complejidad insondables, y por eso queremos dar las gracias en primer lugar a quienes respondieron a nuestras preguntas y nos ayudaron a esclarecer o investigar detalles particularmente difíciles y obtener información más precisa: Bryan Caplan, Winchell Chung, Francis Cucinotta, Jason Derleth, Daniel Deudney, Dimitri Komarov, David Livingston, Alan Manning, Beyond NERVA, Vladimir Papitashvili, Rod Pyle, Joshua M. Rice, Asif Siddiqi, Doug Plata, Larissa Starujina, Mark Takata, John Vasquez, Lena Yakovleva, Matt Zefferman y Linyi Zhang. Y también, claro, a los incontables usuarios de Twitter que nos ayudaron. Gracias por demostrar que las redes sociales, a veces, pueden ser en conjunto positivas.

Queremos dar las gracias a todos aquellos que leyeron capítulos y secciones y, en algunos casos, el libro entero. Os estamos especialmente agradecidos a los que leísteis el primer borrador, que por algún motivo incluía diez mil palabras sobre la historia de las simulaciones y los sistemas analógicos espaciales. No quedará en la historia constancia de vuestro sufrimiento, pero nosotros sí lo recordaremos: Ran Abramitzky, Timiebi Aganaba, Ruth Nic Aibhne, Grant Anderson, Joe Batwinis, Samuel Bazzi, Chris Blattman, Haym Benaroya, Callan Bentley, Michael W. Busch, Dan Cassino, Yuk Chi Chan, Charles Cockell, Simon Commander, Giacomo Delledonne, Scott P. Egan, Manfred Ehresmann, Martin Elvis, Annie Handmer, Casey Handmer, Robin Hanson, James Hendricks, Robert Gooding-Townsend, Matt Fantastic, Chad Jones, Malik K., Ram Jakhu, Charles Kenny, J. R. H. Lawless, John Lehr, Chris Lewicki, David Luebke, Jonathan McDowell, Timothy Miller, Clay Moltz, Michael Munger, Ryan North, Paul Novitski, Oscar Ojeda, Sinéad O'Sullivan, Frédéric Padilla, Phil Plait, Kevin Ringelman, Alexander Roederer, James Schwartz, Daniel Shaw, Scott Solomon, Louie Terrill, Andrew Thaler, Ben Tolkin, Gary Tyrrell, Tomer Ullman, Frans von der Dunk, Robert

Wagner, Dan Warren, Martin y Phyllis Weiner, Chris White, Daniel Whiteson y los integrantes del Laboratorio de Ciencias y Tecnologías de Defensa del Reino Unido.

Queremos dar las gracias a nuestras editoras, Virginia Smith-Younce y Caroline Sydney, por el tacto y la insistencia con la que consiguieron convertir un dossier gigantesco sobre literalmente cualquier aspecto imaginable de los asentamientos espaciales en un libro de divulgación científica más o menos legible. Gracias también a nuestra correctora ortotipográfica, Jane Cavolina, por hacer que no parezcamos analfabetos.

Gracias asimismo a nuestro agente literario, Seth Fishman, y a nuestros gestores, Mark Saffian y Josh Morris, por sus esfuerzos continuados por conseguir que salgamos adelante con esta carrera nuestra tan rara, y por mantener a raya al mundo real para que nosotros pudiésemos concentrarnos en los retretes de Marte.

Y gracias a nuestros hijos, Ada y Ben, por soportar infinidad de conversaciones (y en ocasiones monólogos) sobre abstrusos aspectos de los viajes por el espacio, cuando ellos querrían haber hablado de dibujos animados y de pasteles. Sentimos mucho que tengáis que apechugar con nosotros y estamos muy contentos por ello también.

Mucha gente ha contribuido a la gestación de este libro, pero, en última instancia, cualquier error que persista en él es culpa única y exclusivamente de Phil Plait.

Índice onomástico

Aquí puedes consultar las todas las notas
y la bibliografía parcial.